Biotechnologie

M. D. Trevan, S. Boffey, K.H. Goulding, P. Stanbury

Biotechnologie:
Die Biologischen Grundlagen

Aus dem Englischen übersetzt
von Dr. Birgit Jung

Mit 72 Abbildungen und 28 Tabellen

Springer-Verlag
Berlin Heidelberg New York
London Paris Tokyo
Hong Kong Barcelona Budapest

M. D. Trevan,   *South Bank University, Borough Road, London, SE 1 OAA / UK*
S. Boffey,   *University of Hertfordshire, Hatfield, Herts / UK*
P. Stanbury,   *University of Hertfordshire, Hatfield, Herts / UK*
K. H. Goulding,   *University of Middlesex, Trent Park Site, Bramley Road, London,*
                    N 14 4XS / UK

Dr. Birgit Jung,   Veilchenweg 1, W - 6229 Kiedrich, FRG

ISBN-13:978-3-540-56191-0   e-ISBN-13:978-3-642-77926-8
DOI: 10.1007/978-3-642-77926-8

Vorwort

Wie die Autoren dieses Buches richtig feststellen, ist die Biotechnologie ein Arbeitsgebiet, auf dem die Menschheit schon seit sehr langer Zeit - seit mindestens fünf- bis sechstausend Jahren - tätig ist. Jedoch erst seit der Einführung der Gentechnologie wurde deutlich erkannt, daß sie eine Schlüsselrolle im menschlichen Leben einnimmt. In dieser Beziehung ist sie ein Beispiel dafür, wie eine Tätigkeit, mit der wir alle vertraut sind, die aber in den Hintergrund getreten ist, durch eine neue und aufregende Entdeckung wieder alle Aufmerksamkeit auf sich lenken kann. Die daraus resultierende rege Geschäftigkeit wird wahrscheinlich eine Reihe neuer Entdeckungen auch auf den älteren Gebieten dieses Faches mit sich bringen. In diesem Fall ist die Gentechnologie nicht nur die Ursache dafür, daß die Wichtigkeit der Biotechnologie für viele Gebiete gegenwärtig wieder in Erscheinung tritt, sondern sie ist auch, wie John Higgins festgestellt hat, selbst ein anschauliches Beispiel für die Schwierigkeit, Voraussagen auf den Gebieten der Grundlagenwissenschaften zu machen, die mit großer Wahrscheinlichkeit zu wichtigen Anwendungen führen. Die Entdeckung der Arbeitstechnik mit rekombinanter DNA ist eine Folge der großzügigen Unterstützung der Forschung in der Molekularbiologie über mehr als vierzig Jahre hinweg. Noch Ende der sechziger Jahre lag ein üblicher Ansatzpunkt für die Kritik an der relativ weitgehenden Unterstützung dieses „Prunkstückes der Chemie und Biologie darin, daß nichts direkt Nutzbares von ihr entwickelt worden war. Zum heutigen Zeitpunkt ist jedoch deutlich ersichtlich, daß sie zu Entdeckungen geführt hat, die die Menschheit grundlegend beeinflussen.

Ende der fünfziger Jahre begannen einige Pioniere, ermuntert durch die Fermentationen im Großmaßstab bei den Herstellern von Antibiotika, eine Biochemie im technischen Maßstab einzurichten. „Biochemische Technik" wurde dies zu jener Zeit genannt, da der Ausdruck „Biotechnologie" noch nicht geläufig war. Von diesen Anstrengungen wurde jedoch nicht viel Notiz genommen, bis das Wissen über die Genetik der Mikroorganismen einen Stand erreicht hatte, wo man an eine kommerzielle Anwendung denken konnte. Basierend auf den grundlegenden Erkenntnissen über die Genetik der Bakterien von Monod und bestärkt durch die Forschung über DNA-Replikation, Proteinsynthese, den genetischen Code, Restriktionsenzyme und bakterielle Plasmide brachten sie im Laufe von vierzig Jahren eine ganz neue Zielsetzung in die biologischen Wissenschaften ein; eine Zielsetzung, die mit Problemen beladen ist- wissenschaftlichen, ethischen und industriellen. Die Aufregung, die diese Revolution mit sich brachte, und die Möglichkeiten, die diese Techniken eröffneten, haben viele der führenden Wissenschaftler auf diesem Gebiet und auch Mitarbeiter aus der Industrie dazu gebracht, den sofortigen kommerziellen Nutzen dieser Entdeckungen zu überschätzen. Vor allem fehlte eine klaren Einschätzung der Tatsache, daß die Gentechnik nur den ersten Schritt bei der Herstellung eines kommerziellen Produktes darstellt und daß die Zwischenschritte nicht nur schwierig sind, sondern in vielen Fällen auch unbekannt.

Das vorliegende Buch ist dazu bestimmt, Studenten und Mitarbeitern in der Industrie zu helfen, die die Arbeitsgebiete der Biotechnologie gerade in Angriff nehmen oder in Angriff nehmen werden. Die meisten bereits vorhandenen Bücher über „Biotechnologie" sind entweder zu speziell oder bieten einen allgemeinen Überblick der Art „Was ist Biotechnologie?". Es fehlte daher ein Buch auf mittlerem Niveau, das das wichtigste Hintergrundwissen vermittelt, das für die Biotechnologie von Belang ist, und das für Studenten im Grundstudium und Wissenschaftler anderer Fachrichtungen, die während ihrer Arbeit mit der Biotechnologie konfrontiert werden, geeignet ist. Wegen der großen Vielfalt an möglichen Themen haben die Autoren eine Auswahl treffen müssen. Sie haben sich vernünftigerweise auf Gebiete konzentriert, auf denen sie selbst Erfahrung haben. Dadurch bringt das Buch zuverlässige Informationen. Außerdem ist ihre Begeisterung zu spüren - etwas, was ein Buch immer lebendig werden läßt. Dieses ist so gestaltet, daß es Erfolg haben muß und wird sicher gut aufgenommen werden.

Eric M. Crook
Ehemaliger Professor für Biochemie
im Department of Biochemistry,
an der St. Bartholomew's
Medical School, London

Vorwort der Autoren

Veröffentlichen scheint im Augenblick für viele die einträglichste Beschäftigung auf dem Gebiet der Biotechnologie zu sein, warum also noch ein anderes Buch? Das vorliegende Buch ist speziell für Biotechnologiestudenten geschrieben worden. Es ist aus der eigenen Lehrerfahrung der Autoren in biologischen Fachrichtungen heraus entstanden, und zwar auf dem Niveau von Studenten im und nach dem Grundstudium, wobei neuere Entwicklungen in der Biotechnologie eingehend erläutert werden. Wir haben uns zum Ziel gesetzt, ein Buch zu schreiben, das den Studenten über sein Basiswissen über Biochemie, Mikrobiologie und Molekularbiologie hinausführt und das Verständnis für die Ziele und Probleme auf den einzelnen Gebieten entwickeln hilft; im speziellen werden der Metabolismus der Mikroorganismen, ihr Wachstum und die Möglichkeiten zur Kultur derselben, die Manipulation des Erbgutes sowie die Technologie mit Biokatalysatoren beschrieben. Somit gliedert sich das Buch in vier große Teile, von denen jeder eines dieser Gebiete abdeckt. Indem wir das Buch in dieser Weise unterteilt haben, tragen wir dem multidisziplinären Charakter der Biotechnologie Rechnung; wir sind uns aber sehr wohl bewußt, daß ein einheitlicher Zugang geschaffen werden muß, und haben somit versucht, immer, wo es vernünftig war, auf andere Textstellen zu verweisen und das Buch als kohärentes Ganzes zu schreiben, um alle Gebiete auf gleichem Niveau abzuhandeln. Die Zeit alleine wird entscheiden, wie erfolgreich wir waren. Um dies zu erreichen, wird jedem Teil eine Liste von Begriffen vorangestellt, deren grundlegendes Verständnis vorausgesetzt wird. Außerdem werden einige Vorschläge geeigneter Standardwerke unterbreitet, die der Leser zu Rate ziehen kann.

Wir hatten also ein kontinuierliches Thema zu bearbeiten: den mikrobiellen Metabolismus, wie und warum Mikroorganismen auf was wachsen; wie man sie kultivieren kann; die Produkte, die man aus ihnen erhalten kann; wie man die Produktivität erhöhen kann, sowohl durch konventionelle Methoden, als auch mit Hilfe der Gentechnologie; wie Gentechnologie durchgeführt wird und was sie außerdem noch bewerkstelligen kann; den Wert der Enzyme als Gruppe biologischer Verbindungen, die einerseits wichtige mikrobielle Produkte darstellen, andererseits den Techniken der Gentechnologie zugeführt werden können; wie Enzyme isoliert und gereinigt werden können; wie ihre katalytische Aktivität vermindert oder erhöht werden kann; und die Anwendungen, denen man sie zuführen kann unter Berücksichtigung der Möglichkeiten, die mikrobielle Produktivität zu erhöhen und der Methoden der Gentechnologie.

Um das Buch für den Leser besser verständlich zu machen, haben wir möglichst oft eine bildliche oder tabellarische Darstellung des Materials zur Ergänzung des Textes benutzt und haben kurze Zusammenfassugen am Ende eines jeden Kapitels eingefügt. Wir hoffen, daß dieses Buch sich auch für einen praktizierenden Biotechnologen als nutzvoll erweist, der eine Einführung in ein Thema außerhalb seines Erfahrungsgebietes benötigt.

In der vorliegenden Darstellung haben wir uns bewußt dazu entschlossen, zwei wichtige Gebiete der Biotechnologie auszusparen: die Gewebekultur pflanzlicher und tierischer Zellen. Wir taten dies wegen des eher speziellen Charakters dieser beiden Themen, die selten im Grundstudium in Angriff genommen werden, und um den Text nicht über eine vernünftige Länge hinauswachsen zu lassen.

Umstrittener war, daß wir absichtlich eine erste Annäherung an diejenigen Gebiete wagten, in denen gewöhnlich mathematische Formeln eine Rolle spielen, um ein erstes Verständnis dafür zu entwickeln. Später kann dieses dann zu einer detaillierten Kenntnis der notwendigen mathematischen Verfahren ausgebaut werden. Aus Gründen der Klarheit haben wir uns dafür entschieden, die EC-Nummern der Enzyme nicht aufzuführen, sondern haben statt dessen ein Glossar der systematischen Enzymnummern und -namen angefügt.

Schließlich möchten wir uns bei allen Freunden und Kollegen bedanken, die während der Vorbereitung dieses Buches hilfreiche Kommentare abgegeben haben, außerdem bei den Herausgebern der Open University Press, ohne deren Ermunterung und Drohungen dieses Buch niemals vollendet worden wäre, und bei unseren Familien, ohne deren Geduld und Verständnis dieses Projekt unmöglich gewesen wäre. Wir hoffen, daß dieses Buch seinen Zielen gerecht wird; für allen Fehler und Mißverständisse sind die Autoren verantwortlich und wir wären dankbar für jeden Kommentar und jede Kritik unserer Leser.

M.D. Trevan
S.A. Boffey
K.H. Goulding
P.F. Stanbury

Inhaltsverzeichnis

Vorwort V

Vorwort der Autoren VII

Bildnachweis XIII

Teil I Einführung

M.D. Trevan

1. Was ist Biotechnologie? 2

   1.1   Was versteht man unter dem Begriff Biotechnologie? 2
   1.2   Wer betreibt Biotechnologie? 3
   1.3   Wieviele Leute betreiben Biotechnologie und wo? 3
   1.4   Was tun Biotechnologen? 4
   1.5   Welche Bedeutung hat die Biotechnologie? 11
   1.6   Wohin wird die Entwicklung der Biotechnologie führen? 13
   1.7   Zusammenfassung 14

Teil II Mikrobielles Wachstum

K.H. Goulding

2. Einführung in den Stoffwechsel 17

   2.1   Erzeugung von ATP 17
   2.2   Erzeugung von Vorstufen für die Biosynthese 19
   2.3   Anaplerotische Stoffwechselwege 20
   2.4   Zusammenfassung 21

3. Aerobes mikrobielles Wachstum auf C_1-Substraten 23

   3.1   Definition, Überblick und Anwendung 23
   3.2   Verbindungen 24
   3.3   Methylotrophe Organismen 25
   3.4   Oxidative Wege zur ATP-Bildung in Bakterien, die auf
        Methan, Methanol, Formaldehyd und Formiat wachsen 26

3.5   Oxidative Wege zur ATP-Bildung in Hefen, die auf Methanol
       wachsen   30
3.6   Oxidative Wege zur ATP-Bildung in Bakterien, die
       auf anderen $_1$-Substraten wachsen (ausgenommen
       Kohlenmonoxid und Cyanid)   32
3.7   Carboxydotrophe und cyanotrophe Organismen   33
3.8   Assimiliationwege von Organismen, die C_1-Substrate
       verwenden   35
3.9   Ribulosebisphosphatweg zur Kohlendioxidassimilation
       (Calvincyclus)   35
3.10   Ribulosemonophosphatweg (RMP-Weg) zur Assimilation
       von Formaldehyd in Typ I-Bakterien   37
3.11   Serinweg zur Assimilation von Formaldehyd in Typ
       II-Bakterien   41
3.12   Xylulosemonophosphatweg zur Assimilation von
       Formaldehyd in methylotrophen Hefen   44
3.13   Zusammenfassung   46

Anhang zu Kapitel 3: Bildung von Methan durch methanogene
Organismen   47

4. Aerobes mikrobielles Wachstum auf C_2-Substraten   55
4.1   Überblick und Anwendung   55
4.2   Oxidative Wege zur ATP-Gewinnung   55
4.3   Biosynthetische und anaplerotische Stoffwechselwege in
       Organismen, die auf C_2-Substraten wachsen   59
4.4   Zusammenfassung   62

5. Aerobes mikrobielles Wachstum auf ausgewählten Substraten
    mit mehr als zwei Kohlenstoffatomen   65
5.1   Überblick und Anwendung   65
5.2   Oxidation und Assimilation von aliphatischen
       Kohlenwasserstoffen   65
5.3   Oxidation und Assimilation von aromatischen Substraten   68
5.4   Zusammenfassung   69

Teil III Züchtung von Mikroorganismen für die industrielle Produktion

---

P.F. Stanbury

6. Produkte von Mikroorganismen   73
6.1   Einführung   73
6.2   Produktion mikrobieller Biomasse   73
6.3   Produktion mikrobieller Produkte   74
6.4   Durch Mikroorganismen katalysierte Umwandlungen   79

6.5   Aufbau eines Fermentationsprozesses 79

7. Züchtung von Mikroorganismen 81

7.1   Batch-Kultur 81
7.2   Kontinuierliche Kultur 90
7.3   Nachgefütterte Batch-Kultur 94
7.4   Verwendung eines Kultur-Systems zur Produktion
        mikrobieller Produkte 95
7.5   Zusammenfassung 99

8. Kontrolle der Fermentationsbedingungen 101

8.1   Einführung 101
8.2   Aufbau und Arbeitsweise eines Fermenters 101
8.3   Zusammensetzung des Kulturmediums 108
8.4   Arbeitsweise während eines Fermentationsprozesses 112
8.5   Zusammenfassung 114

9. Verbesserung industriell eingesetzter Mikroorganismen 115

9.1   Einführung 115
9.2   Mutation 115
9.3   Rekombination 122
9.4   Zusammenfassung 128

Teil IV Gentechnik

S.A. Boffey

10. Ziele der Gentechnik 131

10.1   Techniken der Genmanipulation 131
10.2   Zusammenfassung 139

11. Verfahrensweisen in der Gentechnik 141

11.1   Überblick über das Klonieren von Genen 141
11.2   Arbeitsschritte der Genklonierung 143
11.3   Genmanipulation eukaryotischer Zellen 166
11.4   Ortsspezifische Mutagenese 176
11.5   Zusammenfassung 179

12. Errungenschaften und Ausblicke der Gentechnik 181

12.1   Errungenschaften 181
12.2   Probleme 182
12.3   Zukunft 184
12.4   Zusammenfassung 186

Teil V Enzymtechnologie

M.D. Trevan

13. Herstellung der Enzyme 191

   13.1 Einführung: Anwendung von Enzymen 191
   13.2 Auswahl der Ausgangsmaterialien für die Enzyme 193
   13.3 Herkunft der Enzyme 197
   13.4 Vorteile von Enzymen mikrobieller Herkunft 198
   13.5 Problem des Arbeitsmaßstabs 201
   13.6 Extraktion von Enzymen 204
   13.7 Reinigung der Enzyme 208
   13.8 Zusammenfassung 222

14. Anwendung von Enzymen 223

   14.1 Einführung 223
   14.2 Immobilisierung 228
   14.3 Soll man lösliche oder immobilisierte Enzyme einsetzen? 251
   14.4 Soll man Zellen oder Enzyme einsetzen? 253
   14.5 Stabilisierung 256
   14.6 Reaktoren zum Einsatz von Biokatalysatoren 265
   14.7 Anwendung der Biokatalyse 272
   14.8 Zusammenfassung 288

15. Probleme und Perspektiven 291

   15.1 Coenzym-abhängige Reaktionen 291
   15.2 Oxidasen und Oxygenasen 294
   15.3 Nicht-wäßrige Systeme 296
   15.4 Erzeugung von Energie 297
   15.5 Innovative Reaktionen 301
   15.6 Zusammenfassung 302

Glossar 303

Literaturverzeichnis 309

Index 315

Bildnachweis

Folgende Abbildungen wurden mit der freundlichen Genehmigung der Inhaber des Copyrights wiedergegeben:

Abb. 6.1 aus Malik, V. (1980) *Trends in Biochemical sciences*, **5** (3), 68-72, pub. Elsevier/North Holland Biomedical Press, Amsterdam.

Abb. 7.2a Butterworth, D. (1984) in *Biotechnology of Industrial Antibiotics*, Ed. Vandamme, E.J., pp 225-236, pub. Marcel Dekker, New York.

Abb. 7.2b Podojil, M., Blumaverova, M., Culik, K. und Vanek, Z. ibid. pp 259-280.

Abb. 7.2c Okachi, R. und Nara, T. ibid, pp 329-366.

Abb. 8.2a Dawson, P.S.S. (1974) Biotechnology and Bioengineering Symposium **4**, 809-819 pub. John Wiley, New York.

Abb. 8.2b Taylor, I.J. und Senior, P.J. (1978) Endeavour, **2**, 31-34. pub. Pergamon Journals Ltd., Oxford.

Abb. 8.2c Smith, S.R.L. (1980) Phil. Trans. Roy. Soc. (London) B., **290**, 341-354. pub. Royal Society of Chemistry, London.

Abb. 8.2d Hamer, G. (1979) in *Economic Microbiology*, Vol. 2, Ed. Rose,A.H. pp 31-45. pub. Academic Press, London.

Folgende Abbildungen und Tabellen wurden mit der freundlichen Genehmigung der Inhaber des Copyrights wiedergegeben:

Abb. 13.3 aus Bruton, C.J. (1983) in *Industrial and Diagnostic Enzymes* (Phil. Trans. Roy. Soc. (London) B), **300**, 246-261 Ed. Hartley, B.S. *et al* pub. Royal Society of Chemistry, London

Abb. 14.6 aus Katchalski E. und Goldstein, L. (1972) Biochemistry **11**, 4072, American Chemical Society, Washington D.C.

Abb. 14.7, 14.13, 14.17 und 14.19 aus Trevan, M.D. (1980) *Immobilized Enzymes* pub. John Wiley and Sons, Chichester.

Abb. 14.11 aus Wharton, C.W., Crook, E.M. und Brocklehurst, K. (1968), Eur. J. Biochem. **6**, 572-578 pub. Federation of European Biochemical Societies.

Abb. 14.15 aus Simon, L.M. *et al* (1985) Enz. Microb. Technol. **7**, 357-360 pub. Butterworth and Co. (Publishers) Ltd.

Tabelle 14.7 aus Chibata, I. und Tosa, T. (1976) in Appl. Biochem. Bioeng. **1**, Ed. Wingard, H. L. *et al.* pp 334-5 pub. Academic Press

Teil I Einführung

M. D. Trevan

1. Was ist Biotechnologie?

„Supertiere für die dritte industrielle Revolution", das ist die Art von Schlagzeilen in den Medien, die in den letzten Jahren vorherrschend war und jedem Biotechnologen garantiert einen kalten Schauder über den Rücken laufen läßt. Das Problem ist eine Sache der Perspektive. Das Bild, das die Allgemeinheit von der Biotechnologie hat, ist oft verzerrt sowohl in der Einschätzung dessen, was sie ist, als auch dessen, was sie vollbringen kann. Dieses kurze Einführungskapitel dient dazu, dem Leser einen Überblick über die Biotechnologie zu verschaffen, und auch darüber, wer (oder was) Biotechnologen sind, und welche Bedeutung die Biotechnologie hat.

1.1 Was versteht man unter dem Begriff Biotechnologie?

Der Begriff Biotechnologie ist in verschiedener Weise definiert worden, meist recht wenig zufriedenstellend. Wenn man ihn zu einer Antwort drängt, wird ein Biotechnologe wahrscheinlich rezitieren: „Die Anwendung biologischer Organismen, Systeme oder Prozesse in Herstellungs- und Dienstleistungsbetrieben". Diese sehr vage Definition bedeutet in der Praxis: „Biologie, die entweder zum finanziellen oder, weniger oft, zum humanitären Profit eingesetzt wird". In der Tat existiert Biotechnologie nicht als wissenschaftliche Disziplin, noch ist sie ein im Entstehen begriffenes interdisziplinäres Feld, sondern sie ist multidisziplinär. Zu ihr gehört eine große Vielzahl deutlich getrennter Themenbereiche. Tatsächlich umfaßt dieser Begriff so viele Wissensgebiete und Fertigkeiten, daß ein Treffen von Biotechnologen an eine Szene beim Turmbau zu Babel erinnern kann, so stark unterscheiden sich die Sprachen und Fachjargons.

Der Ausdruck „Biotechnologie" wurde erst jüngst in den allgemeinen Wortschatz aufgenommen, und zwar Ende der siebziger Jahre als Zusammenfassung des wachsenden Potentials an Anwendungsmöglichkeiten der neuen Techniken der Molekularbiologie. Das Wort selbst wurde schon von dem Stadtrat von Leeds in Großbritannien Anfang der zwanziger Jahre benutzt, als dort ein Institut für Biotechnologie gegründet worden war. Tatsächlich sind aber auch schon vor diesem Zeitpunkt biotechnologische Prozesse bekannt gewesen; und zwar seit etwa 5000 Jahren, als nämlich die Produktion von alkoholischen Getränken durch Fermentation entdeckt wurde.

Die alten Ägypter sind selbst dieser altehrwürdigen Kunst einige Zeit zuvorgekommen, indem sie schon schimmeliges Brot als Breiumschlag für infizierte

Wunden benutzten (den Vorläufer der Antibiotika) und Schwangerschaftstests einführten, die auf dem Effekt des Urins auf Keimungsrate von Weizen und Gerste beruhte (diese Geschichte wird aber leider im vorliegenden Text nicht behandelt). Da behauptet die Biotechnologie doch von sich, sie sei eine moderne Technologie, dabei ist sie in Wirklichkeit uralt! Das heutige Interesse an der Biotechnologie wurde durch das Potential hervorgerufen, das sich durch die Verbindung biologischer Prozesse und Techniken – alten und neuen – mit Produktionstechnik und Elektronik eröffnet. Die Früchte der Biotechnologie wachsen auf einem Baum, dessen Wurzeln die biologischen Wissenschaften darstellen, insbesondere die Mikrobiologie, Genetik, Molekularbiologie und Biochemie, und dessen Stamm die Chemotechnik im weitesten Sinne des Wortes ist. Dieses Buch soll in die Grundlagen dieser drei Hauptwurzeln einführen: Mikrobiologie, enzymatische Katalyse und Molekularbiologie.

1.2 Wer betreibt Biotechnologie?

Nach diesen Ausführungen sollte es offensichtlich sein, daß es noch schwieriger ist, einen Biotechnologen zu definieren als Biotechnologie, nicht nur wegen der großen Vielfalt an den daran beteiligten Disziplinen, sondern auch, weil sich ein Wissenschaftler häufig nur vorübergehend mit diesem Begriff identifiziert. Man kann sehr wohl in einer Woche Biotechnologe sein und in der nächsten Biochemiker (oder Mikrobiologe usw.). Wenn wir alle diejenigen auflisten wollten, die ihrer Meinung nach einen Beitrag zur erfolgreichen Biotechnologie leisten, würde diese Liste folgende Berufsgruppen enthalten: Biochemiker, Mikrobiologen, Genetiker, Molekularbiologen, Zellbiologen, Botaniker, Landwirtschaftstechnologen, Virologen, analytische Chemiker, Techniker in der Biochemie, Chemotechniker, Kontrolltechniker, Elektrotechniker und Informatiker. Jedoch auch diese Liste wäre unvollständig, denn wir müssen die Wirtschaftswissenschaftler, Buchhalter und Manager miteinbeziehen, also diejenigen, die dafür verantwortlich sind, daß aus einer interessanten wissenschaftlichen Beschäftigung eine vermarktbare Technologie wird. Es ist ratsam, einzusehen, daß nicht alles, was wissenschaftlich und technisch möglich ist, notwendigerweise auch lohnend und profitabel ist.

1.3 Wie viele Leute betreiben Biotechnologie und wo?

Es ist unmöglich, die genaue Anzahl an Biotechnologen anzugeben oder aufzuzählen, wo diese arbeiten, jedoch kann man einige Hinweise darauf geben. Internationale wissenschaftliche Konferenzen ziehen mehr als 3000 Teilnehmer an; diese stellen wahrscheinlich nur etwa 10% der gesamten Gruppe dar. Man schätzt, daß alleine in Großbritannien etwa 2000 Biotechnologen arbeiten – ausgenommen sind dabei die traditionellen Industriezweige wie die Brauereien –

und daß diese Zahl in den nächsten 10 Jahren um 20% jedes Jahr anwachsen wird.

Die Verteilung der Arbeitsplätze (z.B. Industrie, Forschungsinstitute, Hochschulen) variiert von Land zu Land, aber wahrscheinlich arbeitet die Mehrheit der Biotechnologen in der Industrie. Dabei sind die chemische und pharmazeutische Industrie die größten Arbeitgeber, entweder direkt oder, indem sie kleine unabhängige Biotechnologieunternehmen finanzieren. In den Forschungsinstituten ist diese Berufsgruppe vor allem im medizinischen und landwirtschaftlichen Sektor tätig. *Allgegenwart* ist das Schlüsselwort an den Hochschulen.

1.4 Was tun Biotechnologen?

Die Arbeitsgebiete in der Biotechnologie können bequem in vier Gruppen unterteilt werden, die in Abb. 1.1 in einer Übersicht dargestellt sind.

1.4.1 Rekombinante DNA und Gentechnik

Von allen Gebieten hat die Molekularbiologie wahrscheinlich den größten Anstoß dazu gegeben, eine einheitliche moderne Biotechnologie zu schaffen. Die Fähigkeit, ein Gen, das ein gewünschtes Produkt codiert, zu extrahieren und in einen anderen Organismus zu überführen, hat prinzipiell zwei Möglichkeiten eröffnet. Einerseits können nützliche Proteine effektiver hergestellt oder neue Eigenschaften in den Wirtsorganismus eingeführt werden. Somit wurde die Großproduktion von Hormonen, Impfstoffen, Blutgerinnungsfaktoren oder Enzymen durch einige freundliche Bakterien möglich. Warum aber diese Probleme auf sich nehmen, warum nicht das gewünschte Protein direkt aus der natürlichen Quelle extrahieren? Dafür gibt es vier Gründe:

(1) Es ist oftmals nicht möglich, bestimmte Zellen im Großmaßstab zu züchten. Zum Beispiel können Säugetierzellen, insbesondere diejenigen menschlichen Ursprungs, nicht einfach erhalten werden, wachsen langsam und können nicht mittels einfacher Techniken, wie man sie von den Mikroorganismen her kennt, kultiviert werden. Es wurde spekuliert, daß die Produktion von Interferon mittels Kulturen menschlicher Zellen auf lange Sicht gesehen durch die Produktion mittels genetisch veränderter Mikroorganismen verdrängt wird. Natürlich setzt dies voraus, daß die Unterschiede in der Struktur zwischen den Interferonen, die auf diese beiden Weisen hergestellt worden sind, keinen signifikanten Effekt auf ihre Wirkung ausüben.

(2) Es ist möglich, daß das Material natürlicher Herkunft nur in begrenztem Maße zur Verfügung steht. Die durch die Medien unterstützte öffentliche moralische Empörung ist groß, wenn Geschichten über Versuche bekannt werden, bei denen man Leichen die Hypophyse zur Extraktion menschlichen Wachstumshormons entnommen hatte.

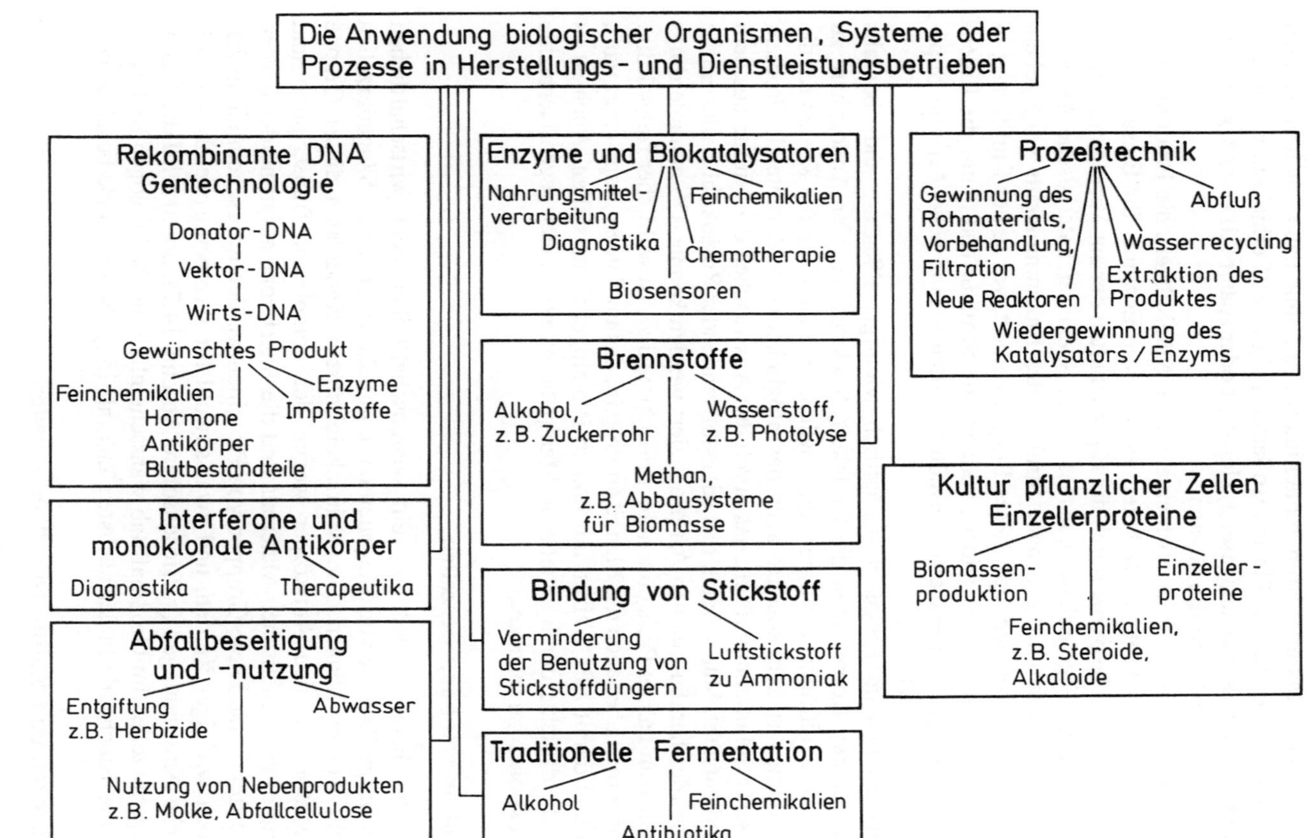

Abb. 1.1 Interessensgebiete in der Biotechnologie

(3) Das natürliche Material kann kontaminiert sein, ohne daß es sich vermeiden läßt. Hämophile, die aus Plasma isolierten Faktor VIII erhielten, waren dem therapeutischen Risiko ausgesetzt, Hepatitis oder später AIDS zu bekommen.
(4) Der vierte Grund sind die Kosten.

Diese Technologie eröffnet noch eine andere Möglichkeit: die Produktion eines völlig neuartigen Proteins. Nehmen wir z.B. die Enzyme. Ihr Einsatz in der Industrie ist zum Teil begrenzt durch die Eigenschaften der zur Verfügung stehenden Enzyme. Diese Eigenschaften, insbesondere Spezifität, katalytische Aktivität und Stabilität sind durch die genaue Struktur des Enzymmoleküls vorgegeben. Dadurch, daß man das Gen, das dieses Enzym codiert, vor seiner Einführung in den Wirtsorganismus selektiv ändert, könnten die Struktur und damit die Eigenschaften des Enzyms vorteilhafter gestaltet werden – eine neue Art von Superenzymen würde entstehen.

Veränderungen im Erbgut wirtschaftlich wichtiger Pflanzen sind ebenfalls vielversprechend. Könnte man die Fähigkeit, Stickstoff aus der Atmosphäre zu binden in die Feldfrüchte einführen, dann würde man nicht nur die Kosten für die Stickstoffdünger sparen, sondern auch das möglicherweise auftretende Problem der Wasserverschmutzung lösen, das durch das Auswaschen der Nitrate aus dem Ackerland entsteht. Man schätzt, daß stickstoffbindender Rosenkohl zu der Hälfte des Preises der herkömmlichen Art produziert werden könnte. Ob nun allerdings Rosenkohl zum halben Preis eine hohe Priorität besitzt, ist wohl eher fragwürdig! Nun könnte man aber auch die Menge an Protein, das im Samen gespeichert wird, erhöhen und damit z.B. Weizen mit hohem Proteingehalt herstellen. Auch ist es möglich, Feldfrüchte durch genetische Manipulation resistenter gegen Herbizide oder Infektionen zu machen.

1.4.2 Kultur von Säugetierzellen

Es ist wahrscheinlich, daß aus rein wissenschaftlichen oder wirtschaftlichen Gründen einige Proteine von Säugetieren nur mittels Kulturen von Säugetierzellen hergestellt werden können. Die wahrscheinlichsten Kandidaten dieser Gruppe sind die monoklonalen Antikörper wegen der komplexen Transcription und Translation ihres genetischen Materials und die Interferone aufgrund der Kosten und der Effektivität. Diese Gruppen von Proteinen werden wahrscheinlich in Zukunft noch wichtiger werden, und zwar sowohl für therapeutische als auch für analytische Anwendungen (s. Biosensoren, Abschn. 14.7). Somit wird die Kultur von Säugetierzellen im Großmaßstab wahrscheinlich die Zellbiologen und Techniker in der Biochemie in der nächsten Zukunft in größerem Maße beschäftigen.

1.4.3 Pflanzen und Kultur von Pflanzenzellen

Außer ihrer Schlüsselrolle in der Nahrungsversorgung sind Pflanzen auch wichtig als Quelle für anderes Rohmaterial. Heutzutage sind die wichtigsten Massenprodukte pflanzlichen Ursprungs Stärke und Zucker; in Brasilien fahren 90% der Autos mit einer Mischung von Benzin und Alkohol als Treibstoff, wobei letzterer durch die Fermentierung von Zuckerrohr hergestellt wird. Zucker wurde auch schon als Ausgangsprodukt für die chemische Industrie vorgeschlagen, es existiert sogar schon eine Technologie für seine Umsetzung in Ethylenoxid. Im Augenblick ist die Preisdifferenz zwischen Zucker und Ethylenoxid (Tab. 1.1) allerdings nicht groß genug, um diesen Prozeß für kommerzielle Anwendungen attraktiv zu machen.

Tabelle 1.1 Bulkpreise für biologische und andere Produkte (1980)

Biologisch	Preis DM Tonne^{-1}	Nicht biologisch
	30000000	Gold
Jasminöl	12000000	
Saffran	12000000	
Vitamin B$_{12}$	6900000	
Capsaicin (Chilli)	750000	
Penicillin	135000	
	16500	Polytetrafluoroethylen
Käse	3900	
	3810	Aspirin
Citronensäure	2100	
	1500	Ethylenoxid
Hefe	1380	
Zucker	1050	
Bier (ohne Steuern)	840	
	480	Naphthalin
Sojabohnenmehl	345	
	255	Rohöl
Melasse	240	

Pflanzen sind auch ein wichtiger Ausgangsstoff für Arzneistoffe von hohem Wert; etwa 25% der Arzneistoffe in einem modernen amtlichen Arzneibuch sind pflanzlichen Ursprungs. Die Herstellung wertvoller Verbindungen aus kultivierten Pflanzen hängt jedoch von Faktoren wie dem Wetter, den politischen Verhältnissen und der Marktwirtschaft ab, was die wirtschaftliche Nutzung sehr unzuverlässig macht. Vor allem aus diesen Gründen wurde die Wissenschaft (die Kunst, würden einige Leute sagen) der Kultur pflanzlicher Zellen vorangetrieben. Die Fähigkeit, pflanzliche Zellen im Großmaßstab zu kultivieren, entweder zur Produktion von Biomasse *per se*, oder um das gewünschte Produkt aus Zellkulturen (mit hohem Ertrag) zu extrahieren, ist eine sehr wünschenswerte Technologie geworden. Die meisten dieser wertvollen Produkte, die so produziert werden, sind sogenannte Sekundärmetabolite, die von der Zelle in ihrer stationären Phase (das heißt, wenn sie nicht mehr aktiv wächst) synthetisiert werden. Eine Weiterführung dieser Technologie ist die Immobilisierung pflanzlicher Zellen (s. Abschnitte 14.2.3; 14.2.4; 14.4) mit dem Ziel, sie in hoher Konzentration in einem Bioreaktor für Monate am Leben zu halten. Man hat schon oft von einer fabrikmäßigen Landwirtschaft gesprochen, dies hier ist wirklich eine solche! Im Augenblick ist die Technologie teuer, so daß die möglichen Produkte von hohem Wert sein müssen (typischerweise mehr als 500 Dollar pro Kilogramm). Da jedoch die Technologie fortschreitet und die Kosten fallen, kann es irgendwann wirtschaftlich sein, auf diese Weise Material, das in großen Mengen benötigt wird, billig herzustellen, z.B. Glykolsäure, als Ausgangsmaterial für die chemische Industrie.

1.4.4 Brennstoffe

Wie uns erzählt wird werden die Vorräte an verbrennbaren Treibstoffen, insbesondere Mineralöl, auf der Welt bald erschöpft sein. Da die Quellen zu versiegen beginnen, wird das Öl als Ausgangsprodukt für die chemische Industrie (z.B. für die Herstellung von Kunststoffen) gebraucht und ist daher zu wertvoll, um es als Treibstoff zu verbrauchen. Die Biotechnologie könnte zwei Lösungen anbieten: neue Treibstoffe (s. Abschn. 15.4) oder alternative Kohlenstofflieferanten. Wirtschaftlich betrachtet ist die Herstellung von Alkohol als Treibstoff in Brasilien gerade noch ausgewogen. Der Alkohol muß nämlich vor der Nutzung destilliert werden, was einen energieaufwendigen Prozeß darstellt. In diesem Falle ist der Prozeß energetisch gesehen (eben noch) wirtschaftlich, da der Abfall des Zuckerrohrs als Brennstoff für die Destillation benutzt wird.

Ein anderer möglicher biotechnologischer Brennstoff ist Methan. Alles was man braucht, ist Schweinemist (oder etwas ähnliches) und ein Loch im Boden mit einem Deckel darauf; die Natur tut den Rest. Offensichtlich muß diese Technologie verbessert werden, aber es ist ein Beispiel eines biotechnologischen Prozesses, der ohne große Probleme in die landwirtschaftlich ausgerichteten Länder der dritten Welt eingeführt werden kann.

Der biotechnologische Brennstoff, der von der Ästhetik her vielleicht am meisten zusagt, wäre Wasserstoff, der aus der Biophotolyse des Wasser stammt. Die Technologie für die Speicherung und für den Umgang mit Wasserstoff existiert schon. In mancherlei Hinsicht ist er sicherer in der Anwendung als Erdöl und gleichzeitig viel leichter. Die biophotolytische Produktion von Wasserstoff wurde schon zu Wege gebracht. Sie basiert auf einer Kombination des Photosystems von Pflanzen mit Hydrogenasen aus Bakterien und Licht. Im Augenblick bestehen noch eine Anzahl von Problemen: die Instabilität der Hydrogenase und die relativ ineffiziente Umwandlung von Licht in Energie durch Chlorophyll. Nichtsdesdoweniger existieren Berichte über solche Systeme, die mehrere Monate lang in Aktion waren. Der große Vorteil, den aus Wasser produzierten Wasserstoff als Brennstoff zu verwenden, besteht darin, daß er bei seiner Verbrennung keine Verschmutzung verursacht und das Ausgangsmaterial zurückgewonnen wird. Zumindest in dieser Hinsicht ist er ein idealer Brennstoff.

1.4.5 Biokatalyse

Die Enzyme sind die besten Katalysatoren in der Natur, da sie über hohe Spezifität und sehr große katalytische Aktivität verfügen. Ihr Potential für eine Vielzahl von Anwendungen zu beschreiben ist ein Hauptanliegen dieses Buches. Enzyme wurden schon seit Jahrhunderten verwendet, insbesondere zur Herstellung von

Nahrung (z.B. Käseherstellung, Entfernung von Haaren von der Haut) und stellen eine der ältesten Formen der Biotechnologie dar. In jüngerer Zeit ist ein großes Interesse daran entstanden, die Anwendung von Enzymen auszudehnen (entweder gereinigt, oder in toten bzw. abgeschwächten lebenden Zellen), und zwar bei der Nahrungsmittelherstellung, bei der chemischen Produktion, in analytischen und diagnostischen Systemen und bei der Behandlung von Krankheiten. Dieses neue Interesse ist vor allem in dem besseren Verständnis der Funktion und den Eigenschaften der Enzyme begründet. Außerdem gehört zu dieser Technologie die Handhabung der Biokatalysatoren, insbesondere ihre Immobilisierung, damit sie in einem Fermenter oder an einem Sensor befestigt werden können.

1.4.6 Abfallbeseitigung und -nutzung

Abwasserbeseitigung ist ein Problem, mit dem die Menschheit schon seit langem konfrontiert ist. Vergangen sind die Tage, an denen einem Warnschrei aus den oberen Etagen rasch der Inhalt des Nachttopfes folgte. Heute sind Abwasseranlagen ein gutes Beispiel für einfache Biotechnologie: eine Schicht von fixierten Mikroorganismen baut die Abfallprodukte aus dem Abwasser ab, das über sie hinwegrieselt. Es existieren jedoch auch andere Arten von Abfall, der mit Hilfe der geeigenten Techologie nicht nur einfacher beseitigt, sondern vielleicht auch in nützliche Gebrauchsmaterialien umgewandelt werden könnte. Zum Beispiel beginnt die Käseherstellung mit der Gerinnung von Milch, wobei feste Quarkklumpen und flüssige Molke entstehen. Anders als „Little Ms. Muffet" (Hauptperson eines Kinderreims, die Quark und Molke verzehrt; Anm. d. Übers.) neigen wir nicht dazu, die Molke zu trinken, sondern gießen sie in den Abfluß. Ein mittelgroßer Betrieb zur Käseherstellung kann Tausende von Litern an Molke jeden Tag produzieren. Sie in den Abwasserkanal zu kippen ist nicht nur problematisch, sondern auch kostspielig. Denn sie besteht aus einigen Proteinen, Mineralstoffen und etwa 4% Lactose. Die Lactose als solche ist nicht sehr wertvoll; zwei Drittel der Weltbevölkerung kann sie nicht verdauen; außerdem ist sie weder süß noch löslich. Sie findet dennoch einige Anwendung bei der Herstellung von Eiscreme, Tütensuppen und Desserts; ihre Anwendung könnte aber sehr stark ausgedehnt werden, wenn man sie in ihre Zuckerbestandteile Glucose und Galactose spalten würde. Es wurden Methoden erarbeitet, das Enzym β-D-Galactosidase zu diesem Zweck zu verwenden.

Cellulose ist ein anderes, in großen Mengen anfallendes Abfallprodukt, insbesondere in Form von Stroh aus dem Getreide. Herkömmlicherweise wird es entweder in den Feldern untergepflügt oder, in neuerer Zeit, verbrannt. Das Verbrennung von Stroh wird gerade nach und nach in den zivilisierten Ländern aus Gründen des Umweltschutzes verboten. Theoretisch könnte diese Abfallcellulose biologisch abgebaut und als Ausgangsmaterial für die Produktion mikrobieller Proteine benutzt werden. Es wird geschätzt, daß auf diese Weise alleine aus dem Abfall der Landwirtschaft genug Protein produziert werden könnte, um die ganze Weltbevölkerung zu ernähren – ein vernünftiger Gedanke.

Schließlich sind da noch die Materialien wie die Herbizide, die, nachdem sie ihren Zweck erfüllt haben, wirklich problematische Abfallprodukte darstellen. Auch hier ist es vielleicht möglich, biologische Methoden für ihre *in situ*-Entgiftung zu entwickeln.

1.4.7 Fermentation

Die Fermentation teilt mit der Biokatalyse den Anspruch, die älteste Form der Biotechnologie zu sein. Herkömmlicherweise versteht man unter Fermentation die Herstellung von trinkbarem Alkohol aus Kohlenhydraten. Durch Fermentation – das heißt, durch Anwendung des mikrobiellen Metabolismus zur Umwandlung einfacher Rohmaterialen in wertvolle Produkte – kann jedoch eine erstaunliche Vielfalt wertvoller Substanzen gewonnen werden, z.B. Chemikalien wie Citronensäure, Antibiotika, Biopolymere und Einzellerproteine. Es gibt unendlich viele Möglichkeiten, die so verschieden sind wie die Mikroorganismen selbst. Was man braucht, ist die Kenntnis dieser Mikroorganismen, die Kontrolle ihres Metabolismus und Wachstums und die Fähigkeit, im Großmaßstab mit ihnen umzugehen. Diese Gebiete werden ausführlich in den nachfolgenden Kapiteln dieses Buches behandelt (Kap. 2-9).

1.4.8 Verfahrenstechnik

Es ist eine Sache, als Wissenschaftler im Labor ein neues Gen zu klonieren, ein neues Antibiotikum zu entdecken oder einen neuen enzymkatalysierten Vorgang zu entdecken, es ist aber eine andere Sache, dieses Wissen in einen Arbeitsmaßstab zu überführen, der nötig ist, ein nützliches Produkt in größeren Mengen herzustellen. Letzteres bleibt dem Techniker überlassen, sei er auf chemischem, biochemischem oder auf irgendeinem anderen Gebiet tätig. Gewinnung, Vorbehandlung, Filtration des Rohmaterials, Konstruktion des Fermenters und seine Kontrolle, Zurückgewinnung/Wiederverwendung des Biokatalysators oder des Organismus, Extraktion und Analyse des Produktes, Beseitigung des Abwassers, Wasserrecycling – all dies gehört zu seinen Aufgaben. Chemotechniker haben sich als sehr geschickt erwiesen, chemische Prozesse im Großmaßstab durchzuführen. Biologische Verfahren unterscheiden sich jedoch von chemischen in vielen wichtigen Gesichtspunkten, z.B. können Sterilität oder Ausschluß fremder Bestandteile für die Produktion nötig sein, oder ein labiles Produkt muß aus einer großen Menge Wasser extrahiert werden. Probleme wie diese oder andere, auf die man stößt, stellen eine große Herausforderung für den technischen Erfindungsgeist des Menschen dar. Ohne ihre Lösung kann der Biologe seine Technologie einpacken und zur Naturgeschichte zurückkehren.

1.5 Welche Bedeutung hat die Biotechnologie ?

Wieviel ist die Biotechnologie wert? Bei der Beantwortung dieser Frage muß man einerseits den Wert berücksichtigen, den die auf biologischem Weg hergestellten Produkte haben. Andererseits muß man den Beitrag der Industrie, die mit der Biotechnologie in Verbindung steht, zu dem Bruttoinlandsprodukt eines Landes in Betracht ziehen. Tab. 1.1 zeigt einen interessanten Vergleich zwischen den auf die Masse bezogenen Preisen für biologische und andere Produkte.

Tabelle 1.2 Weltmarktvolumen biologischer Produkte (1981)

Produkt	Millionen DM
*Alkoholische Getränke	69000
*Käse	42000
**Antibiotika	13500
**Diagnostika	6000
†Saatgut	4500
*Fructosesirup	2400
*Aminosäuren	2250
*Hefen	1620
**Steroide	1500
**Vitamine	990
*Citronensäure	630
*Enzyme	600
**Impfstoffe	450
**Serumalbumin v. Menschen	375
**Insulin	300
**Urokinase	150
**Faktor VIII	120
**Wachstumshormone	105
†Mikrobielle Pestizide	36
**Jasminöl	24
Total:	146550

Zusammenfassung	
Produkt	Millionen DM
*Nahrungsmittel	118500
**Gesundheit	23490
†Landwirtschaft	4536

Die Liste wird von Gold angeführt, jedoch dicht gefolgt von Jasminöl und Saffran. In einer anderen Kultur könnten diese vielleicht das ersparte Volksvermögen darstellen. Die relativen Preise für Zucker und Ethylenoxid wurden schon verglichen (s. Abschn. 1.4.3). Einer der überraschendsten Vergleiche stellt wahrscheinlich der von Käse und Aspirin dar. Die beiden Produkte sind etwa gleich teuer. Im Einzelhandel jedoch kostet Aspirin etwa 50 mal mehr als Käse. Dies spiegelt nicht so sehr die relativen Gewinnspannen der Nahrungsmittel- bzw. der Arzneimittelindustrie wieder. Es veranschaulicht vielmehr das Prinzip der Wichtigkeit des Marktvolumens. Der relative Wert eines Produktes hängt nicht nur von dem Preis ab, zu dem es verkauft werden kann, sondern auch davon, wieviel davon verkauft werden kann. Diese Überlegung ist in Tab. 1.2 veranschaulicht, die den gesamten Weltmarktwert bestimmter biologischer Produkte angibt. Die Produktion von Jasminöl, dieser ungeheuer teuren Ware, stellt in Wirklichkeit eine unbedeutende Industrie dar (Marktvolumen von 24 000 000 DM), da nur eine relativ kleine Nachfrage danach besteht. Nichtsdestoweniger ist deutlich geworden, daß biologische Produkte in beiderlei Hinsicht, im Preis pro Masse und im Marktwert, wertvoll sind.

Teilen wir die Industrie, die mit der Biotechnologie in Verbindung steht, nach dem Art und der Herstellungsweise ihrer Produkte ein, dann können wir sehen (Tab. 1.3), daß sie, etwa 20–25% des Bruttoinlandsproduktes ausmacht. Die Landwirtschaft ist dabei ausgenommen. In Bezug auf das nationale Wirtschaftswachstum als Ergebnis der Einführung der Biotechnologie geht aus diesen Zahlen jedoch deutlich hervor, daß das größte Potential in der Nahrungsmittel- und chemischen Industrie liegt und nicht im pharmazeutisch/medizinischen Bereich. Es mag deshalb vielleicht verwundern, daß eine nationale Strategie für die Biotechnologie oft gerade auf den medizinischen Sektor ausgerichtet wird, und daß dort die Mehrzahl der vom Staat finanzierten Forschungen und Entwicklungen liegt (über 60% der gesamten staatlichen Unterstützung in Großbritannien). Ob dies im menschlichen Altruismus begründet liegt oder in der Tatsache, daß viele der ersten Produkte der Biotechnologie zufällig in den medizinischen Bereich fallen, bleibt offen. Wieviel die nationalen Regierungen für die Finanzierung der Forschung und Entwicklung in der Biotechnologie ausgeben, ist in Tab. 1.4 gezeigt, obwohl man bei der Interpretation der Daten vorsichtig sein sollte.

Tabelle 1.3 Beitrag der mit der Biotechnologie verbundenen Industriezweige zum Bruttoinlandsprodukt (% OEDC 1978)

| Land | Industrie | | |
	Nahrungs-mittel	Chemie	Gesundheit
Frankreich	10,7	12,8	nicht erhältlich
Deutschland	7,4	15,1	1,1
Japan	8,9	14,9	1,4
Neuseeland	15,5	6,0	0,3
Norwegen	13,2	8,8	0,2
Schweden	7,9	7,1	0,5
Großbritannien	9,8	14,8	1,0
USA	9,1	13,6	0,8

Zusammenfassend kann gesagt werden, daß die Biotechnologie schon eine beachtliche Bedeutung besitzt, die in Zukunft nur noch wachsen kann.

Tabelle 1.4 Staatliche Unterstützung biotechnologischer Forschung und Entwicklung (1983)*

	Millionen DM
USA	1485
Westdeutschland	288
Japan	270
Frankreich	198
Großbritannien	180
Italien	81
Niederlande	63
Belgien	39

* EEG Schätzungen

1.6 Wohin wird die Entwicklung der Biotechnologie führen?

In den vorhergehenden Abschnitten dieses Kapitels haben wir schon einiges über die Reichweite und das Potential der Biotechnologie erfahren. Die Entwicklung der Biotechnologie wird sich über lange Zeit hinziehen und hängt von den Launen der Marktkräfte und der Entwicklungen in den konkurrierenden Technologien ab. Zum heutigen Zeitpunkt die Zukunft vorauszusagen, ist unmöglich; aber vielleicht kann es nützlich sein, gewisse Vorausberechnungen und einige Fehlinterpretationen aus der Vergangenheit zu zitieren. Tab. 1.5 stellt eine Liste

Tabelle 1.5 Voraussagen der OECD für gentechnologisch hergestellte biotechnologische Produkte (1981)

	Millionen DM
Humaninsulin	1985
Interferon (Krebs)	1987
Interferon (antiviral)	1988
Hepatitis B-Impfstoff	1990
Wachstumshormon	1990

von Voraussagen der OECD aus dem Jahre 1981 darüber dar, wann bestimmte Produkte aus der Gentechnologie kommerziell vermarktbar wären. Sie ist aus zwei Gründen interessant. Zum ersten scheint es heute so, als ob diese Voraussagen sich als ziemlich richtig erwiesen haben. Zweitens wurden einige von ihnen durch andere Entwicklungen übergeholt. So erschien chemisch abgewandeltes Schweineinsulin, das chemisch gesehen nicht vom menschlichen zu unterscheiden ist, 1983 auf dem Markt. Interferon, das Wundermittel, scheint letztendlich nicht so wundervoll zu sein. Die Behandlung von Krebs könnte schließlich vielleicht nicht durch Interferon, sondern durch neuere Entdeckungen wie dem TNF (Tumornekrose-Faktor) vorankommen.

1.7 Zusammenfassung

Der Schlüssel zu einer erfolgreichen Entwicklung der Biotechnologie liegt entweder in der Herstellung eines Produktes, das mit anderen Mitteln nicht produziert werden könnte oder darin, ein existierendes Produkt billiger herzustellen. Es ist jedoch ziemlich offensichtlich, daß letzteres das Verlassen einer bestehenden Technologie bedeutet, die selbst auch verbessert werden kann, und daß dieses Vorgehen daher ein beachtliches Risiko birgt. Tab. 1.6 ist eine Liste der weniger bekannten biotechnolgischen Produkte und Dienstleistungen, die Ziele einer mittelfristigen Entwicklung sein könnten und sich auf die erste der beiden oben erwähnten Möglichkeiten bezieht.

Tabelle 1.6 Mittelfristig mögliche biotechnologische Produkte und Dienstleistungen (aus Dunnill und Rudd, 1984)

Grippeimpfstoffe
Tabakersatzstoff
Einzellerkollagen für Steaks
Erstklassige Weine zu günstigen Preisen
Verläßliche Selbst-Diagnostika
Häufig blühende Pflanzen
Analytische Methoden, um die Reaktion der Menschen auf neue Nahrungsmittel, Arzneimittel festzustellen
Gewebespezifische zielgerichtete Arzneimittel

Ist die Biotechnologie die nächste industrielle Revolution? Dies ist ungewiß, doch wir können sicher davon ausgehen, daß sie Bestand haben wird.

Teil II Mikrobielles Wachstum

K. H. Goulding

Vorausgesetzte Begriffe

Grundlagen des Stoffwechsels (z.B. Citratcyclus, Fettsäurestoffwechsel), Energiespeicherung (z.B. oxidative Phosphorylierung, photosynthetische Phosphorylierung)

Empfohlene Bücher

Dose, K. (1991), *Biochemie - Eine Einführung*. Springer, Heidelberg
Lehninger, A.L. (1982) *Principles of Biochemistry*. Worth Publishers, New York
deutsch: (1987)*Prinzipien der Biochemie*. Walter de Gruyter Verlag, Berlin
Rawn, J.D. (1989), *Biochemistry*. Neil Patterson, Burlington N.C.
Stryer, L. (1988). *Biochemistry*, 3 ed. Freeman, New York
deutsch: (1990) *Biochemie*. Spektrum der Wissenschaften, Heidelberg

2. Einführung in den Stoffwechsel

Es wird häufig behauptet, daß die Biochemie das gemeinsame Thema aller biologischen Wissenschaften ist. Unterstützung bekommt diese Behauptung vor allem durch vergleichenden Studien über den Zellstoffwechsel und die Mechanismen der Energiespeicherung. Von den fundamentalen strukturellen und organisatorischen Unterschieden zwischen Prokaryoten und Eukaryoten abgesehen (z.B. dem Fehlen der Kernmembran und von Organellen wie Mitochondrien und Chloroplasten in den Prokaryoten und den Unterschieden in der Organisation, Replikation und Expression des Erbgutes) zeigen alle Organismen beachtliche Ähnlichkeiten auf zellulärer Ebene. In der Tat sind sogar einige strukturelle Grundzüge und Aspekte der Organisation, Replikation und Expression des Erbgutes in Bakterien, höheren Pflanzen und Tieren sehr ähnlich. Die Ähnlichkeiten zwischen diesen Gruppen sind aber besonders auffallend, wenn grundlegende metabolische Prozesse verglichen werden.

2.1 Erzeugung von ATP

Zum Wachstum und zur Aufrechterhaltung der Lebensfunktionen muß jeder Organismus in der Lage sein, das energiereiche Adenosintriphosphat (ATP) zu bilden, damit es für die vielen energieverbrauchenden Prozesse (z.B. Transport und Biosynthesen), die für das Leben essentiell sind, zur Verfügung steht. Die biosynthetischen Vorgänge selbst sind von einer adäquaten Zufuhr von Kohlenstoff und Wasserstoff abhängig und gehen von einer kleinen Menge von sogenannten *zentralen metabolischen Zwischenprodukten* aus. Obwohl es Varianten gibt, sind die Stoffwechselwege zur ATP-Bildung im Grunde in allen Organismen gleich.

Pflanzen, Cyanobakterien und andere photosynthetisch aktive Bakterien produzieren ATP zunächst als Endprodukt des photosynthetischen Elektronentransportmechanismus. Sie sind als *phototrophe Organismen* bekannt. In den *chemotrophen* Organismen wird ATP dagegen durch die Oxidation von organischen Verbindungen gewonnen, die bei den Mikroorganismen als Wachstumssubstrat bezeichnet werden. Der daran beteiligte oxidative Stoffwechselweg und die dazugehörige Elektronentransportkette sind in allen Organismen bemerkenswert ähnlich. Bei Aerobiern wird dieser Prozeß gewöhnlich *Zellatmung* genannt, während man bei Anaerobiern oder bei Aerobiern unter anaeroben Bedingungen von anaerober *Atmung* oder *Fermentation* spricht.

Die große Mehrheit der Organismen benutzt sehr ähnliche Atmungsmechanismen, die in den meisten Biochemielehrbüchern (s. z.B. Lehninger, 1982; Stryer, 1988) leicht verständlich erklärt sind und deshalb hier nicht im Detail beschrieben werden. Daher wird nur eine grundlegende Übersicht über den Atmungsmetabolismus in Abb. 2.1 gezeigt. Diese zeigt, daß praktisch jede Art von Wachstumssubstrat, das drei oder mehr Kohlenstoffatome enthält, direkt oder indirekt über die Zwischenprodukte der *Glykolyse* zu Acetyl-CoA oxidiert werden kann, das dann über den *Citratcyclus* oder Krebscyclus vollständig zu Kohlendioxid weiteroxidiert wird. Somit werden Substrate wie Polysaccharide, Monosaccharide und ihre Phosphate, organische Säuren und Aminosäuren zu Zwischenprodukten der Glykolyse oxidiert, die dann weiter zu Acetyl-CoA reagieren. Dagegen werden Lipide über Wege wie die *β-Oxidation* direkt zu Acetyl-CoA oxidiert. Acetyl-CoA tritt dann in den Citratcyclus ein, indem es mit der C_4-Säure, Oxalessigsäure, zu der C_6-Verbindung Citronensäure kondensiert. Citrat wird über einen Reaktionscyclus oxidiert, der zur Rückgewinnung von Oxalacetat und der Freisetzung von zwei Molekülen Kohlendioxid führt. Im Grunde genommen oxidiert also der Citratcyclus die C_2-Verbindung Acetat zu zwei Molekülen Kohlendioxid. Auf verschiedenen Stufen dieser Oxidation werden Elektronenakzeptoren (X in Abb. 2.1) wie Nicotinamidadenindinucleotid (NAD^+) reduziert. Diese werden nach und nach über eine *Elektronentransportkette* reoxidiert. Diese Kette besteht unter anderem aus verschiedenen Cytochromen, die abwechselnd oxidiert und reduziert werden, bis im letzten Schritt Sauerstoff als Elektronenakzeptor dient und Wasser entsteht. Während dieser Elektronentransportreaktionen wird Energie frei, von der ein Teil durch die *oxidative Phosphorylierung* in Form von ATP gespeichert wird.

Somit verläuft im Hinblick auf die aerobe Verwendung von Substraten mit drei und mehr Kohlenstoffatomen der Vorgang der ATP-Erzeugung in allen Organismen sehr ähnlich. Es gibt aber auch Unterschiede bei den Mikroorganismen, insbesondere bei denen, die anaerob oder zumindest fakultativ anaerob leben oder bei denen, die auf Substraten mit weniger als drei Kohlenstoffatomen wie Methan, Methanol und Glykolsäure wachsen können. Da solche Organismen in der Biotechnologie eine große Rolle spielen, werden diese Varianten ausführlich in den Kapiteln 3 und 4 behandelt. Außerdem und ebenfalls wegen ihrer großen Wichtigkeit für die Biotechnologie werden in Kapitel 5 die Stoffwechselwege zur Oxidation einiger anderer Verbindungen wie höherer Kohlenwasserstoffe und aromatischer Substrate beschrieben. Für die Umwandlung dieser Substrate in Zwischenstufen der Glykolyse oder des Citratcyclus werden spezielle Methoden benötigt.

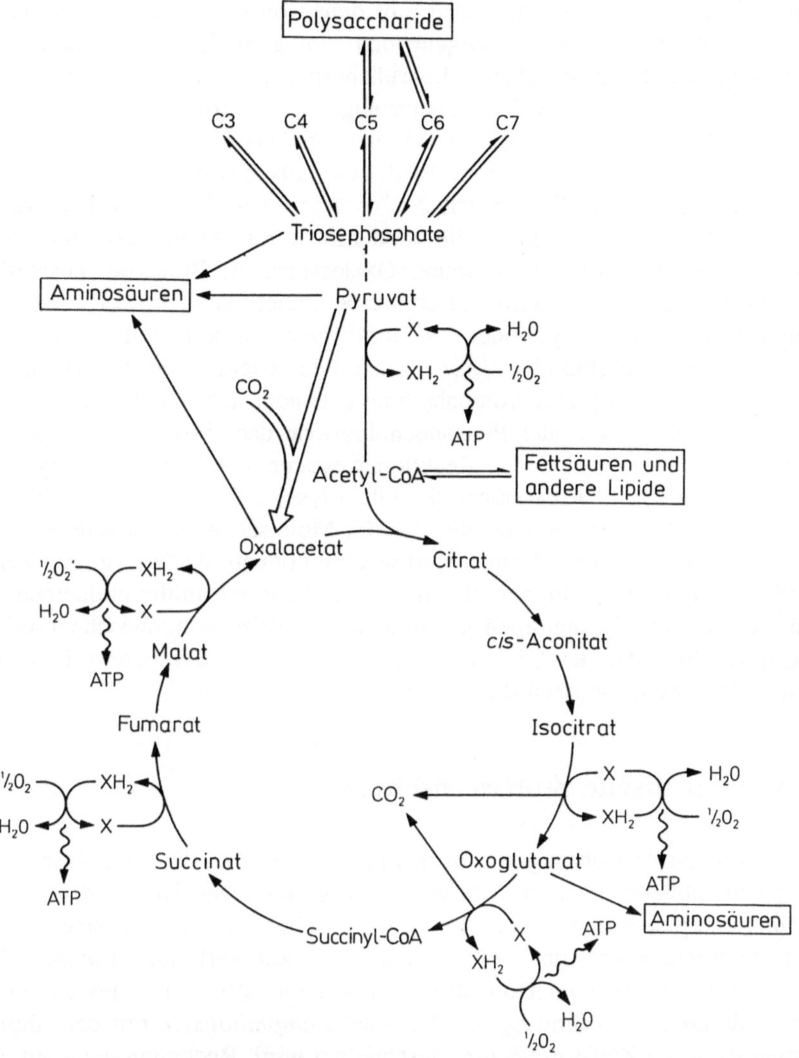

Abb. 2.1 Übersichtsdiagramm des aeroben Abbaus von Substraten, die drei oder mehr Kohlenstoffatome enthalten. Es zeigt, wie ATP über die Glykolyse und den Citratcyclus gebildet wird, und wie die Substrate dazu benutzt werden können, die wichtigsten biosynthetischen Vorstufen zu bilden (Erklärungen s. Text) → katabole Reaktionen; → biosynthetische Reaktionen; ⇒ anaplerotische Reaktionen

2.2 Erzeugung von Vorstufen für die Biosynthese

Das erste Erfordernis für Wachstum und Aufrechterhaltung der Lebensfunktionen ist die ATP-Bildung; das zweite die Fähigkeit, zelluläre Bestandteile wie Aminosäuren (als Vorstufen für die Proteine), Monosaccharide, Fettsäuren und andere Lipide sowie die Nucleotid-Vorstufen für die Nucleinsäuren zu synthetisieren. Wiederum sind die Methoden, mit denen diesem Erfordernis Rechnung getragen wird, in den meisten Organismen sehr ähnlich. Details dieser Stoffwechselwege werden in Biochemie-Lehrbüchern ausführlich beschrieben, so daß auch hierüber nur ein kurzer Kommentar abgegeben werden soll.

Wie in Abb. 2.1 gezeigt, gehen die meisten *biosynthetischen Stoffwechselwege* von Zwischenprodukten entweder der Glykolyse oder des Citratcyclus aus. Zum Beispiel stammen die meisten Aminosäuren von Glutaminsäure, Asparaginsäure, L-Alanin oder L-Serin, die wiederum durch Aminierung der entsprechenden Oxosäuren α-Oxoglutarsäure, Oxalessigsäure, Brenztraubensäure und Hydroxybrenztraubensäure synthetisiert werden. Diese sind entweder selbst Zwischenprodukte der Glykolyse oder des Citratcyclus oder können leicht aus diesen gebildet werden. Auf ähnliche Weise werden die Fettsäuren aus Acetyl-CoA über den Malonyl-CoA-Weg und Kohlenhydrate entweder aus Malat oder Oxalacetat gebildet, die zu Pyruvat oder Phosphoenolpyruvat decarboxyliert werden. Letztere werden in einer Reihe von Reaktionen weiter metabolisiert. Einige dieser Reaktionen sind Umkehrreaktionen der Glykolyse, andere spezielle biosynthetische Prozesse. Als Endprodukte entstehen C_6-Monosaccharide, aus denen andere Mono- und Polysaccharide synthetisiert werden können. Andere für den Zellaufbau erforderliche Verbindungen, darunter Purin bzw. Pyrimidin enthaltende Vorstufen der Nucleotide, stammen auf indirektere Weise von Zwischenprodukten des Citratcyclus oder der Glykolyse; jedoch auch ihre Synthese geht von den gleichen Zwischenprodukten dieser Stoffwechselwege aus.

2.3 Anaplerotische Stoffwechselwege

Aus den obigen Ausführungen geht deutlich hervor, daß die Glykolyse und der Citratcyclus äußerst wichtige Stoffwechselwege sind. Sie haben nicht nur eine *katabole*, energieliefernde Funktion, sondern stellen auch die meisten Vorstufen für die Synthese aller Arten von Zellbausteinen zur Verfügung (*anabole Funktion*). Dieser einzigartigen Doppelfunktion der Glykolyse und des Citratcyclus hat man durch die Einführung des Ausdrucks *amphibolisch*, mit dem ihre sehr wichtige Rolle im Zellstoffwechsel beschrieben wird, Rechnung getragen. Diese Aufgabe kann nur erfüllt werden, wenn es einen Mechanismus zur kontinuierlichen Wiedergewinnung der Zwischenprodukte gibt, denn für jedes C_2-Acetat, das in den Citratcyclus eintritt, werden zwei Moleküle Kohlendioxid freigesetzt. Wenn α-Oxoglutarat, Succinat, Malat oder Oxalacetat als Vorstufen für die Synthese von Zellbausteinen entfernt würden, wäre der Kreislauf schnell beendet, da kein Oxalacetat als Akzeptor für Acetyl-CoA wiedergewonnen würde. Daher liegt es auf der Hand, daß ein „auffüllender", ein *anaplerotischer Stoffwechselweg* erforderlich ist, durch den die nötige Konzentration an den Zwischenprodukten des Citratcyclus wiedereingestellt werden kann. Bei der Mehrzahl der Organismen, die Substrate mit drei oder mehr Kohlenstoffatomen verwenden, besteht dieser in der einfachen Carboxylierung einer C_3-Verbindung, gewöhnlich Phosphoenolpyruvat oder Pyruvat, die aus dem Substrat selbst gebildet werden kann. Dadurch entsteht entweder Malat oder Oxalacetat (s. Abb. 2.1). Die verschiedenen Organismen haben unterschiedliche Enzyme für diese anaplerotische Aufgabe. Die am meisten verwendeten sind:

$$\text{Pyruvat} + CO_2 + \text{ATP} + H_2O \xrightleftharpoons{\text{Pyruvat-Carboxylase}} \text{Oxaloacetat} + \text{ADP} + \text{Pi} + 2H^+$$

$$\text{Phosphoenolpyruvat} + CO_2 + \text{GDP} + \text{Pi} \xrightleftharpoons{\text{Phosphoenolpyruvat-Carboxykinase}} \text{Oxaloacetat} + \text{GTP}$$

Wie für die energieliefernden Stoffwechselwege haben Organismen, die auf vielen C_2-Substraten oder auf Fettsäuren bzw. Kohlenwasserstoffen mit zwei und mehr Kohlenstoffatomen wachsen, notwendigerweise andere anaplerotische Stoffwechselwege entwickelt (s. Kap. 4). Ihre Substrate werden letztendlich alle zu Acetyl-CoA oxidiert. Doch nur wenige Organismen können Acetat direkt zu einer C_3-Verbindung carboxylieren, die dann wiederum anaplerotisch entweder zu Oxalacetat oder zu Malat carboxyliert werden könnte. Die direkte Umkehrung der Pyruvat-Dehydrogenasereaktion, durch die Acetyl-CoA gebildet wird, um es in den Citratcyclus einzuschleußen, ist unter normalen zellulären Bedingungen wegen der damit verbundenen großen Änderung der freien Energie praktisch unmöglich. Einige Organismen, vor allem die anaerob lebenden photosynthetisch aktiven Bakterien, haben die Fähigkeit, Acetat mit einer Ferridoxin-abhängigen Pyruvat-Synthetase (Stryer, 1981) zu Pyruvat umzuwandeln. Diese Organismen sind aber nur von geringem biotechnologischem Interesse und werden deshalb nicht weiter behandelt. Organismen, die auf C_3-Substraten wachsen stehen vor einem noch größeren Problem bei der Produktion der für die Biosynthese erforderlichen Vorstufen (s. Kap. 3).

2.4 Zusammenfassung

Die Mehrheit der Mikroorganismen, die auf vielen verschiedenen Substraten wachsen, oxidieren diese über die Glykolyse und den Citratcyclus, um reduzierte Nucleotide zu bilden. Diese reduzierten Nucleotide wiederum werden durch Elektronentransportsysteme reoxidiert, wobei ATP zu produziert wird, das für die Aufrechterhaltung der Lebensfunktionen und für das Wachstum notwendig ist. Biosynthetische Stoffwechselwege, die zur Synthese von Kohlenhydraten, Lipiden, Aminosäuren, Proteinen und anderen Zellbausteinen führen, beginnen im allgemeinen mit Zwischenprodukten der Glykolyse bzw. des Citratcyclus. Um dieser Doppelrolle, amphibolisch genannt, gerecht zu werden, benötigen diese Stoffwechselwege einen „auffüllenden", anaplerotischen Weg. Normalerweise geschieht dies durch Carboxylierung einer C_3- zu einer C_4-Verbindung. Organismen, die auf C_1- bzw. C_2-Substraten wachsen, benötigen jedoch andere metabolische Wege, die in den folgenden Kapiteln abgehandelt werden.

3. Aerobes mikrobielles Wachstum auf C_1-Substraten

3.1 Definition, Überblick und Anwendung

Die Definition eines C_1-Substrates mag überflüssig erscheinen. Bei der Beschreibung von Stoffwechselvorgängen beinhaltet der Begriff jedoch nicht nur Verbindungen mit einem Kohlenstoffatom wie Kohlendioxid, Kohlenmonoxid, Formiate, Methanol, Methan und Methylamin, sondern auch Verbindungen mit mehr als einem Kohlenstoffatom, die jedoch keine Kohlenstoff-Kohlenstoff-Bindung aufweisen wie:

$$CH_3\text{--}CH_3\text{--}NH \qquad CH_3\text{--}CH_3\text{--}CH_3\text{--}N \qquad CH_3\text{--}CH_3\text{--}S$$

Dimethylamin   Trimethylamin   Dimethylsulfid

In diesem Kapitel werden zuerst diejenigen energieliefernden Prozesse behandelt, die in zur aeroben Nutzung von C_1-Substraten befähigten Organismen gefunden werden. Danach werden die biosynthetischen Reaktionswege untersucht, bei denen diese Substrate in C_3- und C_4-Vorstufen, die zum Wachstum nötig sind, umgewandelt werden. Es wird eine Auswahl in Richtung derjenigen Mikroorganismen, Substrate und Stoffwechselwege getroffen werden, die für die Biotechnologie von Interesse sind. Besonders auf die Verwendung von Methan, Methanol und Kohlenmonoxid wird Wert gelegt, während über die Verwertung von Kohlendioxid eher in Auszügen berichtet wird. Damit soll nicht ausgedrückt werden, daß aerobe Organismen, die zur Nutzung von Kohlendioxid als Wachstumssubstrat befähigt sind (autotrophe Organismen), für die Biotechnologie nicht von Bedeutung sind. Tatsächlich spielen Pflanzen, Algen und Cyanobakterien, die Lichtenergie benutzen, um ATP und Reduktionsäquivalente zu erzeugen, um damit Kohlendioxid zu binden (photoautotrophe Organismen), schon jetzt eine große Rolle in biotechnologischen Entwicklungen. Der photosynthetische Elektronentransport, die Photophosphorylierung und der nachfolgende Prozeß der autotrophen Bindung von Kohlendioxid werden jedoch in biochemischen Standardwerken (z.B. Lehniger, 1982) ausführlich beschrieben. Weniger gut dokumentiert ist dagegen der Mechanismus der ATP-Bildung in Organismen, die befähigt sind, aerob auf der Basis von Methan und Methanol (*methylotrophe Organismen*) und Kohlenmonoxid (*carboxydotrophe* Organismen) zu wachsen.

Wege zur Umwandlung von C_1-Substraten – ausgenommen ist hierbei Kohlendioxid – zu Biosynthesevorstufen mit drei und vier Kohlenstoffatomen werden in Texten allgemeiner Art gleichfalls selten behandelt.

Es besteht jedoch ein großes Interesse an diesen Organismen und ihrer Verwendung. Zum Beispiel werden methylotrophe Organismen bereits bei der Herstellung von Biomasse eingesetzt (beispielsweise beim Wachstum von *Methylophilus methylotrophus* auf Methanol in dem sogenannten ICI Prutreen-Prozeß; s. Abschn. 6.2). Außerdem werden Enzyme, von denen gezeigt werden konnte, daß sie Schlüsselrollen bei der Oxidation dieser Substrate einnehmen, besonders die Methan-Monooxygenase, in chemischen Umsetzungen („*Bioconversions*") und in *Biosensoren* genutzt. Interesse ist gemeinhin an carboxydotrophen Organismen bekundet worden und zwar wegen ihrer Nutzung in Biofiltern zur Beseitigung unerwünschten Kohlenmonoxids, in Bio-Brennstoff-Zellen, die die bei der Kohlenmonoxidoxidation frei werdende chemische Energie in Elektrizität umwandeln, und in Biosensoren zur Detektion und Quantifizierung von Kohlenmonoxid z.B. in Bergwerken, Tiefgaragen und Tunneln (Colby, Williams und Turner, 1985). Es ist offensichtlich wichtig, daß der genaue Kenntnisstand der Biochemie aller dieser Organismen zur Verfügung stehen muß, damit Untersuchungen zu ihrer Anwendung in der Biotechnologie untermauert werden können.

3.2 Verbindungen

Methan (CH_4) ist die am häufigsten vorkommende organische C_1-Verbindung. Es entsteht in anaerober Umgebung z.B. in schlammigen Böden, Reisfeldern und im Magen von Wiederkäuern als Endprodukt der letzten Schritte des anaeroben Abbaus organischer Substanzen. Der Prozeß der Methanproduktion durch *methanbildende Bakterien*, der im Anhang zu diesem Kapitel besprochen wird, spielt eine wichtige Rolle im Kohlenstoffkreislauf, da mehr als 50% des jährlichen Eintrages an Kohlenstoff in wäßrige Medien zu Methan umgewandelt wird (Hanson, 1980). Die *Methanogenese* führt zu einer biologisch bedingten Erzeugung von etwa 800 Millionen Tonnen Methan pro Jahr (Higgins *et al.*, 1981). Methanol (CH_3OH) wird ebenfalls in bedeutenden Mengen von anaeroben Bakterien gebildet, doch bei weitem nicht in dem Maße wie Methan. Es wird jedoch in der Atmosphäre in photooxidativen Prozessen aus Methan produziert.

Von den anderen von aeroben Organismen genutzten C_1-Substraten entstehen nur Kohlenmonoxid und Dimethylsulfid in bedeutenden Mengen durch natürliche Abbauprozesse. Große Mengen an Kohlenmonoxid werden auch durch die Autoabgase und die Hochöfenwinde in die Atmosphäre freigegeben. Andere C_1-Verbindungen fallen als Nebenprodukte verschiedener industrieller Prozesse an: Formaldehyd ($HCHO$), Ameisensäure ($HCOOH$), Methylamin (CH_3NH_2), Dimethylamin ($(CH_3)_2NH$) und Trimethylamin ($(CH_3)_3N$) in der Gerbstoffindustrie, Ameisensäure bei der Gummiherstellung, Cyanid (CN) bei der Galvanisierung und in der Metallgewinnung sowie Dimethylsulfid ($(CH_3)_2S$), Dimethylsulfoxid ($(CH_3)_2SO$) und Dimethylsulfon ($(CH_3)_2SO_2$) beim Holzschliffprozeß. In jedem

Fall stellen die Nebenprodukte ein größeres Problem bei der Beseitigung der Abfälle dar. Die Kenntnis von Organismen, die diese Substrate nutzen, wird daher für die Entwicklung von Biosensoren, die diese Substrate aufspüren und quantitativ bestimmen, sowie für die Entwicklung wirtschaftlicher Möglichkeiten, sie zu weniger toxischen Stoffen abzubauen, von Vorteil sein.

3.3 Methylotrophe Organismen

Vor Ende der sechziger Jahre waren außer den autotrophen relativ wenige Organismen isoliert und beschrieben worden, die fähig waren, aerob auf C_1-Substraten zu gedeihen. Allerdings sind in der Zwischenzeit wegen des großen Interesses an diesen Organismen eine große Anzahl Arten isoliert und charakterisiert worden. Diejenigen, die auf organischen C_1-Substraten wachsen (mit anderen Worten auf allen im vorhergehende Abschnitt aufgelisteten Substraten mit Ausnahme von Cyanid und Kohlenmonoxid) sind bekannt als methylotrophe, die auf Kohlenmonoxid wachsen als carboxydotrophe und die auf Cyanid wachsen als cyanotrophe Organismen.

Die methylotrophen Bakterien werden in zwei Typen unterteilt. *Typ I-Organismen* sind obligate Arten, die nur auf Methan und/oder Methanol gedeihen können. Sie besitzen gleichmäßig verteilte, scheibenförmige Membraneinschlüsse, die besonders bei den auf Methan wachsenden gut entwickelt sind, benutzen den Ribulosemonophosphatweg zur Assimilierung des Substrates (s. Abschn. 3.10) und haben einen unvollständigen Citratcyclus. Im Gegensatz dazu sind *Typ II-Bakterien* insoweit fakulativ methylotroph, als sie nicht nur das gesamte Spektrum der C_1-Substrate (gewöhnlich mit Ausnahme von Methan) verwerten können, sondern auch ein große Menge anderer Substrate mit mehr als einem Kohlenstoffatom. Ihre Membransysteme sind anders; paarweise angeordnet und an der Peripherie der Zelle lokalisiert, benutzen sie einen anderen Assimilationsweg, den L-Serin Weg (s. Abschn. 3.11) und verfügen über einen vollständigen Citratcyclus. Diese auffallenden Unterschiede zwischen methylotrophen Bakterien des Typs I und II weisen wahrscheinlich auf zwei ganz unterschiedliche Evolutionswege hin, die sich in der Benutzung der gleichen Substrate treffen.

Bakterien des Typs I und II werden wiederum in *Untergruppen A und B* und in mehrere verschiedene Gattungen entsprechend taxonomischer Kriterien wie Guanin- und Cytosin-Gehalt der DNA, optimaler Wachstumstemperatur und Morphologie unterteilt. Die Typ I-Bakterien gliedern sich in drei Gattungen: *Methylomonas, Methylobacter* und *Methylococcus. Methylococcus capsulatus* war Gegenstand erheblicher Kontroversen, da kürzlich gezeigt wurde, daß er Eigenschaften des Typs I und II in sich vereinigt. Insbesondere ist er nicht obligat methylotroph und kann andere C_1-Substrate in autotropher Weise nutzen (s. Abschn. 3.9). Dies veranschaulicht die Schwierigkeiten, eine noch schlecht charakterisierte Gruppe von Organismen zu einer Zeit zu klassifizieren, in der regelmäßig neue Beispiele isoliert werden. Zu den Typ II-Organismen gehören die obligat methylotrophen Gattungen *Methylosinus* und *Methylocystis*, und unter den vielen fakultativ methylotrophen Organismen finden sich Arten von *Methylobacterium*, *Methylophilus*, *Thiobacillus*, *Hyphomicrobium*, *Paracoccus* und zahlreiche Pseudomonas-Arten.

Aus den Anreicherungskulturen sind zusätzlich zu den Bakterien einige Hefen isoliert worden, die fähig sind, auf Methan und Methanol zu wachsen, darunter Arten von *Rhodotorula*, *Candida*, *Kloeckera*, *Hanensula* und *Sporobolomyces*. Bis zum heutigen Tag ist über die Membranstrukturen und die allgemeinen Stoffwechselwege in Hefen weniger bekannt als über die in methylotrophen Bakterien.

Die Membranstrukturen der methylotrophen Bakterien haben ein erhebliches Interesse hervorgerufen, da ihr Entwicklungsstatus anscheinend von den Wachstumsbedingungen abhängig ist. Mit Methan als Nährsubstrat scheinen sie besonders gut entwickelt zu sein. Diese Entwicklung ist aber rückläufig, und die Strukturen erscheinen weniger geordnet mit zunehmendem Alter der Kultur und Eintritt in die stationäre Wachstumsphase. Dieses Charakteristikum tritt auch zu Tage, wenn bei den fakultativ methlytrophen Arten andere Substrate benutzt werden, und zwar auch dann, wenn die Membranen zunächst weniger gut entwickelt waren. Ähnliche Veränderungen geschehen auch in Abhängigkeit von der Sauerstoffkonzentration und der Temperatur. Niedrige Sauerstoffkonzentrationen und niedrige Temperatur führen zu einer erhöhten Membranentwicklung. Überzeugende Erklärungen für diese Veränderungen stehen noch aus.

3.4 Oxidative Wege zur ATP-Bildung in Bakterien, die auf Methan, Methanol, Formaldehyd und Formiat wachsen

Für die Oxidation von C_1-Substraten gibt es keine Eintrittspforte in den Citratcyclus (s. Abschn. 2.1). Daher muß von Organismen, die auf diesen Substraten wachsen, ein anderer oxidativer Reaktionsweg benutzt werden, der darauf abzielt, reduzierte Elektronenakzeptoren zu produzieren, die in die Elektronentransportsysteme zur Bildung von ATP eintreten können. Es zeigte sich in frühen Studien vor allem von Quayle und Mitarbeitern (s. Quayle, 1980), die verschiedene Stoffwechselinhibitoren auf Methan verwertende Organismen einwirken ließen, daß Methanol in Gegenwart von Iodacetat akkumulierte, während sich Formaldehyd in Gegenwart von Bisulfit und Formiat im Nährmedium der übrigen Zellen anreicherte. Davon ausgehend schlugen sie eine oxidative Reaktionsfolge vor, die in Abb. 3.1 dargestellt ist und Kohlendioxid als Endprodukt liefert. Die gesamte Stöchiometrie kann man folgendermaßen zusammenfassen:

$$CH_4 + 2O_2 \rightarrow CO_2 + 2H_2O\,.$$

Dieser lineare Weg wurde in nachfolgenden Untersuchungen nicht nur für die Oxidation von Methan, sondern auch für Methanol, Formaldehyd und Formiat als energieliefernde Substrate bewiesen, wobei das Substrat am geeigneten Punkt

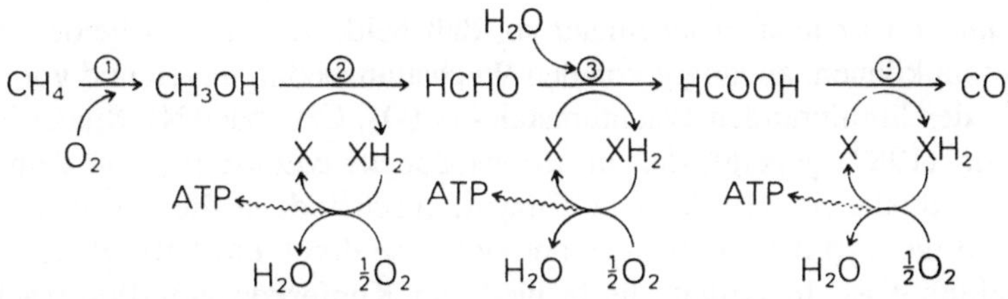

$$CH_4 \xrightarrow[\;O_2\;]{①} CH_3OH \xrightarrow{②} HCHO \xrightarrow{③} HCOOH \xrightarrow{④} CO_2$$

Abb. 3.1 Oxidativer Reaktionsweg für die ATP-Bildung in methylotrophen Organismen. X = Elektronenakzeptor; XH_2 = reduzierter Elektronenakzeptor; (1) Methan-Monooxygenase; (2) Methanol-Dehydrogenase; (3) Formaldehyd-Dehydrogenase; (4) Formiat-Dehydrogenase

in den Prozeß eintritt. Jede Reaktion dieses Weges wird nun im folgenden detaillierter betrachtet.

3.4.1 Methan-Monooxygenase

Die durch die Methan-Monooxygenase katalysierte Reaktion erwies sich als der am schwierigsten und interessantesten zu charakterisierende Schritt des Prozesses. Mehrere Möglichkeiten der Oxidation von Methan zu Methanol wurden zunächst in Erwägung gezogen:

(a) $\quad CH_4 + O_2 + XH_2 \underset{\text{Methan-Monooxygenase}}{\rightleftharpoons} CH_3OH + H_2O + X$

(b) $\quad 2CH_4 + O_2 \underset{\text{Methan-Dioxygenase}}{\rightleftharpoons} 2CH_3OH$

(c) $\quad CH_4 + H_2O + X \underset{\text{Methan-Oxidoreductase}}{\rightleftharpoons} CH_3OH + XH_2.$

Untersuchungen mit $^{18}O_2$ und $H_2{}^{18}O$ ergaben, daß der Sauerstoff im Methanol vom O_2 und nicht aus dem Wasser stammte, was Alternative (c) ausschloß. Daraufhin wurde vorgebracht, daß die Reaktion (b) wahrscheinlicher war als (a), da bei letzterer die zur Bildung von ATP verfügbare Energie geringer war. Dort wird nämlich ein reduziertes Nucleotid (XH_2) bei der Reaktion verbraucht, was die Netto-Produktion von XH_2 und damit die potentielle Bildung von ATP verringert. Folgerichtig wurde ausgeführt, daß bei Nutzung von Alternative (a) erwartet werden muß, daß die Wachstumsausbeuten auf Methan niedriger sein müßten als auf Methanol. Diese sind aber tatsächlich höher bei Organismen, die auf Methan wachsen. Dennoch wurde Alternative (b) von vielen Forschern als thermodynamisch unwahrscheinlich angesehen. Das Problem, welche Reaktion beteiligt war, erforderte die Entwicklung eines *in vitro*-Systems, das fähig war, Methan in Methanol umzuwandeln. Ein solches System wurde schließlich für *Methylococcus capsulatus* entwickelt. Es wurde schnell gezeigt, daß diese Präparation Methan-Monooxygenase-Aktivität (a) aufwies.

Weitere Studien über dieses Enzymsystem ergaben immer wieder Widersprüche. Es hat jetzt den Anschein, daß zwei Formen des Enzyms existieren, ein membrangebundenes und ein lösliches. Das lösliche System ist zuerst in *Methylococcus capsulatus* gezeigt worden, das membrangebundene in *Methylosinus trichosporium.* Es ist aber anscheinend so, daß beide Enzyme in beiden Arten vorhanden sein können, abhängig von den Wachstumsbedingungen und vor allem von der Art des limitierenden Wachtumsfaktors (O_2, CH_4 oder N). Später haben Stanley *et al.* (1983) gezeigt, daß in *Methylococcus capsulatus*, von dem man annahm, er enthielte nur das lösliche Enzym, anscheindend die Lokalisation in der Zelle und der Typ der Methan-Monooxygenase durch die Verfügbarkeit von Kupfer beeinflußt ist. In Zellen, die in niedriger Kupferkonzentration wachsen, ist das Enzym löslich. Es wird jedoch membrangebunden bei höheren Konzentrationen. Außerdem ändert sich die Proteinzusammensetzung des Enzyms.

Das lösliche Enzym von *Methylococcus capsulatus* besteht aus drei Proteinen: A, B und C. *Protein A* ist ein Protein mit einem Nicht-Häm-Eisen und Schwefel, während *Protein B* keine bekannte prosthetische Gruppe besitzt und *Protein C* ein Flavoprotein darstellt, das ebenfalls Eisen und Schwefel enthält. Die postulierte Reaktionsfolge für die Oxidation von Methan durch dieses Enzym ist:

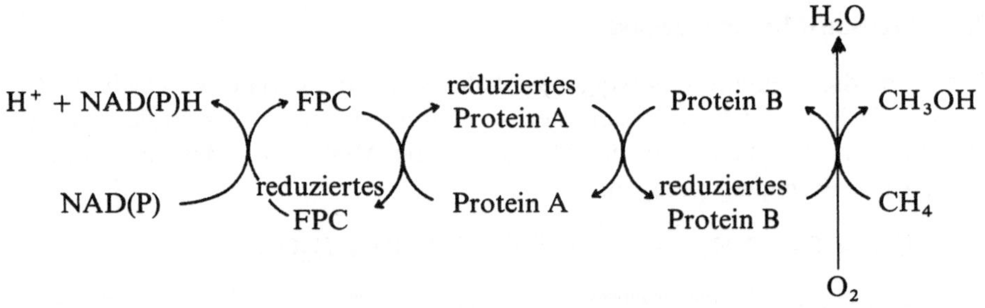

$$
\begin{array}{c}
H^+ + NAD(P)H \rightleftharpoons FPC \rightleftharpoons \text{reduziertes Protein A} \rightleftharpoons \text{Protein B} \rightleftharpoons CH_3OH \\
NAD(P) \qquad \text{reduziertes FPC} \qquad \text{Protein A} \qquad \text{reduziertes Protein B} \qquad CH_4
\end{array}
$$

$$O_2 \longrightarrow H_2O$$

wobei FPC das Flavoprotein C darstellt.

Das membrangebundene Enzym ist weniger gut charakterisiert, aber in *Methylosinus trichosporium* ist es ebenfalls aus drei Proteinen zusammengesetzt. Interessanterweise benutzt das gereinigte Enzym nicht NAD(P)H als Elektronendonator. Stattdessen übernimmt reduziertes Cytochrom *c*, eines der drei Proteine des Komplexes, diese Aufgabe.

Sicherlich sind weitere Untersuchungen über beide Typen von Methan-Monooxygenasen nötig, um den Mechanismus der Oxidation von Methan zu Methanol vollständig zu charakterisieren und die Frage nach der Lokalisation in der Zelle und dem Typ des Enzyms zu lösen. Insbesondere wäre es interessant herauszufinden, ob die Fähigkeit, von einem Typ zum anderen zu wechseln, ein weitverbreitetes Phänomen ist, die Bedeutung dieses Wechsels zu klären und den dazugehörigen Regulationsmechanismus zu untersuchen. Außerdem sind Untersuchungen über die aus einer größeren Anzahl methylotropher Organismen isolierten Enzyme nötig, denn in der Hefe *Candida* scheint Cytochrom P_{450} das Protein B aus obigem Schema ersetzt zu haben. Dagegen nimmt in *Pseudomonas pudita* anscheinend ein anderes Protein, *Rubredoxin*, den Platz *beider* Proteine A und B ein.

Es besteht jedoch wenig Zweifel, daß die nötige Klärung wegen des lebhaften Interesses an der Nutzung der Methan-Monooxygenase-Aktivität in einer Vielzahl biotechnologischer Prozesse (Dalton, 1980; Higgins, Best und Hammond, 1980; Large, 1983) herbeigeführt werden wird. Dieses Interesse liegt in der wichtigen und gleichfalls ungewöhnlichen Beobachtung begründet, daß das Enzym ein breites Substratspektrum aufweist, darunter lang- und kurzkettige Alkane, Alkene und aromatische und heterocyclische Substanzen wie Cylcohexan, Benzol, Toluol und Pyridin. Es ist zu erwarten, daß dieses Enzym in der Katalyse von Reaktionen genutzt werden kann, die mittels herkömmlicher chemischer Prozesse sehr schwierig zu bewerkstelligen sind und/oder niedrige Ausbeuten liefern. Daher könnte das Enzym von großem Wert für die chemische Industrie sein. Darüber hinaus könnten *widerspenstige Moleküle*, die nicht einfach biologisch abbaubar sind, sondern bestehen bleiben und Verschmutzungsprobleme aufwerfen, von diesem Enzym zu leichter abbaubaren Produkten umgewandelt werden. Dadurch könnten einige ihrer unerwünschten Auswirkungen auf die Umwelt verringert werden.

Die geringe Substratspezifität der Methan-Monooxygenase gibt obligat methylotrophen Organismen, die mit diesem Enzym ausgestattet sind die Fähigkeit, andere Substrate zu oxidieren, die selbst nicht zum Wachstum beitragen. Zumindest über die Produktion von ATP profitieren diese Organismen auch davon. Dies ist von Higgins, Best und Hammond (1980) diskutiert worden. Sie wandten sich gegen den für dieses Phänomen benutzten Ausdruck *„zufälliger Metabolismus"* mit der Begründung, daß dem Organismus doch ein gewisser Vorteil daraus erwächst. Der Ausdruck *„Co-Metabolismus"* ist daher vorzuziehen.

3.4.2 Methanol-Dehydrogenase

Die Methanol-Dehydrogenase in Bakterien ist weniger variabel als die Methan-Monooxygenase und unterscheidet sich von Art zu Art nur durch die Substrataffinität und die relative Molekularmasse. In allen Fällen kann das Enzym primäre Alkohole mit einer Kettenlänge von bis zu mindestens C_{11} oxidieren. In einigen Arten zeigt dieses Enzym auch Formaldehyd-Dehydrogenaseaktivität. Ein Charakteristikum der Methanol-Dehydrogenasen ist es, daß sie alle eine prosthetische Gruppe mit Chinon als Grundkörper enthalten, der entweder *Methoxatin* oder *Pyrrolo-Chinolin-Chinon* genannt wird. Damit stellen sie eines der wenigen *Chinon-Proteine* dar, die bis zum heutigen Tag isoliert wurden. Diese prosthetische Gruppe scheint als primärer Elektronenakzeptor in der Oxidation von Methanol zu Formaldehyd zu agieren, der wiederum Elektronen auf Cytochrom *c* überträgt. Letzteres wird von einer terminalen Oxidase, entweder Cytochrom *a/a₃* oder Cytochrom *o* reoxidiert.

3.4.3 Formaldehyd-Dehydrogenase

Die Formaldehyd-Dehydrogenase ist ein gewöhnliches Enzym, das in fast allen Organismen gefunden wird, da Formaldehyd ein normales Stoffwechselprodukt vieler Zellreaktionen darstellt. Wie oben erwähnt, kann die Methanol-Dehydrogenase Formaldehyd-Dehydrogenaseaktivität aufweisen. In den meisten Arten wurde allerdings eine eigene NAD^+-abhängige Formaldehyd-Dehydrogenase charakterisiert. Das nachfolgende Elektronentransportsystem ist nicht gut bekannt. Man vermutet lediglich, daß Cytochrom *c* beteiligt ist und wiederum entweder Cytochrom *a/a₃* oder *o* als terminale Oxidase agiert.

Einige Typ I-Bakterien, die den Ribulosemonophosphatweg zur Assimilation von Formaldehyd benutzen (s. Abschn. 3.10), weisen eine sehr geringe Aktivität an Formaldehyd-Dehydrogenase und dem nächsten Enzym der oxidativen Reaktionsfolge, der Formiat-Dehydrogenase, auf. Es wurde gezeigt, daß diese Organismen Formaldehyd über den Ribulosemonophosphatweg und die 6-Phosphogluconat-Dehydrogenase oxidieren können, und zwar über eine spezielle oxidative Version dieses Weges. Eine Diskussion dieser alternativen Oxidationsfolge wird an geeigneter Stelle erfolgen, wenn der Ribulosemonophosphatweg besprochen wird (s. Abschn. 3.10).

3.4.4 Formiat-Dehydrogenase

Die Formiat-Dehydrogenase ist ebenfalls ein weit verbreitetes Enzym. Für die meisten methylotrophen Organismen wurde gezeigt, daß es sich um ein NAD⁺-abhängiges Enzym handelt, das mit Cytochrom *c* und dann mit einer terminalen Oxidase verbunden ist.

Aus obigem Bericht wird deutlich, daß es in den einzelnen Bakterien beachtliche Unterschiede bezüglich der Reaktionen gibt, die für die Oxidation von Methan zu Kohlendioxid verantwortlich sind. Insbesondere ist unsere Kenntnis der Elektronenakzeptoren bzw. -donatoren, der beteiligten Elektronentransportketten und ihrer Kopplung mit der oxidativen Phosphorylierung und ATP-Bildung weit davon entfernt, ein klares Bild zu ergeben. Zweifellos sind die ATP-Ausbeuten hoch, denn jeder der durch die drei Dehydrogenasen katalysierten Schritte liefert genug Energie für die Bildung von drei ATP. Dies ergibt also zusammen mindestens neun ATP pro Molekül Methanol, das zu Kohlendioxid oxidiert wurde. Dies steht sechs Molekülen ATP gegenüber, die für jedes Kohlenstoffatom in der Glucose bei der vollständigen Oxidation zu CO_2 mittels Glykolyse und Citratcyclus entstehen. Somit ist die Energieausbeute der Methan- bzw. Methanoloxidation äußerst gut und erklärt die hohen Wachstumserträge für die meisten Bakterien, die auf diesen Substraten wachsen verglichen mit denjenigen, die höher oxidierte Substrate verwenden.

3.5 Oxidative Wege zur ATP-Bildung in Hefen, die auf Methanol wachsen

Methylotrophe Hefen wachsen nur sehr langsam auf Methan. Am intensivsten wurde ihre Fähigkeit untersucht, Methanol zu oxidieren, obwohl diese Organismen möglicherweise auch andere C_1-Verbindungen verwerten können. Warum, so könnte man sich fragen, wird der oxidative Weg der Hefen von dem der Bakterien getrennt abgehandelt? Der Grund dafür ist, daß die einzelnen Schritte der Reaktionswege sich sehr stark unterscheiden. Die erste Reaktion, die Umwandlung von

Methanol zu Formaldehyd, wird nämlich nicht durch eine Dehydrogenase, sondern durch die *Methanol-(bzw. Alkohol-)Oxidase* katalysiert. Dieses Enzym, das in den Peroxisomen lokalisiert ist, ist ein an FAD gebundenes Flavoprotein, das aus acht identischen Untereinheiten besteht und das eine Anzahl von Alkoholen neben Methanol oxidiert. Die Bruttogleichung der Methanoloxidation lautet:

$$CH_3OH + O_2 \rightarrow HCHO + H_2O_2 .$$

Wegen seiner Toxizität wird das Wasserstoffperoxid sofort von der peroxisomalen Katalase entfernt und somit ist diese Reaktion auf jeden Fall irreversibel. Bemerkenswert ist, daß dabei kein Elektronenakzeptor reduziert wird, der mittels eines Elektronentransportsystems unter Bildung von ATP reoxidiert werden könnte. Dadurch sind die ATP-Ausbeuten in Hefen niedriger als in Bakterien. Dies trägt wahrscheinlich zu dem langsameren Wachstum und den geringeren Ausbeuten bei, die für Hefen mit Methanol als Substrat charakteristisch sind (Egli und Lindley, 1984).

Formaldehyd, das Produkt der Methanol-Oxidasereaktion, wird, wie in Bakterien, zu Formiat oxidiert. Wiederum verläuft die beteiligte Reaktion anders als in Bakterien. Die Formaldehyd-Dehydrogenase in Hefen ist sowohl von NAD^+ als auch von Glutathion (GSH) abhängig, die Reaktion geht mit der anfänglichen Bildung von *S*-Hydroxy-methylglutathion einher und ergibt Formylglutathion als Produkt:

$$HCHO + GSH + NAD^+ \rightarrow GS \sim OCH + NADH + H^+ .$$

In *Candida boidinii* wird der Thiol-gebundene Ester dann duch eine *Esterase* unter GSH-Bildung und Formiatabgabe hydrolisiert:

$$GS \sim OCH + H_2O \rightarrow GSH + HCOOH .$$

Die Formiat-Dehydrogenase oxidiert schließlich das Formiat zu Kohlendioxid in einer Reaktion, die allem Anschein nach identisch mit der in Bakterien abläuft. Es wurde gezeigt, daß sowohl die Formaldehyd-Dehydrogenase- als auch die Formiat-Dehydrogenaseaktivität in Hefen ausschließlich im Cytoplasma lokalisiert ist. Somit muß das Formaldehyd, das als Endprodukt der Methanol-Oxidaseaktivität in den Peroxisomen entsteht, die Organelle verlassen, um danach oxidiert zu werden. Das durch die beiden Dehydrogenasen gebildete NADH dagegen muß in die Mitochondrien eintreten, um mittels eines Elektronentransportsystems reoxidiert zu werden. Neuere Beweise legen nahe, daß das beteiligte Elektronentransportsystem das NADH-Oxidasesystem in den Mitochondrien benutzt, das nicht drei, sondern nur zwei ATP pro Elektronenpaar liefert. Dies könnte ebenfalls zu den niedrigeren Wachstumsausbeuten von Hefen, die auf Methanol wachsen, im Vergleich zu den Bakterien beitragen.

3.6 Oxidative Wege zur ATP-Bildung in Bakterien, die auf anderen C_1-Substraten wachsen (ausgenommen Kohlenmonoxid und Cyanid)

Einige Untersuchungen haben sich mit dem Wachstum von Bakterien, insbesondere von Pseudomonas-Arten, auf den methylierten Aminen Methylamin, Dimethylamin und Trimethylamin beschäftigt. In jedem Fall wurde festgestellt, daß die Methylgruppe in Formaldehyd umgewandelt wird, das dann wie in methylotrophen Bakterien, die auf anderen C_1-Substraten wachsen, über Formiat zu Kohlendioxid weiter oxidiert wird (s. Abschn. 3.4). Es scheint jedoch eine bemerkenswerte Vielzahl an Wegen zu existieren, auf denen die Umwandlung zu Formaldehyd verläuft.

Für Methylamin sind zum Beispiel mindestens drei verschiedene Möglichkeiten bekannt (Large, 1981):

1. $CH_3NH_3^+ + O_2 + H_2O \xrightarrow{\text{Amin-Oxidase}} HCHO + H_2O + NH_4^+$

2. $CH_3NH_3^+ + H_2O + X \xrightarrow{\substack{\text{Methylamin-}\\\text{Dehydrogenase}}} HCHO + NH_4^+ + XH_2$

3. $CH_3NH_3^+ + \text{Glutamat} \xrightarrow{\substack{\text{Methylglutamat-}\\\text{Synthetase}}} \text{Methylglutamat} + NH_4^+$

$$\text{Methylglutamat-Dehydrogenase} \rightarrow HCHO$$

$$X \quad H_2O \quad XH_2$$

Für Dimethylamin wurden zwei verschiedene Reaktionen nachgewiesen:

1. $(CH_3)_2NH_2^+ + O_2 + NAD(P)H + H^+ \xrightarrow{\substack{\text{Dimethylamin-}\\\text{Monooxygenase}}}$
$$CH_3NH_3^+ + HCHO + NAD(P)^+ + H_2O$$

2. $(CH_3)_2NH_2^+ + X + H_2O \xrightarrow{\substack{\text{Dimethylamin-}\\\text{Dehydrogenase}}} CH_3NH_3^+ + HCHO + XH_2\,.$

Die Monooxygenasereaktion ist die häufigste. Dieses Enzym ist sauerstoffabhängig. Dagegen kann die alternative Dehydrogenase auch anaerob agieren, vorausgesetzt, ein passendes System zur Reoxidation des reduzierten Elektronenakzeptors ist verfügbar (z.B. NO_3^-). Das bei beiden Reaktionen gebildete Formaldehyd wird wie vorher beschrieben weiter oxidiert, während Methylamin vor einer weiteren Oxidation zu Formaldehyd umgewandelt wird.

Ähnlich verläuft die Reaktion mit Methylamin: die Methylgruppen werden einzeln zu Formaldehyd oxidiert. Wiederum kann die anfängliche Oxidation einer Methylgruppe auf zwei verschiedene Weisen vor sich gehen, mittels einer Monooxygenase oder einer Dehydrogenase. Das Monooxygenasesystem verläuft allerdings, zumindest bei *Pseudomonas aminodovorans*, mittels einer anderen zweistufigen Reaktionsfolge, in der Trimethylamin-*N*-oxid $(CH_3)_3NO$ gebildet wird. Dieses wird dann in Dimethylamin und Formaldehyd umgewandelt. Organismen, die diesen Weg einschlagen, können auch Trimethylamin-*N*-oxid als Energie- und Kohlenstoffquelle benutzen.

Nur wenige streng aerobe Bakterien können Tetramethylammoniumsalze oxidieren. Die Schlüsselreaktion, die Oxidation einer Methylgruppe zu Formaldehyd, wird von einer Monooxygenase katalysiert und ergibt Trimethylamin als weiteres Produkt. Das Enzym benutzt NAD(P)H als Elektronendonator.

Die Vielzahl der Mechanismen zur Oxidation methylierter Amine ist einigermaßen erstaunlich. Bemerkenswert ist, daß eine Monooxygenase mit einem großen Substratspektrum gewöhnlich die Schlüsselposition einnimmt. Andererseits ist es auffallend, daß mit dem Dehydrogenasemechanismus ausgestattete Organismen meist besser auf diesen Substraten wachsen als die mit dem Monooxygenasesystem. Dies liegt zweifellos in der Tatsache begründet, daß Monooxygenasen reduzierte Elektronenakzeptoren *verbrauchen*. Damit verringern sie die Menge an reduzierten Akzeptoren, die in den Elektronentransport eintreten und somit zur ATP-Gewinnung genutzt werden können. Das Dehydrogenasesystem dagegen *produziert* reduzierte Elektronenakzeptoren und führt damit zu einer größeren ATP-Bildung während deren Reoxidation.

Die Oxidation von Verbindungen mit methyliertem Schwefel hat weniger Beachtung gefunden als die anderer C_1-Substrate. *Pseudomonas MS* wächst auf Trimethylsulfoniumsalzen. Dieses Wachstum unterscheidet sich aber grundlegend von dem auf Trimethylamin; es geht nämlich mit der Übertragung einer Methylgruppe auf den C_1-Carrier Tetrahydrofolat einher. Dieses erfährt eine Reihe von Umwandlungen, die zur Bildung von Formyl-Tetrahydrofolat führen, das dann unter Rückgewinnung des Akzeptors Tetrahydrofolat zu Formiat umgewandelt wird. Dimethylsulfid, ein anderes Produkt dieser anfänglichen Reaktion, scheint von diesem Organismus nicht weiter oxidiert zu werden. Vor kurzem wurde eine *Hyphomicrobium*-Art isoliert, die Dimethylsulfoxid benutzen kann, und zwar nicht nur als einzige Quelle für Energie- und Kohlenstoff, sondern auch für Schwefel. Es wird deutlich, daß in diesem Fall das Substrat nicht nur für die ATP-Bildung vollständig oxidiert wird, sondern auch um den Schwefel, wahrscheinlich als für das Wachstum essentielles Sulfat, aus der Verbindung freizusetzen. Die beteiligten Enzymreaktionen sind bis jetzt noch nicht charakterisert. Dennoch erweckte die Verwertung methylierter Schwefelverbindungen beachtliches Interesse, weil man sie möglicherweise zur Entschwefelung von Kohle usw. verwenden könnte.

3.7 Carboxydotrophe und cyanotrophe Organismen

Es mag erstaunlich klingen, daß zwei sehr toxische Substanzen wie Kohlenmonoxid und Cyanid von einigen sog. *carboxydotrophen* bzw. *cyanotrophen* Mikroorganismen als einzige Kohlenstoffquelle verwendet werden können. Beide Substanzen sind wirksame Inhibitoren von Cytochrom a/a_3 und verhindern, daß dieses terminale Elektronentransportprotein durch molekularen Sauerstoff reoxidiert werden kann. Dies hat eine katastrophale Auswirkung auf die Atmung. Die reduzierten Nucleotide können nämlich nicht mehr aerob reoxidiert werden und die ATP-Bildung ist begrenzt. Somit sind Kohlenmonoxid und Cyanid normalerweise extrem toxisch für lebende Organismen. Diejenigen Organismen, die auf diesen Substraten wachsen können, müssen also über einen von der normalen Cytochrom a/a_3-Aktivität unabhängigen Elektronentransportmechanismus verfügen. Bis zum heutigen Tage wurde recht wenig über Wachstum mit Cyanid als Substrat veröffentlicht, außer um zu beweisen, daß mehrere Pseudomonas-Arten und einige Actinomyceten es als einzige Quelle nicht nur für Kohlenstoff, sondern auch für Stickstoff nutzen. Viel mehr wurde jedoch über die carboxydotrophen Organismen gearbeitet (Meyer und Schlegel, 1983). Diese stellen anscheinend eine taxonomisch uneinheitliche Gruppe von Bakterien dar, von denen die meisten auch fähig zu sein scheinen, autotroph als Wasserstoffbakterien (d.h. mit H_2 und CO_2) zu wachsen. Unter diesen Organismen, die Kohlenmonoxid verwenden können, befinden sich *Pseudomonas gazotropha*, der auch auf Methanol gut wächst, *Pseudomonas carboxydovorans*, der auch auf Acetat, Pyruvat und anderen Zwischenprodukten des Citratcyclus wächst, *Bacillus schlegelii* und einige Azotobacter-Arten. Diese Organismen kommen nachgewiesenermaßen überall in Böden, Schlämmen aus frischem Wasser und in Kohlebergwerken vor. Sie können bemerkenswert hohe Konzentrationen an Kohlenmonoxid aushalten (bis zu 90%).

Die Oxidation von Kohlenmonoxid zu Kohlendioxid wird von dem Enzym *Kohlenmonoxid-Oxidase* katalysiert:

$$CO + H_2O + X \rightarrow CO_2 + XH_2.$$

Das dabei gebildete XH_2 wird mittels eines Elektronentransportsystems reoxidiert, um das für das Wachstum nötige ATP zu erhalten. Der Assimilationsweg ist der Ribulosebisphosphatweg (Calvincyclus) der Kohlendioxidfixierung (s. Abschn. 3.9). Das Wachstum auf Kohlenmonoxid bedeutet also eine spezielle Form der Autotrophie, in der das Substrat zuerst vollständig zu Kohlendioxid oxidiert wird. Dieses wird dann auf dem konventionellen autotrophen Weg fixiert, wobei Energie und Reduktionsäquivalente aus der anfänglichen Reaktion benutzt werden. In einer solchen Situation versteht es sich von selbst, daß die Wachstumseffizienz sehr niedrig ist (Generationszeit von 12-42 Stunden). Folglich bezieht sich das biotechnologische Interesse an der Verwertung von Kohlenmonoxid als Nährsubstrat für Bakterien nicht auf seine Nutzung als mögliche Quelle für die Biomassenproduktion.

Das Enzym Kohlenmonoxid-Oxidase ist ein komplexes Enzym, das aus einem einzigen Selen-akivierbarem Flavoprotein besteht, das Molybdän, Eisen und Schwefel enthält und FAD-abhängig ist. Die Molybdängruppe ist mit einem ungewöhnlichen Pterin verbunden. Die nachfolgende Reoxidation dieses Proteins, dessen Aktionsmechanismus noch nicht verstanden ist (Meyer und Schlegel, 1983), wird durch ein Kohlenmonoxid-unempfindliches Elektronentransportsystem mit Cytochrom b_{561} bewerkstelligt. Der terminale Elektronenakzeptor ist dabei Cytochrom o (manchmal als Cytochrom b_{563} bezeichnet).

Bemerkenswert ist, daß bestimmte methylotrophe Organismen Kohlenmonoxid oxidieren können, wenn auch ineffektiv. Sie nutzen dabei das breite Substratspektrum der Methan-Monooxygenase aus. Diese Organismen sind jedoch nicht fähig, auf Kohlenmonoxid als einziger Kohlenstoffquelle zu wachsen. Dagegen können einige Anaerobier auf Kohlenmonoxid wachsen, darunter *methanogene* (s. Anhang dieses Kapitels), *homoacetogene* wie *Clostridium pasteurianum* und einige photosynthetische Bakterien wie bestimmte *Rhodopseudomonas*-Arten. Diese Arten benutzen eine *Kohlenmonoxid-Dehydrogenase*, die die gleiche Reaktion wie die Kohlenmonoxid-Oxidase katalysiert. Dieses Enzym unterscheidet sich recht stark von der Kohlenmonoxid-Oxidase und ist extrem sauerstoffempfindlich.

3.8 Assimilationswege von Organismen, die C_1-Substrate verwenden

Wie in Abschn. 2.2 erwähnt, müssen alle Organismen die essentiellen C_3- und C_4-Verbindungen, meist Zwischenprodukte der Glykolyse und des Citratcyclus, selbst herstellen. Diese Verbindungen sind Vorstufen zur Biosynthese zellulärer Bestandteile. Dies wird im allgemeinen durch anaplerotische Carboxylierung einer C_3-Verbindung zu Oxalacetat oder Malat erreicht (s. Abschn. 2.3). Doch in Organismen, die auf C_1-Verbindungen wachsen, entstehen keine C_3-Verbindungen auf oxidativem Weg. Somit wird ein Assimilationsmechanismus zur Bildung der C_3- und C_4-Zwischenprodukte des Stoffwechsels benötigt. Eine große Vielfalt an Möglichkeiten, dieses Ziel zu erreichen, wurde in verschiedenen Organismen gefunden (behandelt in Abschn. 3.10 bis 3.13). Für detailliertere Berichte sollte der Leser neuere Reviews zu Rate ziehen (zum Beispiel Quayle, 1980; Higgins *et al.*, 1981; Large, 1983).

3.9 Ribulosebisphosphatweg zur Kohlendioxidassimilation (Calvincyclus)

Alle autotrophen Organismen, auch Pflanzen, benutzen den Ribulosebisphosphatweg, um Kohlendioxid zu reduzieren. Dieser Weg wurde ursprünglich von Calvin und Mitarbeitern vorgeschlagen und wird oft Calvincyclus genannt (Lehninger, 1982). In diesem Weg, der im wesentlichen in Abb. 3.2 dargestellt ist, agiert Ribulose-1,5-bisphosphat als Akzeptor für Kohlendioxid und wird vorübergehend in ein C_6-Monosaccharidphosphat carboxyliert. Dieses ist sehr instabil und zerfällt sofort in zwei Moleküle der C_3-Verbindung Phosphoglycerat. Diese wiederum wird zu Bisphosphoglycerat phosphoryliert und dann zu Glycerinaldehyd-3-phosphat (G-3-P) reduziert. Wie in Abb. 3.2 gezeigt, werden für die Fixierung von jeweils drei Molekülen Kohlendioxid drei Moleküle des Akzeptors benötigt und sechs Moleküle G-3-P gebildet. Um den Weg jedoch gangbar zu machen, müssen die drei Akzeptormoleküle mit je 5 Kohlenstoffatomen zurückgewonnen werden. Dies wird durch die Umgruppierung von 15

Kohlenstoffatomen aus 5 Molekülen G-3-P mittels einer Serie von Monosaccharidphosphaten erreicht und führt zu einer Nettoproduktion von einem Molekül G-3-P. Dieses kann schnell über die Glykolyse zu Phosphoenolpyruvat oder Pyruvat umgewandelt werden und somit als Quelle für die C_3- und C_4-Vorstufen der Biosynthese dienen, genau wie in jedem anderen Organismus (s. Abschn. 2.2, 2.3 und Abb. 2.1).

Die genauen Einzelheiten dieses Weges können in den meisten Biochemielehrbüchern gefunden werden und werden deshalb hier nicht ausführlich behandelt. Es sollte bemerkt werden, daß die beiden entscheidenden, nur diesem Weg eigenen Enzyme das anfänglich carboxylierende Enzym *Ribulosebisphosphat-Carboxylase* (Carboxydismutase) und die *Ribulose-5-phosphat-Kinase* sind. Diese ist verantwortlich für den letzten Schritt zur Zurückgewinnung des Ribulosebisphosphates. Die gesamte Stöchiometrie dieser Reaktionsfolge wird gewöhnlich folgendermaßen formuliert:

$$3CO_2 + 6NAD(P) + 6H^+ + 9ATP \rightarrow \text{G-3-P} + 6NAD(P)^+ + 9ADP + 8Pi.$$

Andere Wege zu C_1-Assimilation liefern andere Endprodukte als G-3-P. Um die Stöchiometrie dieser Wege zu vergleichen, ist es wichtig, ein gemeinsames Endprodukt zu benutzen, zum Beispiel Pyruvat. Wenn das G-3-P, das im Calvincyclus produziert wurde, über die Glykolyse nach und nach zu Pyruvat oxidiert wird, werden ein Molekül $NADH_2$ und 2 Moleküle ATP gebildet. Somit kann man die Stöchiometrie des Calvincyclus folgendermaßen umrechnen:

$$3CO_2 + 5NAD(P)H + 5H^+ + 7ATP \rightarrow \text{Pyruvat} + 5NAD(P)^+ + 7ADP + 7Pi.$$

Offensichtlich ist daher der Calvincyclus sehr energieaufwendig, da er fünf Reduktionsäquivalente und 7 ATP verbraucht, um aus drei Molekülen Kohlendioxid ein Molekül Pyruvat zu produzieren. Wie wir sehen werden, ist die Stöchiometrie ungünstig, wenn man sie mit den anderen Wegen zur C_1-Assimilierung vergleicht (s. Abschn. 3.10, 3.11, 3.12).

Der Calvincyclus wird nicht nur in streng autotrophen Organismen gefunden. Zum Beispiel assimilieren auf diese Weise, wie in Abschn. 3.7 beschrieben, aerobe carboxydotrophe Organismen das Kohlendioxid, das sie durch Oxidation von Kohlenmonoxid, ihrer einzigen Kohlenstoffquelle, bilden. Außerdem wurde gezeigt, daß gewisse methylotrophe Organismen, die auf Formiat wachsen, darunter *Pseudomonas oxalaticus, Methylococcus capsulatus* und *Paracoccus denitrificans* (letzterer auch bei Methanol-Verwendung) das Substrat zu Kohlendioxid oxidieren und dann das freigewordene Kohlendioxid über den Calvincyclus fixieren. Wegen des Energieaufwandes dieses Weges und da für jedes durch die Formiat-Dehydrogenase zu Kohlendioxid oxidierte Formiatmolekül nur 1 NAD^+ reduziert wird, ist es nicht erstaunlich, daß die Wachstumsausbeute gering ist. Vermutlich wird dies durch das breitere Substratspektrum, das diese Organismen nutzen können, ausgeglichen.

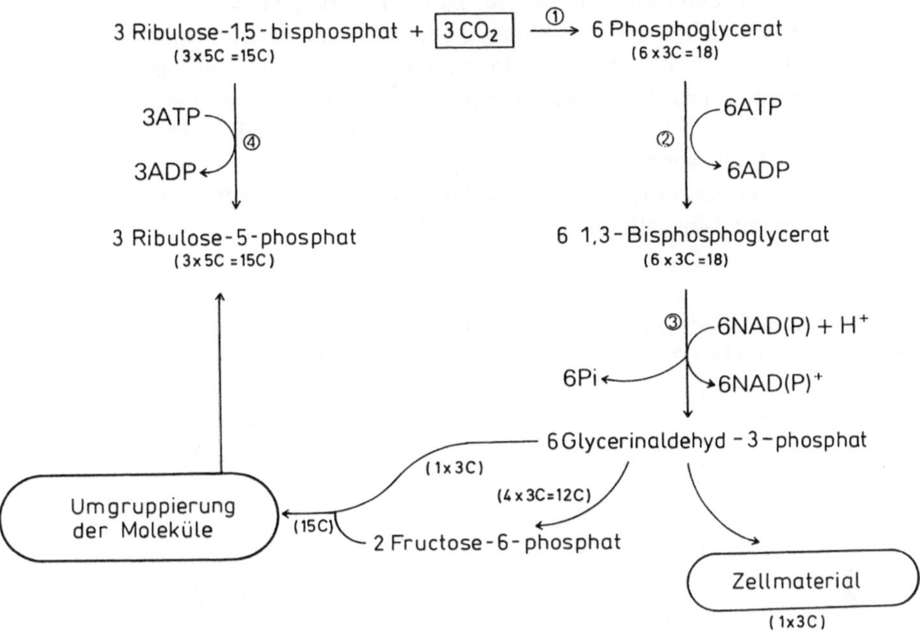

Abb. 3.2 Überblick über den Ribulosebisphosphatweg zur autotrophen Fixierung des Kohlendioxids. (1) Ribulose-1,5-bisphosphat-Carboxylase; (2) Phosphoglycerat-Kinase; (3) Glycerinaldehyd-3-phosphat-Dehydrogenase; (4) Ribulose-5-phosphat-Kinase

3.10 Ribulosemonophosphatweg (RMP-Weg) zur Assimilation von Formaldehyd in Typ I-Bakterien

Ursprünglich wurde angenommen, daß alle methylotrophen Organismen ihre Substrate zu Kohlendioxid oxidieren und dieses dann autotroph über den Ribulosebisphosphatweg assimilieren. Doch für die Typ I-Bakterien, z.B. *Methylomonas methanica* waren die Muster der $^{14}CO_2$-Fixierung und der ^{14}C-Methanoxidation nicht identisch. Außerdem war das entscheidende Enzym des Ribulosebisphosphatweges, die Ribulosebisphosphat-Carboxylase, in diesen Organismen nicht vorhanden, wenn Methan oder Methanol verwertet wurden. Das erste markierte Produkt der ^{14}C-Methanassimilation wurde schließlich als das C₆-Monosaccharidphosphat *Hexulose-6-phosphat* (H-6-P) identifiziert. Außerdem wurde schließlich ein Enzymsystem isoliert, das H-6-P *in vitro* produzieren kann, indem es Ribulosemonophosphat als Akzeptor für Formaldehyd benutzt. Dieses Enzym, die *Hexulosephosphat-Synthetase*, ist in allen Typ I-Bakterien vorhanden, die auf Methan, Methanol, Formaldehyd und auf Substraten wachsen, die über Formaldehyd zu Kohlendioxid oxidiert werden (z.B. Methylamin usw.). Sie ist nur diesem Reaktionsweg eigen. H-6-P wird in einer Reaktionsfolge (s. Abb. 3.3) weiteroxidiert, die beachtliche Ähnlichkeiten mit dem Ribulosebisphosphatweg aufweist. Zuerst werden drei Moleküle H-6-P durch ein anderes einzigartiges Enzym, der *Hexulosephosphat-Isomerase*, zu ihrem isomeren Fructose-6-phosphat (F-6-P) umgewandelt. Ein F-6-P-Molekül wird zu Fructose-1,6-bisphosphat phosphoryliert, bevor es zu zwei Molekülen Glycerinaldehyd-3-phosphat (G-3-P) gespalten wird. Eines davon sowie zwei andere Moleküle F-6-P regenerieren nach einer Reihe von Umlagerungen die drei Akzeptormoleküle Ribulosemonophosphat. Dadurch kann der Cyclus fortgesetzt werden. Somit ergibt sich eine Nettoproduktion von einem Triosemolekül, das den großen Bedarf an C_3- und C_4-Vorstufen zur Biosynthese stillt.

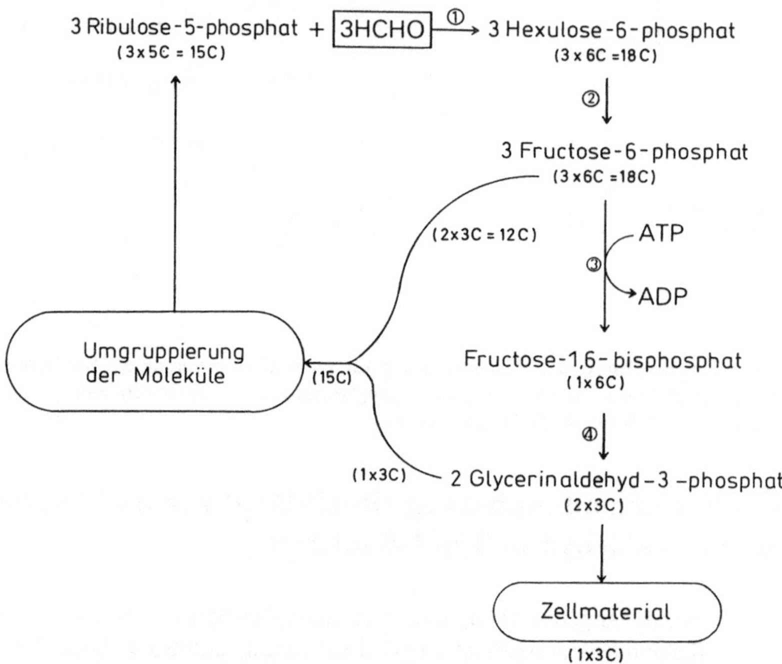

Abb. 3.3 Überblick über den Ribulosemonophosphatweg (RMP-Weg) zur Assimilation von Formaldehyd in Typ I-Bakterien. (1) Hexulosephosphat-Synthetase; (2) Hexulosephosphat-Isomerase; (3) Fructosephosphat-Kinase (Phosphofructokinase); (4) Fructosebisphosphat-Aldolase. Anmerkung: Diese Reaktionsfolge veranschaulicht die Glykolyse-Variante. In der Etner-Doudoroff-Variante wird Fructose-6-phosphat durch Hexosephosphat-Isomerase zu Glucose-6-phosphat isomerisiert und dieses von der 6-Phosphogluconat-Dehydrogenase zu 2-Oxo-3-deoxy-6-phosphogluconat oxidiert. Danach werden in der von der 2-Oxo-3-deoxy-6-phosphogluconat-Aldolase katalysierten Reaktion die beiden C_3-Verbindungen Glycerinaldehyd-3-phosphat und Pyruvat gebildet

Für die verschiedenen Typ I-Bakterien gibt es feine Unterschiede in den einzelnen Schritten der Reaktionssequenz des RMP-Weges. Dazu gehört z.B. der Mechanismus der Umwandlung von F-6-P zu zwei C_3-Verbindungen und ihre Umgruppierung bei der Wiedergewinnung von RMP. Folgende Varianten des F-6-P-Metabolismus sind bekannt:

1. die *glykolytische Variante*, bei der zwei Triosephosphatmoleküle aus Fructose-1,6-bisphosphat gewonnen werden und
2. die *Etner-Doudoroff-Variante*, bei der F-6-P zu Triosephosphat (1 x 3C) und Pyruvat (1 x 3C) umgewandelt wird.

Es gibt folgende Möglichkeiten zur Wiedergewinnung von RMP: (a) die *Transaldolase-* und (b) die *Sedoheptulose-Phosphatase*-Variante.

Die verblüffende Ähnlichkeit des Ribulosebisphosphat- mit dem RMP-Weg sollen nicht über die sehr unterschiedliche Stöchiometrie hinwegtäuschen. Wie man in Abb. 3.3 erkennen kann, stellt sich die gesamte Stöchiometrie zur Bildung eines Moleküls G-3-P durch die *Glykolyse-Transaldolase*-Variante folgendermaßen dar:

$$3HCHO + ATP \rightarrow G\text{-}3\text{-}P + ADP.$$

Wird sie mit dem schon früher zum besseren Vergleich gewählten Endprodukt Pyruvat aufgestellt, lautet die Gleichung:

$$3HCHO + ADP + Pi + NAD(P)^+ \rightarrow Pyruvat + ATP + NAD(P)H + H^+.$$

Für die anderen Varianten kann man die Gesamtstöchiometrie folgendermaßen formulieren:

1. *Glykolyse/Sedoheptulose-Phosphatase* und *Etner-Doudoroff/Transaldolase*

$$3HCHO + NAD(P)^+ \rightarrow Pyruvat + NAD(P)H + H^+$$

2. *Etner-Doudoroff/Sedoheptulose-Phosphatase*

$$3HCHO + 3ATP + NAD(P)^+ \rightarrow Pyruvat + NAD(P)H + H^+ + 3ADP + 3Pi.$$

Welche Variante des Weges auch immer benutzt wird, er ist bemerkenswert effektiv verglichen mit dem Ribulosebisphosphatweg der Kohlendioxidfixierung, der einen hohen Eintrag an ATP und $NAD(P)H + H^+$ erfordert (s. Abschn. 3.9). Da die effektivste Variante der Glykolyse/Transaldolase-Weg ist, erstaunt es nicht, daß in industriellen Prozessen zur Biomassenproduktion mit Methan und Methanol als Substraten Organismen mit dieser Variante bevorzugt eingesetzt werden. Bis heute ist der wichtigste dazu verwendete Organismus *Methylophilus methylotrophus*. Wie die meisten Organismen, die momentan in Hinblick auf Biomassenproduktion untersucht werden, verläuft sein Stoffwechsel über den RMP-Weg. Er ist jedoch ausgewählt worden, bevor Einzelheiten darüber bekannt waren, welche Variante des RMP-Weges es sich handelt. Es scheint heute so, als sei es die Etner-Doudoroff/Transaldolase-Variante (Beardsmore, Aperghis und Quale, 1982), die geringfügig weniger effektiv ist als der Glykolyse/Transaldolase-Weg. Es ist allerdings denkbar, daß man in Zukunft versucht, auf gentechnologischem Weg das Glykolyse/Transaldolase-System ist diesen Organismus einzubauen. In diesem Zusammenhang ist es wichtig, zu erwähnen, daß *M. methylotrophus* schon Gegenstand genetischer Manipulationen war, um sein Wachstum auf Methanol zu verbessern. Der für die Aminosäuresynthese essentielle Ammoniak wird durch einen von zwei möglichen Reaktionen in Glutamat eingebaut:

1. Oxoglutarat $+ NH_4^+ + NAD(P)H + H^+$

$$\xrightleftharpoons{\text{Glutamat-Dehydrogenase}} \text{Glutamat} + NADP^+ + H_2O$$

und

2. Glutamat $+ NH_4^+ + ATP \xrightleftharpoons{\text{Glutamin-Synthetase}} \text{Glutamin} + ADP + Pi$

gefolgt von

Glutamin $+$ Oxoglutarat $+ NAD(P)H + H^+$

$$\xrightleftharpoons{\text{Glutamat-Synthetase}} 2\,\text{Glutamat} + NADP^+ + H_2O \,.$$

Viele Bakterien, darunter einige methylotrophe (z.B. *Methylomonas methanica*), besitzen beide Systeme, von denen das erste bei Stickstoffüberschuß, das zweite bei niedriger Stickstoffkonzentration aktiv ist. Der Grund dafür ist, daß die Glutamin-Synthetase eine viel höhere Affinität zu Ammoniak hat als die Dehydrogenase. Es zeigte sich jedoch, daß *Methylophilus methylotrophus* nur das Glutamin-Synthetase/Glutamat-Synthetase-System enthielt. Dies ist energieaufwendiger, verbraucht also ATP, was bei der Glutamat-Dehydrogenase nicht der Fall ist. So isolierten Windass *et al.* (1980) eine Mutante dieses Organismus, dem die Glutamat-Synthetase fehlte, und benutzten einen klonierenden Vektor, um das *E. coli*-Gen für die Glutamat-Dehydrogenase in sie einzubauen. Die daraus entstandene „technisch hergestellte" Art von *M. methylotrophus* lieferte eine um 7% höhere Ausbeute als der Wildtyp. Dies spiegelt die Bedeutung der Tatsache wieder, daß genau ein Molekül ATP pro synthetisiertes Molekül Glutamat eingespart worden war.

Bemerkenswert ist, daß *Methylotrophus capsulatus*, von dem weiter oben berichtet wurde, daß er Charakteristika der Typ I- und Typ II-Organismen in sich vereinigt, nicht nur den RMP-Weg verfolgen kann, sondern auch über eine aktive Ribulosebisphosphat-Carboxylase verfügt, um Kohlendioxid über den Ribulosebisphosphatweg zu fixieren. Er hat also auch die Möglichkeit, sich autotroph zu ernähren. Der RMP-Weg ist, wie oben beschrieben, energetisch viel günstiger als der Ribulosebisphosphatweg. Die Rolle des zweiten C_1-fixierenden Systems erfordert deshalb Klarstellung, denn es scheint ungewöhnlich, daß das Bakterium über beide Systeme verfügt.

Es wurde weiter oben (s. Abschn. 3.4) erwähnt, daß einige Organismen (z.B. *Methylophilus methylotrophus*), die den RMP-Weg zur Assimilation von C_1-Substraten benutzen, nur geringe Aktivitäten an Formaldehyd- und Formiat-Dehydrogenase aufweisen. Diese stellen aber Schlüsselenzyme des normalen oxidativen Weges zur Energiegewinnung dar. Es könnte also sein, daß diese Organismen ihre Substrate auch über einen oxidativen RMP-Weg oxidieren. In ihnen wurden besonders aktive *Glucose-6-phosphat-* und *6-Phosphogluconat-Dehydrogenasen* gefunden, wenn sie auf Methanol und Methylamin, aber nicht, wenn sie auf Methan wuchsen. Somit wurde angenommen, daß bei Verwertung ersterer Substrate ein *RMP-Weg zur Dissimilation* beteiligt ist (s. Abb. 3.4). Es soll betont werden, daß die volle Bestätigung dieser Reaktionsfolge noch aussteht.

Es ist auch möglich, daß die Oxidation aller Substrate über den normalen oxidativen Weg vor sich geht, bei der die Formaldehyd- und Formiat-Dehydrogenasen beteiligt sind, auch wenn ihre Aktivitäten gering sind.

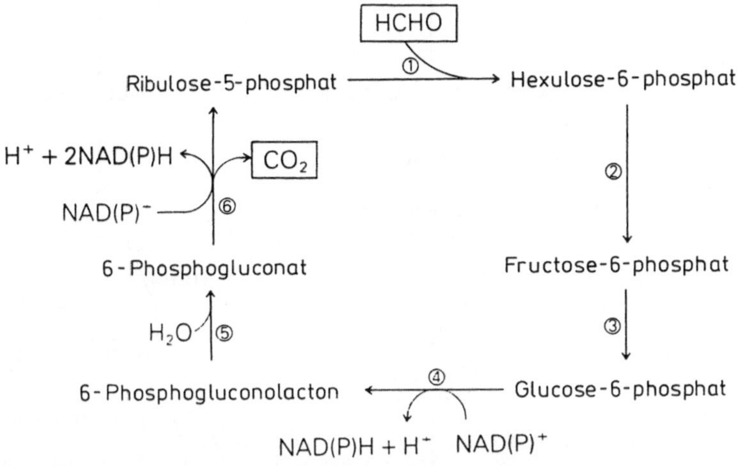

$$HCHO$$

Ribulose-5-phosphat $\xrightarrow{①}$ Hexulose-6-phosphat

$H^+ + 2NAD(P)H \leftarrow \quad \rightarrow CO_2$

$NAD(P)^- ⑥$

②

6-Phosphogluconat

Fructose-6-phosphat

H_2O ⑤

③

6-Phosphogluconolacton $\xleftarrow{④}$ Glucose-6-phosphat

$NAD(P)H + H^- \quad NAD(P)^+$

Abb. 3.4 Ribulosemonophosphatweg zur Dissimilation, der von einigen methylotrophen Typ I-Organismen als oxidativer, energieliefernder Weg des C_1-Metabolismus benutzt werden könnte. (1) Hexulosephosphat-Synthetase; (2) Hexulosephosphat-Isomerase; (3) Hexosephosphat-Isomerase; (4) Glucose-6-phosphat-Dehydrogenase; (5) 6-Phosphoglucono-Lactonase; (6) 6-Phosphogluconat-Dehydrogenase

3.11 Serinweg zur Assimilation von Formaldehyd in Typ II-Bakterien

Der Serinweg zur Assimilation von Formaldehyd in Typ II-Bakterien wurde zuerst in *Pseudomonas* AMI entdeckt. Er unterscheidet sich stark sowohl von dem Ribulosebisphosphat- als auch von dem Ribulosemonophosphatweg. Der Hauptunterschied besteht darin, daß nur 50% des assimilierten Kohlenstoffs direkt aus Formaldehyd, der Rest hingegen aus Kohlendioxid stammen. Wie gezeigt werden wird, geht die Kohlendioxidfixierung nicht über die Ribulosebisphosphat-Carboxylase vor sich, die in Typ II-Bakterien, die auf C_1-Substraten wachsen, nicht vorhanden ist. Die ersten Produkte der ^{14}C-Methanol- oder ^{14}C-Methylamin-Assimilation sind C_1-Derivate des Coenzyms Tetrahydrofolsäure, eines üblichen Überträgers von C_1-Einheiten in allen lebenden Organismen.

Wie in Abb. 3.5 gezeigt wird, fungiert Tetrahydrofolsäure als C_1-Donator, der Akzeptor ist Glycin, das Produkt L-Serin. L-Serin wird dann zu seiner entsprechenden Oxosäure, nämlich Hydroxybrenztraubensäure, desaminiert, die dann

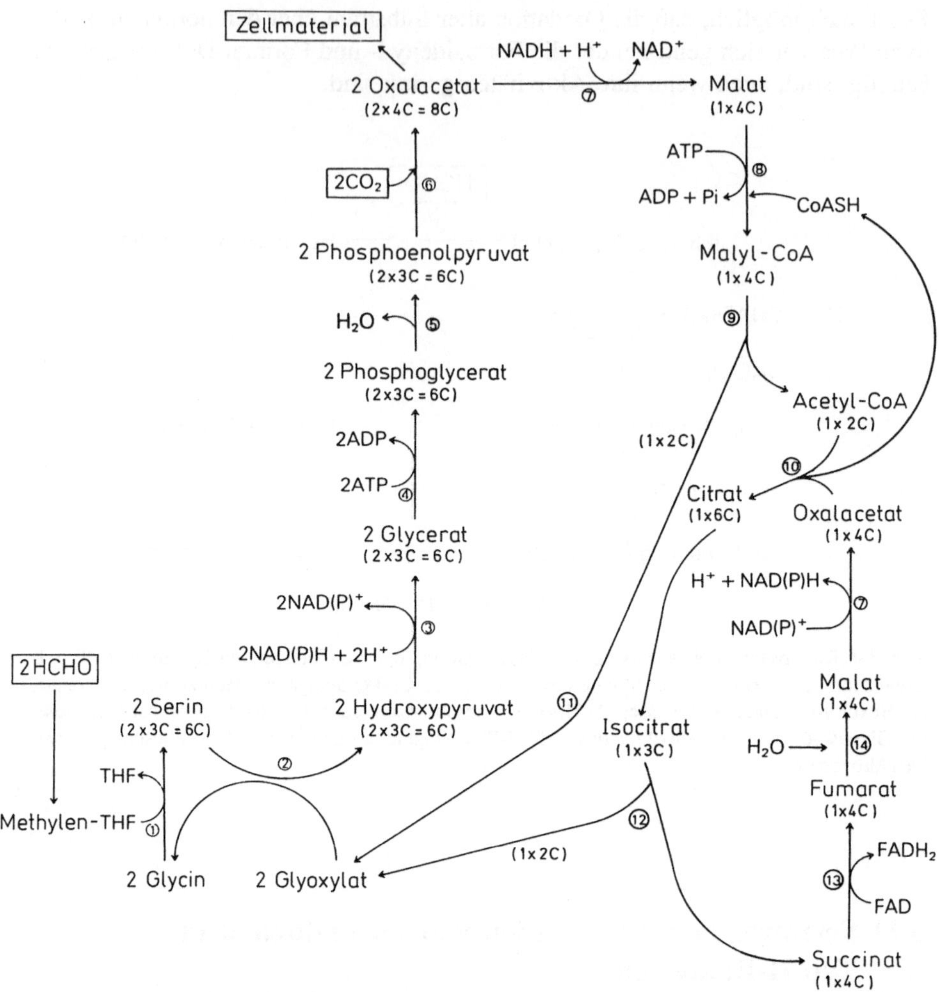

Abb. 3.5 Isocitrat-Lyasen-positive Variante des Serinweges zur Assimilation von Formaldehyd in Typ II-Bakterien. (1) Serin-Hydroxymethyl-Transferase; (2) Serin-Glyoxylat-Aminotransferase; (3) Hydroxypyruvat-Reduktase; (4) Glycerat-Kinase; (5) Phosphoenolpyruvat-Hydratase; (6) Phosphoenolpyruvat-Carboxylase; (7) Malat-Dehydrogenase; (8) Malyl-CoA-Synthetase; (9) Malyl-CoA-Lyase; (10) Citrat-Synthetase; (11) Aconitase; (12) Isocitrat-Lyase; (13) Succinat-Dehydrogenase; (14) Fumarat-Hydratase; THF = Tetrahydrofolsäure

von einem für den L-Serinweg charakteristischen Enzym, der *Hydroxypyruvat-Reduktase* zu Glycerat reduziert wird. Dieses wird dann phosphoryliert. Das Produkt Phosphoglycerat wird weiter über die normalen Glykolysereaktionen zu Phosphoenolpyruvat und Pyruvat metabolisiert. Jede der beiden Substanzen kann von der *Phosphoenolpyruvat-Carboxylase* (dem üblichen System), der *Phosphoenolpyruvat-Carboxykinase* oder der *Pyruvat-Carboxylase* zu Oxalacetat carboxyliert werden.

Auf dieser Stufe kann das Reaktionssystem folgendermaßen zusammengefaßt werden:

$$2\,HCHO + 2\,CO_2 + 2\,CH_2NH_2COOH \rightarrow 2\ \begin{array}{l} CH_2COOH \\ | \\ CH_2COOH \end{array} + NH_3$$

Diese Reaktionsfolge erfüllt, über einen von dem Ribulosebisphosphat- und dem Ribulosemonophosphatweg sehr verschiedenen Mechanismus, die für einen Organismus, der auf C_1-Substraten wächst, notwendige Aufgabe, die C_3- und C_4-Vorstufen zur Biosynthese zu bilden. Um jedoch einen kontinuierlichen Kohlenstofffluß über diesen Weg zu erreichen, müssen die beiden Glycinakzeptoren aus einem der Moleküle Oxalacetat zurückgewonnen werden, was zu einer Nettoproduktion von einem Oxalacetat für die Biosynthese führt.

Verschiedene Studien mit Mutanten zeigten, daß die Wiedergewinnung des Glycins über die Transaminierung von Glyoxylat verläuft. Doch die Frage nach der Herkunft des Glyoxylats blieb einige Zeit lang unbeantwortet. Schließlich wurde gezeigt, daß es für die Wiedergewinnung von Glyoxylat aus Oxalacetat – wie für fast alle Stoffwechselwege beim Wachstum verschiedender Organismen auf C_1-Substraten – zwei wichtige Varianten gibt. Der Hauptweg (s. Abb. 3.5), der in *Pseudomonas* MA, *Pseudomonas* MS und in *Pseudomonas aminovorans* gefunden wurde, hängt von zwei Ezymen ab, die als charakteristisch für diese Variante des L-Serinweges betrachtet werden. Eines von ihnen ist die *Malyl-CoA-Lyase*, die Malyl-CoA, das aus Oxalacetat über Malat gebildet wurde, in zwei C_2-Verbindungen spaltet. Eine davon ist Glyoxylat. Die andere dabei entstandene C_2-Einheit, Acetyl-CoA, muß zuerst noch in das zweite Glyoxylat umgewandelt werden. Also kondensiert es mit Oxalacetat und wird über den Citratcyclus zu Isocitrat metabolisert, das als C_6-Säure von dem zweiten entscheidenen Enzym, der *Isocitrat-Lyase*, in Glyoxylat und Succinat gespalten wird. Letzteres wird über den normalen Citratcyclus zu dem ursprünglichen Akzeptor Oxalacetat metabolisiert. Dieser Weg ist als *Isocitrat-Lyasen-positive*-Variante des L-Serinweges bekannt.

Einige methylotrophe Typ II-Organismen, darunter *Ps* AMI und *Hyphomicrobium* besitzen keine Isocitrat-Lyase, wenn sie auf C_1-Substraten wachsen. Statt dessen benutzen sie eine *Isocitrat-Lyasen-negative*-Variante des L-Serinweges, in dem Acetyl-CoA mit der C_5-Verbindung Oxoglutarat zu der C_7-Säure Homoisocitrat kondensiert. Diese wird von der *Homoisocitrat-Lyase* zu Glyoxylat und Glutarat gespalten. Das Glutarat wird in mehrere Stufen zu dem anfänglichen Akzeptor Oxoglutarat metabolisiert.

Die Gesamtstöchiometrie für die Produktion von Pyruvat über beide Varianten dieses Weges ist identisch:

$$2\,HCHO + 2\,CO_2 + 2\,NAD(P)H + 2\,H^+ + 2\,ATP \rightarrow Pyruvat + 2\,NAD(P)^+ + 2\,ADP + 2\,Pi.$$

Diese sind etwas weniger effizient als alle vier Varianten des Ribulosemonophosphatweges (s. Abschn. 3.10), aber beträchtlich günstiger als der autotrophe

Ribulosebisphosphatweg (s. Abschn. 3.9). Im Hinblick auf die Biomassenproduktion muß auch daran erinnert werden, daß C_1-Substrate von einer weit größeren Anzahl von Arten über diesen Weg als über den Ribulosemonophosphatweg verwertet werden können. Es handelt sich dabei oft um fakultativ methylotrophe Organismen.

3.12 Xylulosemonophosphatweg zur Assimilation von Formaldehyd in methylotrophen Hefen

Wie in Abschn. 3.5 dargestellt, oxidieren methylothrophe Hefen Methanol über einen anderen Weg als Bakterien. Auch zur Assimilation wird ein anderes System benutzt, obwohl einige Zeit lang geglaubt wurde, diese verliefe über den Ribulosemonophosphatweg. Obwohl jedoch die Muster der ^{14}C-Methanolfixierung beachtliche Ähnlichkeiten mit denen in Typ I-Bakterien aufweisen, wurden die Markerenzyme des Ribulosemonophosphatweges, die Hexulosephosphat-Synthetase und die Hexulosephosphat-Isomerase, in Hefen nicht gefunden. Statt dessen wurde eine andere Reaktionsfolge nachgewiesen, die dem Ribulosebisphosphat- und dem Ribulosemonophosphatweg sehr ähnelt und als *Xylulosemonophosphatweg* (XMP-Weg) bekannt ist (s. Abb. 3.6). Wie beim Ribulosemonophosphatweg fungiert Formaldehyd als Vorläufer für die Biosynthese des Zellmaterials. Es wird ebenfalls auf einen Akzeptor mit fünf Kohlenstoffatomen, in diesem Fall Xylulose-5-phosphat, übertragen. Die Produkte dieser Reaktion sind die beiden C_3-Verbindungen Glycerinaldehyd-3-phosphat und Dihydroxyacetonphosphat. Das entscheidende Enzym wurde *Dihydroxyaceton-Synthetase* genannt. Wieder werden für jeweils drei assimilierte Formaldehydeinheiten drei Akzeptoreinheiten mit fünf Kohlenstoffatomen gebraucht. Diese müssen aber am Ende der Reaktionsfolge wieder zur Verfügung stehen. Somit werden von den sechs C_3-Einheiten, die als Produkte der ersten Reaktion entstanden waren, fünf wieder dazu verwendet, den Akzeptor zurückzugewinnen, während das letzte zur Synthese von Zellmaterial dient. Bei der Wiedergewinnungsreaktion tritt ein anderes für diesen Weg charakteristisches Enzym, die *Triokinase*, in Aktion. Dieses ist verantwortlich für die Phosphorylierung von Dihydroxyaceton. Die Stöchiometrie des XMP-Weges wird folgendermaßen formuliert:

$$3HCHO + 3ATP \rightarrow Glycerinaldehyd\text{-}3\text{-}phosphat + 2ADP + 2Pi$$

Wird Pyruvat als Endprodukt genommen, um sie besser mit den anderen Reaktionsfolgen zu vergleichen, lautet die Gleichung:

$$3HCHO + ATP + NAD(P)^+ \rightarrow Pyruvat + ADP + Pi + NAD(P)H + H^+.$$

Diese ist sehr gut mit den verschiedenen Varianten des Ribulosemonophosphatweges (s. Abschn. 3.10) vergleichbar. Der XMP-Weg ist damit viel günstiger als der L-Serinweg (s. Abschn. 3.11) sowie entscheidend effizienter als der Calvincyclus (s. Abschn. 3.9). Dies ist ein wichtiger Hinweis darauf, daß das relativ

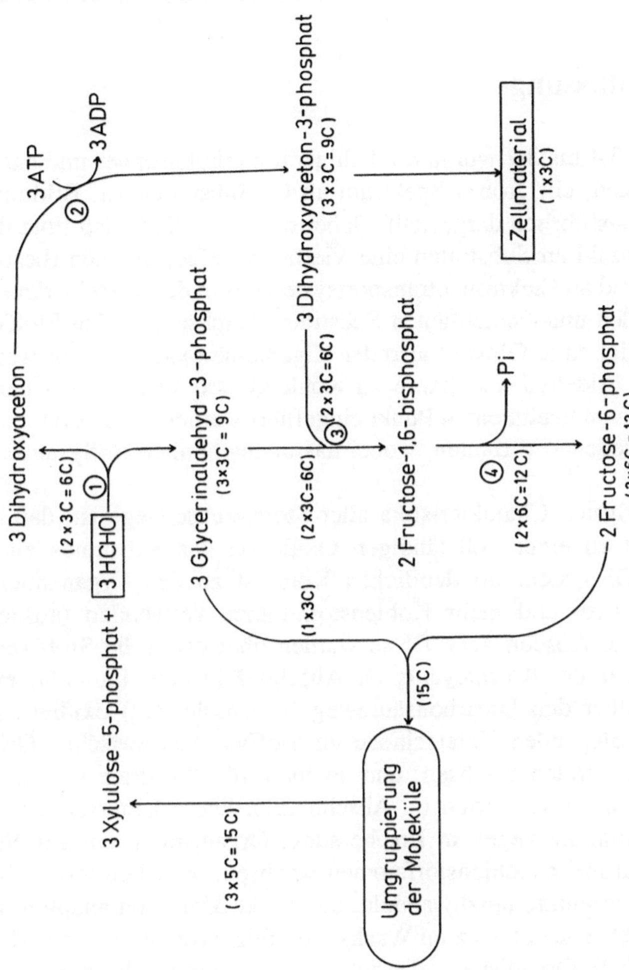

Abb. 3.6 Überblick über den Xylulosemonophosphatweg zur Assimilation von Formaldehyd in methylotrophen Hefen. (1) Dihydroxyaceton-Synthetase; (2) Triokinase; (3) Fructose-1,6-bisphosphat-Aldolase; (4) Fructose-1,6-Bisphosphatase

langsame Wachstum von Hefen auf Methanol wahrscheinlich auf ihren ineffizienten Oxidationsweg (s. Abschn. 3.5) zurückzuführen ist. Sollten Hefen, die auf Methanol wachsen, in Zukunft zur Produktion von Einzellerprotein eingesetzt werden, so scheint es wichtig, ein effizienteres Oxidationssystem einzubauen.

3.13 Zusammenfassung

In den Abschnitten 3.4 bis 3.7 wurde die Fähigkeit methylotropher und carboxydotropher Organismen, ein großes Spektrum an C_1-Substraten zur Bildung von ATP zu oxidieren, ausführlich dargestellt. Dabei wurde deutlich, daß trotz der relativ begrenzten Anzahl an Substraten eine Vielfalt an Mechanismen (besonders an enzymatischen und an Elektronentransportsystemen) in den verschiedenen Organismen, die auf den unterschiedlichen Substraten wachsen, an den Stoffwechselreaktionen beteiligt sind. Obwohl also der allgemeine oxidative Stoffwechselweg über Alkohol, Aldehyd und Säure zu Kohlendioxid verläuft, bei dem die Verbindungen an einem geeigneten Punkt eingeführt werden, gibt es davon doch eine Menge verschiedener Varianten, wobei das ungewöhnlichste System das in Hefen ist.

Eines der wichtigsten Charakteristika aller Stoffwechselwege ist, daß sie linear verlaufen und zu einer vollständigen Oxidation des Substrates zu Kohlendioxid führen. Dies steht im deutlichen Kontrast zu den Organismen, die Verbindungen mit zwei und mehr Kohlenstoffatomen verwenden (ausgenommen ist Oxalsäure; s. Abschn. 4.2). Diese werden über cyclische Stoffwechselwege, vor allen über den Citratcyclus (s. Abschn. 2.1) und, im Falle einiger C_2-Verbindungen, über den Dicarbonsäureweg (s. Abschn. 4.2) oxidiert. Darin liegt einer der grundlegenden Unterschiede im Stoffwechsel zwischen Organismen, die auf C_1-Substraten wachsen, und solchen, die Substrate mit drei und mehr Kohlenstoffatomen verwerten (s. Abschn. 2.1). Diese Unterschiede treten auch in den Assimilationswegen in Erscheinung. Organismen, die auf Verbindungen mit drei und mehr Kohlenstoffatomen wachsen, brauchen ihre Substrate nur in C_3-Zwischenprodukte umzuwandeln, die direkt oder nach anaplerotischer Carboxylierung zu Oxalacetat als zum Wachstum nötige Vorstufen zur Verfügung stehen (s. Abschn. 2.2). Organismen, die auf C_1-Substraten wachsen, müssen die C_3-Einheiten jedoch erst aus ihren Substraten herstellen. Dazu sind spezielle Stoffwechselwege nötig. Wie in den Abschnitten 3.9 bis 3.12 beschrieben, wird von den verschiedenen methylotrophen Organismen eine Vielzahl solcher Reaktionsfolgen genutzt, z.B. der Calvincyclus zur autotrophen Fixierung von Kohlendioxid. Diese Wege stellen, obgleich drei von ihnen nach einem ähnlichen Schema verlaufen, ein großartiges Beispiel für die Anpassungsfähigkeit von Mikroorganismen dar. Die methylotrophen Organismen haben offensichtlich auf ganz verschiedenen Wegen die Fähigkeit entwickelt, Substrate zu verwerten, von denen einige in natürlicher Umgebung sehr häufig vorkommen. Obwohl sie schon jetzt zweifellos eine wichtige Rolle in den natürlichen Ökosystemen, vor allem im Kohlenstoffkreislauf, spielen, so ist es wahrscheinlich, daß im nächsten Jahrzehnt unsere Kenntnis ihrer grundlegenden Biochemie in einer Vielzahl von biotechnologischen Prozessen angewandt werden wird. Dazu gehören die Biomassenproduktion (nicht zuletzt, da für einige obligat methylotrophe Organismen, wenn sie auf Methan wachsen, gezeigt wurde, daß sie gasförmigen Stickstoff binden können (Murrel und Dalton, 1983)), außerdem biologisch katalysierte Umsetzungen in der chemischen Industrie und der Einsatz bei Entgiftungsprozessen und bei der Entwicklung einer Reihe von Biosensoren.

Um dieses Potential voll nutzen zu können, muß eine wichtige Lücke in unserem Wissen geschlossen werden. Zur Zeit ist über die Kontrolle des C_1-Metabolismus wenig bekannt. Dazu gehören die feinen Kontrollsysteme, die den Materialfluß während der Oxidation und Assimilation regulieren, und die groben, die die Enzymkonzentrationen einstellen. Erstere werden wahrscheinlich hauptsächlich durch allosterische Enzyme bewerkstelligt. Die wenigen Daten, die zur Verfügung stehen, erlauben kein besseres Verständnis. Auch können in diesem Stadium noch nicht die üblichen Kontrollmuster aufgestellt werden (McNerny und O'Connor, 1980; Large, 1983). Es liegt auf der Hand, daß die Kontrollmechanismen so schnell wie möglich bekannt sein müssen, vor allem, wenn diese Organismen durch Manipulation des Erbgutes „verbessert" werden sollen.

Anhang zu Kapitel 3
Bildung von Methan durch methanogene Organismen

Anaerobe Organismen spielen eine Schlüsselrolle in dem Kohlenstoffkreislauf, da sie für den Abbau des größten Teiles der organischen Substanzen verantwortlich sind. Dies führt schließlich zur Rückgewinnung des Kohlendioxids. Wie in Abb. 3.7 dargestellt, ist inzwischen bekannt, daß daran drei Stufen mit drei verschiedenen Gruppen von Anaerobiern beteiligt sind. Die Gruppe I besteht aus den sogenannten *Abbauorganismen.* Sie bauen Polymere wie Proteine, Nucleinsäuren und Polysaccharide auf hydrolytischem Weg ab, und zwar zu Wasserstoff, Kohlendioxid, Formiat, Acetat, Ethanol, Propionat, Propanol, Butyrat und Butanol usw. Die Organismen der Gruppe II sind als *acetogene* Organismen bekannt. Sie vergären Ethanol, Propionat, Butyrat usw. weiter zu Acetat, Wasserstoff und Kohlendioxid als wichtigste Endprodukte. Die Gruppe III sind die *methanogenen* Organismen, die Acetat zu Methan und Kohlendioxid abbauen.

Die Produkte vieler dieser Umsetzungen sind von großem kommerziellen und biotechnologischem Interesse; wichtig sind vor allem diejenigen der Stufe I-Reaktionen, die von einer großen Vielfalt von Anaerobiern wie *Clostridium, Bacteroides* und *Ruminococcus* durchgeführt werden. Dazu gehören Ethanol (als Treibstoff und Getränk), Propanol und Butanol (als Lösungsmittel). In letzter Zeit wuchs das Interesse an industriellen Anwendungen methanogener Organismen. Daher ist es angebracht, diese Organismen in diesem Anhang näher zu beschreiben.

Das allgemeine biotechnologische Interesse liegt in folgender Überlegung begründet: da methanogene Bakterien eine Schlüsselrolle bei der Produktion von

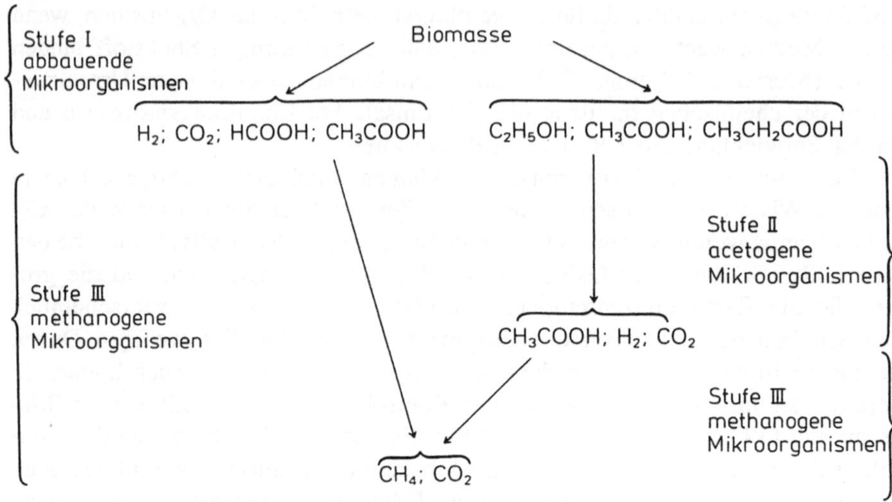

Abb. 3.7 Stufen des anaeroben Abbaus organischer Substrate

Methan in natürlicher Umgebung spielen, könnte man sie zur Methanherstellung beim Abbau häuslicher, landwirtschaftlicher und industrieller Abfälle verwenden, und zwar als Teil einer Ansammlung anaerober Bakterien. Schon jetzt bestehen etwa 26% des in den USA verbrauchten Brennstoffes aus Methan. Die biotechnologische Herstellung von Methan wird als Hauptweg angesehen, die natürlichen Vorkommen dieses Gases zu ergänzen. Dieser Prozeß, als *Biogasproduktion* bekannt, hat schon einen weiten Anwendungsbereich gefunden, gewöhnlich aber nur in einem kleineren Maßstab (z.B. als Heizquelle in Farmen, wo es im Schweine-, Rinder- oder Hühnermist entsteht). Die Möglichkeiten, die dieses Verfahren eröffnet, sind jedoch enorm (Daniel, 1984). Dieses Potential wird aber nur ausgenutzt werden können, wenn man mehr von der Physiologie, Biochemie und Molekularbiologie der methanogenen Organismen weiß und versteht. Wie man sehen wird, sind einige Aspekte, von denen viele nur dieser Gruppe von Organismen eigen sind, gut dokumentiert, andere dagegen sind sehr schlecht bekannt. Zur detaillierten Betrachtung sollten die ausgezeichneten Reviews von Large (1983), Vogel *et al.* (1984) und Zeikus (1983) herangezogen werden.

A1 Organismen. Die methanogenen Organismen werden heute als eine der Gruppen der primitiven Bakterien *Archaebacteria* angesehen, zu denen auch die extremen Arten der halophilen und thermoacidophilen Bakterien gehören. Diese Organismen haben kein Mucopeptid in ihrer Zellwand und besitzen gewisse andere charakteristische Eigenschaften, insbesondere in Hinblick auf den Mechanismus ihrer Proteinsynthese, die sie von dem der Mehrzahl der Bakterien (der

Eubacteria) abhebt. Sie stellen eine sehr begrenzte und spezialisierte Gruppe von Bakterien dar, die in wasserdurchtränkten Böden, dem Darm von Tieren, Abwasserschlämmen, faulenden Pflanzen und Wassersedimenten leben. Die Taxonomie der methanogenen Bakterien wird gerade stufenweise überarbeitet. Im Moment sind drei Ordnungen von streng (obligat) methanogenen Bakterien anerkannt. Dies sind die Methanobacteriales (darunter Arten von *Methanobacterium* und *Methanobrevibacter*), die Methanococcales (darunter Arten von *Methanococcus*) und die Methanomicrobiales (darunter Arten von *Methanomicrobium, Methanogenium, Methanospirillum* und *Methanosarcina*).

Methanogene Bakterien sind meist nicht beweglich und gehören zu den größten Bakterienzellen, die bis jetzt isoliert worden sind. Sie zählen zu den Anaerobiern, die am meisten auf eine anaerobe Umgebung angewiesen sind, denn schon 0,01 mg l^{-1} an Sauerstoff hemmt ihren Stoffwechsel gänzlich. Wie die meisten Anarobier besitzen sie keine Superoxid-Dismutase und Katalase und können daher Superoxidradikale oder Wasserstoffperoxid, die bei einem sauerstoffabhängigen Metabolismus entstehen, nicht entfernen. Nitrat und Sulfat wirken auch als Inhibitoren, während Ammoniak und Kohlendioxid essentiell für das Wachstum sind und Schwefelwasserstoff im allgemeinen einen stimulierenden Effekt ausübt. Cystein kann Schwefelwasserstoff ersetzen, aber Aminosäuren und Peptide können nicht an die Stelle von Ammoniak treten. Bis vor kurzem glaubte man, daß alle methanogenen Bakterien sehr langsam wachsen; die Verdopplungszeit betrug auch bei optimalen Bedingungen mehr als 10 Stunden. Doch kürzlich isolierte Arten (z.B. *Methanococcus jannaschii*) zeigen eine sehr viel höhere Wachstumsgeschwindigkeit mit Verdopplungszeiten von wenig mehr als 30 min.

Die Mehrzahl der methanogenen Bakterien wächst am besten auf Kohlendioxid und Wasserstoff als Nährsubstrat, wobei sie die zum Wachstum nötige Energie aus der Reduktion des Kohlendioxids zu Methan durch Wasserstoff gewinnen. Einige methanogene Organismen benutzen Formiat an Stelle von Wasserstoff und Kohlendioxid. Eine kleine Zahl kann entweder Formiat oder Methanol oder Methylamin verwerten. Die flexibelsten Arten in Bezug auf ihr Substratspektrum sind einige Arten von *Methanosarcina*. Diese können nämlich neben Wasserstoff, Kohlendioxid, Methanol und Methylamin auch Acetat nutzen, ein Substrat, das die meisten anderen bis jetzt isolierten Organismen nicht verwerten können.

Jeder Organismus mit Kohlendioxid als offensichtlichem Wachstumssubstrat lebt, genau genommen, *autotroph*. Methanogene Bakterien werden aber nicht in diese Kategorie eingeordnet, da ihre Kohlendioxidverwertung sich sehr stark von der der anderen autotrophen Organismen unterscheidet. Es gibt keinen Beweis für eine autotrophe Assimilation von Kohlendioxid über den Calvincyclus. In der Tat ist das für die autotrophe Fixierung von Kohlendioxid über den Calvincyclus entscheidende Enzym, die Ribulosebisphosphat-Carboxylase, nicht vorhanden.

A2 Vorgang der Methanogenese. Der Mechanismus der Methanbildung mit der begleitenden ATP-Erzeugung ist in den letzten Jahren eingehend untersucht worden und es sind beachtliche Fortschritte gemacht worden. Es tritt jetzt schon deutlich zu Tage, daß an der Methanbildung einige ungewöhnliche Reaktanten beteiligt sind, die als erstes aufgelistet werden sollten. Es handelt sich dabei um folgende:

- *Tetrahydromethanopterin*, ein C_1-Carrier, der funktionell also der Tetrahydrofolsäure entspricht, aber anscheinend nur den methanogenen Organismen eigen ist;
- das *Coenzym F_{420}*, ein Deazoflavin, das sich in der Struktur stark von FMN oder FAD unterscheidet. Es enthält eine lange Seitenkette mit einer Lactyl-Gruppe und zwei Glutamyl-Resten, die als Elektronencarrier während der Methanogenese agiert;
- einen *Kohlendioxidreduktionsfaktor*, der noch nicht vollständig charakterisiert ist;
- das *Coenzym M*, gleichbedeutend mit 2-Mercaptoethan-Sulfonsäure ($HSCH_2CH_2SO_3H$), die im letzten Schritt der Methanogenese wichtig ist und ebenfalls nur diesem Prozeß eigen ist;
- einen nickelhaltigen gelben *Faktor F_{430}*; und
- einen *Faktor III*, wobei die Funktion der letzten beiden bei der Methanogenese noch nicht bekannt ist.

Aus dieser Liste wird deutlich, daß an der Biochemie der Methanbildung einzigartige Komponenten und Reaktionen beteiligt sind, die charakteristisch für diese Gruppe von Organismen sind. Die Tatsache, daß als einziger gewöhnlicher Teil des Elektronentransportmechanismus Cytochrom *b* gefunden wurde, kann dies nur unterstreichen.

Der gesamte Vorgang der Methanbildung scheint mit allen Zwischenprodukten eng an die Carrier gebunden zu sein. Am ersten Schritt ist als solcher wahrscheinlich Tetrahydromethanopterin beteiligt (Vogels *et al.*, 1982) und Kohlendioxid wird zum Carrier-gebundenen Formiat umgewandelt. Wie in Abb. 3.8 dargestellt, wird dieses Schritt für Schritt zu Zwischenprodukten reduziert, die Formaldehyd, Methanol bzw. eine Methylgruppe enthalten, bevor im letzten Schritt das Methan freigesetzt wird. Es ist wahrscheinlich, aber nicht bewiesen, daß Coenzym F_{420} (CoF_{420}) als wichtigstes reduzierendes Agens während des Prozesses fungiert, nachdem es direkt von einem *Hydrogenase*-System reduziert worden ist. Der am besten aufgeklärte Schritt ist der letzte dieser Reihe, an dem Coenzym M beteiligt ist. Wahrscheinlich wird die C_1-Einheit als Methanolderivat auf CoM übertragen. Dies wird dann zu einem Methylderivat reduziert und schließlich Methan freigesetzt. Der letzte Schritt wird von der *Methyl-CoM-Reduktase* katalysiert. Drei Komponenten sind an diesem Schritt beteiligt, von denen einer gelb ist und F_{430} sein könnte. Diese Reaktion kann also folgendermaßen zusammengefaßt werden:

$$CH_3-S-CoM + H_2 + ATP \rightarrow CH_4 + CoM - SH + ADP + Pi.$$

Der Zweck des gesamten Prozesses ist es, ATP zu produzieren. Die letzte Reaktion verbraucht aber noch ATP. Wo wird also ATP in diesem Prozeß gewonnen? Bis heute ist über die ATP-Bildung nur sehr wenig bekannt. Spekulationen wären

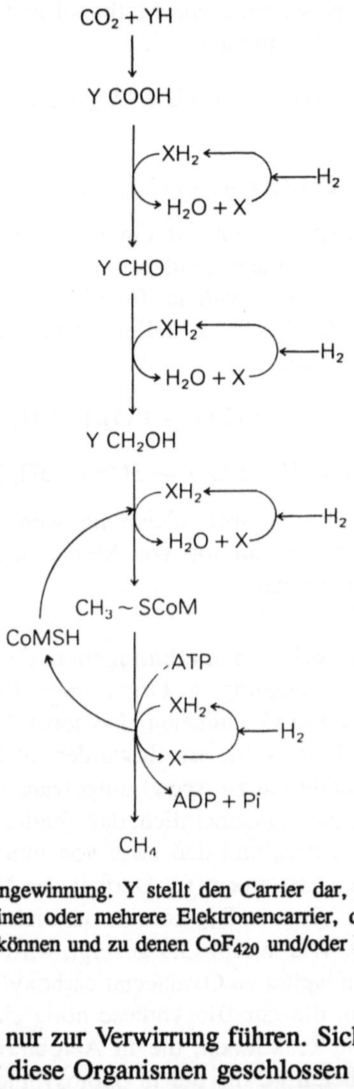

$$CO_2 + YH$$

$$\downarrow$$

$$Y\,COOH$$

$$Y\,CHO$$

$$Y\,CH_2OH$$

$$CH_3 \sim SCoM$$

$$CH_4$$

Abb. 3.8 Der Weg zur Methangewinnung. Y stellt den Carrier dar, wahrscheinlich Tetrahydromethanopterin. XH_2 steht für einen oder mehrere Elektronencarrier, die direkt oder indirekt durch
Wasserstoff reduziert werden können und zu denen CoF_{420} und/oder F_{430} gehören könnten

unfruchtbar und können nur zur Verwirrung führen. Sicherlich muß diese Lücke
in unserem Wissen über diese Organismen geschlossen werden.

Der gesamte Vorgang der Methanogenese mit Kohlendioxid und Wasserstoff
als Substrat kann folgendermaßen zusammengefaßt werden:

$$CO_2 + 4H_2 \rightarrow CH_4 + 2H_2O.$$

Wenn Formiat als Wachstumssubstrat benutzt wird, ähnelt der Weg der Methanbildung dem in Abb. 3.8 gezeigten in so weit, daß es wahrscheinlich direkt
als Reduktionsmittel für F_{420} unter Freisetzung von Kohlendioxid agiert. Dieses
wird dann weiter wie gezeigt metabolisiert. Dieser Prozeß kann folgendermaßen
zusammengefaßt werden:

$$4HCOOH \rightarrow CH_4 + 3CO_2 + 2H_2O.$$

Viel weniger ist über die Verwertung von Methanol und Acetat bekannt, aber es resultieren folgende Bruttogleichungen:

$$4CH_3OH \rightarrow 3CH_4 + CO_2 + 2H_2O$$

und

$$CH_3COOH \rightarrow CH_4 + CO_2.$$

Diese einfachen Gleichungen stehen für ein komplexes System, zu dem, im Fall von Methanol, die anfängliche Oxidation einer kleinen Menge an Methanol gehört, um die Reduktionsäquivalente für die nachfolgende Reduktion von Methanol zu Methan zur Verfügung zu stellen. Daher werden diese Reaktionen besser folgendermaßen formuliert:

$$CH_3OH + H_2O \rightarrow CO_2 + 3XH_2$$

$$3CH_3OH + 3XH_2 \rightarrow 3CH_4 + 3H_2O$$

Sie ergeben die oben aufgeführte Bruttogleichung, wenn man sie zusammenfaßt. Wahrscheinlich wird bei der Reduktion von Methanol zu Methan die Methylgruppe direkt auf CoM übertragen.

A3 Synthese von Zellmaterial in methanogenen Organismen. Wie schon festgestellt wurde, binden methanogene Organismen Kohlendioxid nicht autotroph. Wie synthetisieren diese Organismen also sonst ihr Zellmaterial aus Kohlendioxid? Obwohl einige Fortschritte erzielt wurden, bleibt die erste Reaktion, in der Wasserstoff und Kohlendioxid zu Acetat umgewandelt werden, ungeklärt. Es ist möglich, wenn nicht sogar wahrscheinlich, daß ähnliche C_1-Carrier wie bei der Methanogenese benutzt werden, und daß zwei von ihnen, oder möglicherweise eines von ihnen zusammen mit einem C_1-Derivat des Vitamin B_{12} miteinander zu Acetyl-CoA reagieren. Vitamin B_{12} kommt nämlich in sehr großen Mengen in diesen Organismen vor. Wie in Abb. 3.9 gezeigt, wird Acetyl-CoA zu Pyruvat carboxyliert, welches dann weiter zu Oxalacetat carboxyliert wird. So können die C_3- und C_4-Verbindungen, die zur Biosynthese nötig sind, erzeugt werden. An diesen außergewöhnlichen Reaktionen, die in Aerobiern nicht vorkommen, ist eine *Pyruvat-Synthetase* beteiligt, die der in photosynthetisch aktiven Bakterien ähnelt. Es wurde gezeigt, daß dieses Enzym, welches Pyruvat durch Carboxylierung von Acetyl-CoA synthetisiert, in *Methylosarcina barkeri* vorhanden ist. Es ist abhängig von F_{420}, das die notwendigen Reduktionsäquivalente zur Verfügung stellt (in den photosynthetisch aktiven Bakterien wird dazu reduziertes Ferridoxin benötigt). Wenn diese Reaktionen bestätigt werden, muß die anfängliche Bildung von Acetyl-CoA aufgeklärt werden, um vollständig darlegen zu können, wie sich diese Organismen die erforderlichen Biosynthesevorstufen verschaffen.

A4 Zusammenfassung. Aus den oben ausgeführten Erklärungen wird deutlich, daß die Biochemie der methanogenen Organismen ein faszinierendes Gebiet darstellt, von dem man aber bis jetzt sehr wenig versteht. Insbesondere sind die

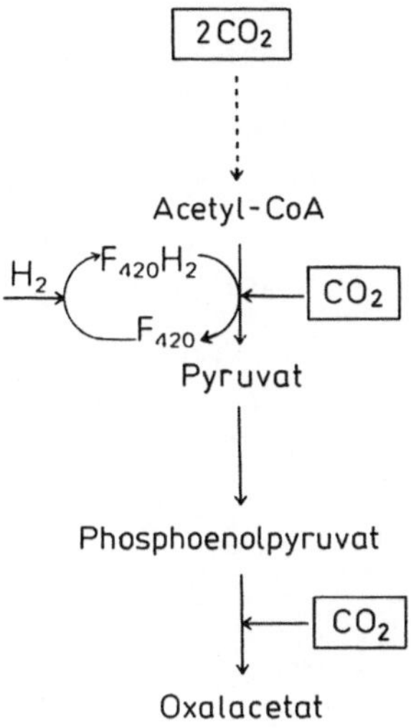

Abb. 3.9 Überblick über die Bildung der C$_3$- und C$_4$-Vorstufen für die Biosynthese in methanogenen Organismen

Gewinnung von ATP und die Methode zur Bildung von Acetat aus Kohlendioxid zwei wichtige Probleme, die noch nicht in Angriff genommen worden sind. Wegen des großen Interesses an der biotechnologischen Anwendung dieser Organismen ist es wahrscheinlich, daß das Wissen über die methanogenen Organismen schnell größer werden wird.

4. Aerobes mikrobielles Wachstum auf C$_2$-Substraten

4.1 Überblick und Anwendung

Es existiert eine viel größere Vielfalt an C$_2$-Substraten als an C$_1$-Verbindungen und folglich auch ein größeres Spektrum an Organismen, die solche Substrate verwenden können. Dazu sind auch eine größere Menge sowohl an oxidativen, energieliefernden Dissimilationswegen als auch an biosynthetischen Assimilationsreaktionen notwendig. Dennoch sind bei der Betrachtung der Substrate selbst sowie ihrer Stoffwechselwege einige weitgehende Generalisierungen erlaubt. Diese basieren auf der Oxidationsstufe der Substrate und führen zu einer Einteilung in drei Kategorien: Substrate mit einem Verhältnis H:O von 2:1 oder höher (z.B. Ethanol (C$_2$H$_5$OH) und Essigsäure (CH$_3$COOH)); solche mit einem Verhältnis H:O von weniger als 2:1, aber mehr als 0,6:1 (z.B. Glykolsäure (CH$_2$OHCOOH) und Glyoxylsäure (CHOCOOH)); und sehr hoch oxidierte Substrate, bei denen das Verhältins H:O unter 0,6:1 liegt (z.B. Oxalsäure (COOH)$_2$). Im allgemeinen hat das Wachstum auf C$_2$-Substraten in der Biotechnologie weniger Interesse hervorgerufen als das auf C$_1$-Substraten. Dies bedeutet nicht, daß dies auch in Zukunft so bleibt, denn viele C$_2$-Substrate entstehen in natürlichen Ökosystemen und als Nebenprodukte in der Industrie. Sie könnten vielleicht nützliche Substrate für die Biomassenproduktion werden.

4.2 Oxidative Wege zur ATP-Gewinnung

Die meisten C$_2$-Substrate, die bei Untersuchungen über den oxidativen, energieliefernden Metabolismus benutzt werden, weisen ein Verhältnis H:O von 2:1 und mehr auf. Insgesamt gesehen werden sie zu Acetyl-CoA oxidiert, das über den Citratcyclus weiteroxidiert wird. Zum Beispiel:

$$\text{C}_2\text{H}_5\text{OH} \xrightarrow[\;X\quad XH_2\;]{} \text{CH}_3\text{CHO} \xrightarrow[\;X\quad XH_2\;]{\text{CoASH}} \text{CH}_3\text{CO} \sim \text{SCoA} \longrightarrow \text{Citratcyclus}$$

Ethanol — Acetaldehyd — Acetyl-CoA

Somit werden diese Substrate in Hinblick auf den oxidativen Metabolismus letztendlich wie in allen anderen Organismen verwendet (s. Abschn. 2.1). Wie gezeigt werden wird, ist dies bei den anaplerotischen Stoffwechselwegen nicht der Fall (s. Abschn. 4.3).

Höher oxidierte Substrate mit einem Verhältnis H:O von weniger als 2:1, aber mehr als 0,6:1 werden über zwei bekannte Wege oxidiert. Der erste führt über ihre Reduktion zu Acetat, das dann im Citratcyclus oxidert wird (d.h. es handelt sich um einen Reduktions-Oxidations-Weg). Diese ungewöhnliche Reaktionsfolge findet in *Paracoccus denitrificans* statt und ist sehr interessant (s. Abb. 4.1). Sie wurde entdeckt, weil in diesem Organismus die Oxidation von Glykolat oder Glyoxylat durch die klassischen Inhibitoren des Citratcyclus Monofluoracetat, Malonat und Arsenit gehemmt wurde.

In einiger Hinsicht ist der in Abb. 4.1 gezeigte Weg ziemlich ungewöhnlich. Die Schlüsselreaktion ist die Kondensation von Glycin (2C) und Glyoxylat (2C) zu Hydroxyaspartat (4C), die durch die *Hydroxypyruvat-Synthetase* katalysiert wird. Die Aminosäure wird dann zu ihrer entsprechenden Oxosäure desaminert und zu Phosphoenolpyruvat decarboxyliert. Dieses wird weiter über Pyruvat durch einen zweiten Decarboxylierungsschritt zu Acetat metabolisiert, das dann im Citratcyclus oxidiert wird. Offensichtlich liefert dieser Stoffwechselweg reduzierte Elektronenakzeptoren (nach seinen eigenen Regeln so viele wie über die oxidativen Schritte des Citratcyclus entstehen). Diese reduzierten Akzeptoren werden über die normale Elektronentransportkette reoxidiert und ATP erzeugt. Das ungewöhnliche Merkmal dieses Weges ist, daß in dem Teil, in dem Acetat gebildet wird, eine C2-C2-Kondensation stattfindet, durch die eine C_4-Verbindung entsteht. Somit spielt dieser Stoffwechselweg nicht nur eine oxidative, sondern auch eine anaplerotische Rolle.

Mit Glyoxylat als Beispiel für ein Substrat und unter Voraussetzung des normalen Elektronentransportmechanismus liefert dieser Stoffwechselweg für die vollständige Oxidation von 2 Molekülen Glyoxylat insgesamt gerade 15 ATP (d.h. es besteht ein ATP:C-Verhältnis von 3,75), die man mit den 12 Molekülen ATP vergleichen muß, die bei der vollständigen Oxidation von Acetat entstehen (d.h. das ATP:C-Verhältnis beträgt 6). Die niedrigere Energieausbeute entspricht der höheren Oxidationstufe des Substrates.

Der zweite und gewöhnlichere Weg zur Oxidation von Substraten wie Glykolat und Glyoxylat (und Glycin, das aus Glyoxylat durch Desaminierung entsteht) ist als *Dicarbonsäurecyclus* bekannt (s. Abb. 4.2). Es ist gezeigt worden, daß Coliforme, Pseudomonaden und viele andere Gruppen von Bakterien, die diese Substrate verwerten, über diesen Mechanismus verfügen. Seine erste Entdeckung stammte von der Beobachtung, daß Monofluoracetat die Oxidation von Gyloxylat nicht hemmte, während alle anderen klassischen Inhibitoren des Citratcyclus dies taten. Dieses Paradoxon wurde aufgeklärt, als man beobachtete, daß Malat das erste Produkt der Glyoxylat-Oxidation war, und daß seine Bildung von der Induktion des Enzyms *Malat-Synthestase* vor seinem Wachstum auf Glyoxylat abhängig war. Danach wurde gezeigt, daß dieses Enzym durch Monofluoracetat gehemmt wurde.

Nach seiner Synthese wird das Malat zu Oxalacetat oxidiert. Darauf folgen zwei Decarboxylierungsschritte, die zuerst Pyruvat und danach Acetyl-CoA liefern. Wie in Abb. 4.2 gezeigt, agiert das Acetyl-CoA anfangs als Akzeptor für Gyloxylat und wird als Endprodukt der letzten Reaktion des Kreislaufs wie-

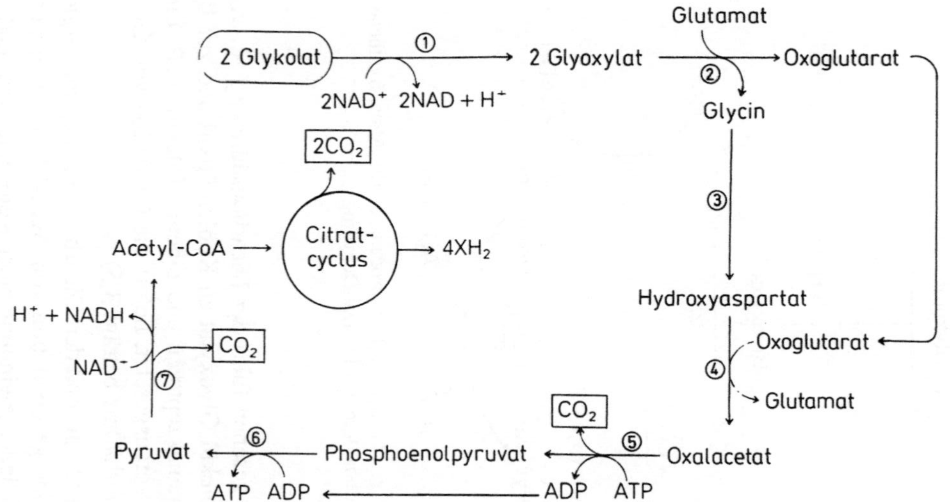

Abb. 4.1 Die Oxidation von Glykolat und Glyoxylat in *Paracoccus denitrificans*; (1) Glykolat-Dehydrogenase; (2) Glyoxylat:Glutamat-Transaminase; (3) Hydroxyaspartat-Synthetase; (4) Oxalacetat:Glutamat-Transaminase; (5) Phosphoenolpyruvat-Carboxykinase; (6) Pyruvat-Kinase; (7) Pyruvat-Dehydrogenase

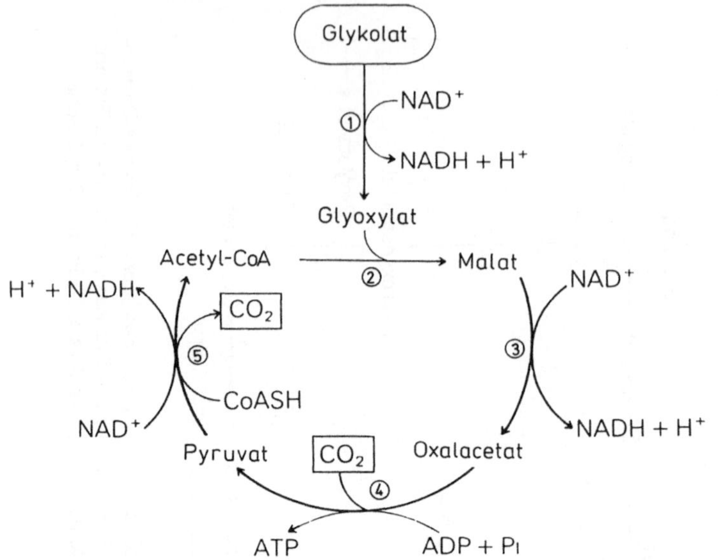

Abb. 4.2 Der Dicarbonsäureweg; (1) Gykolat-Dehydrogenase; (2) Malat-Synthetase; (3) Malat-Dehydrogenase; (4) Pyruvat-Carboxylase; (5) Pyruvat-Dehydrogenase

dergewonnen. Insgesamt gesehen führt der Dicarbonsäureweg zur vollständigen Oxidation von einem Molekül Glyoxylat zu Kohlendioxid und zur Bildung von zwei reduzierten Elektronenakzeptoren und einem Molekül ATP. Eine normale Elektronentransportkette vorausgesetzt, liefert die Oxidation von Glyoxylat also 7 ATP (d.h. das ATP:C-Verhältnis beträgt 3,5).

Es ist interessant, den Citrat- und den Dicarbonsäureweg zu vergleichen. Der erste sorgt für die vollständige Oxidation von Acetyl-CoA unter der notwendigen Beteiligung und der Wiedergewinnung einer Ketosäure, während letzterer die vollständige Oxidation einer Ketosäure (Glyoxylat) unter der notwendigen Beteiligung und Wiedergewinnung von Acetyl-CoA bewerkstelligt. Dennoch ist die Rolle der beiden Stoffwechselwege die gleiche, nämlich ein C_2-Substrat als Teil des Prozesses zu oxidieren, der den Organismus mit ATP versorgt, und die biosynthetischen Vorstufen für das Wachstum zur Verfügung zu stellen (Acetyl-CoA, Pyruvat, Malat und Oxalacetat). Somit sind beide Wege *amphibolisch* und für die Vorstufen der Biosynthese ist noch ein *anaplerotischer* Mechanismus erforderlich (s. Abschn. 4.3). Bemerkenswert ist, daß Organismen, die ihre Substrate wie z.B. Glyoxylat über den Dicarbonsäurenweg oxidieren, dennoch zumindest einen Teil des Citratcyclus benötigen. Der Grund dafür ist, daß sie die C_5-Verbindung Oxoglutarat als Vorstufe für Glutaminsäure synthetisieren müssen, die eine zentrale Schlüsselrolle im Aminosäurenmetabolismus spielt (s. Abb. 2.1 und Abschn. 2.2).

Relativ wenige Untersuchungen beschäftigten sich mit den oxidativen Stoffwechselwegen, die ATP aus den höher oxidierten Substraten wie Oxalat bilden. Diese Verbindung wird in beachtlichen Mengen in der Autoindustrie als Rostlöser vor der Farblackierung verwendet und stellt ein Abfallbeseitigungsproblem dar, da es recht giftig ist. Folglich wurde Interesse daran gezeigt, Mikroorganismen für seine Entgiftung einzusetzen. Es versteht sich von selbst, daß eine so hoch oxidierte Verbindung kein gutes Wachstumssubstrat ist, da das Potential für die ATP-Bildung klein ist. Dennoch können einige Pseudomonaden, darunter *Pseudomonas oxalaticus* auf Oxalat wachsen, wenn auch sehr langsam und ineffektiv.

Die Stoffwechselwege zur Oxalatverwendung stellen einen Übergang zwischen den normalen cyclischen Wegen zur Oxidation der C_2-Substrate (Citratcyclus oder Dicarbonsäurecyclus) und den linearen Reaktionsfolgen beim Metabolismus der C_1-Substrate (s. Abschn. 3.4) dar. Diese Oxidation hat mehr mit der C_1-Oxidation gemeinsam als mit der der C_2-Substrate, da sie linear verläuft. Andererseits haben die biosynthetischen Wege, wie in Abschn. 4.3 ausgeführt wird, mehr mit denen beim Wachstum auf C_2-Substraten gemeinsam.

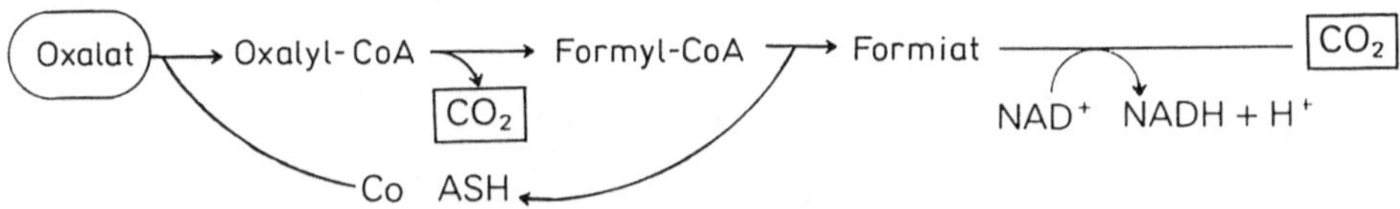

Abb. 4.3 Linearer oxidativer Weg zur Oxidation von Oxalsäure

Der lineare oxidative Weg ist einfach (s. Abb. 4.3). Das entscheidende Enzym ist die *Formiat-Dehydrogenase*, die auch bei der Oxidation von C_1-Substraten bei den methylotrophen Organismen eine Rolle spielt. Die Oxidation des reduzierten NADH, das bei dieser Reaktion entsteht, ergibt 3 ATP, was einem ATP:C-Verhältnis von 1,5 entspricht. Dies ist eine sehr niedrige Ausbeute, die für das hoch oxidierte Substrat charakteristisch ist.

Bemerkenswert ist, daß, anders als bei den anderen Mechanismen zur Oxidation von C_2-Verbindungen, dieser Weg keine C_3- bzw. C_4-Vorstufen für die Biosynthese liefert. Somit wird, anders gesagt, kein anaplerotischer Stoffwechselweg benötigt, dafür aber, wie in den methylotrophen Organismen, ein Mechanismus zur Bildung von C_3- und C_4-Verbindungen.

4.3 Biosynthetische und anaplerotische Stoffwechselwege in Organismen, die auf C_2-Substraten wachsen

Wie oben erwähnt (s. Abschn. 4.2), wird die Mehrheit der C_2-Substrate über den Citratcyclus oxidiert. Dies erfordert einen anaplerotischen Weg, um die Vorräte an den Zwischenprodukten des Citratcyclus, die für die Biosynthese benötigt werden, aufzufüllen. Da nur wenige Organismen einen Mechanismus zur Carboxylierung der C_2-Substrate zu Pyruvat oder Phosphoenolpyruvat entwickelt haben, die dann weiter zu Oxalacetat oder Malat carboxyliert werden können, werden andere anaplerotische Mechanismen benötigt, um die C_2-Substrate in C_4-Verbindungen umzuwandeln.

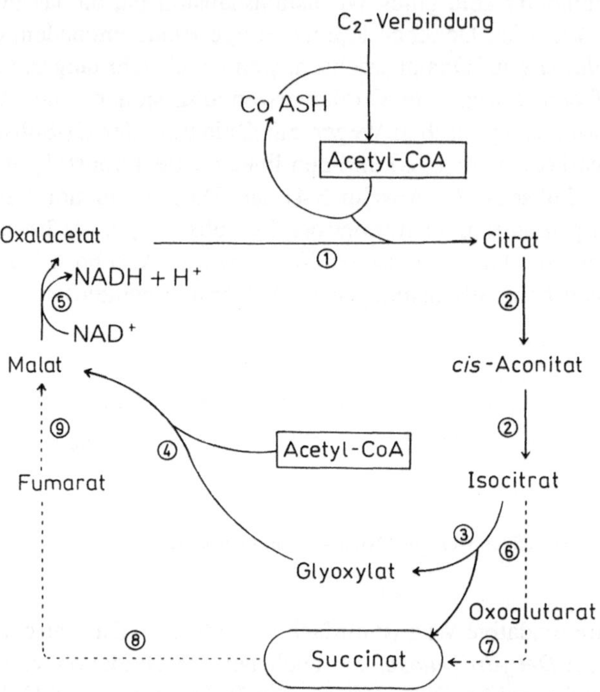

Abb. 4.4 Der Glyoxylat-Cyclus. Mit dem Citratcyclus gemeinsame Reaktionen: (1) Citrat-Synthetase; (2) Aconitase; (5) Malat-Dehydrogenase. Spezifische Reaktionen des Glyoxylatcyclus: (3) Isocitrat-Lyase; (4) Malat-Synthetase Spezifische Reaktionen des Citratcyclus: (6) Isocitrat-Dehydrogenase; (7) Oxoglutarat-Dehydrogenase; (8) Succinat-Dehydrogenase; (9) Fumarat-Dehydrogenase

Wie schon ausgeführt wurde, erfüllt der ungewöhnliche Reduktions/Oxidationsweg von *Paracoccus denitrificans* diese Aufgabe (s. Abschn. 4.2). Die gewöhnlicheren oxidativen Mechanismen, die man in den anderen Organismen findet (d.h. der Citrat- bzw. Dicarbonsäurecyclus), benötigen jedoch ein separates anaplerotisches System. Welches benutzt wird, hängt wiederum von dem Verhältnis H:O des Substrates und von dem oxidativen Weg ab. Bei Verbindungen mit einem Verhältnis H:O von 2:1 oder mehr, füllt der *Glyoxylatcyclus* die Vorräte an Zwischenprodukten des Citratcyclus auf. Dagegen wird bei Verbindungen mit einem niedrigeren H:O-Verhältnis, die über den Dicarbonsäureweg oxidiert werden, der *Glyceratweg* benutzt. Dazu gehört auch die sehr hoch oxidierte Oxalsäure, die, wie früher erwähnt, in der Biosynthese wie eine C_2-Verbindung behandelt wird. Sie wird jedoch so oxidiert, als wäre sie eine C_1-Verbindung.

Bei dem *Glyoxylatcyclus* (s. Abb. 4.4) wird die normale Eintrittspforte in den Citratcyclus benutzt. Acetyl-CoA kondensiert also mit Oxalacetat zu Citrat, das weiter über die Reaktionen des Citratcyclus zu Isocitrat metabolisiert wird. An diesem Punkt werden die beiden nachfolgenden Decarboxylierungen des Citratcyclus, durch die zuerst Oxalacetat und dann Succinat gebildet wird, umgangen. Isocitrat (6C) wird von der *Isocitrat-Lyase* zu Succinat (4C) und Glyoxylat (2C) gespalten. Glyoxylat kondensiert dann mit einem weiteren Molekül Acetyl-CoA zu Malat (4C). Diese Reaktion wird von der *Malat-Synthetase* katalysiert. Das Malat wird dann oxidert, um das ursprünglich verbrauchte Oxalacetat zurückzugewinnen. Insgesamt führt also dieser Cyclus zu einer Nettoproduktion von einer C_4-Verbindung (Succinat) und erfüllt somit die notwendige anaplerotische Aufgabe:

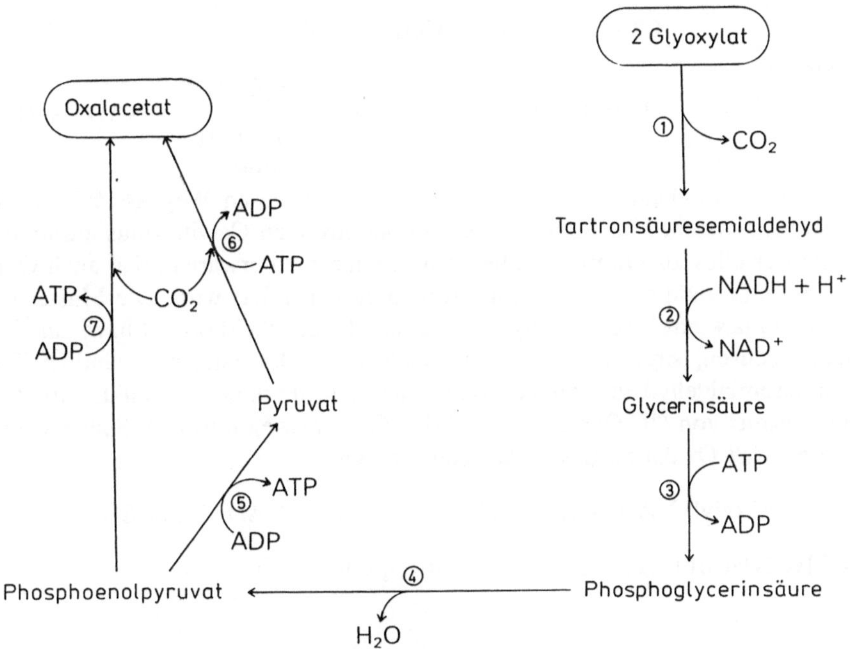

Abb. 4.5 Der Glyceratweg; (1) Glyoxylat-Carboligase; (2) Tartronsäuresemialdehyd-Reduktase; (3) Glycerat-Kinase; (4) Enolase; (5) Pyruvat-Kinase; (6) Pyruvat-Carboxylase; (7) Phosphoenolpyruvat-Carboxykinase; Bemerkung: *Entweder* Reaktionen (5) und (6) *oder* Reaktion (7) führen in einem Organismus zur Bildung von Oxalacetat

$$2\,CH_2COOH + NAD^+ \longrightarrow \begin{array}{c} CH_2COOH \\ | \\ CH_2COOH \end{array} + NADH + H^+.$$

Acetat   Succinat

Der *Glyceratweg* (s. Abb. 4.5) führt zur Produktion von Oxalacetat, um den Citrat- bzw. Dicarbonsäurecyclus zu ergänzen; dies geschieht aber auf ganz andere Weise als in dem Glyoxylatcyclus. Anstelle der C2-C2-Kondensation im Glyoxylatcyclus gehen zwei Glyoxylatmoleküle eine Reaktion miteinander ein, die zur Bildung von Kohlendioxid und der C_3-Verbindung Tartronsäuresemialdehyd führt. Diese Reaktion wird von dem Enzym *Glyoxylat-Carboligase* katalysiert, das nur diesem Weg eigen ist. Der weitere Metabolismus von Tartronsäuresemialdehyd geht über seine Reduktion zu Glycerinsäure durch ein weiteres, für diesen Weg charakteristisches Enzym, der *Tartronsäuresemialdehyd-Reduktase*. Die Glycerinsäure wird phosphoryliert und über normale Glykolysereaktionen zu Phosphoenolpyruvat oder Pyruvat metabolisiert. Beide Verbindungen werden dann zu Oxalacetat carboxyliert. Von welchem Enzym diese Reaktion katalysiert wird, hängt davon ab, welches carboxylierende Enzym in dem Organismus vorhanden ist, die *Pyruvat-Carboxylase* oder die *Phosphoenolpyruvat-Carboxylase*. Die gesamte Reaktionsfolge kann folgendermaßen zusammengefaßt werden:

$$C2 + C2 \longrightarrow C3 + CO_2 \longrightarrow C4$$

oder als:

$$2\,CHOCOOH + NADH + H^+ \;\; \begin{array}{l} CH_2COOH \\ | \\ COCOOH \end{array} \;\; + NAD^+ + H_2O$$

Glyoxylat — Oxalacetat

Wie oben erwähnt, wird auch Oxalsäure über diesen Weg assimiliert. Da *Pseudomonas oxalaticus* Formiat über den autotrophen Calvincyclus aufnimmt, nachdem er alles zu Formiat oxidiert hat, könnte man erwarten, daß auch Oxalat zu Formiat oxidiert und dann als Kohlendioxid fixiert wird. Die Muster der radioaktiv markierten Verbindungen in Zellen, die auf ^{14}C-Formiat bzw. auf ^{14}C-Oxalat wachsen, sind jedoch sehr unterschiedlich. Es entstehen nämlich Tartronsäuresemialdehyd und Glycerinsäure als erste markierte Produkte aus dem Metabolismus von ^{14}C-Oxalat, was auf den Glyceratweg hinweist. Später wurde bewiesen, daß Oxalat zu Glyoxylat reduziert wird:

$$\text{Oxalyl CoA} + NADH + H^+ \rightarrow \text{Glyoxylat} + NAD^+ + CoASH$$

Das Glyoxylat tritt dann in den Glyceratweg ein.

4.4 Zusammenfassung

Das mikrobielle Wachstum auf C_2-Substraten bringt eine Vielzahl von oxidativen und anaplerotischen Mechanismen mit sich, die von der anfänglichen Oxidationsstufe des Substrates abhängen. Die meisten C_2-Substrate werden zu Acetat umgewandelt, das dann über den Citratcyclus oxidiert wird. Da dieser Stoffwechselweg amphibolisch ist, also sowohl die Vorstufen für die Biosynthese liefert als auch als letzter oxidativer Schritt dient, wird ein anaplerotisches System benötigt. Für die höher oxidierten Substrate ist der oxidative Mechanismus der Dicarbonsäurecyclus, der anaplerotische der Glyceratweg. Die hoch oxidierte Oxalsäure wird über einen linearen Stoffwechselweg oxidiert, der der Oxidation der C_1-Substrate ähnelt. Assimiliert wird es aber über einen C_2-Mechanismus, den Glyceratweg.

Über die Kontrollmechanismen in den Organismen, die auf C_2-Substraten wachsen, wurde mehr geforscht als über die in Organismen mit einem C_1-Stoffwechsel. Im allgemeinen weisen diese Untersuchungen darauf hin, daß die Enzyme, die benötigt werden, um die Substrate zu Acetyl-CoA oder Gyloxylat umzuwandeln, durch die Anwesenheit des Substrates als *alleinige* Kohlenstoffquelle induziert werden. Die Zwischenprodukte Acetyl-CoA und Glyoxylat werden dann im Citrat- bzw. Dicarbonsäureweg weitermetabolisiert. Diese Induktion tritt sicherlich auch bei den spezifischen Enzymen des Glyoxylat- und des Glyceratweges in Erscheinung.

Besonderes Interesse galt der Rolle der Enzyme Isocitrat-Lyase und Malat-Synthetase im C_1- und C_2-Stoffwechsel. Isocitrat ist ein Schlüsselenzym im L-Serinweg, der in den fakultativen methylotrophen Organismen vom Typ II gefunden wurde. Diese Organismen können nicht nur auf C_1-Substraten, sondern auch auf einer Menge von C_2-Substraten wachsen. Beim Wachstum auf den meisten C_2-Substraten ist das Enzym essentiell für den Gyloxylatcyclus. Es ist interessant, daß die Rolle des Enzyms in den beiden Fällen sehr unterschiedlich ist, obwohl es die gleiche Reaktion katalysiert. Im L-Serinweg ist es Teil eines Biosyntheseweges und essentiell für den Mechanismus, über den eine Akzeptoreinheit (Glycin) für ein C_1-Derivat der Tetrahydrofolsäure zurückgewonnen wird. Im Glyoxlatcyclus dagegen spielt es eine entscheidende anaplerotische Rolle.

Das Enzym Malat-Synthetase erfüllt noch unterschiedlichere Aufgaben beim Wachstum auf C_2-Substraten. Beim Wachstum auf Glyoxylat tritt es im oxidativen Dicarbonsäurcyclus in Aktion. Beim Wachstum auf Acetat oder auf Verbindungen, die in Acetat umgewandelt werden können, hat es eine anaplerotische Funktion im Glyoxylatcyclus. Diese bemerkenswerte Doppelrolle solcher Enzyme wirft die Frage auf, wie ihre Induktion kontrolliert wird. Diese Frage wurde noch nicht zufriedenstellend beantwortet, aber es ist, zumindest im Falle der Malat-Synthetase, deutlich, daß diese beiden Enzyme Produkte unterschiedlicher Gene sind. Eines wird durch Substrate induziert, die im Dicarbonsäurecyclus, das andere durch solche, die über den Citratcyclus oxidert und über den Glyoxylatcyclus assimiliert werden.

Auch die Kontrolle des Metabolismus in *Pseudomonas oxalaticus* ist von beachtlichem Interesse. Insbesonders folgende Frage ist interssant: warum und wie wird die Ribulose-1,5-bisphosphat-Carboxylase beim Wachstum auf Formiat induziert, das von der Formiat-Dehydrogenase zu Kohlendioxid oxidert und von der Carboxylase fixiert wird? Oxalat, das auch von der Formiat-Dehydrogenase zu Kohlendioxid oxidert wird, verursacht nämlich eine Repression der Ribulose-1,5-bisphosphat-Carboxylase und induziert die Glycolsäure-Dehydrogenase, die Glyoxylat-Carboligase und die Tartronsäuresemialdehyd-Reduktase. Jedenfalls ist die Doppelrolle von Enzymen im C_1- und C_2-Stoffwechsel und, im Falle des Oxalats, die faszinierende Möglichkeit der Auswahl zwischen zwei Stoffwechselwegen ein Beweis für die Vielseitigkeit der Mikroorganismen, die auf verschiedenen Substraten wachsen können.

5. Aerobes mikrobielles Wachstum auf ausgewählten Substraten mit mehr als zwei Kohlenstoffatomen

5.1 Überblick und Anwendung

Wie in Kap. 2, Abschn. 2.1 bis 2.3 erklärt, werden alle Verbindungen mit drei und mehr Kohlenstoffatomen über Stoffwechselwege metabolisiert, die in fast allen lebenden Organismen gefunden werden. Es ist nicht beabsichtigt, diese Mechanismen hier näher zu betrachten. Letztendlich werden alle diese Substrate, gewöhnlich auf ziemlich direktem Wege, zu Zwischenprodukten der Glykolyse umgewandelt, bevor sie über den Citratcyclus oxidiert werden. Das anaplerotische System besteht in der Carboxylierung von C_3-Zwischenprodukten. Zwei Arten von Verbindungen, die als mikrobielle Wachstumssubstrate benutzt werden, sind jedoch von besonderem biotechnologischem Interesse. Dies sind Kohlenwasserstoffe – außer Methan – und aromatische Verbindungen. Einige spezielle Gesichtspunkte ihrer Nutzung als Wachstumssubstrat werden in diesem Kapitel beschrieben.

5.2 Oxidation und Assimilation von aliphatischen Kohlenwasserstoffen

Die Fähigkeit von Mikroorganismen, Kohlenwasserstoffe abzubauen, ist schon seit langer Zeit bekannt und wurde zuerst von Zobell (1950) in einer Übersicht dargestellt. Die ersten Untersuchungen wurden durch das Fehlen genügend reiner Substrate behindert. Dies führte zu einem seltsamen Wachstum und Produkten der Zellatmung, die auf folgende Reaktionsreihe zurückgeführt werden konnte: Der Organismus oxidierte zunächst eine Verunreinigung und benutzte diese wahrscheinlich als Wachstumssubstrat. Danach nahm das Wachstum und die Sauerstoffaufnahme ab, während ein neuer Satz an Enzymen induziert wurde, von dem eine zweite Verunreinigung abgebaut wurde. Dies ging so weiter, bis alle Verunreinigungen verbraucht waren. Erst dann wurde der Kohlenwasserstoff verwertet, zu einer Zeit also, in der bei der Batchkultur andere Nährstoffe limitierend waren.

Das Interesse, Organismen zu nutzen, die Kohlenwasserstoffe abbauen, ist zur Zeit aus mehreren Gründen sehr groß. Zunächst könnten diese Organismen zur Biomassenproduktion herangezogen werden, indem sie Abfallöle und andere Abfallprodukte auf Kohlenwasserstoffbasis als Substrate verwenden. Zum zweiten werden sie hinsichtlich ihrer möglichen Verwendung zur Beseitigung von Ölverschmutzungen intensiv untersucht, insbesondere zur Dispersion von Ölteppichen. Drittens werden Untersuchungen über ihre Fähigkeit, Öl aus ölhaltiger Substanz abzutrennen, angestellt. Mit konventionellen Methoden ist es nämlich im allgemeinen z.B. nicht möglich, eine Ölquelle zu mehr als 70% auszunutzen. Im Hinblick auf diese biotechnologischen Anwendungen ist es wichtig, alle Organismen zu untersuchen, die Kohlenwasserstoffe abbauen können, sowie die Methoden, nach denen der Abbau erfolgt. Neben ihren möglichen nützlichen Eigenschaften verursachen die Organismen, die Kohlenwasserstoffe abbauen, auch Probleme, da sie auf Öl/Wasser-Grenzflächen und in Öl/Wasser-Emulsionen wachsen können und dadurch Schwierigkeiten durch biologischen Abbau des Öls in mechanischen Systemen bereiten.

Viele Bakterien, Hefen und filamentöse Pilze verfügen bewiesenermaßen über die Fähigkeit, aliphatische Kohlenwasserstoffe zu oxidieren und zu assimilieren. Dazu gehören Arten von *Corynebacterium, Pseudomonas* und *Candida.* Im allgemeinen werden die kurzkettigen Kohlenwasserstoffe nicht als alleinige Wachstumssubstrate verwendet, obwohl sie oxidiert werden. Solche mit einer Kettenlänge von 8 (z.B. *n*-Octan) und mehr Kohlenstoffatomen sorgen jedoch für gutes Wachstum. Grob verallgemeinernd kann man feststellen, daß gesättigte Kohlenwasserstoffe besser als Substrate geeignet sind als ungesättigte, unverzweigte besser als verzweigte und solche mit einer geraden Zahl von Kohlenstoffatomen besser als solche mit einer ungeraden Anzahl.

Die Oxidation (s. Abb. 5.1) verläuft im Grunde so wie die von Methan:

$$\text{Kohlenwasserstoff} \rightarrow \text{Alkohol} \rightarrow \text{Aldehyd} \rightarrow \text{Fettsäure}$$

Die dabei entstehende Fettsäure wird gewöhnlich über die *β-Oxidation* weiter zu Acetyl-CoA metabolisiert, das letztendlich über den Citratcyclus oxidiert wird. Das *Monooxygenase*-System, das für die Oxidation der Kohlenwasserstoffe zum entsprechenden Alkohol verantwortlich ist, und die *Alkohol-* und *Aldehyd*-Dehydrogenasen ähneln denen zur Umwandlung von Methan zu Methanol, Formaldehyd und Formiat. Zwei verschiedene Mechanismen für den Elektronentransport in den Monooxygenasen wurden beschrieben. Der eine wurde in *Corynebacterium*-Arten gefunden, und ist P_{450}-abhängig, der andere, von Rubredoxin abhängige in Candida-Arten. Wie bewiesen wurde, benötigen die Dehydrogenasen NAD als Coenzym (Wyatt, 1984).

In einigen Fällen kann es zur *beidendigen Oxidation* kommen (s. Abb. 5.1). Dies ergibt eine Dicarbonfettsäure, die dann Schritt für Schritt über die *α-ω-Oxidation* zu Acetyl-CoA oxidiert werden muß, wobei Oxalsäure als zusätzliches Endprodukt entsteht. Das weitere Schicksal des Oxalats ist noch nicht geklärt. Einige Arten können eine *nicht-terminale* Oxidation durchführen, bei der keines der beiden endständigen Kohlenstoffatome von der Monooxygenase angegriffen wird. Auch hier ist das Endprodukt Acetyl-CoA, das weiter über den Citratcyclus oxidiert wird. Über die Oxidation von Alkenen (ungesättigten Kohlenwasserstoffen) oder von verzweigten Kohlenwasserstoffen ist viel weniger bekannt, aber es ist sicher, daß wiederum Monooxygenasen daran beteiligt sind. Wie schon in

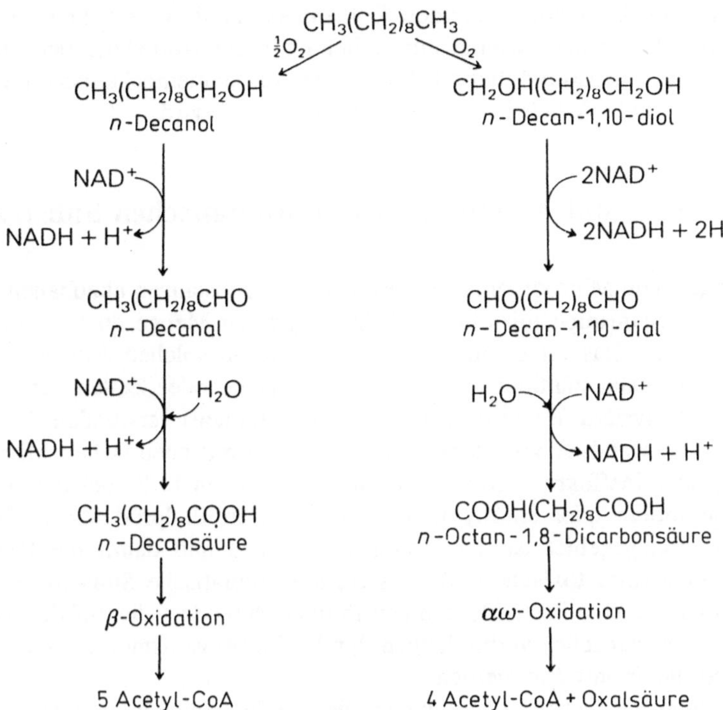

Abb. 5.1 Oxidative Wege des Abbaus langkettiger Kohlenwasserstoffe am Beispiel von *n*-Decan. Die linke Seite der Abbildung zeigt die Oxidation an einem Kettenende, die rechte Seite die an beiden Kettenenden

Abb. 5.1 angegeben, ist das Endprodukt der Oxidation von Kohlenwasserstoffen Acetyl-CoA, das dann weiter über den Citratcyclus oxidiert wird. Somit wird viel ATP durch die Oxidation von Kohlenwasserstoffen gewonnen, auch deshalb, weil die β- oder α-ω-Oxidation selbst ebenfalls reduzierte Nucleotide liefert.

In Bezug auf die Bildung der C$_3$- und C$_4$-Vorstufen für die Biosynthese kann man die betreffenden Organismen als solche betrachten, die auf Acetat wachsen, da dies das Endprodukt der ersten Stufe der Oxidation ist. Es ist daher nicht erstaunlich, daß die Organismen, die auf Kohlenwasserstoffen wachsen, *Isocitrat-Lyase* und *Malat-Synthetase* enthalten, was darauf hinweist, daß sie als anaplerotisches System den *Gyloxylatcyclus* benutzen.

Ein faszinierender Aspekt beim Wachstum von Mikroorganismen auf Kohlenwasserstoffen ist die Aufnahme dieser unlöslichen Substanzen. Es gibt Hinweise dafür, daß diese Organismen spezielle oberflächenaktive Agentien aussscheiden, die die Kohlenwasserstoffe emulgieren, so daß der Transport durch die Zellmembran erleichtert wird. Es ist auch bekannt, daß die Mikroorganismen einen viel höheren Gehalt an Lipiden in ihren Membranen aufweisen, wenn sie auf

Kohlenwasserstoffen wachsen. Die Kombination dieser beiden Mechanismen, der Bildung von Emulsionen aus den Kohlenwasserstoffen und ihr Kontakt mit lipidreichen Membranen, könnte ausreichend für die Aufnahme der Substrate sein; es ist aber ebenso möglich, daß spezielle Aufnahmemechanismen entdeckt werden, wenn mehr Arbeit in dieses Gebiet investiert wird.

5.3 Oxidation und Assimilation von aromatischen Substraten

Die Fähigkeit von Mikroorganismen, aromatische Substanzen abzubauen, ist anhand vieler Organismen mit einer ungeheuer großen Menge an Substraten untersucht worden. Das biotechnologische Interesse an solchen Abbaureaktionen ist groß. Man kann nämlich immobilisierte Enzyme oder Zellen für spezielle biologisch katalysierte Reaktionen (Biotransformationen) verwenden. Besonders wichtig ist die Katalyse von Reaktionen, die sonst mit chemischen Mitteln nur schwierig oder ineffektiv durchgeführt werden können (z.B. bei der Synthese von Arzneimitteln oder sonstigen wünschenswerten Endprodukten). Ein weiteres Anwendungsgebiet ist der biologische Abbau und damit die Reinigung von möglicherweise toxischen Abwässern, die aromatische Substanzen enthalten. Auch hartnäckige Pestizide könnten mittels Methoden, die auf der Kenntnis des Abbaus aromatischer Verbindungen durch Mikroorganismen beruhen, aufgeknackt und damit entgiftet werden.

Die Zahl aromatischer Verbindungen, die von dem einen oder anderen Mikroorganismus genutzt werden kann, ist groß. Hier sollen nur die wichtigsten Prinzipien kurz zusammengefaßt werden. Als leicht verständlicher Bericht wird dem Leser der detaillierte Review von Dagley (1978) empfohlen. Der Metabolismus der verschiedenartigen aromatischen Verbindungen führt über ein großes Spektrum von Mechanismen, die alle mit einer Oxygenierung oder Hydroxylierung beginnen. Wie erwartet werden konnte, ist an der Oxygenierung oft eine Monooxygenase beteiligt. Es ist unmöglich, hier Details anzugeben, da die Variationsbreite sehr groß ist. Der entscheidende Schritt beim Abbau von aromatischen Substanzen ist jedoch die Öffnung des Benzolringes. Dafür gibt es nur zwei wichtige Stoffwechselwege. Die meisten aromatischen Substanzen, die vollständig oxidiert werden können, werden zuerst zu Katecholen oder verwandten Verbindungen umgewandelt und dann entweder einer *meta*- oder *ortho*-Spaltung unterworfen. Der weitere Metabolismus der bei dieser Reaktion entstehenden Verbindungen führt zur Bildung von Zwischenprodukten des Citratcyclus, gewöhnlich Succinyl-CoA und Acetyl-CoA. Letzteres kann über den Citratcyclus oxidiert werden, um ATP zu gewinnen, während das erste zur anaplerotischen Auffüllung des Cyclus benutzt werden kann. Somit liefert der Stoffwechselweg bei der Verwertung aromatischer Substrate Endprodukte, die beiden Erfordernissen des Wachstums gerecht werden.

5.4 Zusammenfassung

In diesem Abschnitt wurde nur ein kurzer und allgemeiner Abriß des aeroben Wachstums auf Substraten mit drei und mehr Kohlenstoffatomen gegeben. Dies geschah wegen der großen Vielzahl solcher Verbindungen und wegen der Tatsache, daß nach ein oder zwei Anfangsreaktionen die meisten dieser Substrate über die Glykolyse und den Citratcyclus oxidiert werden (s. Abb. 2.1). Bei diesen Stoffwechselwegen kommen als Zwischenprodukte C_3-Verbindungen vor, die zu den C_4-Verbindungen des Citratcyclus carboxyliert werden können und damit die Versorgung mit den essentiellen Vorstufen der Biosynthese sicherstellen. Somit können die weiter oben als „normale" Stoffwechselwege bezeichneten Mechanismen, die das einheitliche Thema der Biochemie darstellen, für die Mehrzahl von Substraten mit drei und mehr Kohlenstoffatomen Verwendung finden. Sogar die spezielleren Verbindungen wie Kohlenwasserstoffe und aromatische Substrate werden nach dem gleichen Grundsatz metabolisiert. Dieses Prinzip besteht darin, daß die Substrate zu Zwischenprodukten einer kleinen Zahl von Mechanismen umgewandelt werden, die dann in die zentralen Stoffwechselwege münden.

Teil III

Züchtung von Mikroorganismen für die industrielle Produktion

P. F. Stanbury

Vorausgesetzte Begriffe

Grundlagen der mikrobiellen Biochemie
Struktur und Taxonomie der Mikroorganismen
Grundlagen der Algebra und der Differential- und Integralrechnung

Empfohlene Bücher

Demain, A.L. und Solomon, N.A. (1986) *Manual of Industrial Microbiology and Biotechnology*. American Society für Mikrobiology, Washington
Rehm, H.J. (1971) *Einführung in die industrielle Mikrobiologie*. Springer, Berlin
Riviere, J. (1977) *Industrial Applications of Microbiology* (übersetzt und herausgegeben von Moss, M.O. und Smith, J.E.). University Press, Surrey
Hollenberg, C.P., Sahm, H. (Hrg.) (1987) *Microbial Genetic Engineering and Enzyme Technology*. Gustav Fischer, Stuttgart
Stanbury, P.F. und Whitaker, A. (1984) *Principles of Fermentation Technology*. Pergamon Press, Oxford

6. Produkte von Mikroorganismen

6.1 Einführung

Das große biochemische Potential der Mikroorganismen zeigt sich in ihrer Fähigkeit, auf vielen verschiedenen Substraten zu wachsen und ein großes Spektrum an Produkten zu liefern. Dies führte zu ihrem gewerbsmäßigen Einsatz in der Fermentationsindustrie. Die Mikrobiologen neigen dazu, als „Fermentation" jeden Vorgang zu bezeichnen, in dem ein Produkt durch Massenkultur von Mikroorganismen hergestellt wid. Biochemiker dagegen benutzen den Ausdruck in einem engeren Sinn. Die wahre biochemische Bedeutung dieses Wortes ist „ein energieliefernder Prozeß, in dem organische Verbindungen sowohl als Elektronendonatoren als auch als terminale Elektronenakzeptoren agieren" (s. Abschn. 1.1). In diesem Abschnitt soll „Fermentation" dennoch in seinem breiteren, mikrobiologischen Sinn benutzt werden. In den letzten Jahren haben die Fortschritte in der Molekularbiologie und der Gentechnik der wohletablierten Fermentationsindustrie die Gelegenheit gegeben, neuartige Arbeitsgänge einzurichten und bestehende zu verbessern. Diese Entwicklung wurde als die Geburt einer neuen Ära begrüßt. Man darf jedoch nicht vergessen, daß die Ausnutzung dieser großen Fortschritte Kulturtechniken im Großmaßstab voraussetzt, die von der Industrie in vielen Jahren erarbeitet worden sind. Die Ziele dieses Abschnittes sind folgende: zuerst soll der Leser in die Vielfalt der kommerziell verwertbaren Fermentationsprodukte eingeführt werden, und zweitens sollen die biologischen Prinzipien kurz zusammengefaßt werden, die diesen Prozessen zugrundeliegen.

6.2 Produktion mikrobieller Biomasse

Das offensichtlichste mikrobielle Produkt von kommerziellem Interesse ist wahrscheinlich die mikrobielle Biomasse (d.h. die Mikroorganismen selbst). Hefezellen, die in der Backwarenindustrie benutzt werden, wurden seit Anfang des 19. Jahrhunderts kommerziell produziert. Auch wurden Hefen während des ersten Weltkriegs in Deutschland zur Ernährung der Bevölkerung gezüchtet. Diese ersten Prozesse zur Biomassenherstellung waren anaerob und erfoderten, wie später diskutiert wird, ein beachtliches Maß an Prozeßkontrolle. Während die Produktion von Bäckerhefe durch Fermentation fortgesetzt wurde, blieb die Herstellung von Biomasse während des ersten Weltkriegs als Ernährungsgrundlage für Menschen und Tiere ein ziemlich isoliert dastehendes Ereignis. Solche Systeme wurden bis in die sechziger Jahre hinein nicht weitergehend erforscht.

Zu dieser Zeit wurde die biochemische Variationsbreite der Mikroorganismen ausgenutzt, indem man eine große Zahl davon zur Herstellung von mikrobieller Biomasse, sogenannter „Einzellerproteinen" ("single cell protein", SCP) nutzte. Die verwendeten Mikroorganismen wuchsen auf einer Reihe von Kohlenstoffquellen, darunter Kohlenwasserstoffen. Wegen wirtschaftlicher und politischer Probleme fanden nur sehr wenige dieser untersuchten Prozesse weitere Verbreitung. British Petrolium war wahrscheinlich zunächst führend auf diesem Gebiet und entwickelte seine Technologie so weit, daß es eine Anlage zur Produktion von Biomasse aus n-Alkanen in Sardinien baute. BP gelang es allerdings nicht, die italienische Regierung von der toxikologischen Sicherheit des Produktes zu überzeugen. Infolgedessen wurde die Anlage niemals in Betrieb genommen. Die meisten anderen Versuche waren zufällige Experimente aufgrund der Kriege im mittleren Osten und der dadurch bedingten Erhöhung der Preise von Ölprodukten. Die „Imperial Chemical Industries" beharrte jedoch auf ihren Plänen für die Produktion von bakterieller Biomasse (*Methlylophilus methylotrophus*) aus Methanol und errichteten schließlich eine Anlage für den Prutreen-Prozeß zur Produktion von hochreinem Protein als Tierfutter. Das Verfahren beruht auf einer kontinuierlichen Kultur (s. Kap. 7) von ungeheurem Ausmaß (1500 m^3) und ist ein ausgezeichnetes Beispiel für die Anwendung einer guten Technologie zum Aufbau eines mikrobiell katalysierten Verfahrens. Die wirtschaftliche Bedeutung der Produktion von Einzellerprotein als Tierfutter ist noch sehr gering, aber die dabei entwickelte Technologie hat der Gesellschaft die führende Rolle in der Welt auf dem Gebiet der Biotechnologie eingebracht. Sie profitiert von ihrer Erfahrung mit kontinuierlichen Kulturen großen Ausmaßes bei der Zusammenarbeit mit Rank Hovis MacDougall in der Erarbeitung einer Technologie zur Produktion von Pilz-Biomasse aus Kohlenhydraten, die als Nahrungsmittel für Menschen verkauft werden soll. Die wirtschaftliche Bedeutung dieses Prozesse müßte sich als größer erweisen.

6.3 Produktion mikrobieller Produkte

Die Ausnutzung der biosynthetischen Fähigkeiten der Mikroorganismen hat zur Einrichtung einer Vielzahl industrieller Arbeitsprozesse geführt. Das Wachstum eines Mikroorganismus mag die Synthese einer Reihe von Metaboliten mit sich bringen; welcher Metabolit allerdings vorherrschend ist, hängt von seiner Art, den Kulturbedingungen und der Wachstumsgeschwindigkeit der Kultur ab. Wird ein Mikroorganismus in ein Nährmedium überführt, das sein Wachstum fördert, dann durchläuft die beimpfte Kultur eine Reihe von Stufen. Das gesamte System wird Batch-Kultur genannt (s. Kap. 7). Anfangs beobachtet man kein Wachstum. Diese Periode wird *Verzögerungsphase* genannt und kann als Gewöhnungsphase angesehen werden. Nach einer Zeitspanne, in der die Wachstumsgeschwindigkeit der Zellen langsam steigt, wächst der Mikroorganismus mit einer konstanten, maximalen Geschwindigkeit. Diese Periode wird als *logarithmische* oder *exponentielle Phase* bezeichnet. Wenn der Nährstoff ausgeht oder wenn toxische

Metabolite akkumulieren, fällt die Wachstumsgeschwindigkeit unter den Maximalwert ab. Schließlich hört es ganz auf und die Kultur befindet sich in der sogenannten *stationären Phase*. Nach einer weiteren Zeitspanne beginnt die Zahl der lebenden Zellen sich zu verringern und die Kultur tritt in die *Todesphase* ein.

Diese beschreibende Terminologie der Batch-Kultur kann irrreführend sein, wenn man die metabolische Aktivität der Kultur in den verschiedenen Phasen betrachtet. Zum Beispiel ist der Stoffwechsel in der stationären Phase mitnichten stationär, wenn er sich auch beträchtlich von dem der logarithmischen Phase unterscheiden mag. Bu'lock *et al.* (1965) schlugen deshalb eine Terminologie zur Beschreibung des Verhaltens mikrobieller Zellen vor, die sich nach der Art des Metabolismus und nicht nach der Wachstumskinetik richtet. Der Ausdruck *Trophophase* wurde für die Beschreibung der logarithmischen oder exponentiellen Phase der Kultur benutzt. Während dieser sind alle Produkte des Stoffwechsels entweder für das Wachstum essentiell (z.B. Aminosäuren, Nucleotide, Proteine, Nucleinsäuren, Lipide, Kohlenhydrate usw.) oder Nebenprodukte des energieliefernden katabolen Stoffwechsels (z.B. Ethanol, Aceton und Butanol). Die Metabolite der Trophophase werden als Primärmetabolite bezeichnet. Der Ausdruck *Idiophase* beschreibt die Phase, während der in der Kultur andere als die Primärmetabolite gebildet werden. Diese Produkte werden als Sekundärmetabolite bezeichnet. Sekundärmetabolite sind als Verbindungen definiert worden, die von langsamwachsenden oder nicht-wachsenden Zellen synthetisert werden, keine offensichtliche Rolle im Zellwachstum spielen und in ihrer Verteilung auf bestimmte Arten begrenzt sind. Die Idiophase korrespondiert also annährend mit der stationären Phase der Batch-Kultur.

Die Beziehungen zwischen Primär- und Sekundärmetabolismus sind in Abb. 6.1 dargestellt. Daraus ist ersichtlich, daß die Sekundärmetabolite meist aus den wichtigen Zwischenprodukten und Endprodukten des Primärmetabolismus synthetisiert werden. Obwohl die primären Stoffwechselwege, die in Abb. 6.1 gezeigt werden, einer großen Zahl von Mikroorganismen gemeinsam sind, wird gewöhnlich jeder Sekundärmetabolit nur von einer kleinen Anzahl mikrobieller Taxa synthetisiert. Auch verfügen nicht alle Mikroorganismen über einen Sekundärmetabolismus; er ist ein gemeinsames Merkmal der filamentösen Bakterien und Pilze und der sporenbildenden Bakterien; in den Enterobacteriaceae z.B. findet man ihn nicht. Obwohl jedoch die Artverteilung der Sekundärmetabolite wesentlich begrenzter ist als beim Primärmetabolismus, ist das Spektrum der Metabolite ungeheuer groß. Auf den ersten Blick mag es anormal erscheinen, daß die Mikroorganismen Verbindungen synthetisieren, die anscheinend keine Stoffwechselfunktion ausüben und sicherlich auch keine Nebenprodukte des katabolen Metabolismus sind. Einige Sekundärmetabolite zeigen jedoch antimikrobielle Eigenschaften und führen zu einem Wettbewerbsvorteil in der natürlichen Umgebung (Demain, 1980). Andere, die man in der Idiophase entdeckte, werden jedoch bewiesenermaßen in der Trophophase gebildet, in der sie, wie behauptet wird, vielleicht eine regulatorische Rolle spielen. Somit zeigen einige Sekundärmetaoblite nicht alle Kriterien, die in der erstgenannten Definition aufgeführt worden sind, die eher als allgemeine Beschreibung des Phänomens als als

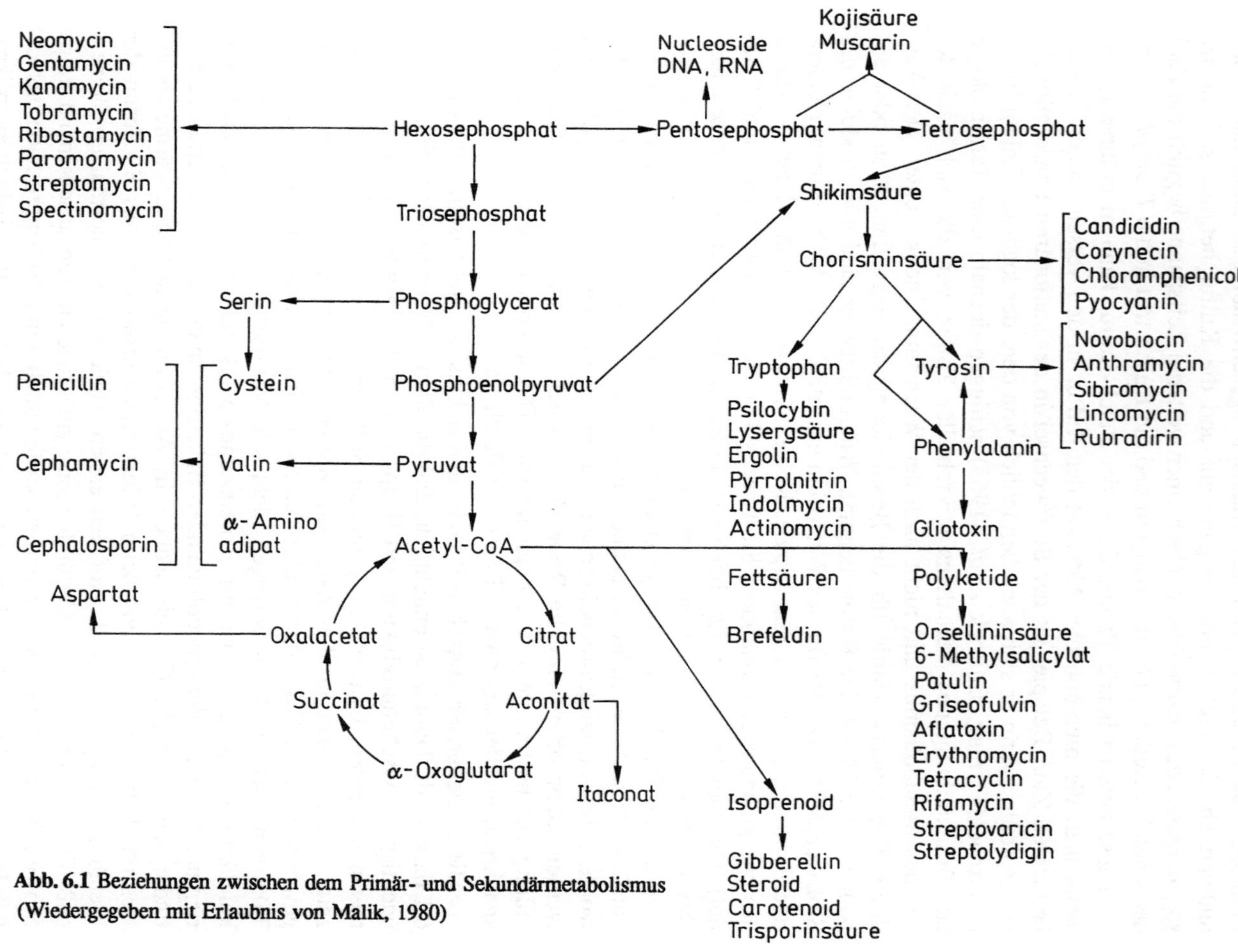

Abb. 6.1 Beziehungen zwischen dem Primär- und Sekundärmetabolismus (Wiedergegeben mit Erlaubnis von Malik, 1980)

echte Definition betrachtet werden sollte. Tatsächlich erklärte Campbell (1984), daß der einzige entscheidende Gesichtspunkt dieser ursprünglichen Definition die auf bestimmte Arten (taxonomisch) begrenzte Verteilung der Sekundärmetabolite ist. Wenn auch die Beziehungen zwischen Primär- und Sekundärmetabolismus und die physiologische Rolle des letzteren Themen heftiger Debatten sind, so liegt doch die Bedeutung dieser Produkte für die Fermentationsindustrie in ihrem kommerziellen Wert. Einige Beispiele dafür werden in Tab. 6.1 angegeben.

Tabelle 6.1 Einige Beispiele für mikrobielle Metabolite von kommerzieller Bedeutung

Primärmetabolite	Anwendung
Ethanol	wirkungsvoller Bestandteil in alkoholischen Getränken
Citronensäure	verschiedene Anwendungen in der Nahrungsmittelindustrie
Aceton und Butanol	Lösungsmittel
Glutaminsäure	Geschmacksverstärker
Lysin	Futterzusatz
Polysaccharide	Anwendungen in der Nahrungsmittelindustrie; erhöht Ölausbeute
Fe^{3+}	Auswaschen von Erzen
Sekundärmetabolite	
Penicillin	Antibiotikum
Tetracycline	Antibiotikum
Cephalosporin	Antibiotikum
Streptomycin	Antibiotikum
Griseofulvin	fungizides Antibiotikum
Pepstatin	Behandlung von Geschwüren
Cyclosporin A	Immunosuppressivum
Krestin	Krebsbehandlung
Bestatin	Krebsbehandlung

Die Kontrolle des Beginns des Sekundärmetabolismus ist schon eingehend untersucht worden. Dieses Gebiet ist offensichtlich von beachtlichem Interesse für die Fermentationsindustrie. Als Ergebnis dieser Arbeit steht viel Information über die Veränderungen zur Verfügung, die in dem Medium vor sich gehen, wenn der Sekundärmetabolismus einsetzt; es ist aber sehr wenig bekannt über die Kontrolle dieses Vorgangs auf der Ebene der DNA. Vorstufen für die Sekundärmetabolite aus dem Primärmetabolismus induzieren bewiesenermaßen ihre Bildung. Beispiele dafür sind Tryptophan in der Alkaloidsynthese (Robbers und Floss, 1970) und Methionin in der Cephalosporinsynthese (Komatsu, Mizumo und Kodaira, 1975). Andererseits wurde gezeigt, daß Bestandteile des Mediums den Sekundärmetabolismus unterdrücken können. Dieses Phänomens wurde zuerst von Soltero und Johnson im Jahre 1953 beschrieben, die eine Repression der Benzylpenicillinbildung durch Glucose beobachteten. Die Kohlenstoff-, Stickstoff- und Phosphatquellen, die für schnelles Wachstum sorgen, hemmen, so konnte bewiesen werden, die Produktion der Sekundärmetabolite. Deshalb müssen Nährstoffe, die zur Repression führen, im Fermentationsmedium vermieden oder in nicht wirksamen Konzentrationen eingesetzt werden. Diese Gesichtspunkte werden detailliert in Kapitel 8 beschrieben.

Wie in der Einleitung erwähnt, hat die Einführung der DNA-Technologie die potentielle Bandbreite von Produkten, die von Mikroorganismen hergestellt werden können, vergrößert. Mikrobielle Zellen können mit der Fähigkeit ausgestattet werden, Verbindungen zu produzieren, die normalerweise nur von höher entwickelten Zellen synthetisiert werden. Diese Produkte können wiederum die Grundlage eines neues Fermentationsprozesses bilden. Beispiele dafür sind die Synthese von Interferon, Insulin und Renin. Die Methoden der *in vitro*-Technologie mit rekombinanter DNA werden in den Kapiteln 10,11 und 12 beschrieben.

Tabelle 6.2 Einige Beispiele für die kommerzielle Anwendung von Enzymen

Enzym	Herkunft	Industriezweig	Anwendung
Amylase	Pilze	Backwaren	Beschleunigung der Fermentation; Erniedrigung der Viskosität des Teiges
Amylase	Pilze/Bakterien	Brauerei	Entfernung von löslichen Zuckern aus der Maische
Protease	Pilze/Bakterien	Brauerei	Schutz gegen Trübung beim Abkühlen
Amylase	Pilze/Bakterien	Nahrungsmittel	Herstellung von Sirup
Pectinase	Pilze	Nahrungsmittel	Herstellung von Obstsaft- und Kaffeekonzentraten
Protease	Bakterien	Waschmittel	Enzym, das Waschpulvern zugesetzt wird

Alle biosynthetischen und katabolen Stoffwechselwege während des Primär- und Sekundärmetabolismus werden durch Enzyme katalysiert. Wie in Tab. 6.2 dargestellt, werden viele Enzyme kommerziell angewandt und sind daher selbst wertvolle Fermentationsprodukte. Die meisten Wildtypen von Mikroorganismen regulieren die Synthese der metabolischen Produkte so, daß sie nur in der für das Wachstum der Zelle benötigten Menge gebildet werden. In einem industriellen Prozeß ist es allerdings wichtig, daß diese Verbindungen in sehr hohen Konzentrationen zu produziert werden. Man muß deshalb die Zellen modifizieren und ihre Wachstumsbedingungen so gestalten, daß ihre normalen, einschränkenden Kontrollsysteme überlistet werden. Die Kontrolle der Wachstumsbedingungen und die genetische Modifizierung der Organismen werden in Kap. 8 und 9 beschrieben.

6.4 Durch Mikroorganismen katalysierte Umwandlungen

So wie man Mikroorganismen dazu benutzen kann, Biomasse und mikrobielle Metabolite herzustellen, kann man sie auch dazu verwenden, die Umwandlung einer Verbindung in eine strukturell ähnliche, finanziell wertvollere zu katalysieren. Die Produktion von Weinessig (die Umwandlung von Ethanol in Essigsäure) ist der älteste und am besten etablierte Biotransformationsprozeß. Die Mehrzahl dieser Prozesse führen aber zu Verbindungen von hohem Wert. Zu den von den Mikroorganismen katalysierten Reaktionen gehören: Oxidationen, Dehydrierungen, Hydroxylierungen, Dehydratisierungen, Kondensationen, Decarboxylierungen, Aminierungen, Desaminierungen und Isomerisierungen. Mikrobiell katalysierte Verfahren haben gegenüber chemischen den Vorteil, daß sie spezifisch und bei relativ niedrigen Temperaturen und Drücken durchgeführt werden können. Das Ungewöhnliche an diesen Prozessen ist, daß viel Biomasse produziert werden muß, um vielleicht nur eine einzige Reaktion zu katalysieren. Somit wurden einige Verfahren modernisiert, indem man entweder die Zellen oder die isolierten Enzyme, die die Reaktion katalysieren, an einem inerten Träger immobilisierte, der dann als wiederverwendbarer Katalysator benutzt werden kann. Dieser Gesichtspunkt wird eingehender in Kap. 14 behandelt.

6.5 Aufbau eines Fermentationsprozesses

Der zentrale Teil eines Fermentationsprozesses ist das Wachstum des industriell genutzten Mikroorganismus in einer Umgebung, die die Synthese der gewünschten kommerziellen Produkte stimuliert. Dies wird in einem Fermenter durchgeführt. Ein Fermenter ist letztendlich ein großes Gefäß (die Größe bewegt sich zwischen 1000 bis 1,5 Millionen l), in dem die für den Organismus benötigten Bedingungen wie Temperatur, pH, Konzentration an gelöstem Sauerstoff und an Substrat aufrecht gehalten werden können. Die eigentliche Kultur des Organismus in dem Fermenter ist allerdings nur eine von vielen Stufen eines Fermentationsprozesses, wie in Abb. 6.2 dargestellt. Das Medium, in dem der Organismus wächst, muß aus den Rohmaterialien zusammengestellt und sterilisiert werden; der Fermenter muß sterilisiert und mit einer lebensfähigen, metabolisch aktiven Kultur beimpft werden, die das gewünschte Produkt herstellen kann; nach dem Wachstum muß die Kulturflüssigkeit entfernt werden, die Zellen vom Überstand getrennt und das Produkt aus der relevanten Fraktion (entweder den Zellen oder dem Überstand) extrahiert und gereinigt werden. Man muß sich auch den Forschungs- und Entwicklungsaufwand für diesen Prozeß vor Augen führen. Damit eine Fermentation überhaupt möglich wird, muß zunächst ein akzeptabler, produktiver Organismus gefunden werden (normalerweise durch Screening der natürliche vorkommender Arten). Seine Produktivität muß dann durch Verbesserung des Mediums, Mutation, Rekombination und entsprechende Planung des Prozesses erhöht werden, bis ein kommerziell verwertbares Niveau

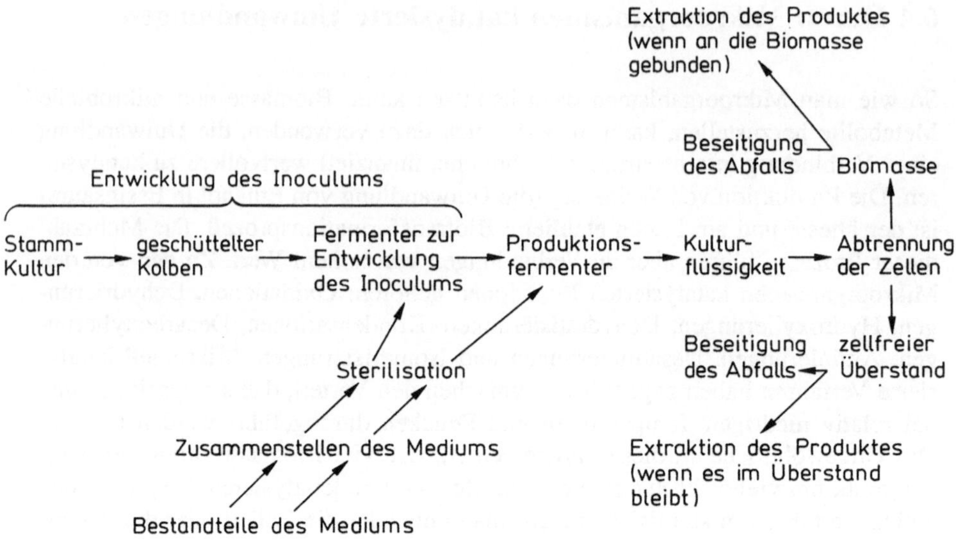

Abb. 6.2 Stufen eines Fermentationsprozesses

erreicht ist. Somit basiert eine erfolgreiche Fermentation auf der Geschicklichkeit von Mikrobiologen, Biochemikern, Genetikern, Chemotechnikern, Chemikern und Kontrolltechnikern. Obwohl dieses Buch die biologischen Aspekte der Biotechnologie betont, ist es wichtig, den interdisziplinären Charakter des Gebietes nicht aus den Augen zu verlieren.

7. Züchtung von Mikroorganismen

7.1 Batch-Kultur

Ein Mikroorganismus wird dann in einem Kulturmedium wachsen, wenn das Medium alle notwendigen Nährstoffe in verfügbarer Form enthält und alle anderen Umweltfaktoren seinen Bedürfnissen entsprechen. Die einfachste Methode ist die Batch-Kultur, bei der man den Mikroorganismus in einer begrenzten Menge an Medium wachsen läßt, bis entweder ein essentieller Nahrungsbestandteil verbraucht ist oder toxische Nebenprodukte wachtumsbehindernde Konzentrationen erreicht haben. In einem solchen System durchlebt die Kultur eine Anzahl von Stadien, wie in Abb. 7.1 dargestellt.

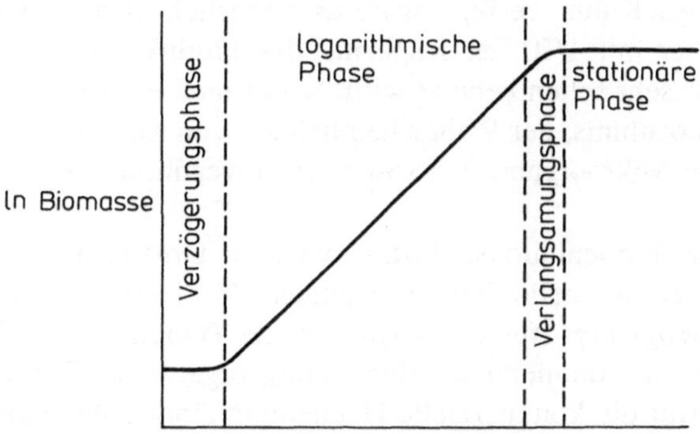

Abb. 7.1 Schematische Darstellung des Wachstums eines Mikroorganismus in einer Batch-Kultur

Nach der Beimpfung des Kulturmediums beginnt das Wachstum nicht direkt. Diese Phase wird Verzögerungsphase genannt und kann als Anpassungszeit betrachtet werden. In einem industriellen Arbeitsgang ist es natürlich wünschenswert, die Verzögerungsphase so kurz wie möglich zu halten, nicht nur wegen der verlorenen Zeit, sondern auch, weil Medium verbraucht wird, um die Kultur am Leben zu erhalten, bevor sie wächst. Die Verzögerungsphase kann durch Verwendung einer exponentiell wachsenden, relativ großvolumigen (3-10% bezogen auf das Volumen) Impfkultur (Inoculum) verkürzt werden. Diese muß außerdem im gleichen (oder ähnlichen) Medium gewachsen sein wie diejenige, in der die Fermentation durchgeführt wird.

7.1.1 Entwicklung des Inoculums

Die Kultur, die zum Beimpfen einer Fermentierungsanlage benutzt wird, muß in ausreichender Menge zur Verfügung stehen, sich in einem stoffwechselaktiven Zustand befinden, frei sein von Verunreinigungen und fähig sein, das gewünschte Produkt in der nachfolgenden Kultur zu synthetisieren. Wenn der Produktionsfermenter also z.B. 100 000 l faßt, dann sollte das Volumen des Inoculums zwischen 3000 und 10 000 l liegen. Eine Kultur mit diesem Volumen wird gewöhnlich aus einer Stammkultur von wenigen cm³ hergestellt, normalerweise durch eine große Anzahl aufeinanderfolgender Fermentationen von wachsender Größenordnung. Es ist jedoch nicht möglich, ein Inoculum mit „optimalem" Volumen herzustellen, das gleichzeitig frei ist von degenerierten Arten (d.h. Arten, die die Fähigkeit verloren haben, das gewünschte Produkt zu synthetisieren). Je größer nämlich die Anzahl der Stufen zwischen der Stammkultur und der endgültigen Fermentation ist, desto größer ist das Risiko der Kontamination und der Degeneration. Deshalb wird gewöhnlich eine beträchtliche Menge an Kapital für den Fermenter zur Entwicklung des Inoculums benötigt. Wenn die Fermentationsanlage eine große Zahl von Fermentern im Produktionsmaßstab besitzt, ist es angemessen, über eine Reihe von Inoculumfermentern zu verfügen, um den Bedarf an Inocula zu decken. Deshalb stellen sie in diesem Fall eine vernünftige Investition dar, die sich lohnt. Wenn die Produktionsanlage aber nur über ein sehr großes Gefäß zur kontinierlichen Kultur verfügt, wäre es sicherlich nicht ökonomisch, einen Inoculumfermenter mit 1/10 der Kapazität des Produktionsfermenters zu konstruieren, der nur sehr selten benutzt wird. Somit muß ein Kompromiß zwischen der Größe des Inoculums, der Wahrscheinlichkeit von Verunreinigungen und der Degeneration der Mikroorganismen sowie den Investitionskosten gefunden werden.

Viele für die Fermentationsindustrie wichtige Organismen wachsen fadenförmig und können asexuelle Sporen erzeugen. Zu diesen Organismen gehören: *Penicillium chrysogenum* (für die kommerzielle Penicillin-Produktion), *Aspergillus niger* (für die kommerzielle Herstellung organischer Säuren) und einige Actinomyceten (für die kommerzielle Herstellung einiger Antibiotika und anderer Produkte).

Die Fähigkeit zur asexuellen Sporenbildung ist äußerst nützlich für die Entwicklung des Inoculums, da eine relativ kleine Biomasse eine hohe Konzentration fortpflanzungfähiger mikrobieller Keime ergibt. Stanbury und Whitaker (1984) diskutieren die Anwendung sporenhaltiger Inocula detailliert. Die wichtigsten Punkte sollen hier jedoch zusammengefaßt werden. Organismen, die in einem Mycel wachsen, bilden auf Agar-gefestigten Nährmedien oder auf der Oberfläche von Getreidekörnern reichlich Sporen. Beide Methoden werden in der Industrie zur Herstellung sporenhaltiger Inocula angewandt (Vezina und Singh, 1975). Butterworth (1984) beschrieb die Verwendung einer Roux-Flasche, die etwa 200 cm² an Agaroberfläche für die Sporenbildung von *Streptomyces clavuligerus* zur Verfügung stellte. Dieser Mikroorganismus wird für die Synthese von Clavulansäure, einem Inhibitor der β-Lactamase, benutzt. Die Sporen, die in einem einzigen solchen Gefäß gebildet werden, können zur Beimpfung einer Fermentation von 75 l benutzt werden, mit der man dann nach mehreren Zwischenfermentationen einen Produktionsfermenter von 1500 l beimpft. Podojil *et al.* (1984) beschreiben die Verwendung eines Kolbens mit Hirsekörnern für die Gewinnung von Sporen aus *Streptomyces aureofaciens* in der kommerziellen Produktion von Chlortetracyclin. Viele Pilze bilden in Submerskulturen (also in einem Fermenter, in dem gerührt wird) Sporen, wenn das optimale Medium benutzt wird (Vezina, Singh und Sehgal, 1965). Zum Beispiel werden *Penicillium patulum*-Sporen nach der Vorschrift zur Entwicklung eines Inoculums für die kommerzielle Produktion von Griseofulvin in Submerskulturen gebildet.

Der fadenartige Aufbau vieler für die Industrie wichtiger Mikroorganismen stellt ein großes Problem für den Fermentationstechnologen dar. Ein fadenförmiger Organismus kann in einer Submerskultur in verschiedenen Wachstumsformen auftreten, von denen nur einige für den industriellen Prozeß wünschenswert sind. Diese Wachstumsformen reichen von homogen im Medium verteilten langen Fäden bis hin zu kompakten, diskreten Kügelchen aus Mycel, die in der Nährbrühe suspendiert sind. Wachstum in filamentöser Gestalt führt zu einem äußerst viskosen Medium, das nur sehr schwierig ausreichend belüftet werden kann. Beim partikulären Typ dagegen bleibt die Nährbrühe viel weniger viskos, aber auch weniger homogen. Bei der letztgenannten Wachstumsform kann das Mycel im Innern der Kügelchen an Nährstoffen und Sauerstoff wegen der Diffusionsbarrieren verarmen. Auch scheint die morphologische Form die Produktivität des Organismus stark zu beeinflussen. Ob dies allerdings auf die schon erwähnten Phänomene zurückzuführen ist oder einer metabolischen Kontrolle unterliegt, ist noch ungeklärt (Whitaker und Long, 1973; Calam und Smith, 1981). Somit werden einige Fermentationen durchgeführt, wenn der Organismus in Fadenform, andere, wenn er in Kugelform vorliegt. Es wurde z.B. behauptet, daß filamentöses Wachstum optimal für die Penicillin-Produktion mit *P. chrysogenum* ist, kugelfömiges dagegen für die Herstellung von Citronensäure mit *A. niger* (Smith und Calam, 1980; Al Obaidi und Berry, 1980). Die Notwendigkeit des fadenförmigen Wachstums zeigte sich in extremer Weise in dem ICI-RHM-Mycoprotein-Prozeß, in dem *Fusarium graminearium* für den menschlichen Bedarf produziert wird. Eine in höchstem Maße fadenförmige Morphologie wird benötigt, um das Gewebe in der gewünschten Beschaffenheit zu produzieren, die in der Festigkeit und im Biß der des weißen und weichen roten Fleisches entspricht (Marsh und Pinkney, 1985). Somit ist in diesem Prozeß eine mittlere Hyphenlänge von 400 μm erforderlich.

Die morphologischen Beschaffenheit des Mycels ist für die Entwicklung des Inoculums von Bedeutung, weil die Morphologie stark durch dessen Konzentration an Sporen beeinflußt wird. Eine hohe Sporenkonzentration im Inoculum fördert das fadenförmige Wachstum, eine relativ niedrige dagegen das kugelförmige (Whitaker und Long, 1973) in der darauffolgenden Produktionsfermentation. Auch die Art des Mediums, das für die Entwicklung des Inoculums benutzt wurde, beeinflußt die Wachstumsform. Obwohl sich bei weitem die meisten Informationen in der Literatur auf die Morphologie von Pilzen in Submerskulturen beziehen, ist dieses Thema wahrscheinlich ebenso wichtig für die Fermentation von Actinomyceten.

Abb. 7.2 zeigt einige Beispiele für kommerziell angewandte Vorschriften zur Entwicklung von Inocula. Man kann daran erkennen, daß die Art des Programmes stark von der Art des Verfahrens abhängt. Es muß daran erinnert werden, daß der Erfolg eines solchen Systems nach der Produktivität der fertigen Kultur in der anschließenden Fermentation beurteilt wird. Aus dem vorausgehenden Bericht sollte deutlich geworden sein, daß es auf keinen Fall wünschenswert ist, Zellen einer Produktfermentation zur Beimpfung der nächsten zu benutzen. Man geht immer so vor, daß man das Inoculum für jede Fermentation aus der Stammkultur entwickelt. Es gibt jedoch zwei Ausnahmen für diese Regel: das Bierbrauen und die Produktion von Weinessig. Bei der Herstellung von Weinessig durch Batch-Fermentation mit Essigsäurebakterien werden Zellen aus dem Endstadium der Fermentation dazu benutzt, die nächste zu beimpfen. Etwa 60% der Kultur wird verworfen und der Rest mit frischem Medium auf das Originalvolumen aufgefüllt. Der Organismus reagiert sehr empfindlich auf eine Einschränkung der Sauerstoffzufuhr und es ist entscheidend, eine schnell wachsende Kultur einzusetzen; auch sind die Risiken der Kontamination und Degeneration wegen den sehr selektiven Bedingungen während dieser Fermentation gering. In traditionellen Ale-Brauerein war es üblich, eine Fermentation mit Hefen aus der vorhergehenden zu beimpfen ("to pitch" = hineinwerfen, wie man im Fachjargon sagt). Diesen Vorgang kann man jahrelang wiederholen. Dennoch hat Hansen schon 1896 ein System zur Produktion von richtigen Inocula bei der Brauerei von Lagerbier entwickelt. In den meisten modernen Ale-Brauereien hat die Beimpfung von Gebräu zu Gebräu nur noch geringe Verbreitung, wird aber in vielen kleinen, traditionellen Brauerein noch praktiziert. Es soll hinzugefügt werden, daß die Qualität ihrer Produkte meist außergewöhnlich ist!

7.1.2 Logarithmisches oder exponentielles Wachstum

Unter der Voraussetzung daß ein aktives Inoculum (wie oben beschrieben) benutzt wird, kann die Verzögerungsphase sehr kurz gehalten werden. Danach erhöht sich die Wachstumsgeschwindigkeit der Zellen allmählich. Schließlich wachsen die Zellen mit einer konstanten, maximalen Geschwindigkeit. Diese Periode wird als logarithmische oder exponentielle Phase bezeichnet. Sie kann durch folgende Gleichung beschrieben werden:

$$\frac{dx}{dt} = \mu x \tag{1}$$

Dabei ist x die Konzentration an Zellen (mg cm^{-3})

t die Inkubationszeit (h)

μ die spezifische Wachstumsgeschwindigkeit (h^{-1}).

Durch Integration von Gleichung (1) ergibt sich:

$$x_t = x_0 e^{\mu t} \tag{2}$$

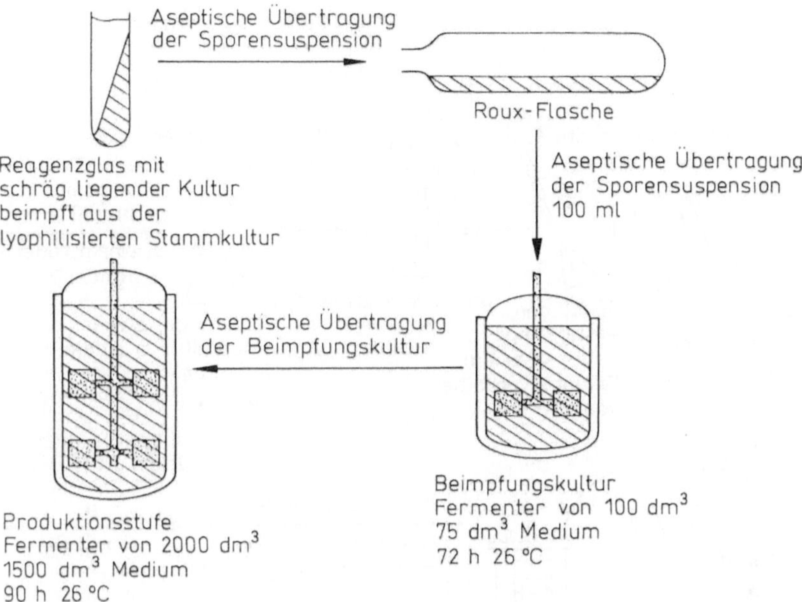

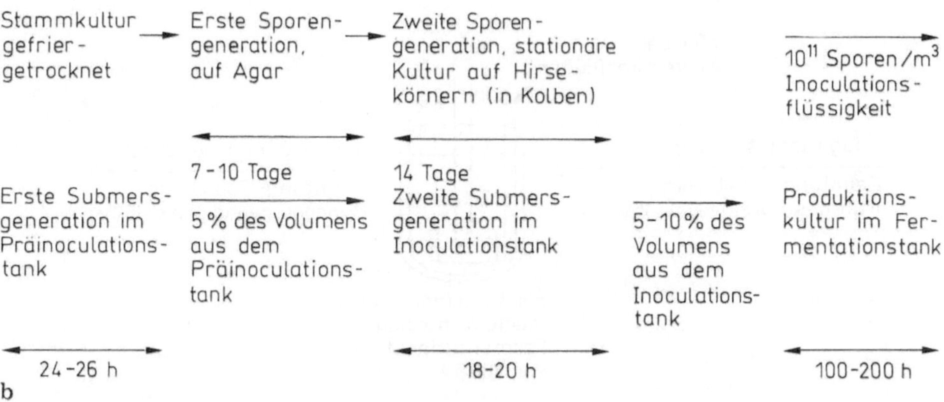

Abb. 7.2 Einige repräsentative Beispiele für kommerziell angewandte Programme zur Entwicklung von Inocula. (a) Produktion von Clavulansäure durch *Streptomyces clavuligerus*. (Wiedergegeben mit der Erlaubnis von Butterworth, 1984). (b) Chlortetracyclinproduktion durch *Streptomyces aureofaciens*. (Wiedergegeben mit der Erlaubnis von Podojil *et al.*, 1984). (c) Sagamycin-Produktion durch *Streptomyces*-sp. (Wiedergegeben mit der Erlaubnis von Okachi und Nara, 1984)

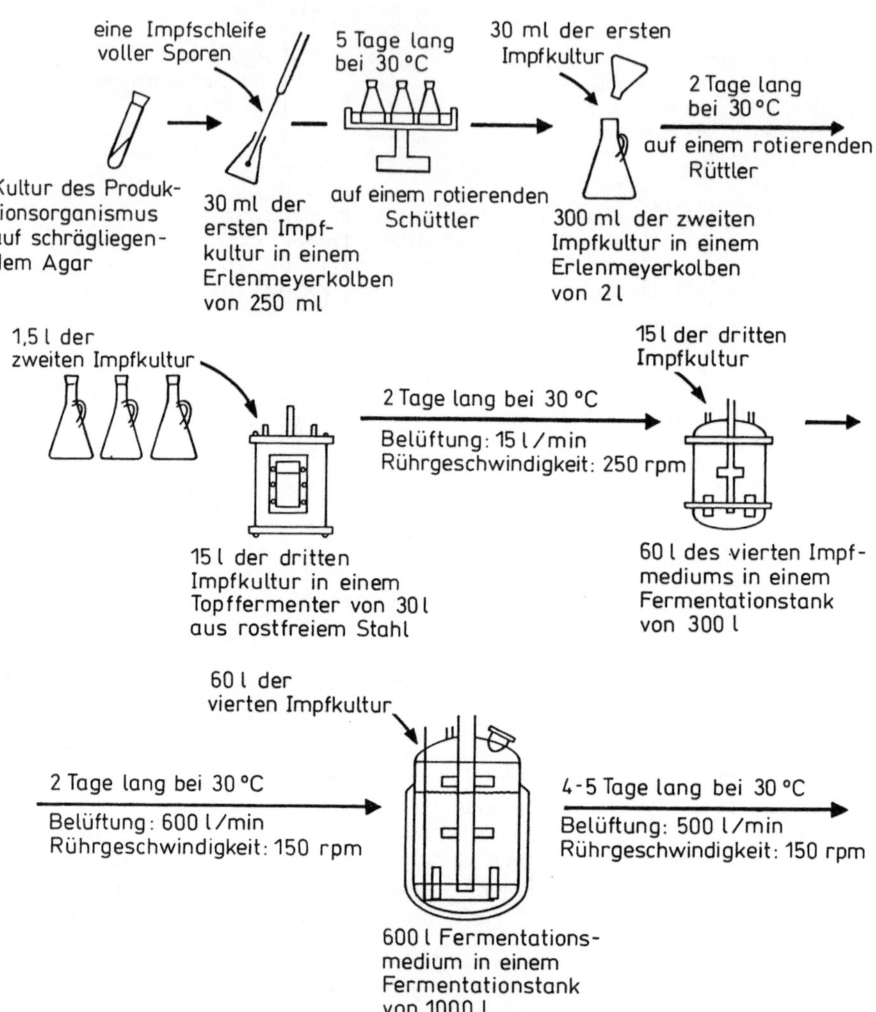

c

Abb. 7.2 Fortsetzung

Dabei ist x_0 die Konzentration an Zellen zum Zeitpunkt 0
x_t die Konzentration an Zellen nach einem Zeitintervall von t Stunden.

Der natürliche Logarithmus von Gleichung (2) lautet:

$$\ln x_t = \ln x_0 + \mu t.$$

Also ergibt die Aufzeichnung des natürlichen Logarithmus der Konzentration an Zellen gegen die Zeit eine Gerade mit der Steigung μ, der spezifischen Wachstumsgeschwindigkeit. Während der exponentiellen Phase ist die spezifische Wachstumsgeschwindigkeit konstant und maximal unter den gegebenen Bedingungen. Deshalb wird sie auch μ_{max}, maximale spezifische Wachstumsgeschwindigkeit genannt.

Das Wachstum eines Organismus in einer Batch-Kultur kann auch mit einfacher Algebra beschrieben werden, wenn man mit der Verdopplungszeit t_d rechnet. Das ist die Zeit, die eine Zelle braucht, um sich zu teilen. Wenn das Kulturmedium mit einer einzigen lebensfähigen Zelle beimpft würde und diese Zelle mit maximaler Geschwindigkeit ohne Verzögerungsphase wüchse, dann könnte man folgendes Anwachsen der Zahl an Zellen beobachten: 1, 2, 4, 8, 16, 32, 64, 128 usw. Diese Zunahme kann man auch darstellen, indem man die Anzahl an Zellen auf die Basis 2 bezieht, also: 2^1. 2^2. 2^3, 2^4, 2^5, 2^6, 2^7. 2^8 usw. Die Exponenten (oder Hochzahlen oder Indices) in dieser Reihe stellen die Zahl an vergangenen Generationen dar. Somit werden sich nach n Generationen 2^n Zellen in der Kultur befinden. Wenn die Kultur mit N_0 Zellen beimpft wird, dann ist die Zahl an Zellen N_t nach n Generationen:

$$N_t = N_0 \cdot 2^n$$

or

$$N_t = N_0 \cdot 2^{t/t_d}. \tag{3}$$

Als Logarithmus zur Basis 2 geschrieben ergibt Gleichung (3):

$$\mathrm{Log}_2 N_t = \mathrm{Log}_2 N_0 + \frac{t}{t_d} \tag{4}$$

und somit:

$$t_d = \frac{t}{\mathrm{Log}_2 N_t - \mathrm{Log}_2 N_0}. \tag{5}$$

Obwohl der Ausdruck Verdopplungszeit in der mikrobiellen Physiologie recht wenig Verwendung findet, mag es sinnvoll sein, die Werte für die spezifische Wachstumsgeschwindigkeit in solche für die Verdopplungszeit umzurechnen, um die Bedeutung dieser Werte besser einschätzen zu können. Die Gleichung für die Verdopplungszeit, die sich auf die Anzahl an Zellen bezieht, kann auch in eine Gleichung umgeformt werden, bei der die Konzentration an Zellen eingesetzt wird:

$$t_d = \frac{t}{\mathrm{Log}_2 x_t - \mathrm{Log}_2 x_0}. \tag{6}$$

Es wurde schon gezeigt, daß:

$$\ln x_t = \ln x_0 + \mu t \,.$$

Wenn man in dieser Gleichung für $t = t_d$ einsetzt und danach $x_t = 2x_0$, so ergibt sich:

$$\ln 2x_0 = \ln x_0 + \mu t_d$$

oder

$$\mu = \frac{\ln 2}{t_d} \quad \text{und} \quad t_d = \frac{\ln 2}{\mu} \,.$$

Daher ist:

$$\mu = \frac{0,693}{t_d} \,. \tag{7}$$

Somit entspricht eine spezifische Wachstumsgeschwindigkeit von $1\ \mathrm{h}^{-1}$ einer Verdopplungszeit von 0,693 h. Tabelle 7.1 gibt einige repräsentative μ_{max}-Werte für eine Reihe von Mikroorganismen an.

Tabelle 7.1 Repräsentative Werte für μ_{max} einer Reihe von Mikroorganismen (die unter den in den Quellen angegebenen Bedingungen erhalten wurden)

Organismus	μ_{max} (h^{-1})	Quelle
Beneckea natriegens	4,24	Eagon, 1961
Methylomonas methanolytica	0,53	Dostalek, Haggstrom und Molin, 1972
Penicillium chrysogenum	0,12	Trinci, 1969

In den Gleichungen (2) und (3) wird vernachlässigt, daß das Wachstum zur Erschöpfung an Nährstoffen und zu einer Akkumulation toxischer Nebenprodukte führt. Unter diesen Voraussetzungen würde sich das Wachstum unendlich lange fortsetzen. Da jedoch Substrat verbraucht wird oder sich toxische Nebenprodukte anhäufen, fällt die spezifische Wachstumsgeschwindigkeit vom Maximalwert ab, das Wachstum hört schließlich ganz auf und die Kultur tritt in die stationäre Phase ein.

Der Abfall der Wachstumsgeschwindigkeit und das Aufhören des Wachstums aufgrund des Mangels an Substrat kann als Beziehung zwischen μ und der Restkonzentration an begrenzendem Substrat beschrieben werden. Das begrenzende Substrat ist der Bestandteil des Mediums, der als erster ausgeht. Monod (1942) bewies folgenden Zusammenhang:

$$\mu = \frac{\mu_{max}s}{K_s + s} \tag{8}$$

wobei s die Restkonzentration am begrenzenden Substrat und K_s die Verwertungs- oder Sättigungskonstante für das begrenzende Substrat ist. Diese ist gleich der Substratkonzentration, wenn μ gleich 1/2 μ_{max} ist.

Gleichung (8) ist graphisch in Abb. 7.3 dargestellt, wobei Zone B bis C der exponentiellen Phase der Batch-Kultur mit Substrat im Überschuß und Wachstum

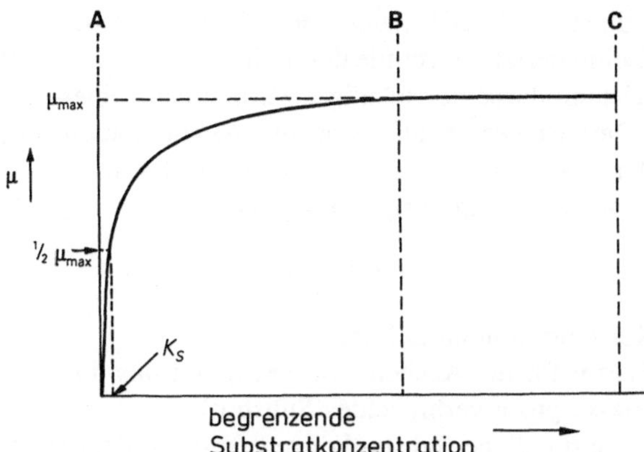

Abb. 7.3 Einfluß der begrenzenden Restkonzentration des Substrats auf die spezifische Wachstumsrate eines Organismus

mit μ_{max} entsprechen. Zone A bis B zeigt die Reduzierung der Wachstumsgeschwindigkeit am Ende der exponentiellen Phase beim Übergang zur stationären. Der Zahlenwert von K_s ist ein Maß für die Affinität des Organismus zu seinem Substrat. Ein hoher Wert für K_s weist auf eine niedrige, ein niedriger auf eine hohe Affinität zum Substrat hin. Wenn also der Organsimus eine sehr hohe Affinität zu dem Substrat aufweist (niedriger K_s-Wert), dann wird die spezifische Wachstumsgeschwindigkeit in der Batch-Kultur erst beeinflußt werden, wenn die Substratkonzentration einen sehr niedrigen Wert erreicht hat. Somit würde ein solcher Organismus eine nur sehr kurze Verlangsamungsphase aufweisen. Ebenso fällt bei einem Organismus, der eine sehr niedrige Affinität zum begrenzenden Substrat hat (einen hohen K_s-Wert), die Wachstumsgeschwindigkeit schon bei einer relativ hohen Substratkonzentration ab. Deshalb wird hier eine lange Verlangsamungsphase zu beobachten sein. Einige repräsentative K_s-Werte für eine Reihe von Organismen und Substraten sind in Tab. 7.2 angegeben.

Tabelle 7.2 Einige repräsentative Werte für K_s einer Reihe von Organismen und Substraten

Organismus	Substrat	K_s (mg dm^{-3})	Quelle
Escherichia coli	Glucose	$6,8 \times 10^{-2}$	Shehata und Marr (1971)
Escherichia coli	Phosphationen	1,6	Shehata und Marr (1971)
Pseudomonas sp.	Methanol	0,7	Harrison (1973)
Aspergillus niger	Glucose	5,0	Pirt (1973)
Saccharomyces cerevisiae	Glucose	25	Pirt und Kurowski (1970)

Die Menge an Biomasse in der stationären Phase hängt von der Zusammensetzung des Nährmediums und der Effizienz des Organismus bei der Umwandlung der Substrate in Zellmaterial ab. Im idealen Fall sollte das Medium so ausgelegt sein, daß das Wachstum durch vollständiges Verbrauchen eines einzigen Substrates begrenzt ist. Dies ist besser, als wenn die Akkumulation eines Toxins das Wachstum beendet. Die Konzentration an Zellen in der stationären Phase kann dann durch folgende Gleichung ausgedrückt werden:

$$x = Y \cdot S_R \tag{9}$$

Dabei ist x die Konzentration an Zellen,

Y der Faktor für die Ausbeute in Bezug auf das limitierende Substrat (g Biomasse pro g verbrauchtes Substrat),

S_R die ursprüngliche Substratkonzentration in dem Medium.

Der Ausdruck Y ist ein Maß für die Effektivität, mit der die Zellen das Substrat in Biomasse umwandeln. Zu jedem Zeitpunkt während der Batch-Kultur ist die Menge an Biomasse durch folgende Gleichung gegeben:

$$x = Y(S_R - s)$$

wobei s die Restkonzentration an Substrat zu diesem Zeitpunkt ist.

Somit gilt:

$$Y = \frac{x}{(S_R - s)}$$

Daher ist Y eine dimensionslose Konstante, vorausgesetzt, daß die Konzentration an Zellen und die an Substrat in den gleichen Einheiten angegeben sind. Der Wert von Y ist offensichtlich von dem Organismus und vom Substrat abhängig. Die Bedeutung dieses Wertes wird in Abschn. 8.3.1 näher beschrieben werden.

7.2 Kontinuierliche Kultur

Wenn die Kulturbedingungen so ausgelegt sind, daß das Ende des Wachstums durch das vollständige Verbrauchen eines Bestandteils des Mediums bedingt ist (d.h. substratbegrenzt) und nicht durch die Anhäufung von Giften, dann kann das exponentielle Wachstum in der Batch-Kultur durch Zugabe von frischem Medium in den Kulturbehälter verlängert werden. Dieses Vorgehen kann mehrmals wiederholt werden, bis der Behälter voll ist. Wenn jedoch ein Überlauf an der Seite des Fermenters konstruiert worden ist, sodaß bei Zugabe von frischem Medium das gleiche Volumen an Kulturflüssigkeit verdrängt wird, dann kann eine kontinuierliche Produktion von Zellen erreicht werden. Wenn das Medium kontinuierlich in passender Geschwindigkeit einem solchen System zugeführt wird, dann kann die verdrängte Menge an Mikroorganismen durch die Produktion neuer Biomasse ausgeglichen werden. Somit kann ein Gleichgewichtszustand erreicht werden. Das Wachstum von Zellen in einer kontinuierlichen Kultur dieser Art wird durch die Verfügbarkeit der wachstumsbegrenzenden chemischen Verbindung in dem Nährmedium kontrolliert. Dieses System wird als Chemostat bezeichnet. Es ist wichtig, zu erkennen, daß jeder Bestandteil des Mediums wachstumsbegrenzend sein kann und daß die Art der Begrenzung stark die Physiologie und Biochemie der Zellen beeinflussen kann.

7.2.1 Die Kinetik einer kontinuierlichen Kultur

Die Kinetik einer kontinuierlichen Kultur kann folgendermaßen beschrieben werden:

Der Fluß des Mediums durch das System wird durch Verdünnungsgeschwindigkeit D dargestellt, die definiert ist als:

$$D = \frac{F}{V}$$

Dabei ist D die Verdünnungsgeschwindigkeit (h^{-1})
$\quad$ V das Volumen (l)
$\quad$ F die Flußgeschwindigkeit (l h^{-1}).

Die Veränderung der Konzentration an Zellen in dem Fermenter während einer Zeitspanne kann beschrieben werden als:

$$\frac{dx}{dt} = \text{Wachstumsausstoß}$$

oder

$$\frac{dx}{dt} = \mu x - Dx \, . \tag{10}$$

Wie schon früher ausgeführt, tritt das System in einen Gleichgewichtszustand ein, wenn der Ausstoß an Biomasse durch das Wachstum der Zellen kompensiert wird. Also gilt dann:

$$\frac{dx}{dt} = 0$$
$$\mu x = Dx$$
$$\mu = D \, . \tag{11}$$

Gleichung (11) macht deutlich, daß die spezifische Wachstumsrate in einem Chemostaten während des Gleichgewichtszustandes durch die Verdünnungsgeschwindigkeit bestimmt wird und somit der Kontrolle des des Experimentors unterliegt. Der Mechanismus, der dem Kontrolleffekt der Verdünnungsgeschwindigkeit zugrundeliegt, ist letztendlich die Beziehung zwischen μ und s, wie von Monod (1942) gezeigt wurde:

$$\mu = \frac{\mu_{\max} s}{K_{\text{s}} + s} \, .$$

Im Gleichgewichtszustand ist $\mu = D$ und deshalb folgt:

$$D = \frac{\mu_{max}\,\bar{s}}{K_s + \bar{s}} \qquad (12)$$

wobei $\bar{s}$ die Restkonzentration an Substrat im Medium im Gleichgewicht ist.
Durch Umformung ergibt sich aus Gleichung (12):

$$\bar{s} = \frac{K_s D}{\mu_{max} - D}\,. \qquad (13)$$

Gleichung (13) zeigt, daß die Substratkonzentration in einem Chemostaten
durch die Verdünnungsgeschwindigkeit bestimmt ist. Tatsächlich tritt dies bei
einem Wachstum auf, bei dem das Substrat bis zu der Konzentration verbraucht wird, die die geringe Wachstumsgeschwindigkeit aufrecht erhält, die der
Verdünnungsgeschwindigkeit entspricht.

Wenn die Substratkonzentration unter diesen Wert abgesunken ist (d.h. wenn
die durch die Verdünnungsgeschwindigkeit bestimmte Wachstumsgeschwindigkeit nicht mehr aufrecht erhalten werden kann), dann treten nach und nach folgende Ereignisse ein:

(1) Die Geschwindigkeit, mit der die Zellen wachsen, wird niedriger werden als
    die Verdünnungsgeschwindigkeit. Damit werden sie in höherem Maße aus
    dem Gefäß ausgewaschen als neu gebildet, was zu einer Verringerung der
    Biomasse führt.
(2) Die Substratkonzentration in dem Gefäß wird ansteigen, da weniger Zellen
    übrig geblieben sind, die es verbrauchen.
(3) Die erhöhte Substratkonzentration wird dazu führen, daß die Zellen schneller
    wachsen als das Medium verdünnt wird. Dadurch wird sich die Biomasse
    vergrößern.

Die Konzentration an Zellen in einem Chemostaten wird durch folgende
Gleichung beschrieben:

$$\bar{x} = Y(S_R - \bar{s}) \qquad (14)$$

wobei $\bar{x}$ die Konzentration an Zellen im Gleichgewicht ist.
Durch Kombination von Gleichung (13) und (14) ergibt sich:

$$\bar{x} = Y\left(S_R - \frac{K_s D}{\mu_{max} - D}\right). \qquad (15)$$

Somit ist die Konzentration an Biomasse im Gleichgewicht durch die Betriebsva-
riablen S_R und D bestimmt. Wenn S_R erhöht wird, wird $\bar{x}$ ansteigen, aber $\bar{s}$, die
Restkonzentration an Substrat in dem Chemostaten, wird gleichbleiben. Wenn D
erhöht wird, wird μ ansteigen ($\mu = D$) und die Restkonzentration an Substrat
müßte erhöht werden, um die höhere Wachtumsgeschwindigkeit zu unterhalten;
somit wird weniger Substrat zur Verfügung stehen, um in Biomasse umgewandelt
zu werden. Diese wird also kleiner.

Die Auswirkungen einer wachsenden Geschwindigkeit beim Verdünnen und
der anfänglichen Substratkonzentration werden in Abb. 7.4 dargestellt. Aus ihr
kann man ersehen, daß $\bar{s}$ sich nur sehr langsam erhöht, wenn D größer wird.

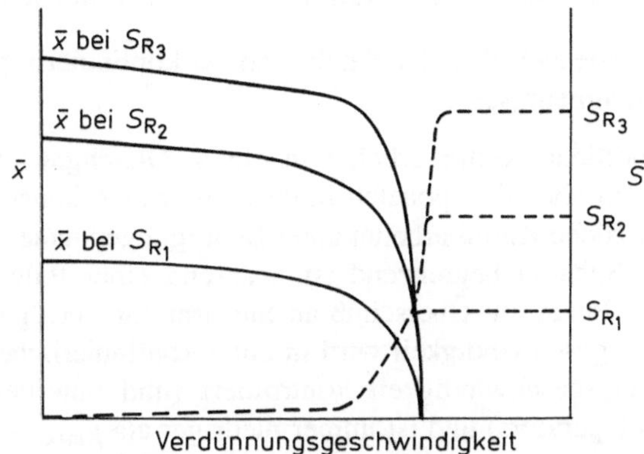

Abb. 7.4 Einfluß von Verdünnungsgeschwindigkeit und wachsender Anfangskonzentration an Substrat $\left(S_{R_3} > S_{R_2} > S_{R_1}\right)$ in einem Chemostaten im Gleichgewicht; - - - Konzentration an Biomasse ($\bar{x}$); — Restkonzentration an begrenzendem Substrat

Dies ist darauf zurückzuführen, daß der K_s-Wert gewöhnlich sehr klein ist und somit eine deutliche Erhöhung der Geschwindigkeit der Verdünnung (und damit der spezifischen Wachstumsgeschwindigkeit) durch eine nur geringfügige Erhöhung der Restkonzentration an Substrat erreicht werden kann. Wenn D sich μ_{max} nähert, dann erhöht sich die Konzentration an begrenzendem Substrat, die nötig ist, um das größere Wachstum zu unterhalten, deutlich. Die Restkonzentration an Substrat steigt und die Biomasse nimmt ab. Schließlich wird eine Verdünnungsgeschwindigkeit erreicht, bei der $\bar{x}$ gleich Null wird (das ist, wenn alle Zellen aus dem Gefäß herausgewaschen worden sind) und $\bar{s} = S_R$. Diese Verdünnungsgeschwindigkeit wird D_{krit} genannt und wird durch die folgende Gleichung charakterisiert:

$$D_{krit} = \frac{\mu_{max} \cdot S_R}{K_s + S_R} \, .$$

D_{krit} ist immer etwas niedriger als μ_{max}, da μ_{max} in einem einfachen Chemostaten nicht erreicht werden kann, weil immer Bedingungen herrschen müssen, unter denen die Substratkonzentration begrenzend ist.

Einige Organismen zeigen eine sehr geringe Affinität zu dem Substrat (einen hohen K_s-Wert). Wenn nun D erhöht wird, so muß die verbleibende Substratkonzentration deutlich erhöht werden, um der größeren Wachstumsgeschwindigkeit gerecht zu werden. Somit zeigt $\bar{x}$ bei einem solchen Organismus eine signifikante Abnahme bei einer relativ kleinen Änderung in der Verdünnungsgeschwindigkeit.

7.2.2 Unterschiede zwischen Batch-Kultur und kontinuierlicher Kultur

Die Hauptunterschiede zwischen der Batch- und der kontinuierlichen Kultur kann man wie folgt zusammenfassen:

(1) Eine kontinuierliche Kultur arbeitet in einem Gleichgewichtszustand (die Konzentrationen aller Komponeten in der Kultur sind konstant.).

(2) Eine kontinuierliche Kultur arbeitet unter Bedingungen, unter denen die Konzentration an Substrat begrenzend ist, während einer Batch-Kultur in der exponentiellen Phase ein Überschuß an Substrat zur Verfügung steht.

(3) Die Wachstumsgeschwindigkeit wird in einer kontinuierlichen Kultur durch die Verdünnungsgeschwindigkeit kontrolliert (und unterliegt deshalb der Kontrolle des Operators) und ist immer niedriger als μ_{max}, während die spezifische Wachstumsgeschwindigkeit in der exponentiellen Phase einer Batch-Kultur unter den gegebenen Bedingungen gleich μ_{max} ist.

7.3 Nachgefütterte Batch-Kultur

Der Ausdruck „Fed-Batch-Kultur" (nachgefütterte Batch-Kultur) wird zur Beschreibung von Batch-Kulturen verwendet, denen kontinuierlich oder in Abständen frisches Medium zugeführt wird, ohne Kulturflüssigkeit zu entfernen. Somit vergrößert sich das Volumen einer solchen Batch-Kultur mit der Zeit. Pirt (1975) beschrieb die Kinetik eines solchen Systems wie folgt:

Wenn das Wachstum eines Organismus in einer Batch-Kultur durch die Konzentration eines Substrates begrenzt ist, dann kann man die Konzentration an Biomasse in der stationären Phase x_{max} durch folgende Gleichung beschreiben:

$$x_{max} \simeq Y \cdot S_R$$

Dies gilt unter der Voraussetzung, daß das Inoculum verglichen mit der späteren Biomasse zu vernachlässigen ist. Wenn man dem Gefäß frisches Nährmedium mit einer Verdünnungsgeschwindigkeit zuführte, die kleiner als μ_{max} ist, dann würde praktisch alles Substrat verbraucht, sobald es dem System zugesetzt ist:

$$F \cdot S_R \simeq \mu \cdot \frac{X}{Y}$$

Dabei ist X die gesamte Biomasse, die in dem Gefäß vorliegt (Vx). Obwohl die gesamte Biomasse (X) in dem Gefäß mit der Zeit zunimmt, bleibt die Konzentration an Zellen x praktisch gleich, also folgt:

$$\frac{dx}{dt} \simeq 0$$

Deshalb ergibt sich: $\mu = D$.

Den Zustand eine solchen Systems nennt man „Quasi-steady-state" (Quasi-Gleichgewicht). In dem Maße, wie das Volumen der Kultur mit fortschreitender

Zeit anwächst, wird die Verdünnungsgeschwindigkeit abnehmen. Somit ist der Wert von D durch folgende Gleichung gegeben:

$$D = \frac{F}{V_0 + F \cdot t}$$

Dabei ist F die Flußgeschwindigkeit
V_0 das Anfangsvolumen der Kultur
t die Zeit, während der die Bedingungen einer nachgefütterten Batchkultur gegolten haben.

Die Kinetik nach Monod sagt aus, daß, die Restkonzentration an Substrat geringer wird, wenn D abfällt. Dies führt zu einer Zunahme der Konzentration an Biomasse. In dem Bereich an Werten für die Wachstumsgeschwindigkeiten, in dem man sich üblicherweise bewegt, ist die Anfangskonzentration an Substrat viel höher als die Restkonzentration und der Anstieg von $\bar{s}$ ist nicht von Bedeutung. Der Hauptunterschied zwischen dem Gleichgewichtszustand eines Chemostaten und dem Quasi-Gleichgewicht einer nachgefütterten Batch-Kultur besteht darin, daß in einem Chemostaten die Verdünnungsgeschwindigkeit konstant bleibt, während sie im zweitgenannten System mit der Zeit abnimmt. Sie kann auch in einer solchen Kultur konstant gehalten werden, wenn man die Flußgeschwindigkeit mit Hilfe eines Computerkontrollsystems exponentiell steigert.

7.4 Verwendung eines Kultur-Systems zur Produktion mikrobieller Produkte

Die Fähigkeit eines Chemostaten zur Selbstkorrektur und sein Gleichgewichtzustand machen ihn, theoretisch betrachtet, zu einem sehr attraktiven Kultursystem zur Herstellung mikrobieller Produkte. Die Anwendung der kontinuierlichen Systeme im industriellen Großmaßstab ist jedoch aus verschiedenen Gründen eng begrenzt und auf die Produktion von Biomasse und Ethanol beschränkt. Man kann auch nicht behaupten, daß das vorherrschend benutzte System die Batch-Kultur ist. Die meisten industriellen Verfahren mit Batchkultur sind, in mehr oder weniger großen Ausmaß, zu solchen mit Nachfütterung umgestaltet worden. Dadurch kann man nämlich einige der Vorteile der kontinuierlichen Kultur nutzen, ohne die größten Nachteile in Kauf zu nehmen.

7.4.1 Vergleich von Batch-Kultur und kontinuierlicher Kultur in der industriellen Produktion

Die Produktivität eines Kultursystems, ausgedrückt als Anzahl an produzierten Zellen, kann als Ausstoß von Biomasse pro Zeiteinheit beschrieben werden. Stanbury und Whitaker (1984) stellten folgende Gleichung zur Berechung der Produktivität einer Batch-Kultur auf:

$$R_{batch} = \frac{x_{max} - x_0}{t_i + t_{ii}} \tag{16}$$

Dabei ist R_{batch} der Ausstoß von Biomasse (g l^{-1} h^{-1}) durch die Batch-Kultur

x_{max} die Konzentration an Biomasse in der stationären Phase (g l^{-1})

x_0 die Konzentration an Biomasse im Inoculum (g l^{-1})

t_i die Zeit, während der der Organismus mit μ_{max} wächst

t_{ii} die Zeit, während der der Organismus nicht mit μ_{max} wächst. Dazu gehören die Verzögerungsphase die Verlangsamungsphase und die Zeit des Batchens, Sterilisierens und Erntens.

Die Produktivität einer kontinuierlichen Kultur läßt sich wie folgt berechnen:

$$R_{kont} = D\bar{x} \left(1 - \frac{t_{iii}}{T} \right) \tag{17}$$

Dabei ist R_{kont} der Ausstoß an Biomasse (g l^{-1} h^{-1}) durch die kontinuierliche Kultur

t_{iii} die Zeitspanne vor der Einstellung des Gleichgewichts. Dazu gehört die Zeit zur Vorbereitung des Gefäßes, die Sterilisation und die Arbeit in der Batch-Kultur vor Erreichen des kontinuierlichen Systems

T die Zeitspanne, während der sich das System im Gleichgewicht befindet.

Der Ausdruck $D\bar{x}$ in Gleichung (17) wächst mit wachsender Verdünnungsgeschwindigkeit bis zu einem Maximum, nach dem jede weitere Zunahme von D mit einer Abnahme von $D\bar{x}$ einhergeht, bis D_{krit} erreicht ist. An diesem Punkt ist der Ausstoß auf Null abgesunken. Daher kann eine maximale Bildung von Biomasse pro Zeiteinheit (d.h. eine maximale Produktivität) erreicht werden, wenn bei einer Verdünnungsgeschwindigkeit gearbeitet wird, die den höchsten Wert für $D\bar{x}$ ergibt. Dieser Wert wird D_{max} genannt. Gleichung (16), die die Batch-Fermentation beschreibt, berechnet einen Mittelwert über die gesamte Fermentationzeit. Da $dx/dt = \mu x$ gilt, nimmt die Produktivität mit der Zeit zu. Somit wird der größte Teil der Biomasse gegen Ende der exponentiellen Phase der Fermentation gebildet. In einem Chemostaten, der im Gleichgewicht mit D_{max} oder annäherend diesem Wert arbeitet, bleibt die Produktivität konstant und maximal über die gesamte Zeit der Fermentation. Auch kann ein kontinuierlicher Prozeß über eine lange Zeit betrieben werden, so daß die nicht-produktive Zeit, t_{iii} in Gleichung (17), vernachlässigt werden kann. Dagegen macht die nicht-produktive Zeit t_{ii} in der Batch-Kultur eine beträchtliche Zeitspanne aus, besonders, da man während der Laufzeit einer vergleichbaren kontinuierlichen Kultur eine Batch-Kultur viele Male neu ansetzen müßte. Somit ist t_{ii} ein immer wiederkehrender Faktor. Ein kontinuierlicher Prozeß ist also bei weitem produktiver in der Herstellung von Biomasse ist als ein vergleichbarer Batch-Prozeß.

Ebenso ist es vorteilhaft, daß ein kontinuierlicher Prozeß im Gleichgewicht arbeitet, da ein solches System viel leichter zu kontrollieren ist als ein vergleichbares Batch-System. Während einer Batch-Kultur bewegt sich die Wärmeentwicklung, die Bildung von Säuren oder Basen und die Sauerstoffaufnahme von sehr niedrigen Werten am Anfang der Fermentation zu sehr hohen gegen Ende des logarithmischen Wachstums. Somit ist die Kontrolle der Betriebsbedingungen eines solchen Systems sehr viel schwieriger als bei einem kontinuierlichen Prozeß, bei dem im Gleichgewicht Produktion und Verbrauch mit konstanter Geschwindigkeit vor sich gehen. Außerdem sollte der kontinuierliche Prozeß einen konstanteren Arbeitsaufwand erfordern als ein vergleichbarer Batch-Prozeß.

Ein häufig genannter Nachteil eines kontinuierlichen Prozesses ist seine Anfälligkeit gegenüber einer Kontamination mit „fremden" Organismen. Die Kontrolle der Kontamination ist letztendlich ein Problem von Planung, Konstruktion und Betrieb des Fermenters und sollte durch gute Technik und Erfahrung im Umgang mit Mikroorganismen gelöst werden. Smith (1980) diskutierte die Problemlösung, die bei Planung und Betrieb des Fermenters im kontinuierlichen ICI-Prutreen-Prozeß (Arbeitsvolumen 15 000 m^3) zur Anwendung kam. Dieses Projekt stellt klar, daß der Bau und Betrieb eines Chemostaten im Großmaßstab perfekt durchführbar ist. Somit sollten Kontaminationsprobleme nicht überbewertet werden. (Einige Gesichtspunkte, die bei Planung einer aseptischen Fermentation berücksichtigt werden müssen, werden in Abschn. 8.2.2 ausgeführt.)

Die Überlegenheit der kontinuierlichen Kultur wurde erkannt und führte zur Anwendung eines solchen Systems im ICI-Prozeß. Die Herstellung von Produkten, die beim Wachstum entstehen, sollte ebenfalls mit einem kontinuierlichen Prozeß effizienter durchzuführen sein. Der Erfolg eines solchen Systems ist jedoch auf die Produktion von Ethanol als Chemikalie beschränkt geblieben, während der kontinuierlichen Produktion von trinkbarem Alkohol durch kontinuierliche Kulturen nur mäßiger Erfolg beschieden war (zumindest in Großbritannien).

Die Brauereiindustrie in Großbritannien hat ebenfalls kontinuierliche Kulturen zur Produktion von Bier im industriellen Maßstab benutzt, aber weitere Verbesserungen im Batch-System haben nach und nach den kontinuierlichen Prozeß überflüssig gemacht. Man darf nicht vergessen, daß es nicht das Ziel eines Brauers ist, einfach Alkohol zu produzieren – er muß ein schmackhaftes Getränk herstellen, das von einer kritischen Kundschaft akzeptiert wird. Bier ist also nicht dazu bestimmt, direkt nach der Fermentation verbraucht zu werden, sondern es muß unter geeigneten Bedingungen bis zu zwei Wochen lang aufbewahrt werden, damit eine „Konditionierung" stattfinden kann. Durch Brauen mit kontinuierlichen Systemen verringert sich die Fermentationszeit eines Bieres von etwa einer Woche beim traditionellen Batch-Prozeß auf 4 – 8 Stunden. Die Anwendung eines Batch-Gefäßes mit der Form eines konischen Zylinders (von Nathan 1930 beschrieben, aber bis in die siebziger Jahre nicht angenommen) führte dazu, daß die Batch-Fermentation auf etwa 48 h verkürzt werden konnte. Obwohl dies auch noch signifikant länger ist als beim kontinuierlichen System, wiegt die Geschwindigkeit dieses Systmes bei Betrachtung der gesamten Produktionszeit (d.h. Fermentation plus Konditionierung) seine Nachteile nicht auf. Diese sind folgende:

(1) Die lange Startphase bis zur Einstellung des Gleichgewichtes;

(2) Die mangelnde Flexibilität des Systems – es ist sehr zeitaufwendig, den Fermenter von einer Biersorte auf eine andere umzurüsten;

(3) Die Schwierigkeit, den Geschmack des kontinuierlichen Produktes dem des traditionellen Batch-Produktes anzugleichen.

Somit ist die kontinuierliche Brauereimethode fast gänzlich durch verbesserte Batch-Systeme verdrängt worden.

Die Umstellung auf kontinuierliche Systeme zur Produktion mikrobieller Produkte ist äußerst beschränkt geblieben. Obwohl es theoretisch möglich ist, ein kontinuierliches System so zu optimieren, daß die maximale Produktivität für einen Metaboliten ereicht wird, so läßt die Langzeitstabilität wegen des Problems der Degeneration des verwendeten Organismus zu wünschen übrig. Eine Betrachtung der Kinetik einer kontinuierlichen Kultur zeigt, daß ein solches System sehr selektiv ist und die Vermehrung des am besten angepaßten Organsimus begünstigt. „Am besten angepaßt" bezieht sich in diesem Zusammenhang auf die Affinität des Organismus zu dem begrenzenden Substrat. Wenn also Organismus P fähig ist, die spezifische Wachstumsgeschwindigkeit bei einer niedrigeren Restkonzentration an Substrat aufrecht zu erhalten als Organismus Q, dann wird der Organismus P in der Kultur vorherrschen, und Organismus Q wird schließlich ganz aus dem Chemostaten eliminiert werden. Ein kommerziell verwendeter Organismus ist gewöhnlich hochgradig durch Mutationen verändert und kann genetische Elemente enthalten, die durch *in vitro*-Genmanipulation eingeführt wurden, um hohe Konzentrationen an dem gewünschten Produkt zu erhalten. Daher ist ein kommerziell benutzter Organismus physiologisch gesehen äußerst ineffizient. Eine degenerierte Art, die weniger von dem gewünschten Produkt liefert, kann besser an die Kulturbedingungen angepaßt sein als die, die mehr produziert. Erstere kann deshalb unter den gegebenen Kulturbedingungen dominierend werden. Dieses Phänomen, von Calcott (1981) „Kontamination von innen" genannt, ist der Hauptgrund für die seltene Anwendung kontinuierlicher Kulturen bei der Produktion mikrobieller Metaboliten.

7.4.2 Nachgefütterte Batch-Kultur in der industriellen Produktion von Metaboliten

Wie bereits erwähnt, wurden in der Industrie große Fortschritte bei der Entwicklung nachgefütterter Batch-Systeme für die Produktion mikrobieller Metabolite gemacht, während man bei der Entwicklung kontinuierlicher Kulturen zurückhaltend war. Nachgefütterte Batch-Kulturen können benutzt werden, um die produktive Zeitspanne einer traditionellen Batch-Kultur auszudehnen, ohne die der kontinuierlichen Kultur eigenen Nachteile in Kauf zu nehmen. Dadurch gibt man dem Fermentationstechnologen auch ein Mittel an die Hand, die Fermentation zu kontrollieren. Die Anwendung von nachgefütterten Batch-Systemen zur Kontrolle von Fermentationen werden in Abschn. 8.4 behandelt.

7.5 Zusammenfassung

Aus dem vorliegenden Bericht kann ersehen werden, daß Mikroorganismen in Batch-Kulturen, nachgefütterten Batch-Kulturen und in kontinuierlichen Kulturen gezüchtet werden können. Die kontinuierliche Methode gibt dem Mikrobiologen Mittel an die Hand, eine Kultur im Gleichgewichtszustand unter kontrollierbaren physiologischen Bedingungen zu halten. Obwohl jedoch die kontinuierliche Kultur ein ausgezeichnetes Forschungsfeld darstellt, ist ihre Anwendung in der industriellen Fermentation auf die Produktion von Biomasse beschränkt. Die im industriellen Maßstab am meisten angewendete Kulturmethode ist die nachgefütterte Batch-Kultur, die dem Fermentationstechnologen eine weitgehende Prozeßkontrolle erlaubt, ohne die dem kontinuierlichen System eigenen Nachteile in Kauf zu nehmen.

8. Kontrolle der Fermentationsbedingungen

8.1 Einführung

Die äußeren Bedingungen, deren Einhaltung für das Wachstum eines Mikroorganismus in einem industriellen Prozeß erforderlich ist, müssen während der Fermentation kontrolliert werden, um eine maximale (und zuverlässige) Produktivität zu erreichen. Folgende dieser Faktoren sind wichtig:

(1) Die chemische Umgebung des Mikroorganismus sollte so gestaltet sein, daß die maximale Produktivität unter Berücksichtigung der Wirtschaftlichkeit des Verfahrens beibehalten wird.
(2) Die Temperatur muß während des gesamten Vorganges für die Herstellung des Produktes optimal sein.
(3) Die Reinheit der Kultur muß während der Fermentation gewährleistet sein.
Diese äußeren Faktoren werden durch folgende Sachverhalte beeinflußt:

(1) Aufbau des Fermenters und Bedingungen, unter denen er betrieben wird;
(2) Zusammensetzung des Kulturmediums;
(3) Arbeitsmethode der Fermentation.

8.2 Aufbau und Arbeitsweise eines Fermenters

Eine detaillierte Betrachung des Aufbaus von Fermentern gehört nicht zu den Themen dieses Buches, das sich auf die biologischen Grundlagen der Biotechnologie konzentriert. Die Fermentationstechnologie ist jedoch ein Zusammenspiel von Biologie und Chemotechnik und deshalb ist es notwendig, eine kurze Zusammenfassung über die Typen von Fermentern, die zur Verfügung stehen, und ihre wichtigsten Eigenschaften zu geben. Stanbury und Whitaker (1984) listeten folgende 13 Punkte auf, die als wichtige Kriterien bei der Planung eines Fermenters betrachtet werden müssen:

(1) Das Gefäß sollte eine aseptische Arbeitsweise über einige Tage ermöglichen und bei Langzeitbetrieb zuverlässig sein.
(2) Eine geeignete Belüftung und Durchmischung sollte vorgesehen sein, um die für den Stoffwechsel des Organismus erforderlichen Bedingungen zu erfüllen.
(3) Der Energieverbrauch sollte so klein wie möglich sein.
(4) Eine Vorrichtung zur pH-Messung sollte vorgesehen sein.

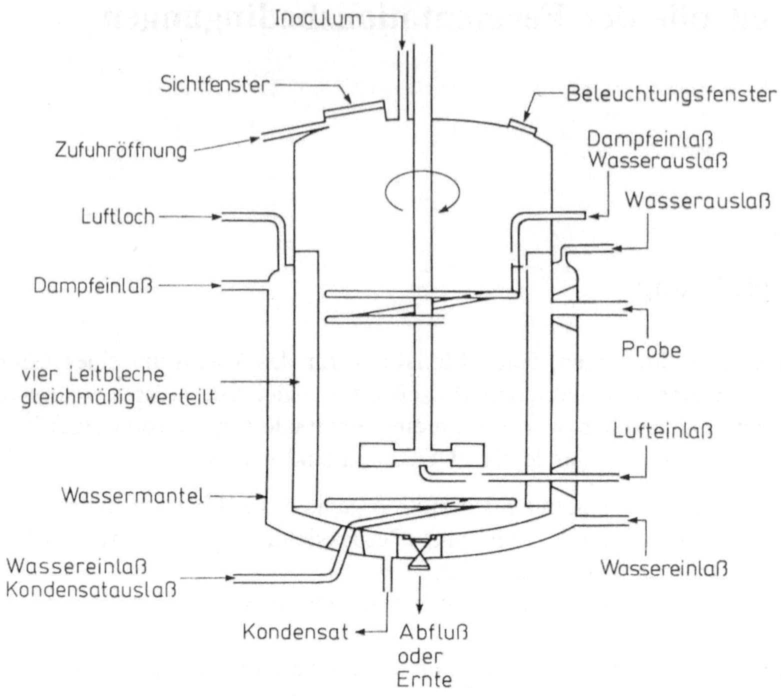

Abb. 8.1 Schematische Darstellung eines belüfteten Fermenters mit Rührwerk

(5) Eine Möglichkeit zur Probenentnahme sollte vorgesehen sein.

(6) Eine Vorrichtung zur Temperaturmessung sollte vorgesehen sein.

(7) Die Verdunstungsverluste aus dem Fermenter sollten nicht zu groß sein.

(8) Das Gefäß sollte so aufgebaut sein, daß Betrieb, Entnahme, Reinigung und Unterhalt einen minimalen Arbeitsaufwand erfordern.

(9) Das Gefäß sollte für eine Reihe von Arbeitsgängen geeignet sein.

(10) Das Gefäß sollte so konstruiert sein, daß die inneren Oberflächen glatt sind. Dies wird z.B. dadurch erreicht, daß man, woimmer möglich, Flanschverbindungen durch geschweißte Nähte ersetzt.

(11) Die geometrische Form der kleineren und größeren Gefäße in der Anlage oder in dem Pilotprojekt sollte ähnlich sein, um das Ausdehnen des Arbeitsmaßstabes (scaling-up) zu erleichtern.

(12) Die billigsten Materialien, die zufriedenstellende Ergebnisse liefern, sollten Verwendung finden.

(13) Der Service für den Fermenter sollte gewährleistet sein.

Die Aufrechterhaltung der aseptischen Bedingungen und die Belüftung sind wahrscheinlich die wichtigsten Kriterien, die in Betracht gezogen werden müssen. Die am meisten benutzten Fermenter im industriellen Maßstab sind mit einer Rührvorrichtung versehene, mit Leitblechen ausgestattete, belüftete Tanks, die

eine Vorrichtung zur Kontrolle der Temperatur, des pH-Wertes und der Schaum-
bildung besitzen. Eine schematische Darstellung eines solchen Fermenters wird
in Abb. 8.1 gezeigt. Die Mehrzahl der Fermenter im kommerziellen Betrieb besitzen ein mechanisches Rührwerk, um eine gute Durchmischung und den nötigen
Sauerstofftransfer zu gewährleisten. Es gibt allerdings auch Fermenter ohne mechanisches Rührwerk, deren Inhalt durchmischt wird, indem große Mengen an
Gas hindurchgeleitet werden. Abb. 8.2 zeigt einige Beispiele für solche Gefäße.
Der bekannteste Fermenter dieser Art ist wahrscheinlich der beim ICI-Prozeß
benutzte.

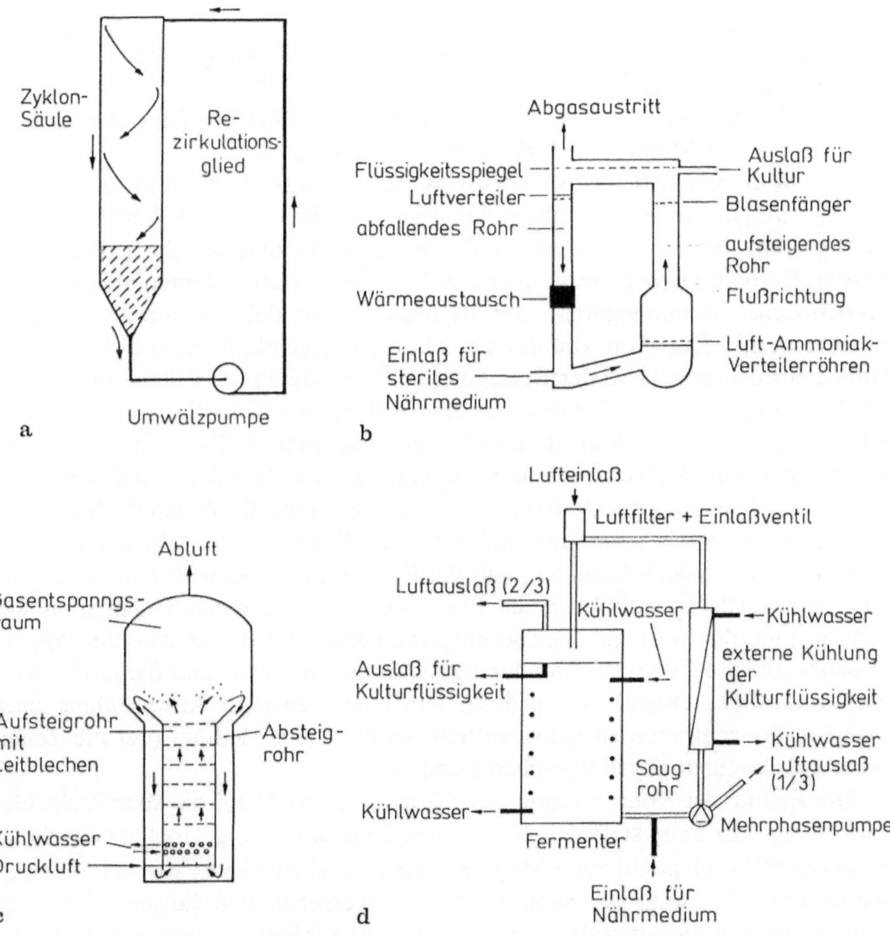

Abb. 8.2 Einige Beispiele für Fermenter ohne mechanisches Rührwerk. (a) Zyklon-Fermenter. (Wiedergegeben mit der Erlaubnis von Dawson, 1974.) (b) Lufthub-Fermenter mit externer Schleife. (Wiedergegeben mit der Erlaubnis von Taylor und Senior, 1978.) (c) ICI-Lufthub-Fermenter mit interner
Schleife. (Wiedergegeben mit der Erlaubnis von Smith, 1980.) (d) Vogelbusch-Düsen-Fermenter.
(Wiedergegeben mit der Erlaubnis von Hamer, 1979.)

8.2.1 Sauerstofftransfer

Sauerstoff ist in wäßrigen Medien wenig löslich (eine gesättigte Lösung enthält etwa 10 mg l^{-1} an Sauerstoff). Die Sauerstoffversorgung während der Fermentation wird durch Luft gewährleistet, die durch den Fermenter geblasen wird. Der Transfer von Sauerstoff in die Lösung wird durch folgende Gleichung beschrieben:

$$\frac{dC_L}{dt} = K_L a \left(C^* - C_L\right) \tag{1}$$

Dabei ist C_L die Konzentration an gelöstem Sauerstoff (mmol l^{-1})
t die Zeit (h)
C^* die Konzentration an gelöstem Sauerstoff bei Sättigung (mmol l^{-1})
K_L der Massentransferkoeffizient (cm h^{-1})
a die Grenzfläche zwischen Gas und Flüssigkeit pro Volumeneinheit
dC_L/dt die Sauerstofftransfergeschwindigkeit (mmol l^{-1} h^{-1}).

Die Werte für K_L und a sind während der Fermentation sehr schwierig zu messen. Deshalb werden sie in dem Ausdruck $K_L a$ oder volumetrischer Transferkoeffizient zusammengefaßt, der als Maß für die Belüftungskapazität eines Fermenters gilt. Der Wert von $K_L a$ wird durch folgende Parameter beeinflußt: Aufbau des Gefäßes, Grad der Bewegung in einem Gefäß mit Rührwerk (gemessen durch die Menge an Energie, die zum Rühren des Kesselinhalts verbraucht wird), Geschwindigkeit des Luftdurchflusses, Viskosität der Kulturflüssigkeit und Anwesenheit von Antischaummitteln in dem Medium (Stanbury und Whitaker, 1984). Somit müssen der Aufbau des Fermenters und die Arbeitsbedingungen so ausgelegt sein, daß dem Sauerstoffbedarf des Organismus Rechnung getragen wird. Man muß jedoch beachten, daß die Konzentration an gelöstem Sauerstoff einen beachtlichen Einfluß auf die Physiologie eines aeroben Organismus besitzt. So muß der Wert für $K_L a$ so eingestellt sein, daß die gewünschte Menge an Sauerstoff pro Zeiteinheit hindurchgeführt werden kann (und damit der Sauerstoffbedarf des Organismus gedeckt wird), und zwar in Anwesenheit einer gewissen Konzentration an gelöstem Sauerstoff in dem Medium (der die Zellen in der gewünschten physiologischen Form erhält).

Der Einfluß der Konzentration an gelöstem Sauerstoff auf die spezifische Geschwindikgit der Sauerstoffaufnahme (mmol Sauerstoff pro g Trockengewicht an Biomasse h^{-1}) entspricht einer Michealis-Menten-Kinetik (oder Monod-Kinetik), wie in Abb. 8.3 gezeigt. Aus Abb. 8.3 kann man ersehen, daß die spezifische Geschwindigkeit der Sauerstoffaufnahme bis zu einem Maximum ansteigt, wenn die Konzentration an gelöstem Sauerstoff zunimmt. Die niedrigste Konzentration an gelöstem Sauerstoff, bei der die spezifische Geschwindigkeit der Sauerstoffaufnahme maximal ist, wird $C_{krit.}$ genannt. Um also die Kultur unter vollständig aeroben Bedingungen zu halten, muß man in dem Fermenter eine Konzentration an gelöstem Sauerstoff aufrechterhalten, die höher als C_{krit} ist. Einige repräsentative

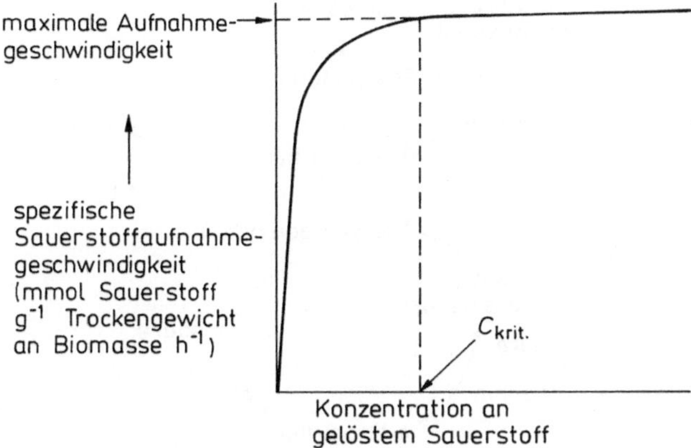

Abb. 8.3 Einfluß der Konzentration an gelöstem Sauerstoff auf die spezifische Sauerstoffaufnahmegeschwindigkeit einer mikrobiellen Kultur

Werte sind in Tabelle 8.1 angegeben. Die optimalen Belüftungsbedingungen zur Herstellung eines mikrobiellen Produktes können sich jedoch von denen zur Herstellung von Biomasse unterscheiden. Somit muß die Möglichkeit bestehen, einen Fermenter bei einer Konzentration an gelöstem Sauerstoff unterhalb oder oberhalb von C_{krit} betreiben zu können.

Tabelle 8.1 Kritische Konzentrationen an gelöstem Sauerstoff einiger repräsentativer Mikroorganismen (Rivere, 1977)

Organismus	Temperatur	C_{krit} (mmol dm^{-1})
Azotobacter sp.	30	0,018
Escherichia coli	37	0,008
Saccharomyces sp.	30	0,004
Penicillium chrysogenum	24	0,022

Die Herstellung von Alkohol als Chemikalie mit Hefe ist ein gutes Beispiel für eine Fermentation, bei der die Konzentration an gelöstem Sauerstoff unter C_{krit} gehalten wird. Obwohl die Produktion von Alkohol ein anaerober Prozeß ist, wird Sauerstoff dennoch zur Synthese von Membranbestandteilen der Hefe aus Styrol und ungesättigten Fettsäuren benötigt. Der Fermenter für ein solches System muß also nur die Versorgung mit einer geringen Menge an Sauerstoff sicherstellen.

Ein ausgezeichnetes Beispiel für die Auswirkung der Konzentration an gelöstem Sauerstoff auf die Bildung von Aminosäuren wird in der Arbeit von Hirose und Shibai (1980) angegeben. Sie zeigten, daß die C_{krit} für *Brevibacterium flavum* 0,01 mg l^{-1} war, und definierten den Grad an Sauerstoffzufuhr als Maß für

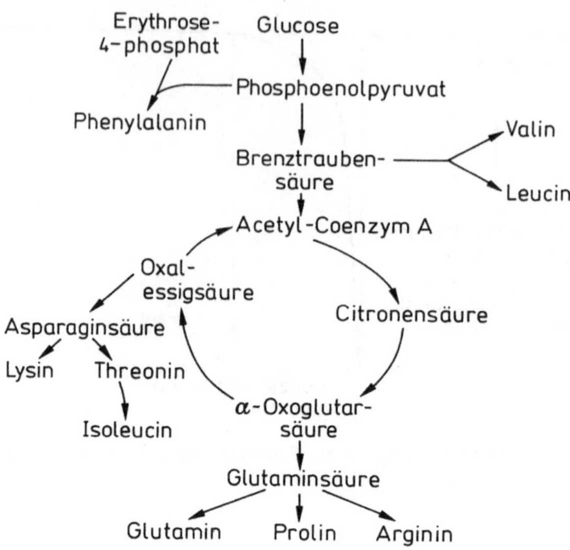

Abb. 8.4 Biosynthesewege einiger ausgewählter Aminosäuren in *Brevibacterium flavum*

die „Befriedigung" des Sauerstoffbedarfs, d.h. Atmungsgeschwindigkeit der Kultur ausgedrückt als Bruchteil der maximalen Atmungsgeschwindigkeit. Ein Wert für die Befriedigung des Sauerstoffbedarfs unter 1 deutete an, daß die Konzentration an gelöstem Sauerstoff unter C_{krit} lag. Die Produktion der Aminosäuren, die über Glutamat und Aspartat bebildet werden, wurde durch einen Wert der Befriedigung des Sauerstoffbedarfs von unter 1 nachteilig beeinflußt, während die Produktivität für Phenylalanin, Valin und Leucin bei Werten von 0,55, 0,60 bzw. 0,85 maximal war. Die biosynthetischen Stoffwechselwege dieser Aminosäuren werden in Abb. 8.4 dargestellt. Daraus ist zu erkennen, daß Phenylalanin, Valin und Leucin aus den Glykolysezwischenprodukten Phosphoenolpyruvat und Pyruvat stammen, während die über Glutamat und Aspartat gebildeten Aminosäuren aus Zwischenprodukten des Citratcyclus gebildet werden. Eine Beschränkung des Sauerstoffangebots und die daraus resultierende Reduktion der Aktivität des Citratcyclus führt dazu, daß mehr Zwischenprodukte zur Bildung von Phenylalanin, Leucin und Valin zur Verfügung stehen. Andererseits führt eine vollständige Sauerstoffbefriedigung zu einem mit voller Aktivität arbeitenden Citratcyclus und daher zu einer vermehrten Bildung der Vorstufen für Aminosäuren, die über Glutamat und Aspartat synthetisiert werden.

Die Bildung von Cephalosporin durch *Cephalosporium*-sp. (Feren und Squires, 1969) verläuft mit maximaler Produktivität bei einer Konzentration an gelöstem Sauerstoff, die beträchtlich über C_{krit} der betreffenden Art liegt. In diesem Fall muß also der Fermenter eine höhere Konzentration an gelöstem Sauerstoff sicherstellen als zum Unterhalt einer aeroben Kultur nötig.

Die rheologischen Eigenschaften der Kulturflüssigkeit haben einen deutlichen Einfluß auf die $K_L a$-Werte, die in dem Fermenter erreicht werden können. Die Züchtung eines Organismus aus Einzelzellen führt normalerweise zur Bildung einer relativ wenig viskosen Flüssigkeit, die durch den Grad an Bewegung in dem Gefäß nicht beeinflußt wird – d.h. es handelt sich um eine Newtonsche Flüssigkeit. Ein Organismus, der Fäden bildet, verursacht oft eine hohe Viskosität in der Flüssigkeit, wobei diese von dem Grad der Bewegung abhängt – d.h. es handelt sich um eine nicht-Newtonsche Flüssigkeit. Der am häufigsten auftretende Typ von nicht-Newtonschen Flüssigkeiten wird als pseudoplastisch beschrieben, d.h. die Viskosität der Flüssigkeit nimmt mit zunehmender Bewegung ab. In einem Gefäß mit Rührwerk ist der Grad der Bewegung nicht überall gleich – den höchsten wird man in der näheren Umgebung des Rührwerks finden, den niedrigsten in dem Bereich, der am weitesten von dem Rührwerk entfernt ist. Somit weist die zentrale Zone des Fermenters die niedrigste Viskosität auf. Dies kann dazu führen, daß die eingeblasene Luft durch diesen Bereich niedrigen Widerstandes aufsteigt, wodurch in den höher viskosen Regionen anaerobe Bedingungen entstehen. Es ist deshalb wichtig, daß bei einer solchen Fermentation das Rührwerk einen guten Sauerstofftransfer in einem Bereich mit großer Scherung gewährleistet, daß aber die Kulturlösung auch möglichst oft durch diese Zone hindurchgeleitet wird. Eine Möglichkeit, dieses Problem zu lösen, besteht darin, zwei verschiedene Arten von Bewegung in das System zu bringen – eine, um einen Bereich großer Scherung zu bilden, die andere, um die Flüssigkeit umzupumpen. Legrys und Solomon (1977) planten einen Fermenter mit einer am Boden montierten, scheibenförmigen Turbine und einem oben befestigten Flügelrad mit gekrümmten Propellerblättern. Die Turbine erzeugte eine große Turbulenz, während das Flügelrad für eine große Fließgeschwindigkeit und damit für eine Umwälzung des gesamten Tankvolumens innerhalb von 20 – 30 s sorgte. Dadurch wird das Mycel in die belüftete Zone des Gefäßes transportiert, bevor der Sauerstoff begrenzend wird. Marsh und Pinkney (1985) beschrieben das Pilotprojekt für die Züchtung von *Fusarium graminearum* zur Produktion des ICI-RHM-Mycoproteins. Wie bereits erwähnt (s. Kap. 7) ist der fadenförmige Aufbau des Organismus äußerst wichtig für die Verzehrqualität vieler Produkte aus dem Mykoprotein. Deshalb muß der Fermenter die Belüftung einer hochviskosen nicht-Newtonschen Flüssigkeit sicherstellen. Der Fermenter des Pilotprojekts mit einem Volumen von 1,3 m^3 arbeitet mit einem Flügelrad aus einer sechsblättrigen Rushton-Turbine, die den Sauerstofftransfer gewährleistet, und einem dreiblättrigen Säbel, der für schnelle Umwälzung in dem Kessel sorgt.

8.2.2 Aufrechterhaltung der aseptischen Bedingungen

Es ist essentiell, daß der Fermenter und sein Inhalt vor der Fermentation sterilisert werden, und daß die aseptischen Bedingungen während der Fermentation aufrecht erhalten werden können. Die Herstellung aseptischer Bedingungen ist im Grunde ein technisches Problem und wird in diesem Buch nicht behandelt; trotzdem sollen die wichtigsten Punkte zusammengefaßt werden, um den Leser mit diesem wichtigen Feld vertraut zu machen.

(1) In einem gerührten Kessel muß der Stiel des Rührwerks durch eine aseptische Dichtung in den Kessel eingebracht werden.

(2) Der Fermenter muß so konstruiert sein, daß er und sein Inhalt dampfsterilisierbar sind. Jeder Ein- und Ausgang des Gefäßes muß mit Dampf versorgt werden. Während der Sterilisation wird durch alle Ein- und Ausgänge Dampf eingeleitet mit Ausnahme des Luftaustritts, durch den der Dampf entweichen kann.

(3) Die zugeführte Luft sollte mit einem Filter sterilisert sein.

(4) Während der Fermentation sollte das Gefäß mit höherem Innendruck arbeiten, so daß bei jedem Leck Luft aus dem Fermenter austritt, anstatt daß kontaminierte Luft von außen eindringen kann.

(5) Das Gefäß sollte so aufgebaut sein, daß die aseptischen Bedingungen beibehalten werden, wenn man es beimpft, Proben aus ihm entnimmt oder ihm etwas zuführt.

Die Arbeitsgänge der Sterilisierung und der aseptischen Zufuhr sind in einer industriellen Anlage komplexe Prozeduren, bei denen vielleicht Hunderte von Ventilen betätigt werden müssen. Die Wahrscheinlichkeit eines menschlichen Fehlers ist also relativ hoch. Die Einführung der Computerkontrolle hat sich jedoch als ungeheurer Gewinn für die Kontrolle und die Aufzeichnung der Sterilisation und der aseptischen Bedingungen erwiesen. Nach Tonge (1980) wäre der Betrieb der ICI-Anlage ohne Computerkontrolle äußerst schwierig.

8.3 Zusammensetzung des Kulturmediums

Das Kulturmedium, das für die Fermentation benutzt wird, muß nicht nur den Bedürfnissen des Mikroorganismus Rechnung tragen, sondern auch den Erfordernissen eines industriellen Prozesses entsprechen. Somit sind Faktoren wie Kosten, Nutzungseffizienz, Rheologie und ihre Auswirkungen auf den weiteren Verlauf des Prozesses bei der Zusammenstellung eines Kulturmediums sehr wichtig.

Alle Mikroorganismen benötigen Wasser, Quellen für Kohlenstoff, Stickstoff, Mineralstoffe und möglicherweise spezielle Zusätze wie Vitamine und Aminosäuren. Bei weitem die Mehrzahl der wichtigsten kommerziell eingesetzten Mikroorganismen sind chemo-organotroph. Ihre Energiequellen sind also identisch mit ihren Kohlenstoffquellen. Kohlenstoff und Stickstoff werden gewöhnlich als komplexe Mixturen aus billigen natürlichen Produkten zugesetzt oder aus solchen, die als Nebenprodukte bei anderen Prozessen anfallen. Die Spurenelemente sind sowohl in diesen komplexen Mischungen als auch in dem Leitungswasser vorhanden, aus dem das Medium bereitet wird. Alle speziellen Zusätze wie Aminosäuren und Vitamine können in reiner Form zugesetzt werden, aber es ist wahrscheinlich wirtschaftlicher, sie als komplexe Pflanzen- oder Tierextrakte einzusetzen. Phosphate können dem Medium als Puffersubstanzen zugegeben werden, obwohl normalerweise eine externe pH-Kontrolle erfolgt. Tabelle 8.2 gibt einige Beispiele für Kohlenstoff- und Stickstoffquellen an, die allgemein in Fermentationsmedien gebräuchlich sind, Tabelle 8.3 zeigt einige Beispiele für Zusammensetzungen industrieller Nährmedien.

Tabelle 8.2 Einige Beispiele für Kohlenstoff- und Stickstoffquellen in gebräuchlichen Fermentationsmedien

Kohlenstoffquellen	Stickstoffquellen
Stärke	Ammoniak
Glucose	Ammoniumsalze
Malz	Nitrate
Rübenmelasse	Getreidemaische
Zuckerrohrmelasse	Erdnußkörnchen
Pfanzliche Öle	Sojabohnenmehl
Kohlenwasserstoffe	getrocknetes Blut
	"Pharmamedia"
	Sojamehl
	lösliche Destillierrückstände
	Hefeextrakt

Tabelle 8.3 Einige Beispiele industriell eingesetzter Fermentationsmedien

Herstellung von Glutaminsäure (Gore, Reisman und Gardner, 1968)		Clavulansäure (Butterworth, 1984)
Dextrose	$270\,g \cdot l^{-1}$	Sojabohnenmehl 1,5%
$(NH_4)_2HPO_4$	$2\,g \cdot l^{-1}$	Glycerin 1,0%
$NH_4H_2PO_4$	$2\,g \cdot l^{-1}$	KH_2PO_4 0,1%
K_2SO_4	$2\,g \cdot l^{-1}$	10% Pluronic L81
$MgSO_4 \cdot 7H_2O$	$0,5\,g \cdot l^{-1}$	Antischaummittel in
$MnSO_4H_2O$	$0,04\,g \cdot l^{-1}$	Sojabohnenöl 0,2%
$FeSO_4 \cdot 7H_2O$	$0,02\,g \cdot l^{-1}$	(vol/vol).
Biotin	$12\,\mu g \cdot l^{-1}$	
Penicillin	$11\,\mu g \cdot l^{-1}$	

Griseofulvin (Huber und Tietz, 1984)	
Getreidemaische	$3,50\,g \cdot l^{-1}$
$(NH_4)_2SO_4$	$0,50\,g \cdot l^{-1}$
KH_2PO_4	$4,00\,g \cdot l^{-1}$
KCl	$1,00\,g \cdot l^{-1}$
$CaCO_3$	$4,00\,g \cdot l^{-1}$
H_2SO_4	$0,125\,g \cdot l^{-1}$
Mobilpar	$0,275\,g \cdot l^{-1}$
weißes Mineralöl	$0,275\,g \cdot l^{-1}$

Glucose (50%), zugeführt mit $0,5$–$0,6\ lh^{-1}$, um einen pH von 6,8–7,2 aufrechtzuerhalten

8.3.1 Die Ausbeute an Biomasse

Die Ausbeute an Biomasse, die pro Kohlenstoffatom, das dem Nährmedium zugesetzt wurde, erhalten wird, ist ein wichtiges Kriterium für die Wahl der Kohlenstoffquelle. Dies gilt besonders für die Herstellung von Einzellerprotein. Der spezifische Ausbeutekoeffizient Y für eine Kohlenstoffquelle ist definiert als:

$$\frac{\text{Menge an produzierter Zellmasse (getrocknet)}}{\text{Menge an verwendeter Kohlenstoffquelle}}$$

Einige repräsentative Werte für Y sind in Tabelle 8.4 zusammengestellt. Aus ihr ist zu erkennen, daß einige Kohlenwasserstoffe bessere Ausbeuten liefern als Kohlenhydrate. Der Grund dafür ist, daß die hochgradig reduzierten Kohlenwasserstoffe mehr Kohlenstoff pro g Verbindung enthalten als die Kohlenhydrate. Die verbesserte Ausbeute muß jedoch mit dem hohen Sauerstoffbedarf der Zellen, die auf diesen Verbindungen wachsen, bezahlt werden. Auch dieser wird in Tabelle 8.4 angegeben. Einer Fermentation, die auf der Verwertung von Kohlenwasserstoffen beruht, muß also viel mehr Sauerstoff zugeführt werden als einer, bei der Kohlenhydrate verwendet werden. Auch führt der hohe Verbrauch an Sauerstoff zu einer beträchtliche Wärmeentwicklung, die abgeführt werden muß, um die Temperatur der Fermentation beim optimalen Wert zu halten.

Tabelle 8.4 Einige Beispiele für Ausbeutefaktoren für eine Reihe von Kohlenstoffquellen und Mikroorganismen (nach Mateles, 1979 mit Veränderungen)

Substrat	Organismus	Y (g Biomasse g^{-1} Substrat)	O_2-Bedarf (g O_2 pro g Trockengewicht	Quelle
Glucose	*Escherichia coli*	0,53	0,4	Schulze und Lipe (1964)
Methanol	*Pseudomonas* c.	0,54	1,2	Goldberg *et al.* (1976)
Octadecan	*Pseudomonas* sp.	1,06	1,6	Wodzinski und Johnson (1968)

Die Wahl der Kohlenstoffquelle hat also eine recht große Auswirkung auf den Aufbau des Fermentationsgefäßes, das genügend Sauerstoff für die vollständige Nutzung der Kohlenstoffquelle zur Verfügung stellen und einen genügend großen Wärmeaustausch gewährleisten muß, um die entstehende Wärme abzuführen. Ein ausgezeichnetes Beispiel hierfür ist der ICI-Prutreen-Fermenter (Smith, 1980).

8.3.2 Induktoren

Das Nährmedium hat die Aufgabe, das Wachstumssubstrat für den Organismus zur Verfügung zu stellen; gleichzeitig hat es aber auch einen sehr großen Einfluß auf die Produkte, die er synthetisiert. Katabole Enzyme sind oft induzierbar, d.h. sie werden nur in Anwesenheit eines Induktors gebildet. Normalerweise ist er mit dem Substrat des Enzymes identisch oder stellt eine strukturell ähnliche Verbindung dar. Ein Medium zur kommerziellen Herstellung eines katabolen Enzymes muß also den entscheidenden Induktor enthalten. Tabelle 8.5 zeigt einige Beispiele für Enzyme und Induktionsysteme von kommerzieller Bedeutung.

Tabelle 8.5 Einige Beispiele für Induktoren, die bei der Herstellung von kommerziell bedeutsamen Enzymen eingesetzt werden

Enzym	Induktoren
Protease	Verscheine Proteine
α-Amylase	Stärke
Cellulase	Cellulose
Pectinase	Pectin
Penicillin-Acylase	Phenylessigsäure

Auch die Bildung gewisser Sekundärmetabolite ist bewiesenermaßen durch Induktion kontrolliert. Zum Beispiel wird α-Mannosidase, das Schlüsselenzym in der Biosynthese von Streptomycin, durch die Anwesenheit von Hefe-Mannan induziert. Daher wird Hefeextrakt häufig als Stickstoffquelle bei der Fermentation zur Herstellung von Streptomycin eingesetzt.

8.3.3 Repressoren

Die Synthese von katabolen Enzymen und von Sekundärmetaboliten wird häufig durch die Anwesenheit bestimmter Verbindungen in dem Nährmedium unterdrückt. Es wurde gezeigt, daß schnell verwertete Kohlenstoffquellen die Bildung von Amylasen und einer großen Zahl von Sekundärmetaboliten, z.B. Griseofulvin, Penicillen, Bacitracin und Actinomycin verhinderte (Demain, 1984). Nach langjähriger empirischer Entwicklung von Nährmedien verwendet man bei der Herstellung von Antibiotika andere Kohlenstoffquellen als D-Glucose, oder man setzt sie der Nährlösung nur in geringer Menge zu (wie in Abschn. 8.4 beschrieben).

Auch Stickstoffquellen haben bewiesenermaßen eine Repressorwirkung auf die Bildung von Sekundärmetaboliten. Zum Beispiel liegt die Tatsache, daß Sojamehl und Prolin die besten Stickstoffquellen bei der Streptomycinherstellung sind, wahrscheinlich in ihrer langsamen Verwertung begründet. Deswegen tritt nämlich keine Repression durch stickstoffhaltige Metabolite auf(Demain, 1984). Ein anderer allgemeiner Repressor des Sekundärmetabolismus ist anorganisches Phosphat, wie bei der Fermentation zur Herstellung von Streptomycin, Bacitracin, Oxytetracyclin und Novobiocin gezeigt wurde.

Die Wahl des begrenzenden Faktors (der Verbindung, die zuerst ausgeht und daher das Wachstum begrenzt) in einem Nährmedium ist daher durch die Repressoreffekte von Bestandteilen des Nährmediums auf die Produktivität bestimmt. Abhängig von dem Kontrollsystem können kommerziell eingesetzte Nährmedien durch Kohlenstoff, Phosphat oder Stickstoff oder manchmal durch einen anderen als Repressor wirkenden Nahrungsbestandteil begrenzt sein.

8.3.4 Vorstufen

Bei bestimmten Metaboliten kann die produzierte Menge beträchtlich erhöht werden, wenn ein „Precursor" (deutsch: Vorstufe) des Metaboliten dem Medium zugesetzt wird. Das klassische Beispiel hierfür ist die Zugabe von Phenylessigsäure bei der Penicillinproduktion, die als Precursor für die Seitenkette des Benzylpenicillins agiert. Als weiteres Beispiel kann der Zusatz von Chlorid bei der Fermentation zur Herstellung von Chlortetracyclin und Griseofulvin genannt werden.

8.4 Arbeitsweise während eines Fermentationsprozesses

Wie bereits in Kap. 7 ausgeführt, kann ein Mikroorganismus in Batch-Kultur, nachgefütterter Batch-Kultur und in kontinuierlicher Kultur gezüchtet werden. Obwohl die kontinuierliche Kultur den höchsten Grad an Kontrolle über Wachstum und Physiologie der Zellen erlaubt, ist seine Anwendung in industriellen Fermentationen sehr beschränkt. Die Gründe hierfür sind schon aufgeführt worden (s. Abschn. 7.4). Die Anwendung nachgefütterter Batch-Kulturen hat dem Fermentationstechnologen jedoch ein wertvolles Werkzeug zur Kontrolle der äußeren Bedingungen einer Fermentation in die Hand gegeben. Bei dem gebräuchlichsten Typ von nachgefütterten Batch-Kulturen, der bei der Massenkultur angewandt wird, wird dem Medium während der Fermentation eine Verbindung zugegeben. Die Fütterungsgeschwindigkeit wird durch einige meßbare Parameter der Fermentation kontrolliert. Am häufigsten wird die Verbindung nachgefüttert, die die Kohlenstoffquelle darstellt; aber jede Komponente mit einem Kontrolleffekt auf die Fermentation kann dazu benutzt werden. Die gebräuchlichsten Parameter, mit denen die Fütterungsgeschwindigkeit kontrolliert wird, ist die Konzentration an gelöstem Sauerstoff und der pH, obwohl auch „off-line"-Analysen als Kontrollparameter benutzt werden können wie z.B. die Viskosität. Der größte Vorteil, eine Komponente des Mediums nachzufüttern, anstatt sie von Anfang an dem Medium zuzusetzen, besteht darin, daß der Nährstoff während der Fermentation bei sehr niedriger Konzentration gehalten werden kann. Eine niedrige (aber immer wieder aufgefüllte) Konzentration an einem Nährstoff kann aus folgenden Gründen vorteilhaft sein:

(1) Die Bedingungen in der Kultur können innerhalb der Belüftungskapazität des Fermenters gehalten werden.
(2) Die Repressoreffekte von Bestandteilen des Nährmediums, die durch schnell verwertete Kohlenstoff-, Stickstoff- oder Phosphatquellen bewirkt werden, werden umgangen.
(3) Die toxische Wirkung eines essentiellen Nahrungsbestandteils wird vermieden.

(4) Der auxotrophe Mutant wird mit einer entsprechenden Menge des erforderlichen Nahrungsbestandteils versorgt.

Das älteste Beispiel für die kommerzielle Nutzung einer nachgefütterten Batch-Kultur ist die Herstellung von Bäckerhefe. 1915 wurde schon erkannt, daß ein Überschuß an Malz in dem Fermentationsmedium zu einer hohen Geschwindigkeit in der Biomassenproduktion und einem Sauerstoffbedarf führte, der von dem Fermenter nicht gedeckt werden konnte (Reed und Peppler, 1973). Dadurch entstanden anaerobe Bedingungen, und es wurde Ethanol auf Kosten der Biomasse gebildet. Die Lösung dieses Problems bestand darin, die Hefe zuerst in stark verdünntem Nährmedium wachsen zu lassen und dann zusätzliche konzentrierte Nährlösung zuzusetzen, und zwar mit einer niedrigeren Geschwindigkeit, als der Organismus sie verbrauchen konnte. Man weiß heutzutage zu schätzen, daß eine hohe Glucosekonzentration die Atmungsaktivität hemmt. In modernen Anlagen zur Gewinnung von Hefe geschieht nämlich die Fütterung von Melasse unter strenger Kontrolle durch automatische Messung von Spuren von Ethanol in der Abluft des Fermenters. Sobald Ethanol detektiert wird, wird die Fütterungsgeschwindigkeit reduziert. Obwohl ein solches System zu niedrigeren Wachstumsgeschwindigkeiten als der maximal erreichbaren führt, entspricht die dabei gewonnene Biomasse fast der theoretisch zu erwartenden (Fiechter, 1982).

Die Fermentation zur Herstellung von Penicillin ist ein gutes Beispiel für den Einsatz einer nachgefütterten Batch-Kultur für die Herstellung eines Sekundärmetaboliten (Hersbach, Van der Beek und Van Dijck, 1984). Die Penicillin-Fermentation ist ein Zweistufenprozeß; der anfänglichen Wachstumsphase folgt die Produktions- oder Idio-Phase. Während der Produktionsphase wird der Fermentation Glucose zugefüttert, und zwar mit einer Geschwindigkeit, die eine relativ hohe Wachstumsgeschwindigkeit (und daher eine schnelle Anhäufung von Biomasse) erlaubt. Der Sauerstoffbedarf wird also darauf beschränkt, was der Fermenter zu leisten vermag. Die Fütterungsgeschwindigkeit wird entweder durch die Konzentration an gelöstem Sauerstoff oder durch den pH in der Nährlösung kontrolliert. Wenn die Konzentration an gelöstem Sauerstoff unter C_{krit} abfällt (s. Abschn. 8.2), wird die Geschwindigkeit verringert. Wenn das System mit Hilfe des pH-Wertes überwacht wird, dann zeigt eine Abnahme des pH-Wertes die Produktion organischer Säuren und damit anaerobe Bedingungen an. Eine Abnahme des pH muß also zu einer Verringerung der Geschwindigkeit, mit der Glucose zugeführt wird, führen. Während der Produktionsphase muß die Wachstumsgeschwindigkeit der Biomasse auf einem relativ geringen Wert gehalten werden. Deshalb wird Glucose langsam zugefüttert und bleibt unter der Konzentration, die die Penicillin-Bildung unterdrückt (s. Absch. 8.3.3). Während dieser Phase wird die Konzentration an gelöstem Sauerstoff als Rückkopplungskontrolle für die Zugabegeschwindigkeit benutzt. Phenylessigsäure ist ein Precursor für Penicillin G (Benzylpenicillin) (s. Abschn. 8.3.4), aber es ist auch toxisch für den Pilz, wenn seine Konzentration einen bestimmten Schwellenwert überschreitet. Somit wird auch Phenylessigsäure der Fermentation während der Produktion zugesetzt, wodurch seine Konzentration unter diesem toxischen Wert bleibt.

In Kap. 9 wird der Einsatz auxotropher Mutanten für die Herstellung von Produkten durch Mikroorganismen diskutiert. Solche Mutanten können nur wachsen, wenn sie mit bestimmten Verbindungen versorgt werden, die von dem Wildtyp nicht benötigt werden. Außerdem sollte das Wachstum eines auxotrophen Mutanten durch die Verfügbarkeit der benötigten Verbindung begrenzt sein, um eine größtmögliche Produktivität zu erzielen. Somit wird die Zugabe dieser erforderlichen Verbindung zur Fermentation mit einer Geschwindigkeit durchgeführt, die niedriger ist als die, mit der sie verbraucht werden kann. Dies ermöglicht dem Fermentationstechnologen, den Prozeß zu kontrollieren, ohne daß große Schwankungen auftreten.

8.5 Zusammenfassung

Die äußeren Bedingungen wirken sich stark auf die Leistung eines in einem industriellen Prozeß verwendeten Organismus aus. Die Umgebung eines Organismus wird durch die Arbeitsweise und den Aufbau des Fermenters und des Kulturmediums beeinflußt. Ein Fermenter sollte so beschaffen sein, daß er die Kultur während der Fermentation in reiner Form unter optimalen physikalischen und chemischen Bedingungen hält. Die Versorgung mit Sauerstoff muß so sein, daß die Produktivität maximal ist. Dies kann bedeuten, daß die Konzentration an gelöstem Sauerstoff eine andere sein muß als die, die zum optimalen Wachstum führt. Das Nährmedium, das zur Fermentation benutzt wird, sollte sowohl alle für das Wachstum notwendigen Verbindungen enthalten als auch die Zusätze, die zur optimalen Produktsynthese notwendig sind. Die Kulturbedingungen des Organismus können in beträchtlichem Maße von der Arbeitsmethode des Fermenters beeinflußt werden. Die gebräuchlichste Typ arbeitet mit der nachgefütterten Batch-Kultur. Nachgefütterte Batch-Kulturen erlauben dem Fermentationstechnologen, aerobe Bedingungen aufrechtzuerhalten, die Repressoreffekte von Bestandteilen des Mediums unter Kontrolle zu halten und die Kultur mit essentiellen, aber manchmal giftigen Materialien in niedrigen Konzentrationen zu versorgen. Die Aufrechterhaltung von kontrollierten äußeren Bedingungen erfordert also die Kombination von Erfahrungen aus den Bereichen Biologie- und Chemie-Technik.

9. Verbesserung industriell eingesetzter Mikroorganismen

9.1 Einführung

Der ideale Mikroorganismus für die industrielle Anwendung bildet den gewünschten, kommerziell vertriebenen Metaboliten in großen Mengen relativ zu seinen anderen biosynthetischen und katabolen Produkten. Es ist offensichtlich, daß eine solche Art in natürlicher Umgebung hoffnungslos verloren wäre. Ein aus der Natur isolierter Organismus bildet also den erwünschten Metaboliten normalerweise in nur sehr kleinen Mengen. Es ist deshalb nötig, seine Produktivität in Bezug auf dieses Produkt zu verbessern. Obwohl die Produktausbeute verbessert werden kann, indem man die Kulturbedingungen optimiert, wird die Produktivität doch letztendlich durch die Erbanlagen kontrolliert. Um die potentielle Produktivität zu erhöhen, muß man also die Gene des Organismus verändern. Dies kann auf zweierlei Weise geschehen: (a) durch Mutation oder (b) durch Rekombination.

9.2 Mutation

Jedes Mal, wenn eine mikrobielle Zelle sich teilt, besteht eine geringe Wahrscheinlichkeit, daß eine vererbare Veränderung eintritt. Eine Art, die eine solche Veränderung aufweist, wird Mutant genannt, der Vorgang, der dazu führt, Mutation. Die Wahrscheinlichkeit, daß eine Mutation eintritt, kann erhöht werden, indem man die Kultur einem mutagenen Agens aussetzt. Dazu gehören ionisierende Strahlung, ultraviolettes Licht und verschiedene Chemikalien z.B. salpetrige Säure und Nitrosoguanidin. Bei einer solchen Exposition wird der Organismus einer so hohen Dosis an Mutagen unterworfen, daß der größte Teil der Zellen zugrunde geht. Die überlebenden Zellen können dann einige Mutanten enthalten, von denen eine sehr wenige vielleicht eine höhere Produktivität bezüglich des gewünschten Metaboliten aufweist. Es ist nicht möglich, mit den üblichen Mutationstechniken das Gen vorauszubestimmen, das durch das Mutagen betroffen sein wird, da das Mutagen eine sehr große Zahl von Genen angreift. Es ist deshalb die Aufgabe des Genetikers in der Industrie, die wenigen besser produzierenden (die erwünschten) Zellen von den vielen schlechteren abzutrennen, die man unter den Überlebenden einer Mutationsbehandlung findet. Die Aufgabe ist viel einfacher bei Arten, die Primärmetaboliten produzieren, als bei denjenigen, deren Sekundärmetabolite von Interesse sind, wie in den folgenden Beispielen deutlich zum Ausdruck kommt.

9.2.1 Auswahl von Mutanten, die höhere Konzentrationen an Primärmetaboliten bilden

Eine der wichtigsten Gruppen von Primärmetaboliten von kommerziellem Interesse sind die Aminosäuren, und der dafür gebräuchlichste Organismus ist *Corynebacterium glutamicum*. Das ursprüngliche *C. glutamicum* wurde von Kinoshita, Udaka und Shimono (1957) isoliert, die natürlich vorkommende Mikroorganismen auf ihre Fähigkeit hin untersuchten, Glutaminsäure in das Medium abzugeben. In diesem Zusammenhang ist es wichtig, die Physiologie der Glutaminsäurebildung bei *C. glutamicum* zu betrachten. Die natürlich vorkommende Art, die Kinoshita isoliert hatte, war Biotin-auxotroph, d.h. sie war nicht fähig, Biotin zu synthetisieren, das also dann dem Nährmedium zugesetzt werden mußte. Wenn man *C. glutamicum* in einem Medium mit einer hohen Konzentration an Biotin wachsen ließ, synthetisierte der Organismus Glutamat in einer Konzentration von 25-36 μg mg^{-1} Trockengewicht an Zellen. Es wurde angenommen, daß die weitere Produktion durch eine Art Rückkopplungskontrolle des Glutamats über seine eigene Synthese verhindert wurde. Unter Biotin-begrenzenden Bedingungen (d.h. das Wachstum der Zellen war durch die Verfügbarkeit von Biotin begrenzt) wurde Glutamat bis zu einer Konzentration von 50 g l^{-1} von den Zellen ausgeschieden und in dem Medium angereichert. Die Erhöhung der Ausscheidung von Glutamat liegt in der Tatsache begründet, daß die Biotin-Begrenzung zu einer Verarmung der Membranen an Phospholipid und deshalb zum Verlust ihrer selektiven Permeabilität führte (Nakao *et al.*. 1973).

Die von Kinoshita isolierte Art hatte nicht nur die Fähigkeit verloren, Biotin zu synthetisieren, sondern war auch nicht mehr zur Synthese des Enzyms α-Oxoglutarat-Dehydrogenase in der Lage, das Oxoglutarat im Citratcyclus in Succinat umwandelt. Dieses fehlende Glied im Citratcyclus führte dazu, daß das Oxoglutarat zur Synthese von Glutamat umgeleitet wurde. Der Fehler im Citratcyclus wird dadurch wieder wettgemacht, daß der Glyoxylatweg in diesem Organismus in Aktion tritt, wie in Abb. 9.1 gezeigt wird.

Somit resultierte aus der Kombination einer metabolischen Blockade bei der Umwandlung eines Zwischenproduktes des Citratcyclus mit der Biotin-Begrenzung eine hohe Ausscheidung von Glutamat. Ein recht großer Nachteil bei der Verwendung der Biotin-Begrenzung als Kontrollfaktor liegt darin, daß sie den Einsatz Biotin-reicher, roher Kohlenhydrat-haltiger Kohlenstoffquellen voraussetzt. Eine andere Lösungsmöglichkeit, die Anwendung fand, besteht darin, dem Wachstumsmedium einen anderen Faktor zuzusetzen, der die Permeabilität der Zellen herabsetzt. In diesen Fällen braucht die Biotin-Konzentration nicht so genau kontrolliert zu werden. Beispiele für solche Faktoren ("disrupting factors") sind Penicillin und oberflächenaktive Substanzen wie Derivate von Fettsäuren.

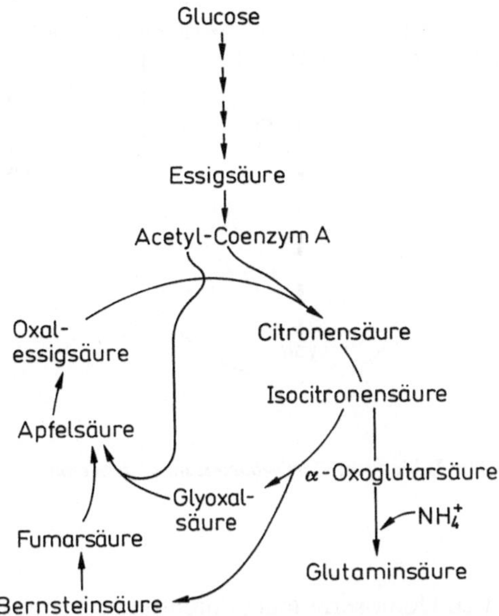

Abb. 9.1 Citrat- und Glyoxylatcyclus in *Corynebacterium glutamicum*

Mutanten von *C.glutamicum* wurden häufig für die kommerzielle Herstellung einer Anzahl von Aminosäuren (so wie Glutaminsäure) eingesetzt. Die Synthese von primären Endprodukten des Metabolismus ist bei den Wildtypen so kontrolliert, daß nur die vom Organismus benötigte Konzentration gebildet wird. Die Kontrollmechanismen funktionieren über die Hemmung der Aktivität von Schlüsselenzymen des biosynthetischen Stoffwechselweges und die Repression ihrer Synthese durch die Endprodukte. Sie tritt dann ein, wenn diese Metaboliten eine Konzentration erreicht haben, die den Erfordernissen des Organismus genügt. Diese Mechanismen werden also als „Rückkopplungs"-Kontrolle (engl.:"feedback") bezeichnet. *C. glutamicum* ist sehr gut für die industrielle Nutzung geeignet, da seine Rückkopplungskontrolle relativ einfach ist, und deshalb leichter umgangen werden kann als bei „raffinierteren" Organismen wie z.B. *E. coli*. Die Isolierung von Mutanten von *C. glutamicum* (und nah verwandter Organismen) für die Produktion von Lysin soll als Beispiel dafür dienen, die Methoden zur Umgehung der Biosynthesekontrolle aufzuzeigen.

Die Kontrolle der Lysinbildung in *C. glutamicum* ist in Abb. 9.2 dargestellt. Aus ihr kann man erkennen, daß die Aspartokinase, das erste Enzym des Biosyntheseweges, nur dann gehemmt wird, wenn sowohl die Lysin- als auch Threonin-Konzentration einen Schwellenwert überschreitet. Diese Art von Kontrolle wird gemeinsame Rückkopplungskontrolle genannt. Es ist eine wichtige Eigenschaft dieses Weges, daß Lysin keine Kontrolle über den Biosyntheseweg von Aspartatsemialdehyd bis zu Lysin ausübt. Ein Mutant, der die Umwandlung von

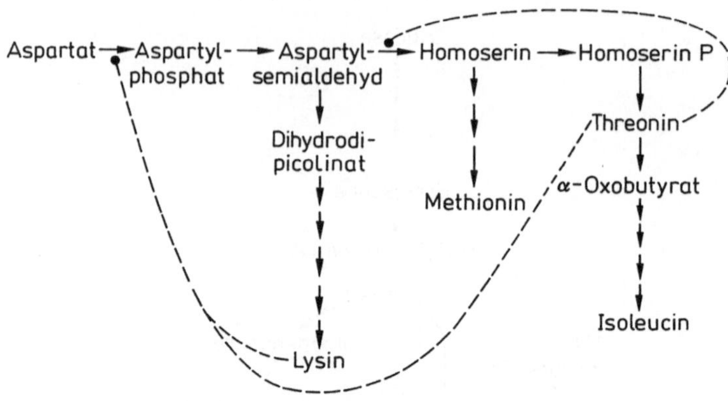

Abb. 9.2 Kontrolle der Lysin-Bildung in *Corynebacterium glutamicum*; — Hemmung durch Rückkopplung

Aspartatsemialdehyd zu Homoserin nicht durchführen kann, könnte nur in einem Medium wachsen, dem man Homoserin zusetzt. Ein solcher Organismus würde als Homoserin-auxotroph bezeichnet. Wenn er in Anwesenheit sehr niedriger Konzentrationen von Homoserin wüchse, würde die Konzentration an Threonin im Zellinneren nicht den inhibitorischen Wert für die Aspartokinase erreichen. Aspartat würde zu Lysin umgewandelt, das sich in dem Medium anreichert. Somit erlaubt es die Kenntnis der Kontrolle der Biosynthesewege, einen Entwurf des Mutanten, der konstruiert werden soll, zu machen. Außerdem wird dadurch die Aufgabe, die Verfahrensweise zur Trennung der erwünschten Art von den anderen Überlebenden einer Mutationsbehandlung festzulegen, sehr viel einfacher. Mit dieser logischen Methode isolierten Nakayama, Kituda und Kinoshita (1961) Homoserin-auxotrophe Typen von *C. glutamicum*, indem sie die Anreicherungstechnik mit Hilfe von Penicillin nach Davis (1949) anwandten. Unter normalen Bedingungen sind diese auxotrophen Mutanten gegenüber ihren natürlich vorkommenden Verwandten benachteiligt. Penicillin tötet aber nur im Wachstum befindliche Bakterienzellen. Deshalb werden die Überlebenden einer Mutationsbehandlung in einem Penicillin-haltigen Medium gezüchtet, das nicht die von dem erwünschten Mutanten benötigte Verbindung enthält. Dabei können nur diejenigen Zellen überleben, die unter diesen Umständen nicht wachsen können, d.h. die erwünschten auxotrophen. Wenn die Zellen aus dieser Penicillin-haltigen Lösung entfernt und in einem Medium aufgenommen werden, das den Erfordernissen des auxotrophen Organismus Rechnung trägt, dann wird die daraus entstehende Kultur den benötigten Typ in angereicherter Form enthalten. Der Gruppe von Nakayama gelang es, einen Homoserin-auxotrophen Organismus zu isolieren, der 44 g l^{-1} Lysin synthetisierte.

   Mit der oben beschriebenen Methode werden also Mutanten isoliert, die nicht in der Lage sind, die kontrollierenden Endprodukte zu synthetisieren (auxotrophe

Organismen). Eine Alternative dazu ist, Mutanten zu züchten, die die Anwesenheit der kontrollierenden Faktoren nicht wahrnehmen. Solche Mutanten können von den Überlebenden einer Mutationsbehandlung abgetrennt werden, indem man ihre Fähigkeit ausnutzt, in Anwesenheit bestimmter Verbindungen zu wachseß, die auf die ursprüngliche Art hemmend wirken. Ein Analogon ist eine Verbindung, die einer anderen in der Struktur ähnelt. Analoga von Primärmetaboliten wirken oft inhibitorisch auf die Mikroorganismen. Die Toxizität eines Analogons kann auf einen der zahlreichen möglichen Mechanismen zurückzuführen sein. Zum Beispiel kann ein Analogon in ein Makromolekül anstelle des normalen Produktes eingebaut werden, was zur Bildung einer defekten Verbindung führt. Oder das Analogon kann als kompetitiver Inhibitor eines Enzyms wirken, für das die ursprüngliche Verbindung ein Substrat ist. Das Analogon kann auch die Kontrolleigenschaften des natürlichen Produktes nachahmen und die Bildung eines Produktes hemmen, obwohl die Konzentration an der ursprünglichen Verbindung nicht hoch genug ist, dem Wachstum entgegenzuwirken. Ein Mutant, der in Anwesenheit eines für den ursprünglichen Organismus inhibitorischen Analogons wachsen kann, mag seine Resistenz einer Reihe anderer Mechanismen zu verdanken haben. Wenn jedoch die Toxizität auf die Nachahmung der Kontrolleigenschaften des normalen Endproduktes durch das Analogon zurückzuführen ist, dann kann die Resistenz gegen das Kontrollsystem darin begründet liegen, daß der Mutant das Analogon nicht als Kontrollfaktor erkennt. Solche Mutanten können vielleicht auch das natürliche Produkt nicht erkennen und bilden es daher im erhöhten Maße. Es besteht also eine vernünftige Wahrscheinlichkeit dafür, daß die Mutanten, die nicht auf die inhibitorische Wirkung eines Analogons reagieren, die Verbindung, zu der das Analogon analog ist, in hoher Konzentration produzieren.

Sano und Shiio (1970) unternahmen den Versuch, Mutanten von *Brevibacterium flavum* zu isolieren. Die Kontrolle der Lysin-Bildung in *B. flavum* ist die gleiche wie die in *C. glutamicum*, die in Abb. 9.2 gezeigt wird. Sano und Shiio bewiesen, daß das Lysin-Analogon S-(2-Aminoethyl)-cystein (AEC) das Wachstum nur in Gegenwart von Threonin vollständig hemmte, was darauf hinwies, daß AEC, in Kombination mit Threonin, eine gemeinsame Rückkopplungshemmung der Aspartokinase verursachte. Sie entzogen dem Organismus Lysin und Methionin. Mutanten, die in Gegenwart von AEC und Threonin wachsen konnten, wurden isoliert, indem man die Überlebenden der Mutationsbehandlungen auf Agar aufbrachte, der die beiden Verbindungen enthielt. Ein relativ hoher Prozentsatz der dabei entstehenden Kolonien zeigte eine Überproduktion von Lysin, die beste mehr als 30 g 1^{-1}. Organismen, die für die kommerzielle Produktion von Primärmetaboliten eingesetzt werden, sind selten an nur einem Gen verändert. Es ist oft nötig, mehrere Kontrollmechanismen auszuschalten, um eine Überproduktion des erwünschten Produktes zu erreichen. Zum Beispiel isolierten Kase und Nakayama (1972) eine Art von *C. glutamicum*, die Threonin in höherer Konzentration bildete, auxotroph in Bezug auf Methionin war und sich durch das Threonin-Analogon α-Amino-β-hydroxyvaleriansäure und das Lysin-Analogon S-(β-Aminoethyl)-L-cystein nicht in seinem Wachstum hemmen ließ.

Arten mit mehreren Mutationen werden aber auch für die kommerzielle Produktion von Verbindungen eingesetzt, bei denen eine Mutation an nur einer Stelle eine hohe Produktivität ergeben sollte. Der Sinn beim Einsatz solcher Arten ist es, ihre Stabilität zu erhöhen. Wenn nämlich mehr als eine Mutation den *gleichen* Phänotyp ergibt, dann muß auch mehr als eine Rückartung eintreten, bevor die Zelle ihre für die Industrie wichtige Eigenschaft verliert. Zum Beispiel entwickelten Sano und Shiio (1970) eine Art von *C. glutamicum* für die Herstellung von Lysin, die auxotroph bezüglich Homoserin und Leucin war und durch das Analogon *S*-(2-Aminoethyl)-L-cystein nicht beeinflußt wurde.

9.2.2 Auswahl von Mutanten, die Sekundärmetabolite bilden

Die Kenntnis der Kontrollsysteme kann also für die Planung der Verfahrensweise zur Isolierung von Mutanten, die Primärmetabolite in erhöhter Konzentration bilden, hilfreich sein. Die Isolierung von Mutanten, die Sekundärmetabolite in erhöhter Konzentration bilden, stellt ein größeres Problem dar, da man über die Kontrolle ihrer Synthese viel weniger weiß, und weil die Sekundärmetabolite nicht für das Wachstum benötigt werden. Die Systeme, die herausgearbeitet wurden und mit denen man beachtlichen Erfolg erzielte, laufen auf eine direkte empirische Auswahl der Überlebenden einer Mutationsbehandlung aufgrund ihrer Produktivität hinaus, anstatt Kultursysteme zu verwenden, die die potentiell für die Produktion einsetzbaren Arten begünstigt. Bei einer typischen Durchmusterung auf erhöhte Produktivität würde eine Population von Zellen einer Mutationsbehandlung unterworfen, bei der 1 – 5% der Zellen überleben. Daraufhin würden so viele Überlebende wie möglich auf ihre Produktivität hin untersucht. Die Produktivität wird gewöhnlich durch Züchtung der Überlebenden in einem Kolben unter Schütteln und Aktivitätstest der Kultur festgestellt. Dieses Vorgehen ist offensichtlich sehr arbeitsaufwendig. Deshalb sind viele Versuche unternommen worden, die Methoden auf einen kleineren Maßstab zu übertragen, damit man die Überlebenden auf Agarböden kultivieren und auf ihre Aktivität testen kann. Solche miniaturisierten Systeme sollten sehr viel weniger arbeitsintensiv als die konventionellen Methoden sein. Beispiele dafür werden in Tab. 9.1 angegeben.

Obwohl die empirische Auswahl aufgrund erhöhter Produktion von Sekundärmetaboliten zu beachtlichen Erfolgen geführt hatte, wächst doch die Tendenz, bestimmte Formen selektiver Kulturen für die Isolation der erwünschten Mutanten einzusetzen. Solche Methoden bestehen in der Isolierung von auxotrophen, gegen Analoga „resistenten" (d.h. durch Analoga nicht in ihrem Wachstum beeinflußbaren) Mutanten und solcher, bei denen die autotoxische Wirkung der Sekundärmetabolite nicht zu beobachten ist. Einige Arbeitsgruppen haben durch Isolation auxotropher Mutanten Arten erhalten, die mehr Sekundärmetabolite bildeten. In vielen dieser Fälle schien keine Beziehung zwischen der von den auxotrophen Mikroorganismen benötigten Verbindung und dem gebildeten Sekundärmetaboliten zu bestehen. Eine mögliche Erklärung dafür ist, daß die Arten, die mehr von dem erwünschten Produkt lieferten, doppelte Mutanten waren, und daß ihr auxotrophes Wachstum nicht in direkter Verbindung mit ihrer erhöhten

Produktivität stand. Solche Methoden können jedoch gezielt eingesetzt werden, wenn man Nitrosoguanidin (NTG) als Mutagen benutzt. NTG verursacht eng zusammenliegende Cluster von Mutationen um die Replikationsgabel des Bakterienchromosomes herum. Wenn also die Mutationen auswählbar wären (z.B. beim auxotrophen Wachstum), könnte es möglich sein, eine Art zu isolieren, die die auswählbare Mutation zusammen mit einer nicht auswählbaren, deren Gen in der Nähe lag, eingegangen ist. Die effiziente Nutzung dieser Möglichkeit würde eine sehr genaue Kenntnis der Positionen der Gene erfordern, die wichtig für den Sekundärmetabolismus sind. Denn nur so kann man benachbarte Mutationen auswählen.

Tabelle 9.1 Miniaturisierte Systeme, die zum Screening verbesserter Sekundärmetabolitenproduzenten entwickelt wurden

Sekundärprodukt	Quelle
Chlortetracyclin	Dulaney und Dulaney (1967)
Kasugamycin	Ichikawa *et al.* (1971)
Penicillin	Ditchburn, Giddings und MacDonald (1974)
Penicillin	Ball und MacGonagle 1978
Cephalosporin	Trilli *et al.* (1978)
β-Lactam Antibiotika	Ray Chowdhurry, Goswani und Chakrabarti (1980)

Die Technik, Mutanten auszuwählen, die sich als resistent gegen hemmende Analoga erwiesen haben, hat einige Anwendung bei der Auswahl von Organismen gefunden, die Sekundärmetablite in erhöhter Konzentration bilden. Wenn die Verfügbarkeit der Vorstufe eines Sekundärmetaboliten ein begrenzender Faktor bei seiner Synthese ist, dann kann es möglich sein, seine Bildung dadurch zu stimulieren, daß man die Produktion der Vorstufe erhöht. Diese ist oft ein Endprodukt des Primärmetabolismus. Zum Beispiel isolierten Elander *et al.* (1971) Mutanten von *Pseudomonas aureofaciens*, die durch Tryptophan-Analoga nicht gehemmt wurden und das Antibiotikum Pyrrolnitrin in erhöhter Menge bildeten. Tryptophan ist eine Vorstufe von Pyrrolnitrin und der resistente Mutant konnte mehr von dieser begrenzenden Vorstufe synthetisieren.

Martin *et al.* (1979) isolierten Mutanten, die durch Tryptophan-Analoga nicht im Wachstum gehemmt wurden und die Candicidin in erhöhter Konzentration lieferten. Die Erklärung für dieses Phänomen liegt darin, daß Tryptophan seine eigene Synthese durch Rückkopplung hemmt, was zu einem Mangel an Chorisminsäure führt – einer Vorstufe sowohl von Tryptophan als auch von Candicidin. In dem resistenten Mutanten hemmt Tryptophan seine Bildung nicht durch Rückkopplung. Deshalb stand die Vorstufe des Candicidins in ausreichender Menge zur Verfügung.

Es wurde gezeigt, daß viele Sekundärmetabolite ihre Bildung in dem Mikroorganismus hemmten, wenn man sie während der Wachstumsphase des Organismus zugab. Es scheint also eine Beziehung zwischen der auxotrophen Resistenz in der Wachstumsphase und der Produktivität in der Idiophase zu bestehen. Die Fähigkeit eines Überlebenden einer Mutationsbehandlung in Gegenwart einer hohen Konzentration seines Sekundärmetaboliten zu wachsen, kann also als Auswahlkriterium für eine erhöhte Produktivität benutzt werden. Diese Möglichkeit wurde erfolgreich von Bu'Lock (1980) bei der Isolation von Arten ausgenutzt, die fungizide Antibiotika, die Agestorole, in erhöhter Konzentration lieferten. Diese Technik wurde weiterhin unter Einsatz genetischer Manipulationsmethoden von Crameri, Davies und Thompson (1985) benutzt. Diese Arbeitsgruppe klonierte das Gen, das die 6'N-Acyltransferase in *Streptomyces kanamyceticus* codiert, einem Organismus, der Kanamycin bildet. Das Enzym führt zur Resistenz gegen Aminoglykoside. Die rekombinanten Organismen waren also resistenter gegen Kanamycin und produzierten mehr davon. Die Anwendung der Techniken, die bei der Verbesserung der Bildung der Primärmetabolite eingesetzt werden, hat also zu einem beachtlichen Fortschritt bei der Verbesserung der Organismen, deren Sekundärmetabolite von Interesse sind, mit sich gebracht.

9.3 Rekombination

Hopwood (1979) definierte Rekombination als jeden Vorgang, der hilft, neue Kombinationen von Genen zu erzeugen, die ursprünglich in unterschiedlichen Individuen vorhanden waren. Verglichen mit dem Einsatz von Induktion und Selektion von Mutanten ist die Nutzung der Rekombination zur Verbesserung industriell verwendeter Arten sehr begrenzt. Dies liegt wahrscheinlich in dem Erfolg der Mutationsprogramme, ihrer relativ leichten Durchführbarkeit und dem Fehlen von Basisinformationen über die Genetik der industriell eingesetzten Arten begründet. In neuerer Zeit sind jedoch Techniken allgemein zugänglich geworden, die die Anwendung der Rekombination zur Verbesserung dieser Arten ermöglicht. Relativ wenige für die Industrie wichtige Organismen verfügen über eine sexuelle Fortpflanzung. Rekombinate dieses Typs zu erhalten, ist wahrscheinlich auf kommerziell eingesetzte Pilze und Hefearten, die in der Backwaren-, Brauerei- und Brennereiindustrie genutzt werden, beschränkt. Rekombinationssysteme, die nicht auf sexueller Reproduktion beruhen, sind bei den für die Industrie wichtigen Arten gebräuchlicher. Kürzlich entwickelte experimentelle Methoden haben es leichter gemacht, sich diese Systeme nutzbar zu machen. Einige dieser Rekombinationssysteme werden kurz beschrieben werden, gefolgt von einem Bericht über die Techniken der Protoplastenfusion, die die Wahrscheinlichkeit, wertvolle rekombinante Arten zu erhalten, stark erhöht hat.

9.3.1 Systeme zur Rekombination in Organismen von kommerziellem Interesse

Pontecorvo und Mitarbeiter (1953) zeigten, daß Kernverschmelzung und Genausscheidung auch außerhalb der Sexualorgane des Pilzes *Aspergillus nidulans*, der sich normalerweise sexuell fortpflanzt, möglich ist. Das gleiche gilt für die niederen Pilze (Fungi imperfecti), die keine sexuelle Fortpflanzung aufweisen, *Aspergillus niger* und *Penicillium chrysogenum*. Dieser Vorgang wurde parasexueller Cylcus genannt. Damit eine parasexuelle Rekombination in den niederen Pilzen stattfinden kann, muß es zu einer Verschmelzung genetisch ungleicher Kerne kommen, d.h. genetisch ungleiche Kerne müssen in einem Organismus vorhanden sein. Solch ein Organismus wird Heterokaryont genannt. Mittels einer Verbindung, die zwischen zwei benachbarten Zellen durch Fusion entstehen kann, kann er durch Kernwanderung von einem Individuum zu einem anderen gebildet werden. Der gewanderte Kern kann sich in dem Empfängerstamm teilen und neben dem ursprünglichen Kern dieser Art bestehen bleiben. Die Bildung eines Heterokaryonts ist ein seltenes Ereignis. Um es kenntlich zu machen, werden auxotrophe Marker benutzt. Die beiden Arten, aus denen man einen Heterokaryonten herstellen möchte, werden bezüglich einiger Erfordernisse auxotroph gemacht. Sporen beider auxotrophen Organismen werden gemischt und auf Agarböden aufgebracht, in denen die für die beiden Arten spezifisch erforderlichen Verbindungen nicht vorhanden sind. Es sollten genug Nährstoffe in den Sporen zur Verfügung stehen, damit eine Keimung stattfindet. Ein deutliches Wachstum sollte allerdings nur bei den Sporen zu beobachten sein, in denen eine vegetative zelluläre Verschmelzung stattgefunden hat und ein Heterokaryont entstanden ist. Die Kolonien, die sich bei einer solchen Verfahrensweise bilden, sollten also Heterokaryonten sein, in denen die Kerne beider Ausgangsarten nebeneinander existieren.

Zwischen den ungleichen Kernen in einem Heterokaryonten kann eine Kernverschmelzung stattfinden, was zur Bildung eines diploiden Klons führt. In einem diploiden Kern dieses Klons kann es, in seltenen Fällen, zu einer abnormalen Mitose kommen, was zur Bildung eines rekombinanten Organismus führt. Die abnormale Mitose kann in einem Crossing-over, einer Haploidisation oder aus einer Kombination beider bestehen. Zu einem Crossing-over bei der Mitose gehört ein Austausch distaler Segmente zwischen den Chromatiden der homologen Chromosomen. Eine Haploidisation ist ein Vorgang, der zur ungleichmäßigen Verteilung der Chromatide zwischen den Tochterkernen einer Mitoseteilung führt.

Die Häufigkeit einer vegetativen Kernfusion kann erhöht werden, wenn man Agentien wie Kampferdampf oder ultraviolettes Licht einsetzt, die Häufigkeit eines Crossing-over und einer Haploidisation während der Mitose durch Röntgenstrahlen, ultraviolettes Licht und Stickstofflost. Einen vollständigen Bericht über den parasexuellen Cyclus hat Sermonti (1969) verfaßt. Mit Hilfe dieser Techniken können also rekombinante Mikroorganismen mit Eigenschaften erhalten werden, die ursprünglich in den unterschiedlichen Elternzellen zu finden waren. Diese Techniken wurden eingesetzt, um die grundlegende Genetik von

Penicillium chrysogenum und *Aspergillus niger* zu untersuchen, wie von Sermonti (1969) und Macdonald und Holt (1976) beschrieben. Queener und Swartz (1979) haben behauptet, daß kommerzielle Penicillin-Produzenten den parasexuellen Cyclus benutzt haben, um verbesserte Arten kommerziell einsetzbarer Mikroorganismen zu erzeugen. Eine der Hauptschwierigkeiten beim Einsatz des parasexuellen Cyclus zur Verbesserung von Arten ist die Herstellung der Heterokaryonten, d.h. die Verschmelzung von Zellen verschiedener Arten, aber die Technik der Protoplasten-Verschmelzung hat viel zur Vereinfachung dieses Problems beigetragen. Diese wird in einem späteren Abschnitt behandelt werden.

Der Vorgang, bei dem in Bakterien genetische Information von einer Zelle zu einer anderen durch engen Kontakt zwischen den Zellen übertragen wird, wird Konjugation genannt. Das Chromosom der „Donator"-Zelle wird durch die Integration eines normalerweise extrachromosomalen DNA-Teils in das Chromosom beweglich gemacht. In *E. coli* wird dieses „mobilisierende Element" F-Faktor oder Plasmid genannt, während in anderen Bakterien andere Faktoren eine Rolle spielen. Die Menge an genetischer Information, die auf die Empfänger-Zelle übertragen wird, ist von der Zeit des Kontaktes zwischen den beiden beteiligten Zellen abhängig. Je länger also die Zellen im Kontakt stehen, desto mehr Material wird übertragen werden. Außerdem wird die DNA in einer linearen Form transferiert. Ein einzelner Strang der Donator-DNA wird neben der Integrationsstelle des mobilisierenden Faktors abgeschnitten. Dieser Strang wandert nun in die Empfängerzelle, wobei der mobilisierende Faktor das letzte Element ist, das übertragen wird. Dann beginnt in der Donatorart die DNA-Synthese, so daß die übertragene DNA durch neu synthetisiertes Material ersetzt wird. Das transferierte Segment kann in das Chromosom der Empfängerzelle durch Crossing-over eingebaut werden. Die Übertragung eines bestimmten Gens hängt also von seiner Position auf dem Chromosom relativ zu der Stelle, an der der mobilisierende Faktor integriert wurde, ab und von der Zeit , in der die Zellen in Kontakt stehen. Wie im Falle des parasexuellen Cyclus ist das Auftreten einer Konjugation ein seltenes Ereignis. Deshalb muß eine Auswahlmethode eingesetzt werden, um die rekombinanten Arten zu isolieren. Dies kann dadurch erreicht werden, daß man die Arten bezüglich mehrerer Verbindungen auxotroph macht und die potentiell rekombinanten Arten in einem Nährmedium mit Minimalzusammensetzung wachsen läßt. Da die Übertragung genetischer Information zeitabhängig ist, werden durch Einsatz der genetischen Marker nur bestimmte rekombinante Arten ausgewählt. Es ist also wichtig, eine Reihe von auxotrophen Markern zu verwenden, deren Gen an verschiedenen Stellen innerhalb des Chromosoms liegt, und es ist essentiell, die Genkarte des Organismus zu kennen.

Es wurde gezeigt, daß Streptomyceten, die für die Industrie ungeheuer wichtig sind, Konjugationen eingehen. Hopwood (1976) hat behauptet, daß Industrieunternehmen die Konjugation zur Verbesserung industriell verwendeter Arten von Streptomyceten eingesetzt haben, doch die Ergebnisse wurden offensichtlich aus Sicherheitsgründen nicht veröffentlicht. Die Nachteile des Konjugationssystems liegen jedoch darin, daß man die Genetik des Organismus sehr genau kennen muß, um die Übertragung effektiv zu gestalten, und daß es im allgemeinen zu einem unvollständigen Transfer des Genoms kommt. Wie im Falle des parasexuellen Cyclus hat die Entwicklung der Techniken der Protoplastenfusion die ungeheuer hohe Zahl an Schwierigkeiten verringert.

9.3.2 Protoplastenfusion

Protoplasten sind Zellen ohne Zellwand. Sie können erhalten werden, indem man normale Zellen einer Behandlung mit Zellwand-abbauenden Enzymen in isotonischen Lösungen unterwirft. Eine Zellfusion, der eine Kernfusion folgt, kann auch zwischen Protoplasten von Zellen eintreten, die sonst nicht verschmelzen würden. Es entsteht ein fusionierter Protoplast, der die Zellwand wieder aufbauen und wie eine normale Zelle wachsen kann. In folgenden Organismen wurde eine Protoplastenfusion erreicht: in filamentösen Pilzen (Ferenczy, Kevei und Zsolt, 1974), in Hefen (Sipiczki und Ferenczy, 1977), in *Bacillus*-Arten (Fodor und Alfoldi, 1976), in *Brevibacterium flavum* (Tosaka *et al.*, 1982) und in Streptomyceten (Chater, 1979).

Es stellte sich heraus, daß die Protoplastenfusion einen ungeheuren Vorteil bei der Erzeugung von Heterokaryoten der filamentösen Pilze bringt – der schwierigsten Aufgabe bei der Verwendung des parasexuellen Cyclus. Die Häufigkeit der Protoplastenfusion in fadenförmigen Pilzen erfordert noch den Einsatz von Selektionsmarkern, um die rekombinanten Arten zu isolieren, doch der Grad des Erfolges bei der Isolierung scheint durch Einsatz dieser Methode viel größer zu sein als bei konventionellen Techniken zur Herstellung von Heterokaryonten. In der Literatur gibt es einige Beispiele für die Anwendung dieser Technik bei Mikroorganismen von kommerziellem Interesse. Zum Beispiel fusionierten Hamlyn und Ball (1979) verschiedene Arten von *Cephalosporium acremonium*. Sie vereinten eine nicht sporenbildende, langsam wachsende Art mit einer sporenbildenden, schnell wachsenden, die nur ein Drittel der Menge an Cephalosporin verglichen mit der ersten bildete. Es gelang ihnen, eine rekombinante Art auszuwählen, die leicht Sporen bildete, eine hohe Wachstumsgeschwindigkeit zeigte und die höhere Konzentrationen an Cephalosporin synthetisierte. Chang, Terasaka und Elander (1982) benutzten die Prostplastenfusion, um die erwünschten Eigenschaften zweier Arten von *Penicillium chrysogenum* zu kombinieren, die Penicillin V synthetisierten. Art 1 wies eine ungünstige Morphologie auf, synthetisierte jedoch nur Penicillin V (das erwünschte Produkt), während Art 2 eine erwünschte Morphologie zeigte, aber bedeutende Mengen an Penicillin OH-V lieferte (ein unerwünschtes Produkt). Der Einsatz der Protoplastenfusion führte zur Isolierung von rekombinanten Arten mit der erwünschten Morphologie, die nur Penicillin V bildeten.

Die Protoplastenfusion hat auch beachtliche Vorteile bei der Isolierung rekombinanter Arten von Streptomyceten. Hopwood und Mitarbeiter (Hopwood, 1979) haben eine Technik zur Protopostenfusion für Streptomyceten entwickelt, die eine so hohe Zahl von rekombinanten Arten ergibt, daß es nicht mehr nötig war, auxotrophe Marker zur Detektion der rekombinanten Arten zu verwenden. Außerdem wird das gesamte Genom rekombiniert und nicht nur ein Teil davon, wie im Falle der Konjugation. Ein ausgezeichnetes Beispiel für den Einsatz dieser Technik bei der Verbesserung von Bakterien, die Aminosäuren bilden, wird durch die Arbeit von Tosaka *et al.* (1982) erbracht. Diese Arbeitsgruppe erhöhte die Geschwindigkeit des Glucoseverbrauchs (und damit der Lysin-Produktion) einer Art von *Brevibacterium flavum*, die Lysin in hoher Konzentration bildete, durch Fusion mit einer anderen *B. flavum*-Art, die kein Lysin-Produzent war, Glucose aber mit hoher Geschwindigkeit verbrauchte.

Die für die Protoplastenfusion aufgeführten Beipiele haben alle zur Kombination der erwünschten Eigenschaften in einem Organismus geführt, die vorher in verschiedenen Arten vorhanden waren. Außerdem sind die erwünschten Eigenschaften nicht auf die Erhöhung der Ausbeute an erforderlichem Produkt beschränkt, man kann auch andere Charakteristika der Mikroorganismen verändern, die für den Fermentationsprozeß von Bedeutung sind – z.B. die Wachstumsgeschwindigkeit, den Grad der Sporenbildung und die Geschwindigkeit des Substratverbrauchs. Die Rekombination stellt also auch ein interessantes Werkzeug zu Verbesserung verschiedener Eigenschaften, nicht nur der Produktausbeute, dar.

9.3.3 In vitro-Technologie mit rekombinanter DNA

Die *in vitro*-Rekombination für die Industrie wichtiger Mikroorganismen wurde mit Hilfe der *in vitro*-Technologie mit rekombinanter DNA zuwege gebracht, die in den Kapiteln 10 bis 12 besprochen werden wird. Obwohl die bekanntesten rekombinanten Arten, die mit Hilfe dieser Technik erzeugt wurden, solche aus Bakterien- und Hefearten sind, die Fremdstoffe synthetisieren, wurde auch viel bei der Verbesserung von Arten erreicht, die konventionelle Produkte bilden. Der größte Teil der publizierten Arbeiten beschäftigt sich jedoch mit der Verbesserung von Mikroorganismen, die Primärmetabolite herstellen.

Die Effizienz des Organismus, der von ICI in der Einzellerproteinherstellung eingesetzt wird, *Methylophilus methylotrophus*, wurde durch den Einbau eines Plasmids erhöht, der das Glutamat-Dehydrogenase-Gen von *E. coli* enthielt. Die manipulierte Art war zu einem effizienteren Ammoniumstoffwechsel als die ursprüngliche Art fähig, was sich in einer Verbesserung der Kohlenstoffumwandlung um 5% zeigte. Es scheint jedoch, daß der manipulierte Organismus erst noch in einem kommerziellen Maßstab eingesetzt werden muß. Die Herstellung von Threonin durch *E. coli* wurde durch Anwendung der *in vitro*-Manipulationstechniken verbessert. Debabov (1982) baute das gesamte Threonin-Operon eines gegen Threonin-Analoga resistenten Mutanten von *E. coli* K$_{12}$ in ein Plasmid ein, das dann zurück in das Bakterium transferiert wurde. Die Zahl der Plasmid-Kopien in der Zelle lag bei etwa 20 und die Aktivität der Enzyme des Threonin-Operons war um den Faktor 40-50 erhöht. Der Organismus bildete 30 g Threonin l^{-1} verglichen mit 2-3 g l^{-1} bei der nicht veränderten Art. Miwa, Nakamori und Mimose (1981) wandten die *in vitro*-Rekombination zur Verbesserung des Threonin-Produzenten *E. coli* β1M4 an. Diese Art wurde durch α-Amino-β-hydroxyvaleriansäure (einem Threonin-Analogon) nicht in seinem Wachstum gehemmt, war auxotroph bezüglich Isoleucin, Methionin, Prolin und Thiamin und lieferte 3-6 g l^{-1} Threonin. Das Threonin-Operon dieser Art wurde in den Plasmiden pBR322 eingebaut und das hybride Plasmid wieder in einen Threonin-auxotrophen Organismus transferiert, der von dem produzierenden Organismus β1M4 stammte. Die Optimierung der Kulturbedingungen der rekombinanten Art führte zu einer Produktion von 65 g l^{-1} Threonin.

Die Anwendung der Techniken der genetischen Manipulation auf den für die Industrie wichtigen Mikroorganismus *Corynebacterium glutamicum* wurde durch das Fehlen eines geeigneten Vektors verhindert. 1983 wurden jedoch zwei Patente (Ajinomoto, 1983; Kyowa Hakko Kogyo, 1983) eingereicht, die die Isolierung von Corynebakterium-Plasmiden beschreiben, die vielleicht als Vektor benutzt werden können.

Auch in der Produktion von Enzymen von industriellem Interesse wurde durch die Technik der genetischen Manipulation eine Verbesserung erreicht. Die Enzymausbeute kann durch Einbau des chromosomalen Gens, das das Enzym codiert, in ein Plasmid erhöht werden. Dieses kann dann nämlich wieder in die ursprüngliche Art (oder eine andere) eingebaut werden, und es läßt sich eine hohe Zahl an Kopien aufrechterhalten. Colson *et al.* (1981) klonierten ein *Bacillus coagulans*-Gen, das eine thermostabile α-Amylase codierte, in *E. coli*, wo er repliziert wurde. Auch dort konnte eine hohe Zahl an Kopien aufrecht-erhalten werden und damit eine hohe Enzymproduktion erzielt werden. Auch die Penicillin-Acylase-Produktion in einer *E. coli*-Art wurde verbessert, indem das entscheidende Gen in ein Plasmid eingebaut wurde, was dann wieder in die ursprüngliche Art eingeführt wurde (Stoppok *et al.*, 1980).

Die Anwendung der *in vitro*-Technologie mit rekombinanter DNA bei der Verbesserung der Bildung von Sekundärmetaboliten ist noch nicht so weit fort-geschritten wie im Bereich der Primärmetaboliten. Der Hauptgrund für den feh-lenden Fortschritt liegt darin, daß man über die grundlegende Genetik der Bildung der Sekundärmetabolite zu wenig Information hat. Dazu kommen die Schwie-rigkeiten, die Bildung von Verbindungen zu untersuchen, die für das Wachstum der synthetisierenden Zellen nicht essentiell sind. Beachtliche Fortschritte wur-den allerdings bei der genetischen Manipulation von Streptomyceten-Plasmiden durch die Pionierarbeiten von Hopwood und Mitarbeitern erzielt. Es wurden Techniken entwickelt, bei denen Protoplasten als Empfänger genetisch modifi-zierter Streptomyceten-Plasmiden eingesetzt wurden. Drei davon sind benutzt worden, um Gene zu klonieren, die in der Antibiotikasynthese ein Rolle spie-len. Obwohl die manipulierten Kulturen keine höhere Konzentration an Anti-biotika aufwiesen, können sie für das Verständnis der Struktur und Kontrolle der Gene des Sekundärmetabolismus hilfreich sein. Crameri, Davis und Thomp-son (1985) gelang es, die Ausbeute an Aminoglykosidantibiotika aus *Strepto-myces kanamyceticus* und *Streptomyces fradiae* zu erhöhen, indem sie das Gen für die Aminoglykosidresistenz in den Produktionsorganismus klonierten. Die genetische Manipulation führt also zu hochinteressanten Ergebnissen auf dem Gebiet der Bildung von Sekundärmetaboliten. Mehrere Arbeitsgruppen haben Vorschläge dafür gemacht, wie man weitere Fortschritte erzielen könnte. Malik (1982) hat vorgeschlagen, daß die Isolierung der Messenger-RNA, die beim Einsetzen des Sekundärmetabolisums synthetisiert wird, Matrizen für die Synthese von cDNA liefern könnte, und daher auch für die Gene, die vielleicht spezifische Enzyme des Sekundärmetabolismus codieren. Kurth und Demain (1984) haben die Anwendung einer „Schrotschuß"-Klonierung empfohlen, und zwar entweder innerhalb der Produktionsart, um eine Genamplifikation zu erreichen, oder zwischen mehreren Arten, was zur Synthese von neuen Antibiotika führen könnte. Ein Langzeitziel würde es sein, die Gene für den Sekundärmetabolismus von der Zelle, die die erwünschten Produkte natürlicherweise bildet, in einen für die Produktion „angenehmeren" Organismus wie z.B. *E.coli* zu übertragen.

9.4 Zusammenfassung

Eine genetische Verbesserung industriell eingesetzter Mikroorganismen kann durch Mutation und Rekombination erreicht werden. Die Techniken der Mutantenauswahl haben zu großen Erhöhungen der Produktivität über einen langen Zeitraum geführt. Die Anwendung traditioneller Rekombinationstechniken durch Industrieunternehmen hat sehr wahrscheinlich bedeutende Fortschritte in der Fermentationsleistung gebracht. Die Fortschritte, die durch die *in vitro*-Technologie mit rekombinanter DNA gemacht wurden, zeigen sich in zunehmendem Maße in Verbessserungen „traditioneller" und der Einrichtung neuer Prozesse. Man darf jedoch nicht vergessen, daß der „ideale" Mikroorganismus für die Industrie wahrscheinlich durch Kombination all dieser Techniken entwickelt werden muß, und daß die Technologie mit rekombinanter DNA nicht isoliert verfolgt werden kann.

Teil IV Gentechnik

S. A. Boffey

Vorausgesetzte Begriffe

Struktur von DNA und RNA, genetischer Code,
grundlegende Gesichtspunkte der Transcription und Translation
Proteinstruktur
Grundlagen der Enzymatik, Affinität des Enzyms zum Substrat
Bedeutung von Gen, Genom, homozygot, Transformation,
Prokaryot, Eukaryot

Empfohlene Bücher

Lewin, B. (1990) *Genes IV*. Oxford University Press, Oxford
Mainwaring, W.I.P., Parish, J.H., Pickering, J.D. und Mann, N.H. (1982) *Nucleic Acid Biochemistry and Molecular Biology*. Blackwell, Oxford, U.K.
Stryer, L. (1988) *Biochemistry*. 3 ed. Freemann, New York
deutsch: (1990) *Biochemie*. Spektrum der Wissenschaften, Heidelberg
Watson, J.D., Tooze, J. und Kurtz, D.T. (1983) *Recombinant DNA – a Short Course*. Scientific American Books. Freeman, New York
Hagemann, L. (Hrsg.) (1990), *Gentechnologische Arbeitsmethoden. Ein Handbuch experimenteller Techniken und Verfahren*. Gustav Fischer, Stuttgart

10. Ziele der Gentechnik

10.1 Techniken der Genmanipulation

Zur Gentechnik gehört das „Verändern" von Genen. Diese Veränderung kann bedeuten, daß ein Gen von seinem normalen Platz in eine Zelle übertragen wird, in der es normalerweise nicht vorhanden ist. Ein Gen kann auch in seiner Sequenz in irgendeiner Weise verändert werden, was bedeutet, daß es sich um ein anderes Gen handelt. Solch ein verändertes Gen kann natürlich auch in einen neuen Zelltyp transferiert werden. Um eine Verwechslung mit den konventionellen Zuchttechniken oder mit natürlich vorkommenden Vorgängen des Gentransfers durch Plasmide zu vermeiden, wird festgelegt, daß zur Gentechnik oder Genmanipulation alle diejenigen Prozesse gehören, die *in vitro* durchgeführt werden.

10.1.1 Konventionelle Zucht

Wieso besteht ein Bedarf für die Gentechnik? Es ist wahr, daß mit Hilfe der konventionellen Zuchtprogramme sehr viel geleistet wurde und auch weiterhin geleistet werden wird. Methoden, die zur „Zucht" verbesserter Arten von Mikroorganismen eingesetzt werden und bei denen man sich die Konjugation oder, seltener, den parasexuellen Gentransfer zunutze macht, sind in Abschn. 9.3.1 beschrieben worden und sollen hier nicht nochmals erklärt werden. Im allgemeinen ist es das Ziel des Züchters, ein erwünschtes Gen in einen Organismus einzubauen, der schon viele attraktive Eigenschaften aufweist. Dies wird bewerkstelligt, indem man den Organismus mit einem anderen kreuzt, schon das erwünschte Gen besitzt, aber in anderer Hinsicht nicht fehlerlos ist. Man hofft nun, daß die Nachkommenschaft einer solchen Kreuzung die guten Eigenschaften des ersten mit dem erwünschten Gen des zweiten Organismus vereint. Leider sind die Chancen, daß eine solch vollkommene Kombination von Genen entsteht, fast verschwindend klein; in der Tat ist es sehr viel wahrscheinlicher, daß man eine Nachkommenschaft erhält, die nur die unerwünschten Eigenschaften jeden Elternteils besitzt. Folglich muß der Züchter diejenigen Nachkommen auswählen, die das erwünschte Gen enthalten und die auch viele der guten Eigenschaften des ersten Elternteils behalten haben. Wenn diese dann mit dem ersten Elternteil gekreuzt werden, enthält die daraus resultierende Nachkommenschaft im Durchschnitt weniger unerwünschte Gene als die erste Tochtergeneration. Einige werden aber auch das erwünschte Gen verloren haben und müssen deshalb verworfen werden. Durch solch eine Rückkreuzung ausgewählter Nachkommen, kann der Züchter ein Stadium erreichen, bei der schließlich praktisch alle erwünschten

Gene in das Genom des ersten Organismus eingebaut sind. Doch auch dann müssen weitere Kreuzungen zwischen den Nachkommen vorgenommen werden, um einen Organismus zu erzeugen, der homozygot bezüglich des „transferierten" Gens ist. Dann erst kann die „echte" Züchtung beginnen.

Es sollte offensichtlich sein, daß die konventionelle Züchtung viel Zeit benötigt, auch wenn Tricks angewandt werden, um die Chancen für eine Entwicklung im Sinne des Experimentators zu vergrößern. Der größte Fortschritt kann erzielt werden, wenn Organismen gekreuzt werden, die einander schon recht ähnlich sind, denn dies reduziert die Zahl der benötigten Rückkreuzungen. Die nützlichsten Gene werden allerdings in Organismen gefunden, die sich sehr stark von dem „Zielorganismus" unterscheiden. Wenn eine Kreuzung möglich ist, so ist die Erzeugung einer „echten" Art sehr zeitaufwendig, jedoch machbar. Leider können fruchtbare Nachkommen nur von Organismen der gleichen oder einer sehr ähnlichen Art erzeugt werden, so daß der Vorrat an Genen, der bei konventioneller Züchtung zur Verfügung steht, oft sehr beschränkt ist. Aus diesem Grund ist es so wichtig, über Stammkulturen mit einer großen Vielfalt an „ausgesonderten" Varianten von Pflanzen und Tieren zu verfügen, denn sie stellen einen Genvorrat für weitere Zuchtprogramme dar.

Die Vielfalt eines Genpools, der für eine Art zur Verfügung steht, kann durch die Bildung von Mutanten erhöht werden, indem man chemische Mutagene oder hochenergetische Strahlung einsetzt, wie dies bereits für Mikroorganismen beschrieben wurde (s. Abschn. 9.2). Da jedoch nicht kontrolliert werden kann, welche Gene von den Mutationen betroffen sind, wird sich die Mehrzahl solcher Mutationen letal, schädlich oder gar nicht auswirken. Es ist möglich, daß eine günstige Mutation zwar erzeugt, aber nicht erkannt wird, da an einem anderen Gen eine letale Mutation in der gleichen Zelle geschieht. Es tritt also deutlich zutage, daß es nur dann sinnvoll ist, Mutationen zu erzeugen, wenn hocheffiziente Methoden zur Detektion der günstigen Mutationen zur Verfügung stehen (s. Abschn. 9.2). Auch ist die Methode beschränkt auf einzellige Organismen oder auf solche, die aus gezüchteten Zellen oder Embryonen wachsen können. Denn die Zufälligkeit dieser Methode schließt die Möglichkeit aus, daß alle Zellen eines Tieres oder einer Pflanze in der gleichen Weise verändert werden, wenn der gesamte Organismus einer solchen Behandlung unterworfen wird. Wie später ausgeführt werden wird, gilt diese Beschränkung auch für die meisten Arten von Gentechnik.

10.1.2 Protoplasten und Zellklonierung

Wie in Abschn. 9.3.2 beschrieben, kann die Effizienz einer Rekombination zwischen den Genomen verschiedener mikrobieller Arten durch den Einsatz der „Protoplastenfusion" stark erhöht werden. Diese Technik kann auch auf Zellen von Pflanzen und Tieren angewandt werden. Wenn die Zellwände von Pflanzenzellen durch Pektinasen und Cellulasen in einem Medium verdaut werden, das isotonisch mit dem Zellinhalt ist, dann werden kugelförmige Protoplasten entstehen. Dies sind im Grunde nackte Zellen, die nur durch ihre Plasmamembran begrenzt werden. Wenn man vorsichtig mit ihnen umgeht, können die Protoplasten ihre Zellwände wieder aufbauen, wachsen und sich teilen. Jeder Protoplast wird schließlich einen Cluster von klonierten Zellen bilden, der unendlich wachsen kann wie ein undifferenziertes Kallusgewebe. In vielen Fällen können aus dem Kallus ganze Pflanzen erzeugt werden, indem man die Konzentrationen pflanzlicher Wachstumshormone in dem Nährmedium ändert. Es ist also möglich, eine unbegrenzte Zahl von Pflanzen aus einem einzigen Protoplasten zu erzeugen.

Es ist sehr wichtig, daß durch Einsatz von Reagentien wie Polyethylenglykol oder durch ein pulsierendes elektrisches Feld die Protoplasten dazu gebracht werden können, miteinander zu verschmelzen, bevor sie eine Zellwand aufgebaut haben (Shepard *et al.*, 1983). Solche Fusionen können zwischen Zellen von Arten auftreten, die auf sexuelle Art nicht vereint werden können, und führen zur Bildung einer Hybridzelle. Leider sind diese Hybride instabil und ein vollständiger Satz an Chromsomen wird schließlich eliminiert, nicht aber bevor ein Transfer von Genen zwischen den beiden stattgefunden hat. Da der Austausch von DNA zufällig erfolgt, besteht nur eine geringe Chance, daß durch eine Fusion ein spezifisches „fremdes" Gen übertragen wird. Deshalb muß eine Methode zur Auswahl der erwünschten Zellen eingesetzt werden. Dies kann häufig erst geschehen, wenn aus jeder Zellinie schon Pflanzen erzeugt worden sind, außer wenn das erwünschte Gen ein Produkt codiert, das biochemisch im Kallusstadium detektiert werden kann. Trotz ihrer Unvorhersagbarkeit und der technischen Probleme ist die Protoplastenfusion eine wertvolle Ergänzung der konventionelleren Techniken der Pflanzenzucht. Sie kann z.B. benutzt werden, um eine Resistenz gegen eine Krankheit aus primitiven *Solanum*-Arten in moderne kommerziell eingesetzte Kulturpflanzen der Kartoffel einzubauen, mit denen eine sexuelle Kreuzung nicht mehr möglich ist.

Auch tierische Zellen können dazu gebracht werden, zu verschmelzen. Sie bilden normalerweise instabile Hybridzellen; da es jedoch nicht möglich ist, ganze Tiere aus diesen einzelnen Zellen zu erzeugen, ist diese Technik noch nicht als Ergänzung zu den konventionellen Zuchtprogrammen eingesetzt worden. Der Fusion von tierischen Zellen wird jedoch seit der Entdeckung von Milstein und Köhler ungeheure Bedeutung beigemessen. Sie stellten fest, daß normale Antikörper-produzierende Zellen mit bösartigen (Myelom-) Zellen zu „Hybridoma"-Zellen verschmolzen werden können. Jede dieser Zellen produziert danach einen einzigen Typ von Antikörpern. Die Hybridomazellen können voneinander getrennt und dann unendlich lange kultiviert werden. Jeder Klon produziert ein einziges Produkt, das als „monoklonaler" Antikörper bekannt ist. Diese Antikörper besitzen einen ungeheueren Wert für die Medizin und die Molekularbiologie, da sie sehr viel effektiver in der Unterscheidung ähnlicher Antigene sind als Mischungen verschiedener Antikörper.

Einer anderen Methode, neue Eigenschaften in eine Pflanzen einzubringen, liegt das Phänomen der „somaklonalen Variation" zugrunde. Man hat nämlich entdeckt, daß Pflanzen, die aus verschiedenen Zellen der gleichen Originalpflanze kloniert wurden, unterschiedliche vererbbare Eigenschaften aufweisen können. Es ist nicht möglich, vorauszusagen, welche neue Eigenschaften in Erscheinung treten können, und viele sind wohl nicht erwünscht, aber die Methode zeigte ihren Wert bei der Erzeugung neuer, verbesserter Varietäten von Kartoffeln und Weizen.

10.1.3 Mögliche Produkte der Gentechnik

Es gibt ein wichtiges Gebiet der Genmanipulation, auf dem die konventionelle Zucht vollkommen versagt. Das ist der Transfer von Genen aus einem höheren Organismus in eine Baktierien- oder Hefezelle mit dem Ziel der Synthese eines durch das Gen codierten Produktes in den kultivierbaren transformierten Zellen. Da aber diese Produkte von den Tieren und Planzen hergestellt werden, von denen die Gene stammen, warum nehmen wir all die Schwierigkeiten auf uns, um einen niederen Organismus davon zu überzeugen, das gleiche zu tun? Die Antwort liegt gewöhnlich in den Kosten, die bei der Isolierung ausreichender Mengen des Produktes aus seiner natürlichen Quelle anfallen, oder in der schieren Unmöglichkeit, genügend Ausgangsmaterial zu beschaffen.

Pharmazeutika.   Man braucht nur eine Auswahl einiger Polypeptide von pharmazeutischem Wert zu betrachten, um das ungeheure Potential der Gentechnik für ihre Produktion schätzen zu lernen. Zum Beispiel sind viele Hämophile nicht in der Lage, Blutungen zum Stillstand zu bringen, da sie ein Polypeptid namens Gerinnungsfaktor VIII nicht bilden können. Dieses ist normalerweise im menschlichen Blut vorhanden, wenn auch in sehr niedrigen Konzentrationen. Glücklicherweise können sie vor dem Tod durch Verbluten gerettet werden, indem man ihnen eine Präparation von Faktor VIII injiziert, die aus großen Mengen menschlichen Blutes aufbereitet wurde. Die Präparation von Faktor VIII ist nicht nur ein teurer Prozeß, da es in sehr niedrigen Konzentrationen in einer Flüssigkeit vorliegt, die nur in beschränktem Ausmaß zur Verfügung steht und an sich schon von großem Wert ist. Da jede Präparation aus Blut von mehreren Tausend Spendern stammt, besteht zusätzlich ein signifikantes Risiko, daß gefährliche Viren wie die von Hepatitis und AIDS bei Injektion des Gerinnungsfaktors auf die Hämophilen übertragen werden.

Ähnliche Probleme stellen sich bei anderen Polypeptiden, die aus menschlichem Serum oder Geweben extrahiert werden: ein gewebespezifischer Plasminogenaktivator TPA ("tissue-type plasminogen activator") kann verwendet werden, um unerwünschte Blutgerinsel aufzulösen, die die Gefäße verstopfen, sodaß eine Thrombose verhindert werden kann; Calcitonin, möglicherweise in Verbindung mit Paratyroxin, kann von großem Wert bei der Stärkung spröder Knochen sein, die man so häufig bei älteren Leuten findet. Ein Nervenwachstumsfaktor wurde identifiziert, der die Reparatur und Regeneration zerstörter Nerven unterstützen könnte. Das menschliche Wachstumshormon Somatotropin ist ein Polypeptid, das schon bei der Behandlung von Kindern eingesetzt wurde, die an Hypophysenunterfunktion litten, einer Krankheit, die sonst zu sehr verkrüppeltem Wachstum oder Zwergwuchs führt. Glücklicherweise tritt Zwergwuchs nur relativ selten auf, so daß man ihn mit aus Hypophysen menschlicher Leichen gewonnenem Hormon behandeln kann. Es gibt aber Hinweise darauf, daß Somatotropin auch bei der Behandlung von Verbrennungen wertvoll sein könnte, ebenso zur Beschleunigung der Heilung von Wunden und Knochenbrüchen und bei der Behandlung von Knochen, die durch Abbau von Kalk geschwächt sind. Da die zur Verfügung stehende Menge an Hormon aus menschlichen Hypophysen fast gänzlich für die Behandlung von Zwergwuchs verbraucht wird, kann jede Erweiterung der Anwendung des menschlichen Wachstumshormons nur dann ins Auge gefaßt werden, wenn es durch gentechnologisch veränderte Mikroorganismen hergestellt wird.

Das wahrscheinlich am besten bekannte Beispiel für ein gentechnologisch hergestelltes Polypeptid, das zur Behandlung von Menschen eingesetzt wird, ist Insulin. Dieses Hormon ist essentiell für die korrekte Einstellung des Blutzuckerwertes; wenn es von der Bauchspeicheldrüse nicht produziert wird, kommt es zu Diabetes, der dann mittels Injektionen von Insulin unter Kontrolle gehalten werden muß. Da die Zahl der Diabetiker weltweit auf 60 Millionen geschätzt wird, wovon 25 Millionen in zivilisierten Ländern wohnen (d.h. sie können für ihre Arzneimittel bezahlen), gibt es einen großen Markt für Insulin. Bei den meisten Diabetikern scheint das Insulin, das aus Schweinen und Rinden gewonnen wird, genauso wirksam zu sein wie das menschliche. Das war zu erwarten, da sich das menschliche Hormon in nur einer beziehungsweise drei Aminosäuren von dem tierischen unterscheidet. Einige Diabetiker können jedoch trotzdem eine Allergie gegen tierisches Insulin entwickeln und es gibt Diskussionen über die Langzeitwirkung eines „fremden" Hormons. Diese Vorbehalte waren der Grund für den Versuch, „menschliches" Insulin mit Hilfe gentechnologisch veränderter Bakterien herzustellen. Es sah so aus, als ob die erste Firma, der Erfolg beschieden war, ein Vermögen daran verdienen könnte. Zum Nachteil für diese Firmen machte die Forschung bei der chemischen Modifizierung des Insulins große Fortschritte. Diese machten es möglich, Schweineinsulin so zu verändern. daß es genau die gleiche Struktur aufweist wie menschliches. Der Kampf zwischen den beiden Verfahren zur Insulinherstellung wird deshalb auf wirtschaftlichem Gebiet entschieden werden. Im Hinblick auf die reichliche Versorgung mit Schweinepankreas scheint ein Sieg der Biotechnologen unwahrscheinlich.

Eine andere Gruppe von Polypeptiden, die Anlaß zu aufregenden Spekulationen gegeben haben, sind die Interferone. Diese Moleküle werden auf natürliche Weise vom menschlichen Körper zur Abwehr von Infektionen gebildet und scheinen antivirale und antitumorale Wirkungen zu besitzen. Wie bei vielen solcher Verbindungen wird jedoch so wenig davon im menschlichen Gewebe (weiße Blutzellen und Fibroblasten im Falle der Interferone) produziert, daß es nicht möglich ist, zufriedenstellende klinische Versuche durchzuführen, um ihrer Eigenschaften herauszufinden. Im Hinblick auf ihre *möglichen* therapeutischen Effekte, wurden Programme entwickelt, die die Produktion von Interferonen durch Bakterien im Großmaßstab zum Ziel hatten. Drei Typen von Interferonen sind auf diese Art hergestellt worden. Obwohl sie sicherlich nicht das „Wundermittel" sind, das einige Leute vorausgesagt haben, so scheinen sie doch eine deutliche Wirkung auf das Immunsystem auszuüben. Eine Behandlung mit ihnen führt zu einer stark vergrößerten Resistenz gegen eine Reihe von Viren, und sie sind wirksam bei der Behandlung einiger weniger Krebsarten, insbesonders bei einer selten auftretenden Form von Leukämie, der Haarzellleukämie. Ironischerweise liegt ihr Nutzen beim Kampf gegen den Krebs vor allem darin, daß man mehr darüber erfuhr, wie das Immunsystem Tumoren detektieren und eliminieren kann.

Nachfolger der Interferone als interessantestes „Antikrebsmittel" könnte der Tumornekrosefaktor (TNF) und das Lymphotoxin (LT) sein. Diese Polypeptide werden von menschlichen Zellen produziert. Sie sind sowohl fähig, Tumoren zu erkennen, als auch, diese selektiv zu zerstören. Obwohl es sich um sehr unterschiedliche Moleküle handelt, haben sie doch große Teile der Sequenz gemeinsam. Zwei Regionen, die in beiden Molekülen sehr ähnlich sind (d.h. sie haben wahrscheinlich auch die gleiche dreidimensionale Struktur), könnten sich als verantwortlich für die Tumorerkennung und -zerstörung erweisen. Die Gene für beide, TNF und LT, sind schon kloniert worden. Klinische Versuche der von Bakterien synthetisierten Moleküle sollten zeigen, wie wirksam sie gegen Tumore sind und, was am wichtigsten ist, ob sie schädliche Nebenwirkung aufweisen (Gray *et al.*, 1984; Pennica *et al.*, 1984).

Impfstoffe. Die medizinische Anwendung gentechnologisch veränderter Mikroorganismen ist nicht auf die Synthese von menschlichen Polypeptiden beschränkt. Ein sehr attraktiver Einsatz eines solchen Systems liegt in der Herstellung von Impfstoffen. Die Idee, die hinter einem Impfstoff steckt, ist die, daß er Moleküle mit derselben Antigenität wie der Virus, gegen den er Immunität verleihen soll, enthält, jedoch ohne die schädliche Vermehrung der Viruspartikel im Körper. Dies kann durch Einsatz von Viruspartikeln erreicht werden, die durch geeignete Maßnahmen unschädlich gemacht wurden, aber noch die gleiche Erscheinungsform besitzen. Es ergeben sich jedoch zwei Probleme. Eine unvollständige Inaktivierung des Virus kann dazu führen, daß einige Exemplare überleben, die dann schließlich doch eine Infektion auslösen; einige Fälle von Maul- und Klauenseuche wurden solchen Viruspräparationen zugeschrieben. Das andere Problem besteht darin, daß der Virus in Tieren gezüchtet werden muß. In einigen Fällen wächst er auch nur in Menschen. In diesen Fällen müssen Kulturen menschlicher Zellen benutzt werden, deren Unterhalt hohe Kosten mit sich bringt und die im Vergleich zu Bakterienzellen nur sehr langsam wachsen. Da der Markt für Impfstoffe ungeheuer groß ist (200 Millionen Menschen leiden weltweit unter Hepatitis B; 800 Millionen Dosen Impfstoff gegen Maul- und Klauenseuche werden dem Viehbestand jedes Jahr verabreicht), war es ökonomisch gesehen notwendig, mit diesen Problemen zu leben. Es ist jedoch nur das Hüllprotein der Viren, das antigen wirkt. Deshalb können Präparationen mit dem reinen Hüllprotein als wirksamer Impfstoff agieren. Dies eröffnet sofort die Möglichkeit, die Gene für das Hüllprotein in Bakterien zu klonieren und zur Expression zu bringen, und dieses bakterielle Produkt als Impfstoff einzusetzten. Solche Impfstoffe wären garantiert frei von lebenden Viren und sollten billiger sein, als wenn man sie mit Hilfe von Kulturen tierischer Zellen produziert.

Enzyme. Enzyme können im industriellen Maßstab nur eingesetzt werden, wenn ihre Produktionskosten niedrig sind (s. Abschn. 13.2, 14.3 und 14.6.2). Dies bedeutet letztendlich, daß sie aus Kulturen von Mikroorganismen stammen müssen. Im Hinblick auf die ungeheuer große Variationsbreite von Reaktionen, die in Mikroorganismen ablaufen, ist es wahrscheinlich, daß jedes Enzym, das von den Ingenieuren in der Biochemie benötigt wird, schon von einigen Mikroorgansimen gebildet wird. Es ist jedoch auch wahrscheinlich, daß ein gewisses Maß an genetischer Manipulation die Ausbeute an dem Enzym vergößern könnte. Dies könnte geschehen, indem man sein Gen in schneller wachsende, sicherere, effizientere Wirte einbaut, oder indem man das Gen an einen stärkeren Promotor anheftet, um die Konzentration, in der es zur Expression kommt, zu erhöhen. Durch Verknüpfung geeigneter Sequenzen mit dem Gen könnte es möglich sein, die Zelle dazu zu veranlassen, das Enzym auszuscheiden, was seine Isolierung erleichert.

Viele Enzyme werden instabil, wenn sie aus der Zelle isoliert worden sind. Damit werden sie für den industriellen Einsatz unbrauchbar. Die Gentechnik eröffnet die Möglichkeit, die Struktur der Enzyme dahingehend zu modifizieren, daß ihre Stabilität erhöht, ihr pH- oder Temperaturoptimum verlegt, ihre Affinität zum Substrat geändert wird usw. Solch ein „Tuning" von Enzymen setzt jedoch eine große Erweiterung unserer Kenntnisse über die Arbeitsweise von Enzymen voraus.

Verbesserte Zellinien. Zellkulturen werden entweder angelegt, um wertvolle Moleküle wie Antibiotika herzustellen oder um Biomasse von hoher Qualität aus billigem Ausgangsmaterial zu erhalten wie im Falle der Produktion von Einzellerprotein. In beiden Fällen sind es schwerwiegende kommerzielle Gründe, die dazu führen, daß Zellen eingesetzt werden, die in Bezug auf die Energieumwandlung so effizient wie möglich wachsen, und die so gut wie möglich für ihre spezielle Funktion geeignet sind. Einige Beispiele für den Einsatz der Gentechnik zur Erhöhung der Effektivität beim Wachstum von Mikroorganismen oder zur Erhöhung der Ausbeute an dem nützlichen Produkt wurden in Abschn. 9.3.3. vorgestellt.

Tiere. Für einen wissenschaftlichen Laien beschwört der Ausdruck „Gentechnik" wahrscheinlich Visionen eines modernen Dr. Frankenstein herauf, der monströse neue Kreaturen in seinem Laboratorium schafft. Ironischerweise erscheint es unwahrscheinlich, daß man bei der Manipulation tierischer Genome in den nächsten Jahren so große Fortschritte erzielt wie bei anderen Organismen. Wie wir sehen werden, erfordert die genetische Manipulation eine Auswahl derjenigen Zellen, deren Genome korrekt verändert wurden, aus denen, die überhaupt nicht oder unkorrekt modifiziert wurden. Danach folgt die Proliferation der ausgewählten Zellen ("Klonierung"). Damit ist die Geschichte zu Ende, wenn wir es mit einzelligen Organismen wie Bakterien oder Hefen oder mit Kulturen pflanzlicher oder tierischer Zellen zu tun haben. Doch zur Herstellung eines genetisch veränderten Tieres oder einer Pflanze muß der gesamte Organismus dann erst noch aus diesen klonierten Zellen wiederhergestellt werden. Im Moment sind wir nicht fähig, Tiere aus klonierten Zellen herzustellen. Ausgenommen ist die im beschränktem Maße mögliche Unterteilung von Zellclustern im frühen Stadium der Embryonalentwicklung. Vorausgesetzt, dieses Hindernis würde beseitigt werden, bliebe immer noch das Problem, daß man nicht weiß, welches Gen man manipulieren soll. Die Genome von Tieren sind sehr viel komplexer als die von Bakterien. Ihre Genanalyse ist auch sehr viel schwieriger wegen der relativ kleinen Zahl an Populationen, die der Forschung zur Verfügung stehen, sowie ihrer langen Generationszeiten. Zieht man zusätzlich noch in Betracht, daß Eigenschaften wie Wachstumsgeschwindigkeit, Milcherzeugung, Krankheitsresistenz und Gestalt durch das Zusammenwirken vieler verschiedener Gene bestimmt werden, wird offensichtlich, daß wir noch einen langen Weg zurückzulegen haben, bis die Qualität eines Viehbestandes durch Gentechnik erhöht werden kann. Trotz dieser Hindernisse gibt es einige erfolgreiche Ansätze, fremde Gene in ganzen Tieren zur Expression zu bringen (s. Abschn. 11.3.3).

Pflanzen. Im Gegensatz dazu ist die Genetik der meisten Feldfrüchte sehr gut charaktierisiert. Eine großen Vielfalt an Genen mit bekannter Funktion konnte schon lokalisiert werden, und viele dieser Gene wurden schon isoliert, kloniert und sogar sequenziert. Eine solch detaillierte Analyse war möglich, da man leicht eine große Anzahl von Pflanzen aus Kreuzungsversuchen produzieren konnte. Das Problem der Geninteraktion zur Bestimmung von Eigenschaften der Pflanzen bleibt bestehen; es war jedoch oft möglich, ein oder zwei Gene zu identifizieren, die einen besonders starken Einfluß auf eine spezielle Eigenschaft aufwiesen. Es gibt folglich viele pflanzliche Gene, die solche Eigenschaften wie Resistenz gegen Krankheiten, Beanspruchung oder Herbizide oder die Speicherung von Proteinen im Keim oder Komponenten des photosynthetischen Systems codieren, die der Züchter gerne von einer Art auf eine andere übertragen würde. Bei den meisten pflanzlichen Zellen ist es möglich, die Zellen durch Kalluswachstum oder in einer Kultursuspension zu klonieren. Aus vielen von ihnen kann man die gesamte Pflanze wiederherstellen. In solchen Fällen scheint kein Grund zu bestehen, die Gentechnik nicht als schnellere Alternative zur konventionellen Züchtung einzusetzen und die Barrieren zu umgehen, die Kreuzungen zwischen Pflanzen verschiedener Arten verhindern. Leider ist es noch nicht möglich, Pflanzen aus Zellkulturen der wichtigsten, monokotyledonen (grasartigen) Feldfrüchte wie Weizen oder Mais zu erzeugen. Dies bleibt das größte Hindernis für ihre genetische Manipulation (Ozias-Akins und Lorz, 1984).

Die Phantasie des Gentechnikers, der sich mit Pflanzen beschäftigt, hört nicht bei dem Transfer von Genen von einer Pflanze in eine andere auf; sie reicht bis zur Einführung von mikrobiellen Genen in Pflanzen. Zu den attraktivsten Genen gehören diejenigen, die die Enzyme zum Abbau bestimmter Herbizide codieren und somit der Pflanze Resistenz gegen diese Stoffe verleihen könnten. Eine solche Resistenz in einer Feldfrucht wäre sehr hilfreich. Denn man könnte Herbizide selektiv gegen Unkräuter auch *nach* Entstehung der Frucht einsetzen. Andere potentiell wertvolle Gene sind die, die zur Bildung von insektiziden Polypeptiden in einigen Bakterien wie z.B. *Bacillus thuringiensis* führen.

Der wahrscheinlich ehrgeizigste Vorschlag ist der, die Gene für die Stickstoffixierung aus einem Organismus wie *Klebsiella pneumoniae* in Pflanzen einzubauen. Dies würde die Übertragung eines Komplexes von 17 Genen bedeuten, der als *nif*-Gencluster bekannt ist. Man müßte gewisse Veränderungen in dem Cluster vornehmen, um seine Expression sicherzustellen. Wegen des prokaryotischen Ursprungs des *nif*-Clusters wurde als vielversprechendeste Strategie vorgeschlagen, ihn in einen Chloroplasten zu übertragen, dessen Transcriptions- und Translationsmaschinerie viele prokaryotische Charakterzüge aufweist. Diese Lösungsmöglichkeit hat auch den Vorteil, daß Chloroplasten in die Bildung von ATP und von Reduktionsäquivalenten eingeschaltet sind, die beide für die Fixierung von Stickstoff benötigt werden (Merrick und Dixon, 1984). Es bestehen sicherlich noch Probleme, nicht zuletzt das der Empfindlichkeit der Nitrogenase gegenüber Sauerstoff, den die Chloroplasten produzieren, und es fehlt noch eine Möglichkeit, die Chloroplasten zu transformieren. Im Hinblick auf den ungeheuren jährlichen Verbrauch an künstlichen Düngern besteht ein großer Anreiz, diese Probleme zu überwinden. Eine Alternative, die große Beachtung findet, besteht darin, die Gene, die für die Vergesellschaftung mit stickstoffixierenden Mikroorganismen verantwortlich sind, mittels Gentechnik in Feldfrüchte einzubauen.

Man läßt sich leicht durch die aufregenden Möglichkeiten der Genmanipulation mitreißen und ist versucht, anzunehmen, daß die Ideen, die oben diskutiert wurden, in wenigen Jahren zur Ausführung kommen werden. Es besteht ein ungeheurer kommerzieller Druck für einen raschen Fortschritt; es tauchen aber auch viele technische Probleme auf, und außerdem einige ernstzunehmende Lücken in unserer Kenntnis der Vorgänge, in die wir eingreifen möchten.

10.2 Zusammenfassung

Gentechnik ist definiert als eine Veränderung an Genen mittels *in vitro*-Methoden. Dies steht im Kontrast zu den konventionellen Zuchttechniken, bei denen die Gene sexuell oder durch Konjugation übertragen werden. Da der Gentransfer ein relativ zufälliger Prozeß ist, muß der Züchter entsprechend den erwünschten Eigenschaften auswählen und ist auf Mutationen angewiesen, wenn er „neue" Gene erzeugen will. Eine ernsthafte Beschränkung dieser Methode besteht darin, daß es nicht möglich ist, ein Gen zwischen Organismen zu übertragen, die überhaupt nicht miteinander verwandt sind.

Im Gegensatz dazu ist die Gentechnik gerade dann hilfreich, wenn man ein Gen von einem höheren Organsmus in ein Bakterium oder in eine Hefe einführen will. Solche Manipulationen können zur Synthese von pharmakologisch aktiven Polypeptiden, Impfstoffen oder von Enzymen zum industriellen Gebrauch durch Mikroorganismen führen. Sie kann zur Verbesserung der Eigenschaften industriell wichtiger Mikroorganismen eingesetzt werden oder zur genetischen Veränderung von Tieren. Im letzteren Fall besteht jedoch das große Problem, alle Zellen in einem Organismus zu verändern. Denn Tiere können nicht aus einzelnen kultivierten Zellen erzeugt werden. Pflanzen können allerdings einfacher manipuliert werden. Es bestehen echte Aussichten darauf, die Resistenz gegen Krankheiten oder Herbizide einzuführen, die Ausbeuten zu erhöhen, die Synthese von insektiziden Polypeptiden zu initiieren und die Möglichkeit zur Stickstofffixierung in Feldfrüchte einzuführen, die nicht zu den Leguminosen zählen.

11. Verfahrensweisen in der Gentechnik

11.1 Überblick über das Klonieren von Genen

Das Klonieren von Genen wurde zunächst durch technische Entwicklungen wie der Isolierung von Enzymen möglich gemacht, die die DNA an ganz bestimmten Stellen zerschneiden (Restriktionsendonucleasen) oder die DNA-Fragmente kovalent verbinden (Ligasen). Weitere Fortschritte hängen immer noch häufig von der Entwicklung neuer Enzyme oder anderer Biochemikalien ab. Wir erleben im Moment eine Explosion bei den Veröffentlichungen neuer Techniken, die mit der Klonierung in Beziehung stehen. Diese Ausuferung an technischer Information verbunden mit einem Übermaß an Fachjargon kann den Neuling leicht blind gegenüber den grundlegenden Prinzipien der Klonierung machen. Sind diese erst einmal verstanden, so ist es viel leichter, zu erkennen, wo eine neue Technik in den Vorgang der Klonierung einzuordnen ist. Das Ziel dieses Abschnitts ist es, die Strategien, die für das Klonieren eingesetzt werden, zu skizzieren und in diejenigen Techniken einzuführen, die zumeist Anwendung finden.

Es gibt mehrere mögliche Gründe für den Wunsch, ein bestimmtes DNA-Fragment klonieren zu wollen. Man kann z.B. zum Ziel haben, ein Gen, das ein wertvolles Polypeptid codiert, in eine Bakterienzelle einzuführen, damit die Zellen große Mengen an diesem Polypeptid produzieren. Diese Methode hat am meisten Furore gemacht und führte dazu, daß Polypeptide wie Insulin, Interferon und Somatotropin von Bakterien hergestellt wurden. Wie wir später sehen werden, kann DNA auch in eukaryotischen Zellen kloniert werden. Das Ziel dieser Methode ist es, die Zellen entweder als biochemische „Fabriken" einzusetzen oder die Eigenschaften der Zellen so zu verändern, daß sie für unseren Bedarf besser geeignet sind. In der Praxis wird die Genklonierung meist durchgeführt, um genug DNA für nachfolgende Untersuchungen zu produzieren, z.B. zur Sequenzanalyse.

Genklonierung ist letztendlich der Einbau eines spezifischen Fragmentes „fremder" DNA in eine Zelle, und zwar derart, daß die eingesetzte DNA repliziert und bei der Zellteilung an die Tochterzellen weitergegeben wird. Dieser Vorgang ist auch in der Natur zu beobachten, wie durch die schnelle Ausbreitung vielfacher Resistenzen gegen Antibiotika in den Bakterienpopulationen unter dem geeigneten Selektionsdruck gezeigt wurde. Transfer von DNA geschieht normalerweise jedoch nur zwischen eng verwandten Arten von Bakterien und man hat wenig Kontrolle darüber, welche Fragmente übertragen werden. Der natürlich vorkommende DNA-Transfer oder Transduktion ist also zu schlecht voraussagbar und nur auf einen zu beschränkten Bereich anwendbar, als daß er für die Genklonierung nutzvoll sein könnte.

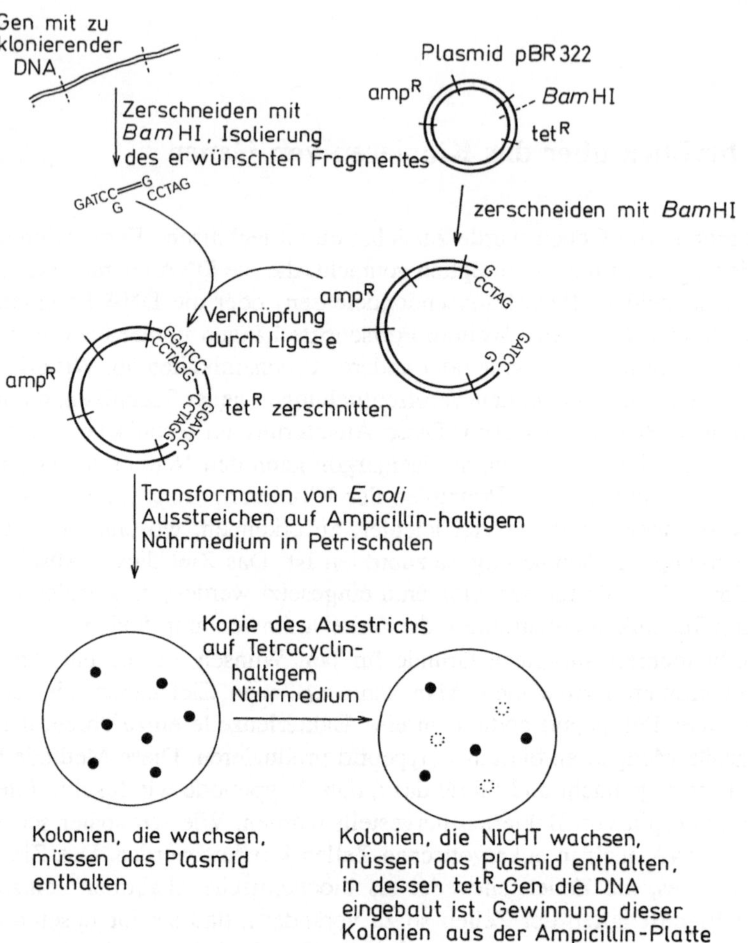

Abb. 11.1 Überblick über die Genklonierung

Die wichtigsten Schritte der Genklonierung sind in Abb. 11.1 zusammengefaßt. Zu ihnen gehören folgende Arbeitsgänge:

(1) Isolierung des Gens (oder eines anderen Teils der DNA), das kloniert werden soll.

(2) Einbau des Gens in ein anderes DNA-Fragment, auch Vektor genannt, das von dem Bakterium aufgenommen und in ihm repliziert werden kann, wenn die Zelle wächst und sich teilt. Obwohl in Abb. 11.1 der Einsatz eines Plas-

midvektors gezeigt wird, da dies das immer noch am weitesten verbreitete System ist, können auch andere Typen von Vektoren Verwendung finden wie z.B. virale DNA und Cosmide.

(3) Transfer des rekombinanten Vektors in die Bakterienzelle, entweder durch Transformation oder durch Infektion mit Viren.

(4) Auswahl derjenigen Zellen, die den erwünschten rekombinanten Vektor enthalten.

(5) Wachstum der Bakterien; dies kann unendlich lange fortgesetzt werden, bis so viel klonierte DNA hergestellt wurde, wie benötigt wird.

(6) Der Vektor, der die eingebaute DNA enthält, wird normalerweise in diesem Stadium aus den Zellen wiedergewonnen, das eingebaute Fragment abgeschnitten und vom Vektormolekül getrennt. Manchmal ist es jedoch das Ziel, die Expression des Gens in der bakteriellen Zelle zu erreichen, insbesondere, wenn das Gen ein Polypeptid codiert, das nur schwierig und teuer mit anderen Mitteln herzustellen ist.

11.2 Arbeitsschritte der Genklonierung

11.2.1 Restriktionsendonucleasen

Die Restriktionsendonucleasen sind das Herz der Genklonierung. Diese Enzyme, die von Natur aus in Bakterien als Waffe gegen eine Virusinvasion vorhanden sind, zerschneiden beide Stränge der DNA-Moleküle immer dann, wenn eine bestimmte Nucleotidsequenz vorkommt. Die für die Genklonierung am meisten verwendete Klasse dieser Enzyme ist als Typ II bekannt. Jede von ihnen erkennt eine ganz bestimmte Sequenz von Nucleotiden, die gewöhnlich vier oder sechs Nucleotide lang ist, und zerschneidet die DNA-Stränge normalerweise innerhalb dieser Sequenz. Die Schnitte können versetzt angeordnet sein, dann entstehen kurze einzelsträngige Stücke. Oder sie können einander gegenüberliegen, was zur Bildung von „stumpfen" (engl.:„blunt") Enden führt. Abb. 11.2 zeigt die Arten von Sequenzen, die durch die Restriktionsenzyme erkannt werden, und wie die Schnitte gelegt werden können. Man sollte beachten, daß die Sequenzen, die intern geschnitten werden (die Mehrheit) symmetrisch sind; d.h. vom 5'-Ende zum 3'-Ende gelesen weisen beide Stränge die gleiche Sequenz auf. Versetzte Schnitte erzeugen identische einzelsträngige Enden, die einander komplementär sind. Bei niedrigen Temperaturen besteht bei den Einzelsträngen folglich die Tendenz, durch Basenpaarung miteinander zu assoziieren. Dies führt zu einer reversiblen Verbindung zwischen zwei Fragmenten, die durch das gleiche Enzym zerschnitten worden sind. Solche Enden werden als „klebrig" (engl.: „sticky") oder „kohäsiv" bezeichnet. Eine riesige Menge an Restriktrionsendonucleasen ist heute käuflich zu erwerben, so daß stumpfe oder klebrige Enden von den meisten Tetra- oder Hexanucleotiden erzeugt werden können.

Die Isolierung von Genen zur Klonierung, der Einbau der DNA in Vektoren, die Wiederfindung der eingebauten Fragmente in den klonierten Vektoren, die

Enzym	Erkennungssequenz	Produkte		übliche Darstellung
*Eco*RI	↓ 5′—GAATTC—3′ 3′—CTTAAG—5′ ↑	5′—G 3′—CTTAA	AATTC—3′ G—5′	↓ GAATTC
*Bam*HI	↓ 5′—GGATCC—3′ 3′—CCTAGG—5′ ↑	5′—G 3′—CCTAG	GATCC—3′ G—5′	↓ GGATCC
*Hpa*I	↓ 5′—GTTAAC—3′ 3′—CAATTG—5′ ↑	5′—GTT 3′—CAA	AAC—3′ TTG—5′	↓ GTTAAC
Sau 3A	↓ 5′—GATC—3′ 3′—CTAG—5′ ↑	5′— 3′—CTAG	GATC—3′ —5′	↓ GATC

Abb. 11.2 Erkennungssequenzen einiger Restriktionsendonucleasen. Die Pfeile zeigen die Spaltungsstellen an. Es ist zu beachten, daß die kohäsiven Enden, die von *Sau3*A erzeugt werden, komplementär zu denen sind, die von *Bam*HI produziert werden. Ersteres erkennt allerdings ein Tetranucleotid, letzteres dagegen ein Hexanucleotid

Erstellung neuer Vektoren, dies alles hängt von unserer Fähigkeit ab, die DNA an wohldefinierten Stellen zu zerschneiden – daraus erklärt sich die zentrale Rolle der Restriktionsendonucleasen bei der Genklonierung.

11.2.2 Isolierung der DNA, die kloniert werden soll

Abhängig von den Zielen des Experimentators kann die DNA aus einer Vielzahl von Quellen stammen. Vielleicht geht es darum, ein spezielles Gen zu isolieren und zu klonieren, um es danach zu sequenzieren, oder um die Erforschung seiner Transcriptionskontrolle. Dieses Gen macht immer nur einen kleinen Teil des gesamten Genoms aus (etwa 0,03% des Genoms bei *Escherichia coli* und $0,03 \times 10^{-3}$% bei Säugetieren). So muß ein Weg gefunden werden, es von den anderen entweder vor oder nach der Klonierung abzutrennen. Diese Aufgabe ist sehr viel einfacher, wenn die betreffende mRNA in einigermaßen reiner Form zur Verfügung steht. Wenn das Protein, das von dem Gen codiert wird, ein Hauptprodukt der Zellen ist, dann liegt die mRNA schon in angereicherter Form in der gewünschten Art vor. Arbeitsgänge wie die Fraktionierung der mRNA nach ihrer Größe, *in vitro*-Translation der Fraktionen, Präzipitation der Translationsprodukte mit spezifischen Antikörpern usw. sind jedoch zur Anreicherung derjenigen mRNAs nötig, die weniger reichlich vorhanden sind (das ist die Mehrheit). Methoden, spezifische mRNAs zu erhalten, werden in Abschn. 11.2.6 beschrieben. Man sollte darauf hinweisen, daß dieser Schritt der schwierigste bei der Klonierung sein kann, insbesondere, wenn das durch das Gen codierte Produkt nicht gut charakterisiert ist.

Solch eine gereinigte mRNA kann dazu benutzt werden, die Synthese eines komplementären DNA- (cDNA-)Stranges durch das Enzym Reverse Transcrip-

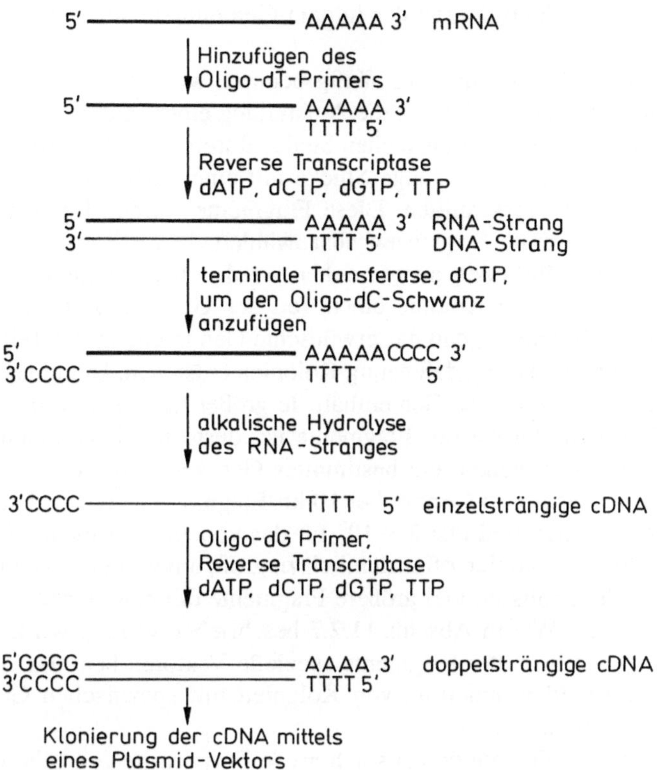

Abb. 11.3 Synthese von cDNA

tase (Abb. 11.3) zu dirigieren. Dies führt zur Bildung eines DNA/RNA-Hybriden. Nach Entfernung des RNA-Stranges durch Behandlung mit Alkali, kann die Einzelstrang-DNA als Matrize für die Synthese des komplementären DNA-Stranges in Anwesenheit des Enzyms DNA-Polymerase dienen. Man könnte erwarten, daß die resultierende Doppelstrang-DNA identisch ist mit dem Gen, das zu der eingesetzten m-RNA gehört. Im Falle eines prokaryotischen Gens ist dies auch so. Die Mehrzahl der eukaryotischen Gene enthalten allerdings Sequenzen (Introns), die die codierenden Sequenzen unterbrechen. Das gesamtes Gen mit den Introns wird der Transcription unterworfen, die Introns werden aus der mRNA herausgeschnitten und die verbleibenden Stücke (Exons) zu der reifen mRNA zusammengestellt („gespleißt"). Aus dieser wird nach der Translation die cDNA gebildet. Da die Introns in der funktionierenden mRNA nicht enthalten sind, kann die cDNA anstelle des echten Gens eingesetzt werden, wenn das Ziel der Klonierung die Expression ist. Diese Möglichkeit kann jedoch aus ersichtlichen Gründen nicht ausgenutzt werden, wenn man das natürlich vorkommende Gen mit seinen Introns sequenzieren will. Im letzteren Fall kann die cDNA durch die „Nick"-Translation radioaktiv markiert werden. Diese wird als Sonde bei der Hybridisierung zur Identifikation der in dem Gen enthaltenden DNA-Fragmente benutzt.

Eine Verfahrensweise, die man häufig benutzt, wenn man mit schlecht charakterisierten Genomen arbeitet, ist die Aufstellung einer „Genbibliothek". Dabei wird das gesamte Gen an irgendwelchen Stellen durch partielle Verdauung mittels einiger Restriktionsenzyme in lange Stücke mit einer Größe von etwa 10 Kilobasen (kb) und mehr zerschnitten. Diese Fragmente werden kloniert, ohne daß man versucht, bestimmte Sequenzen auszuwählen. Wenn Bakterien mit diesen Bruchstücken auf Nährböden ausgestrichen werden und daraus einzelne Kolonien entstehen, wird jede Kolonie einen Teil des Genoms besitzen. Es besteht eine begrenzte Möglichkeit, daß das erwünschte Gen in einem der Teile enthalten ist. Unter der Voraussetzung, daß genug Kolonien entstehen, kann man fast sicher sein, daß mindestens eine das Gen enthält. Je größer das Genom und je geringer die durchschnittliche Größe der Fragmente ist, desto mehr Kolonien muß man züchten, um sicher zu gehen, ein bestimmtes Gen wiederzufinden. Rechnungen ergaben, daß für das *E.coli*-Genom bei 10 kb-Fragmenten etwa $1,5 \times 10^3$ Kolonien gebraucht werden und fast 2×10^6 für das von *Homo sapiens*. Im letzteren Fall ist die Zahl der Kolonien offensichtlich zu groß, um vernünftig damit arbeiten zu können. Deshalb müssen viel größere Fragmente mit einer Größe von etwa 40 kb kloniert werden. Wie in Abschn. 11.2.7 beschrieben werden wird, werden für die Klonierung solch großer Fragmente spezielle Vektoren benötigt. Wir werden die Methoden zur Identifizierung von Kolonien mit spezifischen Genen später behandeln (s. Abschn. 11.2.6).

Die Chemie der Nucleotide hat solch große Fortschritte gemacht, daß es jetzt in vielen Laboratorien eine Routinemethode ist, lange DNA-Moleküle mit jeder beliebigen Nuceotidsequenz zu synthetisieren. Inzwischen ist es möglich, Maschinen zu kaufen, die jeden Schritt automatisch durchführen. Alles was der Operator zu tun hat, ist, die Reagentien zu beschaffen und die zu erzeugende Nucleotidsequenz einzutippen. Wenn man die Aminosäuresequenz eines Polypeptids kennt, ist es folglich einfacher, ein „Gen" zu erzeugen, das diese Sequenz codiert, als zu versuchen, das natürliche Gen zu isolieren. Solch eine Methode wurde für die bakterielle Synthese des Polypeptidhormons Somatostatin eingesetzt.

11.2.3 Vektoren zur Plasmidklonierung

Um ein Fragment der DNA zu klonieren, reicht es nicht aus, es in eine bakterielle Zelle zu überführen, in der Hoffnung, daß es mit der zelleigenen DNA repliziert wird. Wenn die fremde DNA nicht eine Nucleotidsequenz enthält, die von dem Wirtsbakterium als „Replikationsstartpunkt" (engl.: origin of replication") erkannt wird, wird es nicht repliziert. Gewöhnlich ist es notwendig, die DNA an ein anderes Fragment anzuknüpfen, das einen Replikationsstartpunkt enthält. Solche Replikationsstartpunkte kommen von Natur aus in Plasmiden vor. Plasmide sind kleine, ringförmige DNA-Moleküle, die in vielen Bakterien gefunden werden. Sie liegen getrennt von der hauptsächlich vorhandenen chromosomalen

DNA vor, werden jedoch repliziert und gewöhnlich während der Zellteilung in die Tochterzelle übertragen. Einige sehr wichtige Gene können auf diesen Plasmiden lokalisiert sein, z.B. solche für Antibiotikaresistenz, für die Bildung von Toxinen oder Antibiotika, für die Stickstoffixierung und für Enzyme, die zum Abbau einer großen Zahl von „ungewöhnlichen" Substraten wie Herbiziden oder Industrieabfällen benötigt werden. Nur wenige dieser Gene sind in einem Plasmid vorhanden. Durch den häufigen Austausch von genetischem Material zwischen Plasmiden und chromosomaler DNA, entstehen jedoch unaufhörlich neue Zusammenstellungen von Genen, die den Bakterienpopulationen helfen, schnell auf neue Umweltbedingungen zu reagieren. Dies kann in Krankenhäusern ein ernsthaftes Problem darstellen, wenn eine Reihe von Antibiotika eingesetzt wird, da der Gentransfer über die Plasmide bald zum Erscheinen von Bakterien führen kann, die gleichzeitig gegen mehrere verschiedene Antibiotika resistent sind.

Zum Klonieren von Genen bieten die Plasmide ein angenehmes Ausgangsmaterial für Replikationsstartpunkte. Die meisten ihrer Gene sind jedoch überflüssig und würden die Moleküle unhandlich machen. Deshalb wurden Plasmide aus natürlich vorkommenden Formen konstruiert, die nur diejenigen Eigenschaften behalten haben, die bei der Klonierung hilfreich sind. Eines der am meisten benutzten Plasmide, pBR322, wurde hergestellt, indem Teile natürlich vorkommender Plasmide mittels Restriktionsenzyme herausgeschnitten wurden und diese wieder in der korrekten Ausrichtung vereint wurden. Die dazu notwendigen Manipulationen lassen die Lösung des Rubik-Würfels einfach erscheinen. Das so entstandene Plasmid zeigte viele Eigenschaften, die für einen Vektor zur Plasmidklonierung wünschenswert sind (Abb. 11.4). Das Molekül enthält einen Replikationsstartpunkt, der aus einem mit dem natürlich vorkommenden Plasmid Col El verwandten Plasmid gewonnen wurde. Dieser Startpunkt ist besonders nützlich, da er autark (engl.: „relaxed") ist, d.h. seine Replikation ist nicht mit der der chromosomalen DNA verknüpft. Das Plasmid kann also häufiger repliziert werden als die hauptsächlich vorhandene chromosomale DNA. Folglich reichern sich viele Kopien des Plasmids in jeder Zelle an. Dieser Vorgang kann noch weiter gefördert werden, indem Chloramphenicol (ein Inhibitor der Proteinsynthese) der Zellkultur zugeführt wird, da eine Proteinsynthese zwar für die Replikation der chromosomalen DNA, nicht aber für die des Plasmids benötigt wird. So kann Chloramphenicol zur „Amplifikation" des Plasmiden benutzt werden, was zu einer Anreicherung von bis zu 3000 Kopien pro Zelle führt.

Das Plasmid wurde sehr sorgsam konstruiert und enthält so jeweils eine einzige Erkennungsstelle für über 20 verschiedene Restriktionsendonucleasen. Dies bedeutet, daß jedes dieser Enzyme einen einzigen Schnitt in dem ringförmigen Plasmid durchführt und so ein einziges, lineares Molekül erzeugt, das mit dem zu klonierenden DNA-Fragment verknüpft werden kann. Dann kann das Molekül wieder zum Ring geschlossen werden, so daß ein etwas vergrößertes, kreisförmiges Plasmid entsteht. Aus den Beispielen in Abb. 11.4 kann man erkennen, daß die Restriktionsstellen über dem Plasmid verteilt sind, was zu einer großen Flexibilität bei der Auswahl der rekombinanten Moleküle führt, wie weiter unten beschrieben wird.

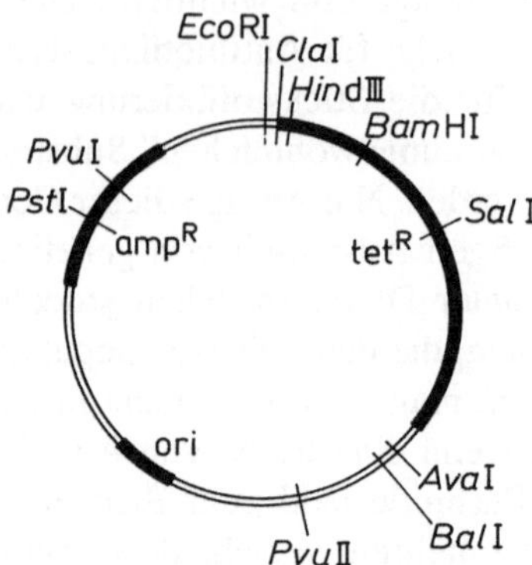

Abb. 11.4 Genkarte des Plasmids pBR322. Die Bereiche, die die Resistenz gegenüber Ampicillin (amp^R) und Tetracyclin (tet^R) und den Replikationsstartpunkt (ori) codieren, sind als schwarze Bereiche eingezeichnet. Die Spaltungsstellen einer Auswahl von Restriktionsendonucleasen sind angezeigt, wobei einige von ihnen das Plasmid innnerhalb eines Gens zur Antibiotikaresistenz zerschneiden. Alle eingezeichneten Enzyme zerschneiden das Plasmid an einer einzigen Stelle und produzieren so aus dem ringförmigen Plasmiden ein einziges, lineares Molekül

Zwei Gene wurden in pBR322 beibehalten, und zwar das für die Resistenz gegen Ampicillin und gegen Tetracyclin. Dies sind sehr wertvolle Markierungspunkte. Die Anwesenheit des Plasmiden in einem Bakterium verleiht ihm Resistenz gegen diese Antibiotika. So können solche Zellen durch Wachstum auf Nährböden, die entweder Ampicillin oder Tetracyclin enthalten, ausgewählt werden. Da die Restriktionsstellen in den Genen für die Antibiotikaresistenz lokalisiert sind, kann außerdem das Einsetzen der fremden DNA so durchgeführt werden, daß das eine oder das andere Gen inaktiviert wird. Wenn z.B. die DNA an der *Bam*HI-Stelle eingesetzt wird, wird die Tetracyclinresistenz zerstört. Die rekombinierten Plasmide befähigen also die Zellen, in Gegenwart von Ampicillin zu wachsen, schützen sie aber nicht gegen Tetracyclin.

Dies liefert die Basis für eine Methode, um zwischen denjenigen Zellen zu unterscheiden, die nur das Plasmid enthalten und solchen, die das Plasmid mit der eingebauten DNA enthalten (s.Abb. 11.1). Die Zellen werden in niedriger Konzentration auf einem Nährmedium ausgestrichen, das mittels Agar verfestigt ist und Ampicillin enthält. Nach der Inkubation wachsen alle Zellen, die das Plasmid enthalten, in Form von Kolonien. Es sollte nun möglich sein, herauszufinden, welche Zellen Plasmide mit eingebauter DNA enthalten, indem man frische Agarböden, die Tetracyclin anstelle von Ampicillin enthalten, mit Zellen aus jeder Kolonie beimpft. Zellen, die auf diesen Platten nicht wachsen, enthalten wahrscheinlich Plasmide mit der eingebauten DNA. Klone dieser Zellen können aus der entsprechenen Kolonie der ersten Platte erhalten werden. In der Praxis ist die einfachste Methode für die Auswahl das „doppelte Ausstreichen" („Replica plating"), bei dem ein steriles Stück Samt auf die erste Platte mit Kolonien aufgedrückt wird, wodurch einige Zellen von jeder Kolonie aufgelesen werden. Die zweite Platte wird dann durch Aufdrücken des Samtes beimpft. Nach der Inkubation sollten die Kolonien auf der zweiten Platte an genau der gleichen Stelle zu erkennen sein wie auf der ersten, doch es wird auch einige leere Stellen geben. Es ist dann leicht, herauszufinden, welche Kolonien auf Tetracyclin nicht gewachsen sind. Diese können von der ersten Platte gewonnen und weitergezüchtet werden, um die in das Plasmid eingebaute DNA näher zu charakterisieren.

Die Plasmide, die als Vektoren benutzt werden, sind auf die kleinstmögliche Größe gebracht worden. Dafür gibt es zwei Gründe: erstens werden kleine DNA-Moleküle viel weniger leicht bei der Isolierung durch Scherung zerstört als lange. Diese erhöhte Stabilität erlaubt den Einsatz relativ gewaltsamer Methoden zu diesem Zweck wie z.B. die Deprotonierung der Plasmidpräparation, und macht es somit einfacher, eine hohe Ausbeute an reiner DNA zu erzielen. Zweitens werden kleinere Moleküle viel leichter während des „Transformations"-prozesses aufgenommen, ein wichtiger Gesichtspunkt, wenn man mit sehr kleinen Mengen wertvoller DNA arbeitet. Die Größe der Plasmide muß deshalb auf ein Minimum beschränkt werden. Offensichtlich entsteht durch Einbau großer DNA-Fragmente in ein Plasmid ein Molekül, das physikalisch instabil ist. Die Transformation wird dadurch so ineffektiv, daß die Methode unpraktikabel ist. Eine solche Beschränkung der maximalen Größe der einbaufähigen Fragmente kann Probleme hervorrufen, z.B. wenn eine Genbibliothek von einem eukaryotischen Organismus aufgestellt werden soll. In solchen Fällen wäre es nötig, etwa 2×10^6 Kolonien von Zellen herzustellen, um sicher zu gehen, daß zumindest eine ein Plasmid mit einem bestimmten eingebautem Gen enthält, wenn man von einer mittleren Fragmentgröße von 10 kb ausgeht. Wenn jedoch Fragmente mit einer Größe von 40 kb kloniert werden könnten, müßte man nur 7×10^4 Kolonien untersuchen. Obwohl dies immer noch eine große Zahl zu sein scheint, ist es doch tatsächlich nicht zu schwierig, damit umzugehen.

11.2.4 Verbinden der DNA

Der Vorgang der DNA-Klonierung hängt nicht nur von der Verfügbarkeit von Restriktionsenzymen und Vektoren ab, sondern auch von unserer Fähigkeit, lange DNA-Stücke kovalent miteinander zu verbinden. Wenn die DNA-Fragmente, die verbunden werden sollen, mit dem gleichen Restriktionsenzym zerschnitten wurden, so daß identische kohäsive Enden entstanden sind, dann werden sie aneinander haften bleiben, wenn sie zusammenstoßen. Zusammengehalten werden sie dann durch Wasserstoffbrücken zwischen den komplementären Basenpaaren. Diese Zusammenlagerung ist jedoch wegen der Schwäche der Bindungen und der kleinen Zahl an Basen nicht von Dauer. Die Verknüpfung kann durch ein „Ligase"-Enzym permanent gemacht werden, das eine Phosphodiesterbindung zwischen den freien 5'-Phosphoryl- und 3'-Hydroxylgruppen herstellt. Dadurch werden zwei DNA-Moleküle miteinander verdbunden oder ein einziges, lineares Molekül zu einem Ring geschlossen. Die Hauptquelle für Ligase ist der Phage T4.

Das Enzym benötigt ATP, um die Verknüpfung herzustellen. Um die Basenpaarung durch die kohäsiven Enden zu stabilisieren, wird die Reaktion gewöhnlich bei Temperaturen zwischen 4 und 10 °C durchgeführt, wobei lange Inkubationszeiten aufgrund der niedrigen Enzymaktivität bei dieser Temperatur nötig sind. Eine wichtige Eigenschaft der T4-DNA-Ligase ist ihre Fähigkeit, stumpfe Enden der DNA zu verbinden, vorausgesetzt, die Konzentrationen an Enzym und DNA sind hoch genug.

Es soll darauf hingewiesen werden, daß das Entstehen einer Verknüpfung, wie oben beschrieben, von den zufälligen Zusammenstößen der DNA-Moleküle abhängt, durch die bestimmt wird, welche Fragmente zusammengesetzt werden. Somit gehören zu den Produkten einer Mischung von DNA-Fragmenten und dem linearen Vektor nicht nur Verbindungen aus einem einzigen Vektor und einem einzigen Stück eingebauter DNA, sondern auch rezirkularisierte Vektoren ohne eingebaute DNA, lange DNA-Moleküle aus zwei oder mehr Fragmenten, ringförmige Fragmente, Verbindungen aus zwei und mehr Vektoren usw. Durch sorgfältige Wahl der Konzentrationen von Vektor und einzubauender DNA kann die Bildung eines Plasmids mit einem einzigen Stück einzusetzender DNA favorisiert werden, man kann jedoch die unerwünschten Produkte nicht vollständig eliminieren.

Diese Art von Verknüpfung ist für einige Zwecke geeignet, insbesondere, wenn nachfolgende Schritte unternommen werden, um das „rekombinante" Produkt auszuwählen. Es gibt jedoch Möglichkeiten, mehr Kontrolle über die Produkte auszuüben, die gebildet werden. Wenn man z.B. den Vektor nach der Restriktion mit alkalischer Phosphatase behandelt, wird seine 5'-Phosphoryl-Gruppe entfernt (Abb. 11.5). Die Ligase wird nur dann die 3'- und 5'-Enden miteinander verbinden, wenn das 5'-Ende phosphoryliert ist. Bei der Verknüpfung mit unbehandelten DNA-Fragmenten können dann nur Bindungen zwischen Fragment und Vektor oder Fragment und Fragment hergestellt werden. Dadurch wird die einfache Rezirkularisierung des Vektors verhindert und die Ausbeute an rekombinanten Molekülen erhöht. Natürlich kann die Fragment-Vektor-Bindung nur mit einem Strang der DNA hergestellt werden, was aber ausreichend ist, um dieses Molekül zusammenzuhalten, und die „Kerben" (engl.: „nicks") werden schließlich nach der Transformation durch den bakteriellen Wirt repariert.

Idealerweise sollten sowohl der Vektor als auch das einzubauende DNA-Fragment mit dem selben Restriktionsenzym geschnitten werden oder mit einem Paar, das identische vorstehende Enden (Isoschizomere) herstellt. Dies ist jedoch nicht immer möglich. In solchen Fällen können alle kohäsiven Enden in blinde überführt werden, entweder, indem man die vorstehenden Nucleotide mit S1-Nuclease (die eine Einzelstrang-DNA abbaut) entfernt, oder, indem man die einzelsträngigen Enden mit DNA-Polymerase und allen vier Nucleotidtriphosphaten auffüllt. Im Prinzip können nun die Moleküle mit ihren stumpfen Enden mit T4-DNA-Ligase zusammengefügt werden. Dies wird jedoch normalerweise nicht gemacht, da die entstehenden rekombinanten Moleküle wahrscheinlich keine Stellen für eine Restriktion enthalten würden, dort wo die Verbindung hergestellt wurde. Somit wäre es schwierig, die eingesetzte DNA nach der Klonierung von dem

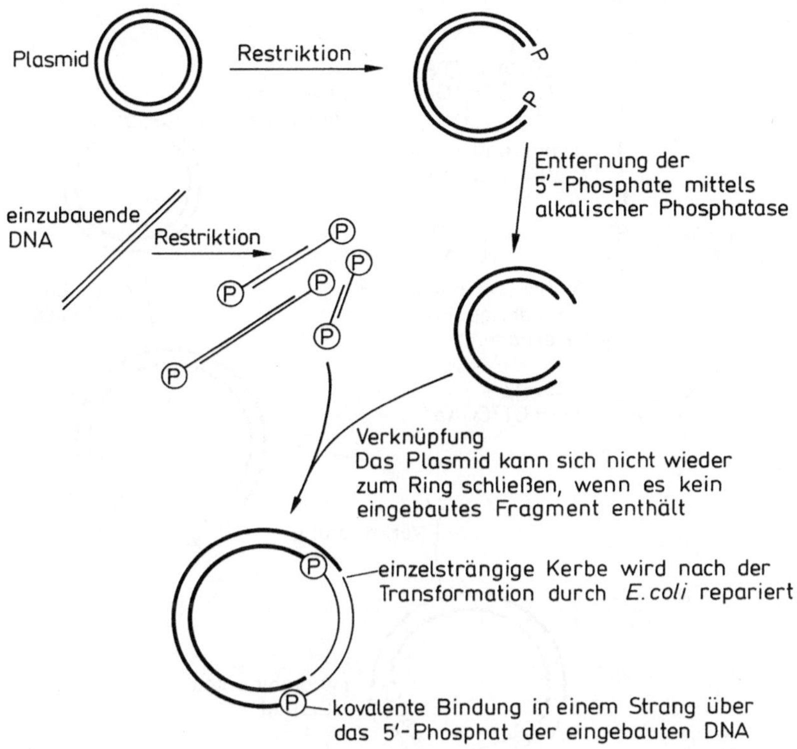

Abb. 11.5 Einsatz von alkalischer Phosphatase zur Erhöhung der Ausbeute an rekombinanten Molekülen

Vektor zu trennen. Es ist folglich viel nützlicher, Verbindungen zwischen stumpfen Enden von DNA-Fragmenten und „Verbindungsgliedern" (engl.: „linker") herzustellen. Dabei handelt es sich um chemisch synthetisierte Oligonucleotide, die eine oder mehrere Stellen für die Restriktion besitzen (Abb. 11.6). Wenn der Vektor z.B. eine *Hind*III-Spaltungsstelle in einem seiner Gene zur Antibiotikaresistenz besitzt, dann könnten die DNA-Fragmente nach ihrer Umwandlung in eine blind-endende Form, mit Linkern verbunden werden, die eine *Hind*III-Stelle besitzen. Die nachfolgende Restriktion der Fragmente einschließlich ihrer Linker mit *Hind*III erzeugte dann Moleküle, die mit dem Vektor verbunden werden könnten. Es sind so viele Linker (und verwandte Moleküle, Adaptoren genannt) käuflich zu erwerben, daß es heutzutage möglich ist, fast alle Probleme, die durch Inkompatibilitäten zwischen Vektor und einzubauender DNA entstehen, zu überwinden.

Eine unter dem Namen „Homopolymer-Tailing" bekannte Technik kann eingesetzt werden, um stumpf-endende Moleküle zu verbinden. Sie hat den Vorteil, daß nur intermolekulare Bindungen zwischen Vektor und einzubauenden Frag-

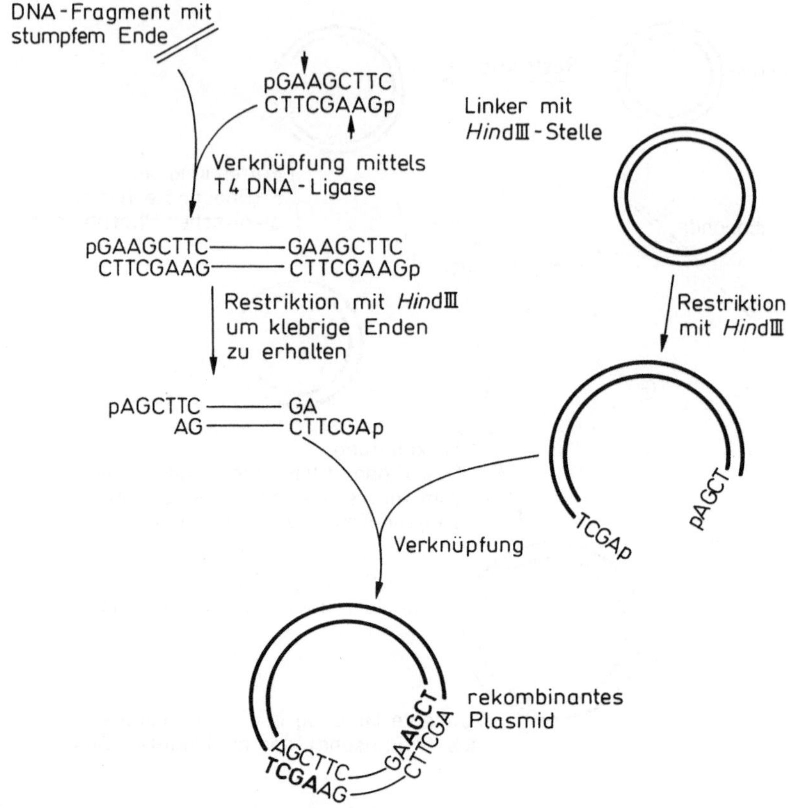

Abb. 11.6 Einsatz von Linkern zur Verbindung von Molekülen mit stumpfen Enden

ment entstehen können. Vektor und einzusetzende DNA werden getrennt mit terminaler Transferase und entweder dATP oder TTP behandelt, so daß Poly(dA)-Schwänze an den 3'-Enden des einen und Poly(T)-Schwänze am anderen Molekül gebildet werden. Wenn sie gemischt werden, bilden die komplementären Schwänze stabile Hybrid-Moleküle, die für die Transformation benutzt werden können. Der Nachteil dieser Methode ist, daß nicht automatisch Restriktionsstellen auf jeder Seite der einzubauenden DNA gebildet werden. Dadurch kann die Wiederfindung der eingebauten Stücke sich schwierig gestalten. Wenn dGTP und dCTP auf ähnliche Weise bei Molekülen benutzt wird, die mit dem Restriktionsenzym *Pst*I geschnitten worden sind, wird wieder eine *Pst*I-Spaltungsstelle bei der Bindung entstehen. Diese kann zur Wiederfindung der eingebauten Stücke in dem Plasmid nach der Klonierung benutzt werden.

11.2.5 Transformation und Wachstum der Zellen

Bevor die rekombinante DNA in großen Mengen durch Klonieren hergestellt werden kann, muß sie von einer geeigneten bakteriellen Wirtszelle aufgenommen werden, die dann als „transformiert" bezeichnet wird. Es handelt sich dabei gewöhnlich um eine *E.coli*-Art, der das Restriktionssystem fehlt, das normalerweise fremde DNA abbaut. Unbehandelte Zellen würden DNA nicht in bedeutender Menge aufnehmen. Deshalb müssen sie vorbehandelt werden, um sie „kompetent" zu machen. Diese Vorbehandlung besteht gewöhnlich in der Inkubation der exponentiell wachsenden Zellen mit $CaCl_2$ bei niedriger Temperatur, wonach die DNA zugefügt wird. Ein milder Hitzeschock führt dann zur Aufnahme der DNA. Der Wirkungsgrad der Transformation ist niemals hoch und wird von der Zellart und der Größe und Form der DNA beeinflußt. Zwischen 10^5 und 10^{7} Transformanten können pro Mikrogramm (μg) des superspiralsierten pBR322 erhalten werden. Doch diese Zahl sinkt auf weniger als $10^4 \mu g^{-1}$ bei dem Plasmid nach der Inkubation mit fremder DNA und wird zunehmend kleiner mit wachsender Größe des eingebauten DNA-Moleküls. Lineare DNA ist fast vollständig ineffektiv bei der Transformation. Selbst bei ihrem höchsten Wirkungsgrad werden nur etwa 0,01% der DNA-Moleküle in die Wirszelle aufgenommen. Daß dabei Moleküle geringer Größe bevorzugt werden, kann ein Problem darstellen, wenn Versuche unternommen werden, große in Plasmide eingebaute Fragmente der DNA zu klonieren. In diesem Fall muß man etwas gegen die Rezirkulation der nicht-rekombinanten Plasmide tun. Dies läßt sich durch den Einsatz von alkalischer Phosphatase bewerkstelligen (s. Abschn. 11.2.4).

Die Selektion der transformierten Zellen beruht gewöhnlich auf ihrer Resistenz gegen ein Antibiotikum. So ist es wichtig, die Zellen etwa eine Stunde lang in einem Medium zu inkubieren, das kein Antibiotikum enthält, um das Antibiotika-Resistenz-Gen auf dem Plasmid zur Expression zu bringen. Die Zellen können dann auf einem festen Medium mit Antibiotikum ausgestrichen werden, um die Zellen, die die rekombinante DNA enthalten, zu detektieren, wie in Abschn. 11.2.3 beschrieben wurde. Methoden zur Auswahl spezieller Kolonien werden weiter unten beschrieben werden. In manchen Fällen hat man sich zum Ziel gesetzt, eine einzige Art von Plasmid (rekombinant oder nicht) zu klonieren, die schon gereinigt worden ist. In diesem Fall braucht man die transformierten Zellen nicht vor dem Wachstum auf einem selektiven Medium auszustreichen. Kap. 6 und 7 liefern weitere Informationen über Transformation und bakterielles Zellwachstum.

11.2.6 Auswahl der Klone

Wie ist es möglich, aus der Vielzahl der Kolonien, die durch die Transformation entstanden sind, diejenigen wenigen (vielleicht nur eine von mehreren Tausend) herauszufinden, die ein bestimmtes Fragment der DNA enthalten? Eine der nützlichsten Methoden ist als „Koloniehybridisierung" bekannt (Abb. 11.7). Sie hängt von der Verfügbarkeit einer radioakativen „Sonde" ab, d.h. einer Nucleinsäure, die zumindest zu einem Teil der erwünschten DNA komplementär

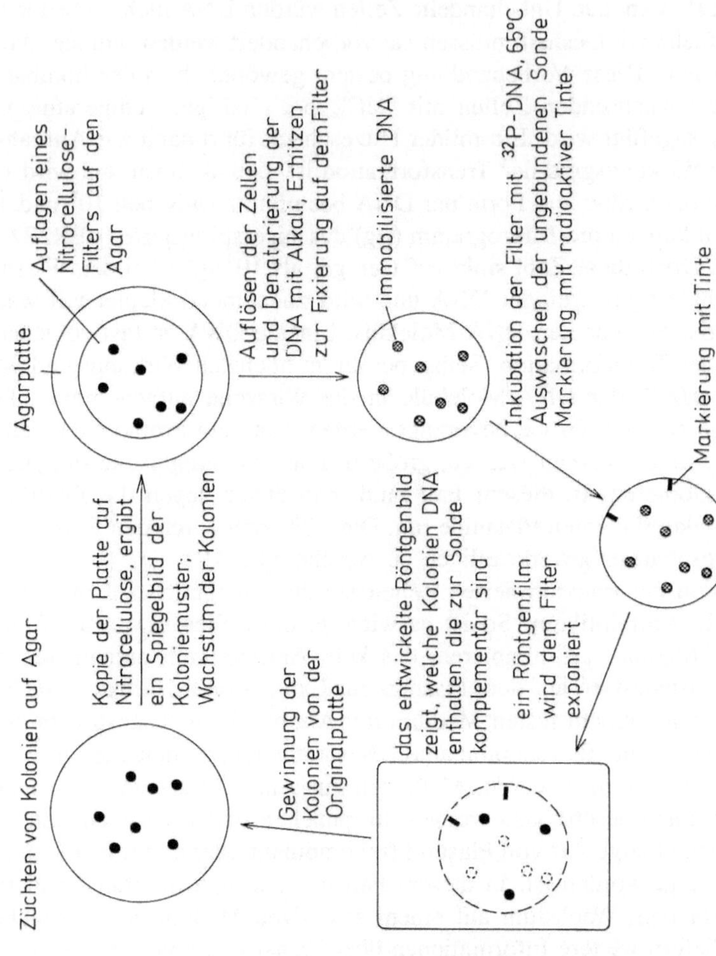

Abb. 11.7 Kolonie-Hybridisierung

ist. Bei dieser Technik werden die Kolonien der transformierten Zellen nach dem Verfahren des „Replica plating" (s. Abschn. 11.2.3) auf ein Nitrocellulosefilter aufgebracht, das auf ein gelartiges Nährmedium gelegt wird. Danach wird inkubiert, so daß sich auf dem Filter Kolonien bilden (die Nährstoffe können durch den Filter zu den Zellen diffundieren). Die Zellen werden dann aufgelöst, indem man den Filter mit Alkali behandelt. Dies denaturiert auch ihre DNA, die durch Erhitzen auf dem Filter fixiert wird. Dadurch wird das Muster der Kolonien durch ein identisches Muster gebundener, denaturierter DNA ersetzt. Der Filter wird nun mit einer Lösung der markierten Sonde inkubiert, die mit jeder gebundenen DNA, die zur Sonde komplementäre Sequenzen enthält, hybridisiert. Wenn man die Hybridisierung bei 65 °C durchführt, dann wird sie nur stattfinden, wenn die beiden Nucleinsäuren fast perfekt zueinander passen. Nach gründlichem Waschen zur Entfernung der ungebundenen Sonde werden die Hybride durch Autoradiographie des Filters detektiert. Es ist dann möglich, festzustellen, welche Kolonien eine bestimmte DNA, die komplementär zur Sonde ist, enthalten. Diese können von der Ausgangsplatte des Replica plating zur weiteren Zucht und zur Analyse gewonnen werden.

Es versteht sich von selbst, daß man bei der Hybridisierung darauf angewiesen ist, über eine beachtliche Menge einer hoch radioaktiven, spezifischen Sonde zu verfügen. Wenn es sich bei der DNA um ein Gen handelt, dann ist sein RNA-Transcriptionsprodukt ein gutes Ausgangsprodukt zur Herstellung einer Sonde. Dies ist einer der Gründe, weshalb die rRNAs und tRNAs gewöhnlich zu den ersten Molekülen gehören, von denen man eine Genkarte aufstellt und die isoliert werden. Die RNA-Produkte sind reichlich vorhanden und relativ leicht zu isolieren. Daher können sie für den Einsatz als Sonden endmarkiert werden oder als Matrize für die Synthese der radioaktiven cDNA-Sonden Verwendung finden (s. Abschn. 11.2.2). Es ist viel schwieriger, eine spezifische mRNA zu isolieren, vor allem wenn sie, wie in der Mehrzahl der Fälle, in geringer Menge vorhanden ist. Die Messenger-RNA kann insgesamt von den anderen Typen von RNAs dadurch abgetrennt werden, daß fast alle im Kern codierten mRNAs einen langen Schwanz aus Poly(A) am 3'-Ende besitzen. Die mRNA kann also an eine Affinitätssäule mit Oligo(dT)-Cellulose binden, von der sie danach eluiert werden kann (Abb. 11.8). Diese mRNA-Präparation kann bezüglich des erwünschten Produktes durch Fraktionierung nach der Größe mit Hilfe einer Dichtegradientenzentrifugation mit Sucrose angereichert werden. Wie aber kann man herausfinden, welche Fraktion die spezifische mRNA enthält? Jede mRNA-Fraktion kann einer *in vitro*-Translation unterworfen werden. Diese wird in einem Lysat von Kaninchenreticulocyten oder einem Extrakt aus Weizenkeimen durchgeführt. Die Anwesenheit der spezifischen mRNA wird dadurch angezeigt, daß die Translationsprodukte mit Antikörpern gegen das Protein präzipitiert werden können, das durch die „Ziel"-mRNA codiert wird. Wenn es nicht möglich war, das Protein zur Antikörperherstellung zu reinigen, was häufig der Fall ist, müssen andere Eigenschaften, wie die Enzymaktivität oder die Aktivität in einem Bioassay, benutzt werden, um das erwünschte Translationsprodukt zu detektieren.

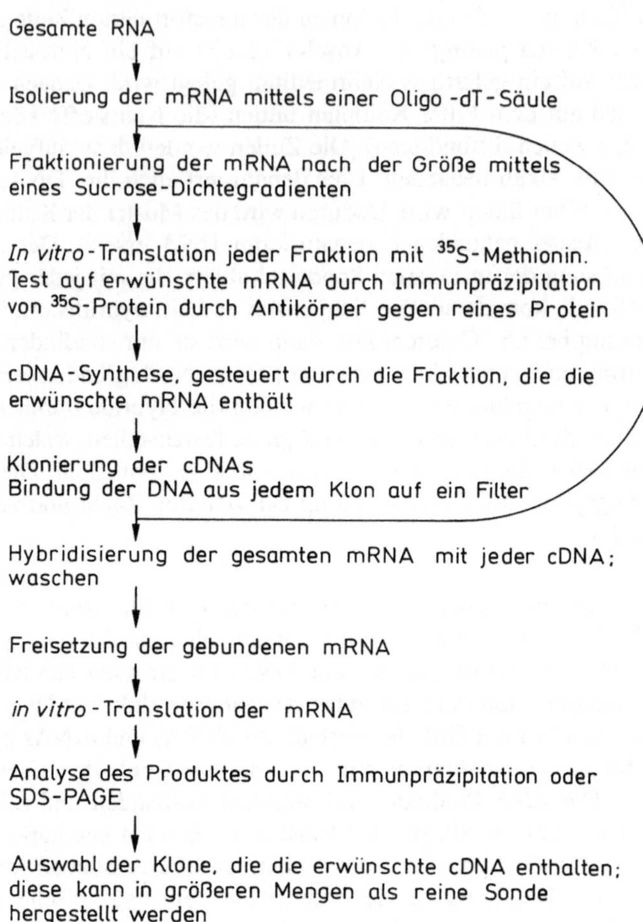

Abb. 11.8 Translation mit Freisetzung des Hybrids

Eine sehr wirkungsvolle Anreicherung der mRNA kann oft durch Präzipitation von Polysomen durch Antikörper gegen ihr gereinigtes Protein erreicht werden oder durch Bindung des Polysom-Antikörper-Komplexes an eine Protein A-Sepharose-Säule. Die beste Anreicherung wurde durch den Einsatz monoklonaler Antikörper erzielt.

Wenn die mRNA-Präparation bezüglich einer bestimmten Art angereichert worden ist, lohnt es sich gewöhnlich nicht, die RNA weiter zu reinigen. Statt dessen wird die Mischung der RNAs direkt zur Synthese ihrer entsprechenden cDNAs benutzt, und diese werden dann kloniert. Dann beginnt die arbeitsintensive Aufgabe, diejenigen Klone zu identifizieren, die die zur „Ziel"-mRNA komplementäre DNA enthalten (Abb. 11.8). Die DNA von jedem Klon wird denaturiert und immobilisiert und dann unter Hybridisierungsbedingungen mit der gesamten mRNA vermischt. Nach dem Waschen zur Entfernung der nicht-hybridisierten Moleküle, wird die gebundene RNA freigesetzt und einer *in vitro*-Translation unterworfen. Das Produkt wird durch SDS-Gelelektrophorese, Aktivitätstest, Bioassay oder Immunpräzipitation auf die Bildung des erwünschten Proteins hin untersucht. Diese Technik ist als „Translation mit Freisetzung des Hybriden" (engl.: „hybrid-release translation") bekannt. Eine verwandte Technik, die aber für mRNAs in niedriger Konzentration weniger nützlich ist, ist die „Translation mit Festhalten des Hybrids" (engl.: „hybrid-arrested translation"), bei der diejenige mRNA einer Translation unterworfen wird, die *nicht* an die immobilisierte DNA gebunden ist, und man sucht nach der *Abwesenheit* eines spezifischen Produktes. In der Praxis werden die Kolonien am Anfang zu Gruppen vereinigt („gepoolt") und wenn eine Gruppe ein positives Resultat erzielt, wird jeder Klon dieser Gruppe für sich analysiert.

Mit dem Aufkommen billiger und schneller Methoden zur Synthese recht langer Oligonucleotide mit jeder beliebigen Sequenz wurde die Möglichkeit eröffnet, synthetische Sonden herzustellen. Wenn die Aminosäuresequenz des Polypeptids bekannt ist, dann können die verschiedenen möglichen Nucleotidsequenzen seines Gens vorausgesagt werden. Wenn also das Polypeptid kurz ist, können alle möglichen Gensequenzen synthetisiert werden und als Sonden für das natürlich vorkommende Gen benutzt werden. Im Falle längerer Polypeptide ist diese Methode nicht praktikabel, aber glücklicherweise kann auch eine Sonde, die nur einen Teil des gesamten Gens darstellt, mit sehr gutem Erfolg als solche eingesetzt werden.

Die ziemlich umständlichen Auswahltechniken, die oben beschrieben wurden, sind notwenig, da die klonierte DNA in bakteriellen Zellen „im Ruhezustand" bleibt, und deshalb nur durch Hybridisierung detektiert werden kann. Es ist jedoch auch möglich, die DNA in „Expressionsvektoren" zu klonieren (s. Abschn. 11.2.8). Wenn die DNA ein bestimmtes Polypeptid codiert, gelangt sie dadurch zur Expression und das Polypeptid wird produziert. Dies kann durch einen phänotypischen Effekt (z.B. Resistenz gegen ein Antibiotikum) oder durch Immunassay nachgewiesen werden.

11.2.7 Virale DNA und Cosmidvektoren

Plasmide sind ausgezeichnete Vektoren für kurze DNA-Fragmente. Sie werden deshalb immer benutzt, wenn es darum geht, cDNA-Bibliotheken zu erstellen, bei denen jedes Stück eingebauter DNA durch reverse Transcription einer mRNA hergestellt worden ist. Da die mRNA-Moleküle relativ kurz sind (selbst lange Proteine haben selten Ketten von mehr als 400 Aminosäuren, was 1200 Nucleotiden der mRNA entspricht) sind die eingebauten DNA-Fragmente nicht so groß, als daß sie einen ernsthaften Effekt auf die Stabilität oder den Wirkungsgrad der Transformation der Plasmide ausüben könnten. Es gibt jedoch Aufgaben, bei denen es nötig ist, lange DNA-Fragmente zu klonieren. Die naheliegendste ist die Erstellung der Genombibliothek eines höheren Organismus mit einem komplexen Genom. Es wurde schon erwähnt, daß eine unpraktikabel hohe Zahl von

Kolonien erzeugt werden müßte, wenn man sicher gehen wollte, daß jeder Teil des Genoms in wenigstens einem Klon vorhanden ist. Dies ist aber nur dann der Fall, wenn das Genom in Fragmente zerlegt wurde, die klein genug sind, sie in einem Plasmiden zu klonieren. Zur Erstellung von Genombibliotheken müssen also andere Vektoren eingesetzt werden.

Virale DNA. Erinnert man sich daran, daß die Größe eines einzubauenden DNA-Fragmentes hauptsächlich durch die Verringerung des Wirkungsgrades bei der Transformation beschränkt ist, dann wird deutlich, daß Vektoren zur Klonierung langer Fragmente über einen anderen Mechanismus verfügen müssen, mit dem sie in die Zellen eindringen. Dies erklärt die Wichtigkeit der viralen DNA oder der verwandten „Cosmide" für eine solche Klonierung. Die DNA des Bakteriophagen λ ist 49 kb lang und enthält einen „Kopf" aus Proteinen, der an einem „Schwanz" befestigt ist, der ebenfalls aus Proteinen besteht. Der Schwanz kann an die äußere Zellmembran von *E. coli* binden. Die lineare virale DNA wird dann in die Zelle injiziert (Abb. 11.9). Wenn sie einmal in die Zelle eingedrungen ist, kann sich die nackte DNA aufgrund der Anwesenheit komplementärer Einzelstränge von 12 Nucleotiden an jedem Ende des Moleküls zu einem Ring schließen. Diese komplementären Enden sind als *cos*-Stellen bekannt und nehmen eine Schlüsselstellung bei dem Molekül ein. Hat es sich einmal zu einem Kreis geschlossen, wird das Molekül repliziert. Schließlich entstehen durch einen „Mechanismus des rollenden Kreises" (engl.: „rolling circle") lange DNA-Ketten, die aus mehreren vollständigen, über ihre Enden miteinander verbundenen Genomen bestehen. Dieses Gebilde wird Concatamer genannt. Die λ-DNA dirigiert die Synthese vieler Proteine, einschließlich der der viralen Hüllproteine. Diese Proteine versammeln sich in einer gutdefinierten Reihenfolge und produzieren leere Köpfe, in die die DNA eingepackt wird. Dies geht so vor sich, daß zunächst die verkettete DNA an ihrer *cos*-Stelle gespalten wird. Dadurch entstehen Moleküle mit der richtigen Größe, die in die Köpfe hineinpassen. Dann werden die Schwänze angefügt und die reifen Viruspartikel freigegeben, wodurch der Infektionskreislauf von neuem beginnen kann.

Glücklicherweise ist eine gewisse Flexibilität in der Länge der DNA vorhanden, die effizient verpackt werden kann, und zwar zwischen 79 und 109% der Länge des natürlich vorkommenden Moleküls. Dies bedeutet, daß kurze DNA-Fragmente in die λ-DNA eingebaut werden können, ohne seine Replikation oder seine Verpackung zu stören. Daher kann die λ-DNA als klonierender Vektor benutzt werden. Noch vorteilhafter ist die Tatsache, daß eine große Zahl der λ-Gene zerstört werden kann, ohne das Wachstum des Virus zu verhindern. Folglich ist es möglich, ein langes Stück der DNA herauszuschneiden und es durch fremde DNA zur Klonierung zu ersetzen. Natürlich muß das Gen stark verändert worden sein, um es für die Klonierung geeignet zu machen. Zum Beispiel müssen Restriktionsstellen aus denjenigen Regionen des Genoms entfernt werden, die intakt bleiben müssen.

Die λ-Vektoren, die konstruiert worden sind, kann man in zwei Kategorien einteilen: „Einbau"-Vektoren (engl.: „insertion vector"), die eine einzige Spal-

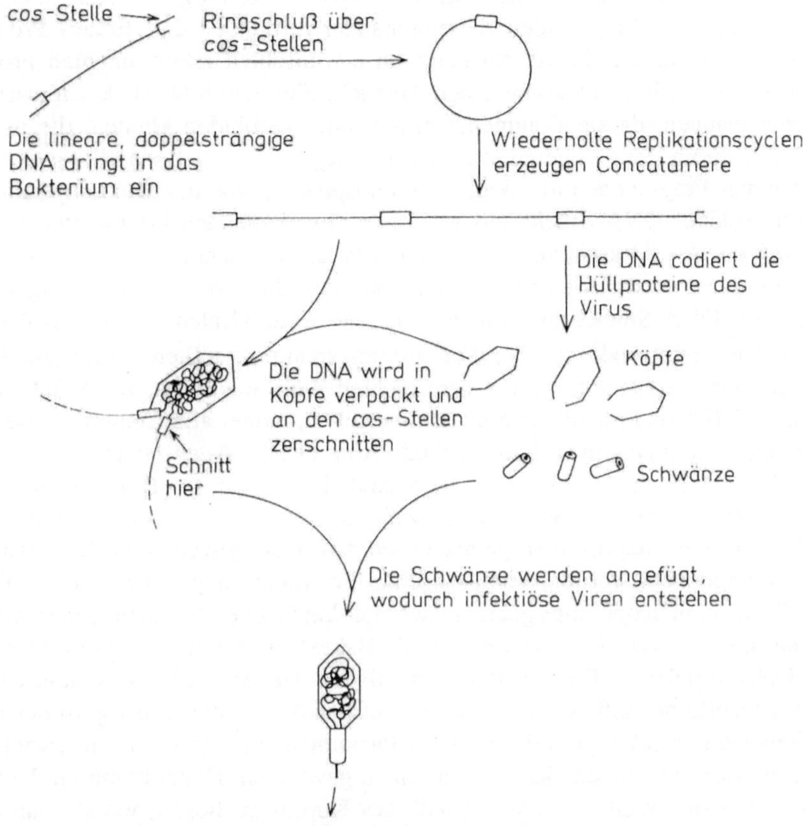

Abb. 11.9 Lytischer Kreislauf des Bakteriophagen λ

tungsstelle besitzen, in die ein relativ kurzes Stück fremder DNA eingebaut werden kann, und „Ersetzungs"-Vektoren (engl.: „replacement vector"), die zwei weit voneinander wegliegende Spaltungsstellen besitzen, und zwar auf beiden Seiten eines langen nicht-essentiellen DNA-Teils. Eine Spaltung an einer dieser Stellen führt zur Bildung von linken und rechten Armen, beide mit einer *cos*-Stelle am Ende, und einer längeren „Platzhalter"-Region (engl.:"stuffer region") aus der Mitte des Moleküls. Die unerwünschten Platzhalterfragmente können aufgrund ihrer Größenunterschiede von den Armen getrennt werden, und zwar elektrophoretisch oder mit Hilfe von Ultrazentrifugationen mit Geschwindigkeitsgradienten. Die Arme werden dann mit den zu klonierenden DNA-Fragmenten gemischt und mit ihnen verknüpft. Wie aus Abb. 11.10 hervorgeht, können durch dieses Verfahren einige unerwünschte Produkte entstehen, z.B. lange Ketten aus rechten und linken Armen ohne eingebaute DNA, oder längere DNA-Stücke aus mehreren kürzeren Fragmenten, die miteinander verbunden sind. Erstere Produkte sind unangenehm, da sie die Ausbeute an erwünschten rekombinanten Produkten herabsetzen; letztere können den Versuch, eine Genbibliothek aufzustellen, zunichte machen, da sie Fragmente miteinander verbinden können, die in dem Original-Genom weit voneinander entfernt liegen. Durch Behandlung der einzubauenden Fragmente mit alkalischer Phosphatase vor der Bindung kann die Bildung solcher DNA-Stücke aus mehreren einzubauenden Fragmenten verhindert werden. Als Alternative kann man durch anschließende Verwendung großer DNA-Fragmente zur Bindung sicherstellen, daß alle aus mehreren Fragmenten bestehende DNA-Stücke zu groß sind, um sie in die viralen Köpfe einzubauen.

Zu den Hauptprodukten der Verknüpfungsreaktion sollten Ketten aus DNA gehören, die aus Einheiten mit einem rechten Arm, einem langem Stück einzubauender DNA und einem linkem Arm bestehen, wobei alle Einheiten über ihre *cos*-Stellen miteinander verbunden sind (Abb. 11.10). Auch wenn einige dieser Moleküle sich zu einem Ring schließen, sind sie zu groß, um Bakterienzellen effektiv zu transformieren. Wenn diese Moleküle jedoch mit einer Präparation aus Kopf- und Schwanzproteinen gemischt werden, kann jeweils eine DNA-Einheit *in vitro* eingepackt werden, vorausgesetzt, ihre Länge liegt innerhalb der Grenzen, die in dem Kopf untergebracht werden kann. Die so entstandenen viralen Partikel können dazu benutzt werden, die Bakterienzelle zu infizieren, in die sie ihre DNA injizieren. Dies geht so effektiv vonstatten, daß 10^8 Plaques (=Erscheinungsbild der infizierten Bakterien auf der Agarplatte) pro μg viraler DNA erhalten werden können. Während des Packungsvorgangs wird ein „Kopfvoll" DNA in einen neu entstandenen Kopf hineingewunden. Dabei kommen die rechten und linken *cos*-Stellen am „Mund" des Kopfes zu liegen, wo sie durch ein spezielles Enzym (das Protein A) gespalten werden. Dann wird an jeden Kopf ein Schwanz angesetzt. Das wichtigste Erfordernis für die Verpackung ist also, daß ein Paar *cos*-Stellen vorhanden sein müssen, und zwar im richtigen Abstand voneinander. Daher stellt die *in vitro*-Verpackung einen Weg dar, einzubauende DNA-Stücke von der richtigen Länge auszuwählen.

Wie beim Klonieren mit Plasmidvektoren, muß es Möglichkeiten geben, die rekombinante DNA auszuwählen und bestimmte eingebaute Stücke zu detektieren. Es steht jetzt eine große Auswahl an λ-Vektoren zur Verfügung. Sie besitzen mehrere Eigenschaften, die für die Auswahl nützlich sind. Zum Beispiel ist es möglich, die Anwesenheit des Platzhalterfragmentes in der viralen DNA zu detektieren, wenn dies so konstruiert ist, daß es ein Gen für β-Galactosidase besitzt. Wenn das *lac*$^-$-Bakterium, dem das β-Galactosidase-Gen fehlt, mit dem Virus infiziert wird, dann löst die Platzhalter-DNA die direkte Synthese dieses Enzyms aus. Dies kann über die Fähigkeit des Bakteriums detektiert werden, das künstliche Substrat Xgal zu einem blauen Produkt zu hydrolisieren. Blaue Plaques weisen also auf die Anwesenheit der Platzhalter-DNA hin. Farblose Plaques werden produziert, wenn die Platzhalter-DNA durch ein eingebautes Stück ersetzt worden ist. Mit Hilfe eines solche Tests können Klone, die die rekombinante DNA enthalten, von den nicht-rekombinanten getrennt werden.

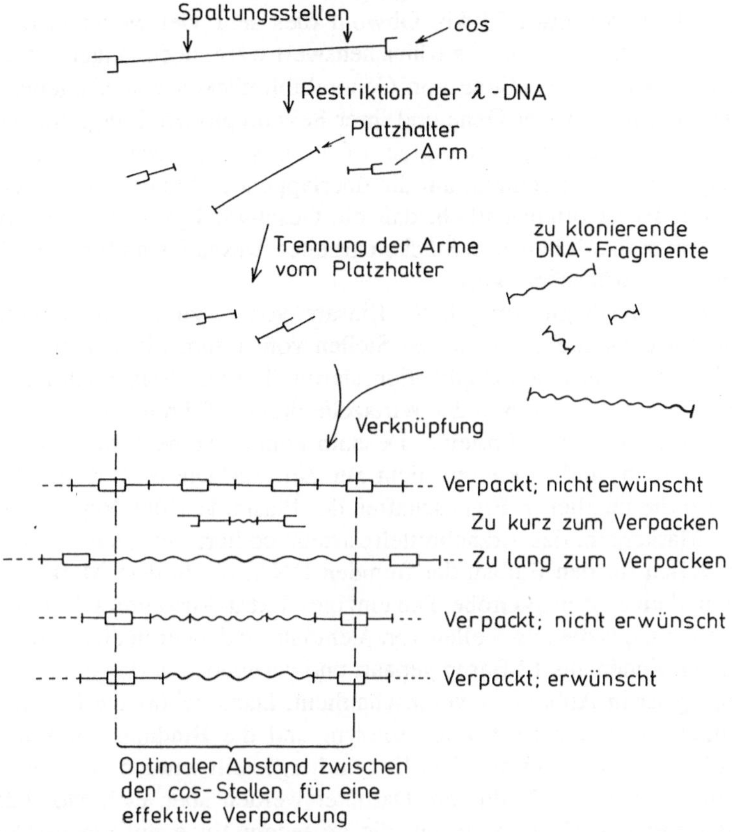

Abb. 11.10 Bindungsprodukte eines Ersetzungsvektors

Um Klone mit einer bestimmten Sequenz zu identifizieren, kann man Techniken einsetzen, die denen bei Benutzung von Plasmidvektoren sehr ähneln. Die Koloniehybridisierung, die in Abschn. 11.2.6 beschrieben wurde, kann für infizierte Bakterien ebenso wie für Zellkolonien angewandt werden, und die Hybridisierung mit radioaktiven Sonden kann benutzt werden, um jede spezifische DNA „herauszufischen".

Cosmide. Auch wenn der Platzhalterbereich der λ-DNA durch ein fremdes Stück DNA ersetzt wurde, enthält die restliche DNA die gesamte Information, die für das lytische Wachstum des Virus nötig ist. Dazu gehören die Gene für die DNA-Replikation und die Synthese der viralen Proteine. So wird die DNA durch wiederholte Cyclen von Zellysis und Infektion der umliegenden Zellen kloniert, wobei Plaques entstehen. Da die essentiellen Gene etwa 60% des λ-Genoms ausmachen und die maximale Länge zwischen zwei cos-Stellen, die gepackt werden können, 52 kb beträgt, gibt es eine Maximallänge für die einzubauende DNA von etwa 21 kb. Obwohl dies sehr viel weiter hilft, gibt es doch Gelegenheiten, bei denen es wünschenswert wäre, noch längere Stücke einzubauen, z.B. bei der Erstellung von Genombibliotheken von Säugetieren oder bei der Analyse sehr großer Gene und ihrer Seitenregionen. Lange Stücke DNA können durch „Wanderung" entlang dem Chromosom analysiert werden, indem man die Hybridisierung benutzt, um die überlappenden klonierten Sequenzen zu identifizieren. Es ist offensichtlich, daß die Geschwindigkeit der „Wanderung" ansteigt, wenn man mit längeren Stücken arbeitet. Deshalb sind für diese Technik lange Fragmente wünschenswert.

Um die Größenbegrenzung beim Einsatz von λ zu umgehen, wurde ein Hybrid-Vektor entwickelt, der die *cos*-Stellen von λ zum Einpacken der viralen DNA besitzt, aber auf einen Replikationsstartpunkt eines Plasmiden angewiesen ist, um die DNA-Replikation in der Wirtszelle durchzuführen. Der Vektor enthält keine Gene für die viralen Proteine. Deshalb können keine Viren in den Zellen hergestellt werden, und es kommt nicht zur Zellysis. Diese „Cosmid"-Vektoren besitzen also die nützlichen Eigenschaften der Plasmide – den Replikationsstartpunkt, ein Markergen, das Arzneimittelresistenz codiert, nur einmal vorhandene Spaltungsstellen für den Einbau der fremden DNA, die in dem Marker-Gen liegen kann, und eine geringe Größe. Die einzige „Extra-Ausstattung" ist ein kurzes DNA-Fragment, das die *cos*-Stellen von λ enthält, und zwar in einer Form, in der die kohäsiven Enden aus 12 Basen gepaart und verbunden vorliegen. Der Klonierungsvorgang ist in Abb. 11.11 veranschaulicht. Dazu gehört die Linearisierung des Cosmids mit einem Restriktionssenzym und die Bindung mit Fragmenten fremder DNA, die mit dem gleichen Enzym hergestellt wurden. Wie gewöhnlich entsteht eine Reihe von Produkten. Darunter werden aber auch Moleküle sein, die aus der fremden DNA bestehen, die an jedem Ende mit einem Cosmiden verbunden ist. Unter der Voraussetzung, daß der resultierende Abstand zwischen den *cos*-Stellen zwischen 37 und 52 kb liegt, wird das rekombinante Molekül durch ein *in vitro*-Verpackungssystem von λ verpackt werden. Dieses besteht aus den Verpackungsenzymen sowie Kopf- und Schwanz-Proteinen, so als wären sie Teil der Infektionskette von λ-DNA-Molekülen. Da die Cosmide eine Länge von etwa 5 kb haben, können DNA-Stücke mit einer Länge zwischen 32 und 47 kb eingebaut werden. Diese werden dann mit hohem Wirkungsgrad durch Infektion mit den Viruspartikeln in bakterielle Zellen übertragen. Befindet es sich einmal in der Zelle, schließt sich die lineare DNA durch Basenpaarung an ihren kohäsiven Enden. Danach kann sie wie ein Plasmid repliziert werden. Die Methoden zur Auswahl bestimmter eingebauter DNA-Stücke sind die gleichen wie die, die oben für Plasmide beschrieben wurden.

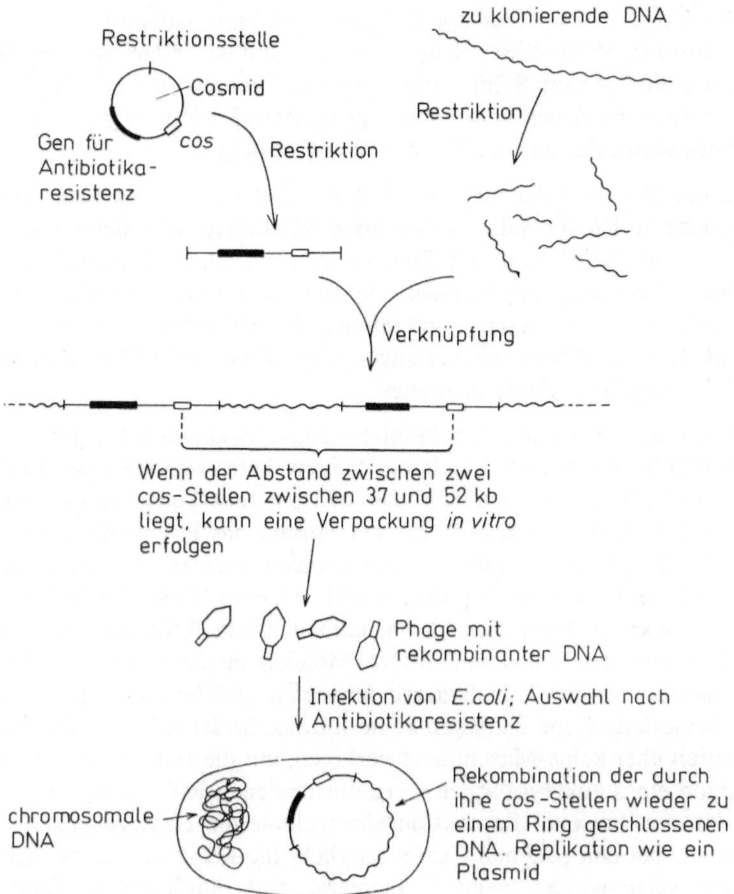

Abb. 11.11 Klonierung mittels Cosmid-Vektoren

11.2.8 Expression der klonierten DNA

Klonierte DNA ist für den Molekularbiologen von Wert, da sie genügend Material zur weiteren Analyse (z.B. zur Sequenzierung) spezifischer Teile eines Genoms zur Verfügung stellt. Die DNA selbst ist allerdings für den Biotechnologen von geringem Nutzen, wenn sie nicht zur Expression gebracht werden kann. Erst diese führt dann zur Synthese eines wertvollen Polypeptids.

Wenn keine wohlüberlegten Schritte unternommen werden, gibt es keinen Grund dafür, warum ein Gen in einem Plasmidvektor innerhalb der Wirtszelle zur Expression gelangen sollte. Sowohl Transcription als auch Translation werden benötigt, um ein Polypeptid zu produzieren, und jeder Vorgang erfordert die Anwesenheit spezifischer Sequenzen zusätzlich zu denen, die das Polypeptid codieren. In Prokaryoten kann die Transcription nur beginnen, wenn die bakterielle RNA-Polymerase an eine „Promotor"-Region der DNA binden kann, die unmittelbar vor dem Gen (auf der 5'-Seite oder „stromaufwärts")) liegt. Zwei Bereiche, 10 bzw. 35 kb dieser Seite des Gens, sind besonders wichtig für diese Bindung, und ihre genaue Sequenz bestimmt anscheinend die „Stärke" des Promotors. So führt die Anwesenheit eines geeigneten Promotors zur Synthese der mRNA eines Gens, das auf der 3'-Seite von ihm liegt.

Damit das Ribosom die mRNA vor der Translation binden kann, muß eine kurze Sequenz vorhanden sein, etwa 6 bis 8 Nucleotide lang, dessen Mitte etwa 8 Nucleotide auf der 5'-Seite des Startcodons liegt. Diese Sequenz, nach ihren Entdeckern „Shine-Dalgarno-Sequenz" benannt, scheint komplementär zu einem Teil der 16S rRNA der kleinen Untereinheit der Ribosomen zu sein, was ihre Wichtigkeit für die Ribosomenbindung erklärt. Das Gen selbst muß mit dem universellen Startcodon AUG beginnen.

Wenn das Gen, was am wahrscheinlichsten ist, eukaryotischen Ursprungs ist, muß man sich noch mit einem anderen Problem befassen, bevor ein funktionierendes Produkt erhalten werden kann. Die meisten eukaryotischen Gene bestehen aus einigen Sequenzen („Exons"), die gemeinsam das Polypeptid codieren und durch andere Sequenzen („Introns") unterbrochen werden, die nichts codieren. Folglich wird durch die Transcription ein viel zu langes RNA-Molekül produziert, das „Abfallstücke" in Form von Introns enthält. Diese RNA wird vor Verlassen des Kerns bearbeitet, wobei ein mRNA-Molekül entsteht, das nur die Exons enthält. Dieses wird der Translation unterworfen und liefert dabei das richtige Produkt. Bakterielle Gene enthalten keine Introns. So ist es nicht verwunderlich, daß Bakterien über keine Maschinerie verfügen, um die Introns aus der nach der Transcription eines eukaryotischen Gens entstandenen RNA herauszuschneiden. Folglich ist eine korrekte Expression eines klonierten eukaryotischen Gens in Bakterien nur bei den seltenen Genen möglich, die keine Introns besitzen. Dieses Problem verschwindet, wenn die klonierte DNA durch reverse Transcription der mRNA hergestellt wurde, wie bei der Aufstellung einer cDNA-Bibliothek, da die mRNA schon für die Translation fertig bearbeitet ist.

Es wäre sehr zeitaufwendig, einen Promotor, die Shine-Dalgarno-Sequenz und (wenn nötig) ein Startcodon in jedes Gen einzubauen, das zur Expression gebracht werden soll, vor allem, da der relativ große Raumbedarf dieser Komponenten kritisch ist. Dies würde ein besonderes Problem in den Fällen darstellen, in denen die Expression eines Produktes, gefolgt von einem Immunoassay, zum Durchmustern einer großen Zahl von Genen benutzt werden soll. Folglich wurden „Expressionsvektoren" konstruiert, die einen starken Promotor enthalten, dessen Aktivität oft über die Temperatur oder Konzentration an einem spezifischen Induktor oder Repressor kontrolliert werden kann. Außerdem enthalten sie eine Shine-Dalgarno-Sequenz in einem optimalen Abstand zu einem Startcodon. Um die Insertion des Gens, das zur Expression gebracht werden soll, zu erleichtern, ist normalerweise zumindest eine Restriktionsstelle vorhanden, und zwar in dem Startcodon oder in kurzer Entfernung stromabwärts davon. Zusätzlich enthalten die Vektoren einen Replikationsursprung und ein Markergen, das die Resistenz gegen ein Antibiotikum codiert.

Einige bakterielle Promotoren sind benutzt worden, um Expressionsvektoren zu konstruieren. Dazu gehören der *lac*- und *trp*-Promotor, die durch ihre zugehörigen Repressoren reguliert werden. Der *lac*-Promotor wird durch die Gegenwart von Isopropyl-β-D-thiogalactosid (IPTG) induziert, während Tryptophanmangel oder 3-Indolylessigsäure den *trp*-Promotor induziert. Die Stärke des Promotors und seine leichte Regulation machen den pL-Promotor des λ-Phagen besondern attraktiv für seinen Einsatz in Expressionsvektoren, da Wirtszellen gewählt werden können, die den hitzeempfindlichen λ-Repressor in ihrem Gen enthalten. Wenn man ein solches System benutzt, läßt man die Zellen bis zur späten logarithmischen Phase bei 32 °C wachsen, nachdem man sie mit dem Expressionsvektor transformiert hat. Unter diesen Umständen ist der Repressor aktiv, so daß das klonierte Gen nicht zur Expression gelangt. Der nachfolgende Transfer der Zellen auf eine Temperatur von 42 °C inaktiviert den Repressor und löst die Genexpression aus.

Unter der Voraussetzung, daß das eingebaute Gen so in einem Expressionsvektor sitzt, daß sich sein Ablesemechanismus in der richtigen Phase in Bezug auf das Startcodon befindet, sollte das richtige Polypeptid synthetisiert werden. Eukaryotische Proteine sind allerdings in prokaryotischen Zellen nicht immer stabil. In diesen Fällen ist es also notwendig, das Protein zu schützen. Dies kann geschehen, indem man einen Vektor mit einem prokaryotischen Struktur-Gen benutzt, das so plaziert ist, daß es exprimiert wird. Wenn das fremde Gen in das prokaryotische Gen eingebaut ist und ihre Ablesemechanismen sich in Phase befinden, so wird ein hybrides Polypeptid gebildet werden, bei dem ein Teil des prokaryotischen Produktes mit dem *N*-terminalen Ende des fremden Polypeptids verknüpft ist. Diese zusätzliche Sequenz am *N*-terminalen Ende könnte helfen, das Polypeptid zu stabilisieren; es kann sich jedoch auf die Funktonsweise des fremden Proteins auswirken. Wenn das Protein wegen seiner antigenen Eigenschaften hergestellt wurde, z.B. zur Produktion eines Impfstoffes, können die zusätzlichen Aminosäurereste vielleicht nicht so viel Schaden anrichten. In der Mehrzahl der Fälle wird es allerdings nötig sein, das hybride Protein durch chemische Spaltung bei einer spezifischen Aminosäure wie z.B. Methionin in seine beiden Teile zu trennen. Leider enthalten Proteine aber gewöhnlich zumindest ein Methionin in ihrer Polypeptidkette. Dieses Problem läßt sich nicht umgehen, so daß die chemische Spaltung in ihrer Anwendung begrenzt ist. Die Methode wurde bei der Herstellung von „menschlichem" Insulin durch Bakterien eingesetzt. Es ist möglich, den Abbau des fremden Proteins in *E. coli* zu verhindern, indem man das *pin*- (Protease-Inhibitor-) Gen des Phagen T4 so einbaut, daß es exprimiert wird. In solchen Fällen braucht man keine hybriden Polypeptide zu produzieren.

Einige Proteine sind für den Transport aus der Zelle „markiert", indem sie als Vorstufe mit einem „Signal"-Polypeptid an ihrem *N*-terminalen Ende (z.B. β-Lacatmase) gebildet werden. Es gelang, bakterielle Zellen dazu zu bringen, fremde Proteine in das Medium abzugeben, indem man hybride Moleküle konstruiert hat, deren *N*-terminale Enden eine bakterielle Signalsequenz enthielten. In Hinblick darauf, daß es viel leichter ist, Proteine aus dem Medium zu isolieren als durch Auflösen der Zellen, wird wahrscheinlich dem Einsatz solcher Signalsequenzen große Bedeutung zukommen. Ähnliche Sequenzen werden von eukaryotischen Zellen benutzt, um Proteine zur Absonderung oder Speicherung in spezifischen Organellen zu bestimmen. Auch diese werden sicherlich Anwendung bei der Genmanipulation höherer Organismen finden.

11.3 Genmanipulation eukaryotischer Zellen

11.3.1 Grenzen beim Einsatz von Bakterien

Genetisch veränderte Bakterien scheinen für die Produktion von wertvollen Polypeptiden im Großmaßstab die geeignetsten Organismen zu sein. Sie wachsen schnell, lassen sich leicht transformieren, können ein großes Spektrum von Substraten verwerten und haben relativ einfache, gut charakterisierte Genome. Folglich sind bis jetzt alle mittels Gentechnik hergestellte Polypeptide, deren Produktion auch nur annährend im industriellen Maßstab erfolgte, Produkte bakterieller Systeme: Bakterien bringen jedoch auch Probleme mit sich. Wie schon erwähnt wurde (Abschn. 11.2.8), können Prokaryoten die Introns, die in den meisten eukaryotischen Genen gefunden werden, nicht entfernen. Deshalb können solche Gene in Bakterien nicht exprimiert werden. Diejenigen eukaryotischen Proteine, die schon durch Bakterien hergestellt worden sind, werden entweder von Genen codiert, die keine Introns enthalten, oder durch cDNA, die von reifer mRNA erzeugt wurde. Da die wertvollsten Polypeptide unvermeidbar diejenigen sind, die nur in kleinen Menge hergestellt werden, ist die Isolierung ihrer mRNA zur cDNA-Synthese oft ein großes Hindernis auf dem Weg zur bakeriellen Herstellung des Proteins. In solchen Fällen ist der Einsatz eukaryotischer Zellen zur Expression des Gens offensichtlich attraktiv. Denn vorausgesetzt, das Gen ist noch an seinen Promotor (oder einen geeigneten Ersatz) gebunden, sollte die Transcription korrekt durchgeführt werden und die RNA zu einer funktionierenden mRNA zurechtgeschnitten werden.

Ein anderes Problem tritt auf, wenn Prokaryoten für die Synthese eukaryotischer Proteine eingesetzt werden, die nach der Freisetzung aus den Ribosomen noch verändert werden müssen. Diese „posttranslationale Modifikation" kann in Form einer begrenzten Proteolyse stattfinden (wie bei der Umwandlung von Proinsulin in Insulin) oder durch die Bindung von Oligosacchariden an spezifische Stellen der Polypeptidkette (Glycosylierung). Beide Vorgänge können essentiell für die Bildung eines aktiven Produktes sein. Nur eukaryotische Zellen sind zu solchen posttranslationalen Modifikationen fähig.

Die Transformation eines Bakteriums durch ein Plasmid ist nicht irreversibel. Obwohl jede Zelle gewöhnlich viele Kopien des Plasmids enthält, gibt es keinen Mechanismus, der sicherstellt, daß bei der Zellteilung jede Tochterzelle die gleiche Anzahl von Plasmiden wie die Mutterzelle erhält. Besonders unter Bedingungen, die eine schnelle Zellproliferation begünstigen, erscheinen gelegentlich Zellen ohne Plasmid. In Abwesenheit jeglichen Selektionsdruckes haben solche Zellen einen leichten Vorteil gegenüber den Plasmid-haltigen, da keiner ihrer Nährstoffe für die Replikation des Plasmids verbraucht wird. Folglich zeigt eine Bakterienkultur die Tendenz, ihre Plasmide zu verlieren. Die gewöhnliche Methode, die Plasmidstabilität sicherzustellen, besteht darin, die Zellen in einem Medium wachsen zu lassen, das ein Antibiotikum enthält. Auf dem Plasmid befindet sich ein Resistenz-Gen gegen diese Substanz, so daß nur Plasmid-haltige Zellen überleben. Dies ist eine gute Methode für den Labormaßstab, aber sie ist wahrscheinlich sehr teuer und sogar gefährlich, wenn sie bei einer Fermentation im Industriemaßstab angewendet wird. Wenn das Plasmid ein Gen enthält, das zum schnelleren Zellwachstum führt, gibt es unvermeidbar einen Selektionsdruck zur Beibehaltung des Plasmiden. Dies ist z.B. der Fall bei dem Glutamatdehydrogenase-Gen, das in *Methylophilus methylotrophus* eingebaut wurde, einem Organismus, der für die Produktion von Einzellerprotein gezüchtet wurde. Wie unten beschrieben, ist es heutzutage möglich, „Mini-chromosomen" zu konstruieren, die als Genvektor in Hefen benutzt werden können, und die repliziert und bei der Zellteilung weitergegeben werden, als wären sie echte Chromosomen. Bestimmte pflanzliche und tierische Vektoren sind ebenfalls in einen stabilen Zustand in Zellen überführt worden, indem man sie in die Kern-DNA integriert hat.

Der biotechnologische Einsatz der Genmanipulation ist nicht auf die Herstellung von Polypeptiden durch Zellkulturen beschränkt. Beachtliche Anstrengungen werden unternommen, um Feldfrüchte und Viehbestände durch Gentechnik zu verbessern. Dabei kommt man aber nicht um die Entwicklung von Vektoren herum, die zur Transformation von eukaryotischen Zellen benutzt werden können und die die Expression der Gene, die sie enthalten, auslösen.

11.3.2 Transformation von pflanzlichen Zellen

T*i*-Plasmid.   Die vielversprechendste Methode zur Transformation pflanzlicher Zellen ist der Einsatz eines Plasmids mit dem Namen T*i*-Plasmid (Abb. 11.12). In der Natur wird dieses Plasmid in dem Bakterium *Agrobacterium tumefaciens* gefunden, das im Boden lebt und in viele dicotyledone Pflanzen eindringt, wenn sie so stark verletzt sind, daß sie zerstört am Boden liegen. Das Bakterium tritt in die frische Wunde ein und heftet sich an die Wand einer intakten Zelle. Danach überträgt es einen relativ kleinen Teil seines T*i*-Plasmids in den Kern der Pflanzenzelle. Die übertragene DNA, T-DNA genannt, trägt einige Gene, die in der Pflanze exprimiert werden und dramatische Auswirkungen auf ihren Metabolismus haben. Ein Gen codiert ein Enzym, das die Synthese eines Opins aus Aminosäuren und anderen üblichen Metaboliten, die man in Pflanzen findet, katalysiert. Opine werden normalerweise nicht in Pflanzen gefunden und können auch nicht von ihnen metabolisiert werden. Sie können aber für *A. tumefaciens* als Substrat dienen und werden auch so genutzt. Welches spezielle Opin produziert wird, hängt von der Art des Bakteriums ab, das die Pflanze infiziert. Bei einigen Arten führt die Infektion z.B. zur Bildung von Nopalin, andere verursachen die

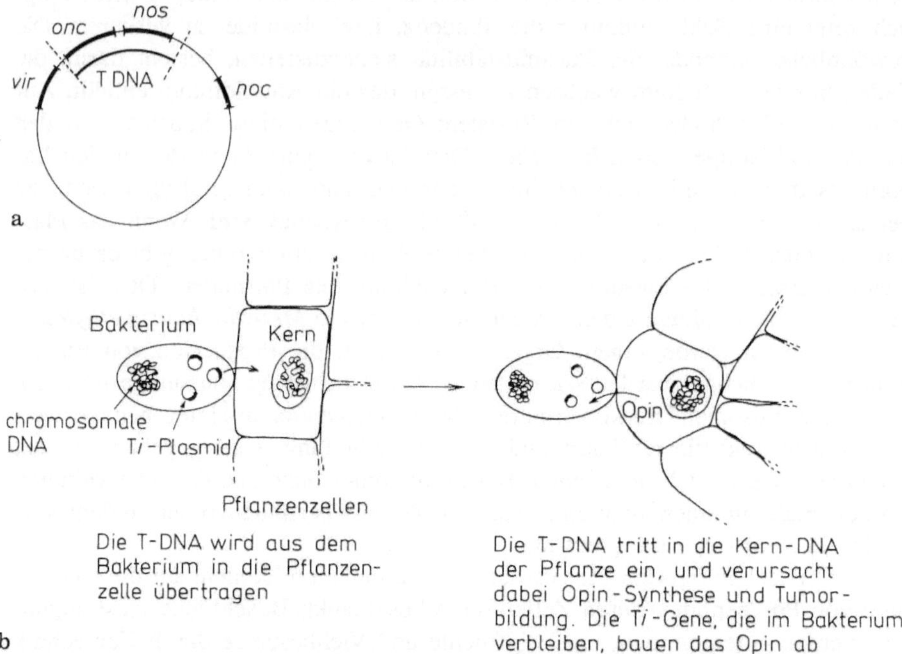

Abb. 11.12 Struktur und Arbeitsweise des T*i*-Plasmids. (a) Struktur: wichtige Gene sind eingezeichnet: *vir* wird zur Übertragung der T-DNA in die Pflanzenzelle benötigt; *onc* verursacht die Tumorbildung; *nos* codiert die Nopalin-Synthetase; *noc* wird zum Abbau von Nopalin durch das Bakterium benötigt. (b) Arbeitsweise

Synthese von Octopin. In jedem Fall kann das Bakterium nur das spezielle Opin verwerten, dessen Synthese es initiiert. Die Enzyme, die codiert werden, sind die Nopalin- oder Octopin-Synthetasen. Die entsprechenden Gene werden *nos* und *ocs* genannt. Die T-DNA stellt nicht nur den Nahrungsnachschub für das Bakterium sicher, sie induziert auch die unorganisierte Proliferation der Zellen um die Wunde herum und bildet einen Kallus oder einen Tumor, Galle genannt, der von dem Bakterium weiter kolonisiert werden kann. Dieses unorganisierte Wachstum ist das Ergebnis einer überschüssigen Produktion von Phytohormonen. Es wird durch das *onc*-Gen der T-DNA codiert.

Es ist eine wichtige Eigenschaft der T-DNA, daß sie, wenn sie sich einmal in der Pflanzenzelle befindet, nicht als unabhängiges Plasmid bestehen bleibt, sondern in die chromosomale DNA der Pflanze integriert wird. Diese Integration scheint von der Anwesenheit zweier wiederholter Sequenzen von 25 Basenpaaren abzuhängen, die an beiden Enden der T-DNA lokalisiert sind und die miteinander verbunden werden können, nachdem die T-DNA aus dem T*i*-Plasmid herausgeschnitten worden ist. Das Molekül nimmt daher vorübergehend Ringform an

(Koukolikova-Nicola *et al.*, 1985). Zu den Genen, die auf dem T*i*-Plasmiden verbleiben, gehören die für die Anbindung des Bakteriums an die Zellwand, die für die Übertragung der T-DNA und die für die Aufnahme und den Abbau des entsprechenden Opins. Der einzige Bereich des T*i*-Plasmiden, der nicht integriert wird und essentiell für die Übertragung und die Intregration der T-DNA ist, ist die *vir*-Region, die sich in der Nähe der T-DNA befindet. Die Transformation der Pflanze ist irreversibel, und der Kallus kann unendlich lange weiter kultiviert werden, auch wenn das Bakterium schon lange entfernt worden ist.

Das Potential dieses Systems als Vektor für die Genmanipulation von Pflanzen wurde schnell erkannt. Die Gene der T-DNA sind eukaryotischer Natur, auch wenn sie von einem bakteriellen Plasmid stammen. Die Transcription wird von einer pflanzlichen RNA-Polymerase durchgeführt. Die Gene enthalten Introns, die während der Reifung der mRNA korrekt herausgeschnitten werden. Von dem Standpunkt des Biotechnologen aus betrachtet, ist nur eine kleiner Teil der T-DNA essentiell, da die Opin-Produktion und die Bildung eines Tumors nicht für die stabile Integration der DNA nötig sind. So sollte es also möglich sein, das *nos-* oder *ocs*-Gen durch ein fremdes zu ersetzen, während der Opin-Synthetase-Promotor erhalten bleiben muß, um die Expression des fremden Gens sicherzustellen. Solche Experimente wurden erfolgreich durchgeführt und führten zu der Expression von Genen für die Resistenz gegen Kanamycin und Methotrexat in kultivierten Kalluszellen (Schell und Van Montagu, 1983). Diese Experimente waren von großer Bedeutung, da sie zeigten, daß T*i*-Plasmide konstruiert werden konnten, die dominante Marker für die Auswahl der transformierten Zellen enthielten. Es ist natürlich möglich, die transformierten Zellen durch die Anwesenheit des *onc*-Gens auszuwählen, die es den Zellen erlaubt, in einer Kultur zu wachsen, ohne daß dem Nährmedium Hormone zugesetzt werden. Man würde sich aber normalerweise die Erzeugung einer intakten, gesunden Pflanze aus der transformierten Zelle wünschen, und dies wäre in Anwesenheit eines aktiven *onc*-Gens unmöglich. Folglich muß das *onc*-Gen bei der Erzeugung von Pflanzen dadurch „entwaffnet" werden, daß man es entfernt; und so ist ein anderer Marker für die Auswahl nötig.

Da das T*i*-Plasmid sehr groß ist (bis zu 235 kb), kann man es nicht direkt modifizieren. So ist es üblich, alle Manipulationen an einem herausgeschnittenen DNA-Fragment, das die T-DNA enthält, vorzunehmen und sich dann der *in vivo*-Rekombination zu bedienen, um die „technisch hergestellte" DNA gegen ihre normale Version des intakten T*i*-Plasmids auszutauschen. Es sind schon einige einfacherere Vektoren entwickelt worden, basierend auf dem Wissen, daß nur die T-DNA- und die *vir*-Bereiche für die Transformation essentiell sind. Auf diesem Gebiet sind sicherlich in Zukunft große Fortschritte zu erwarten.

Obwohl es bequem ist, Opin-Promotoren für die Expression fremder Gene zu benutzen (vorausgesetzt, das Gen ist in den korrekten Ablesemechanismus eingebaut), erlauben sie nicht die *selektive* Expression solcher Gene, da sie dauernd aktiv sind. In der Praxis ist es wahrscheinlich, daß „technisch hergestellte" Gene, wie die meisten normalen Gene, nur in einigen Stadien der Entwicklung oder in spezifischen Geweben exprimiert werden. Dies erfordert den Einsatz von spezifischen, regulierten Promotoren. Offensichtlich ist es möglich, die Opin-Synthetase-Promotoren mit Erfolg durch kontrollierbare Promotoren pflanzlichen Ursprungs zu ersetzen. Das Gen für Phaseolin in Bohnen wurde in Sonnenblumenzellen nach Transformation mit einem Ti-Plasmid exprimiert, dessen Phaseolin-Gen unter der Kontrolle seines eigenen Promotors stand (Murai *et al.*, 1983). Da Phaseolin speziell in sich entwicklenden Samen synthetisiert wird, würde man nicht erwarten, daß der Phaseolin-Promotor in undifferentierten Sonnenblumenzellen aktiv ist. Wenn es seinen eigenen Promotor benutzt, wurde in der Tat das Gen in viel geringerem Ausmaß transcribiert als wenn das Gen mit dem *ocs*-Promotor verknüpft war. Ein anderer wichtiger Gesichtspunkt. der sich aus dieser Arbeit ergibt, war die Entdeckung, daß das Phaseolin, das in Sonnenblumenzellen synthetisiert wurde, schnell zu Polypeptid-Fragmenten abgebaut wurde. Wahrscheinlich lag dies daran, daß, es nicht mit einem Schutzmantel aus Proteinen versehen war, wie es in einem sich in der Entwickelung befindlichen Samen der Fall wäre. Offensichtlich sind die Probleme eines Gentechnikers nicht mit der erfolgreichen Translation der erwünschten RNA gelöst.

A. tumefaciens induziert in Monocotyledonen keine Tumore, und da die meisten Feldfrüchte, einschließlich der Getreidepflanzen, monocotyledon sind, mag das kommerzielle Potential der Ti-Plasmiden recht begrenzt sein. Dennoch bleibt ein Hoffnungsschimmer durch die Entdeckung, daß *A. tumefaciens* seine T-DNA in gewisse Monocotyledonen übertragen kann, was zur Expression des Opin-Gens in der Pflanzenzelle führt, aber ohne Induktion eines Tumors (Hooykaas-Van Slogteren, Hooykaas und Schilperoort, 1984). Wenn die T-DNA in die chromosomale DNA der Pflanze eingebaut werden kann, und wenn ähnliche Ergebnisse mit Getreidepflanzen erzielt werden können, dann wäre, so ironisch das klingt, der Ti-Plasmid für die Transformation von Monocotyledonen besser geeignet als von Dicotyledonen, da es bei der Infektion von Monocotyledonen nicht nötig wäre, das *onc*-Gen außer Gefecht zu setzen.

Blumenkohl-Mosaik-Virus.   Ein anderer potentieller Vektor für Pflanzen ist die DNA des Blumenkohl-Mosaik-Virus (engl.: cauliflower mosaic virus; CaMV). Dieser weist einige Eigenschaften auf, die im völligen Gegensatz zu denen des Ti-Plasmiden stehen. Mehrere von ihnen lassen ihn als Vektor recht attraktiv erscheinen. Eine von diesen nützlichen Eigenschaften ist die, daß die nackte DNA infektiös ist. Sie kann direkt in Pflanzenzellen eindringen, wenn man ein Blatt mit Hilfe eines milden Schleifmittels damit einreibt. Ist sie einmal in den Zellen vorhanden, so wird die DNA repliziert und in Viruspartikel eingekapselt, die dann den übrigen Teil der Pflanze infizieren. Obwohl die CaMV-DNA nicht in die chromosomale DNA eingebaut und deshalb nicht mit Sicherheit bei der Zellteilung in alle Zellen übertragen wird, bedeutet ihre Ausbreitung in der Pflanze, daß transformierte Pflanzen effektiv durch vegetative Fortpflanzung kloniert werden können.

Leider steht diesen vorteilhaften Eigenschaften die Tatsache gegenüber, daß, wahrscheinlich wegen des Erfordernisses einer Einkapselung, die Größe des CaMV nicht signifikant verringert werden kann. Fast alles von diesem Genom ist also essentiell und kann nicht entfernt werden, um Platz für einzubauende fremde DNA zu schaffen. Die Einschränkung in der Kapazität, verbunden mit einer sehr beschränkten Reihe an Wirtsorganismen des Virus, machen es unwahrscheinlich, daß der CaMV ein besonders nützlicher Vektor werden kann. Einige seiner Komponenten, wie z.B. seine sehr starken Promotoren, könnten jedoch von Wert sein, wenn sie in andere Vektoren eingebaut werden.

Direkte Transformation. Eine neue Entwicklung, die von denjenigen Arbeitsgruppen, die Jahre damit verbracht haben, mit Vektoren für Pflanzen zu arbeiten, zweifellos mit Interesse beobachtet wird, ist der Einsatz der „direkten" Transformation von Pflanzenzellen durch DNA-Fragmente (Paszkowski *et al.*, 1984). Es wurde gezeigt, daß Pflanzenprotoplasten, die mit Polyethylenglycol behandelt worden sind, DNA aus ihrer Umgebung aufnehmen. Gewöhnlich wird diese Chemikalie zur Induktion der Protoplastenfusion benutzt. Von noch größerer Wichtigkeit ist, daß diese DNA stabil in die chromosomale DNA der Pflanze integriert werden kann. Mittels dieser Technik wurde es möglich, Pflanzenzellen mit einem Gen für Kanamycinresistenz zu transformieren, das an einen starken pflanzlichen Promotor gebunden war. Das Gen wurde exprimiert, und die so transformierten Zellen konnten mittels eines Kanamycin-haltigen Mediums ausgewählt werden. Pflanzen, die aus diesen transformierten Zellen erzeugt worden sind, waren gegenüber Kanamycin resistent und diese Resistenz war vererbbar. Es scheint keine bevorzugte Form für die Integration der transformierenden DNA zu geben. Anscheinend werden zufällig verschieden lange DNA-Fragmente integriert. Solange jedoch eine Möglichkeit besteht, diejenigen transformierten Zellen auszuwählen, die das gesamte erwünschte Gen enthalten, sollte dies kein größeres Problem darstellen.

11.3.3 Transformation von Zellen von Säugetieren

Die Züchtung von Säugetierzellen im Großmaßstab ist sehr viel kostenaufwendiger und schwieriger als die von Bakterien, Hefen oder auch von Pflanzenzellen. Ihr kommerzieller Einsatz ist daher beschränkt auf die Präparation von Molekülen, die natürliche Produkte tierischer Zellen sind wie virale Partikel (als Impfstoffe), Hormone und monoklonale Antikörper. Der Wert solcher Produkte kann ihre hohen Kosten rechtfertigen, aber es scheint wahrscheinlich, daß Hefen- und Bakterienkulturen in wachsendem Maße auch diese Aufgaben von den tierischen Zellen übernehmen.

Direkte Transformation. Der direkteste Weg, fremde DNA in Zellen von Säugetieren zu übertragen, besteht darin, die DNA mit Ca^{2+} auszufällen und dieses Präzipitat mit den zu transformierenden Zellen zu vermischen. Die DNA wird von den Zellen aufgenommen. Befindet sie sich einmal innerhalb der Zellen, werden die transformierenden Fragmente zu einem Concatamer verbunden, der dann als ein großer Block in die Kern-DNA integriert wird. Wie die direkte Transformation von Pflanzenzellen, geschieht der Einbau zufällig. Die Bildung von Concatameren ist ein besonders nützlicher Vorgang, da ein auswählbares Marker-Gen mit dem zu klonierenden gemischt werden kann, wobei die Gewißheit besteht, daß sie vor der Integrierung miteinander verbunden werden. Einige Marker-Gene sind schon entwickelt worden, die eine positive Auswahl der transformierten Zellen ermöglichen. Eines von ihnen verleiht den Zellen die Fähigkeit, Xanthin als Vorstufe für die Synthese von Purinnucleotiden zu verwenden, wenn der normale vom Hypoxanthin ausgehende Weg durch die Anwesenheit von Mycophenolsäure in dem Medium blockiert wird. Ein anderes Marker-Gen befähigt die Zellen zu einer Resistenz gegen Neomycin oder ein Analogon, G418 genannt, das normalerweise die Proteinsynthese hemmt.

Viren. Der Wirkungsgrad der Transformation tierischer Zellen kann stark vergrößert werden, wenn man virale DNA als Vektor benutzt und den viralen Partikeln erlaubt, ihre DNA in die Zellen, die sie infizieren, einzubauen. Eine weitere attraktive Eigenschaft von Viren ist, daß sie sehr starke Promotoren enthalten, die benutzt werden können, um die Expression von eingebauter, fremder DNA sicherzustellen. Der in Tieren am meisten benutzte Virus ist SV40, der ein ringförmiges DNA-Molekül mit einer Länge von etwa 5,2 kb enthält. Diese DNA, zusammen mit einem Replikationsursprung, besteht aus „frühen" Genen, die für die Replikation der DNA notwendig sind, und „späten" Genen, die die viralen Hüllproteine codieren. Die fremde DNA kann entweder die frühen oder die späten Gene ersetzen, vorausgesetzt, die Wirtszellen werden mit einem „Helfer"-Virus koinfiziert, das die funktionellen Kopien der fehlenden Gene enthält. Wird eine Zellinie, die unter dem Namen *COS* bekannt ist, als Wirt benutzt, braucht man keinen Helfervirus, um die fehlenden frühen Gene zur Verfügung zu stellen, da diese Gene in die DNA des Kerns integriert worden sind. Damit kann man das Problem der Trennung der rekombinanten von den Helferviren nach ihrer Entfernung aus den Zellen umgehen.

Mikroinjektion. Die Transformation von klonierten tierischen Zellen kann nicht zu Zuchtzwecken benutzt werden, da es unmöglich ist, ganze Tiere aus solchen Zellen zu erzeugen. Statt dessen muß die DNA in die Kerne von befruchteten Eiern übertragen werden, und zwar durch Mikroinjektion. Es wurde herausgefunden, daß sich die injizierte DNA zufällig in die DNA des Kerns integriert. Wenn das injizierte Gen mit einem geeigneten Promotor verknüpft wird, *kann* es exprimiert werden. Es ist jedoch offensichtlich, daß die Position der eingebauten DNA in den Chromosomen einen großen Einfluß darauf hat, ob sie exprimiert wird. Dadurch werden die Ergebnisse einer solchen Mikroinjektion unvorhersagbar. Nach der Mikroinjektion muß das Ei in eine Ersatzmutter eingepflanzt werden. Erst nach der Schwangerschaft kann die Nachkommenschaft auf Expression und korrekte Regulation der fremden DNA durchmustert werden. Dies ist deshalb eine langsame, arbeitsaufwendige Methode der Genmanipulation. Die geringe Größe der Population, die zur Durchmusterung produziert werden kann, reduziert unvermeidbar die Erfolgschancen. Nichtsdestoweniger ist diese Methode eingesetzt worden, um das Gen für das Wachstumshormon der Ratte in

Mäuse zu übertragen. In einigen von ihnen wurde das Gen exprimiert, was zur Bildung von „Riesen"-Mäusen führte.

11.3.4 Transformation von Hefe

Wegen ihres langsamen Wachstums sind weder Kulturen aus pflanzlichen noch aus tierischen Zellen für die Biosynthese von Polypeptiden im Großmaßstab geeignet. Daher werden gewöhnlich Baktierienkulturen zu diesem Zweck benutzt. Der Einsatz von Bakterien hat aber seine Grenzen. Wie schon erwähnt wurde, besitzten eukaryotische Gene häufig Introns, sodaß solche Gene in prokaryotischen Zellen nicht exprimiert werden können, es sei denn, ihre entsprechende mRNA konnte zur Synthese von cDNA isoliert werden. Selbst wenn es zur Expression kommt, kann eine posttranslationale Modifikation des Polypeptids erforderlich sein, um ein aktives Produkt zu erhalten. Diese kann in Bakterien nicht durchgeführt werden. Bakterien haben auch den Nachteil, daß sie, wenn sie auch selbst nicht pathogen sind, einige ihrer DNA mit pathogenen Zellen austauschen können, sei es direkt oder durch einen übertragbaren Virus. So müssen sie als poteniell pathogen behandelt werden. Deshalb erfordert sogar der Einsatz unschädlich gemachter Wirtszellen und Plasmiden an sich schon eine große Menge an Schutzmaßnahmen.

Einige dieser Begrenzungen können durch den Einsatz von Hefe (*Saccharomyces cerevisiae*) umgangen werden, die eukaryotischer Natur ist und ein kleines, gut charaktierisiertes Genom besitzt. Hefe zeigt eine viel größere Wachstumsgeschwindigkeit als tierische oder pflanzliche Zellen und ist nicht pathogen. Es ist auch nicht bekannt, daß sie DNA mit pathogenen Keimen austauschen würde. Viele ihrer Gene enthalten Introns, die während der Bearbeitung der Hefe-mRNA herausgeschnitten („gespleißt") werden. Es scheint jedoch, daß diese Introns Sequenzen enthalten, die für das richtige Spleißen nötig sind und die in den Introns höherer Eukaryoten nicht gefunden werden. So ist man für die Expression vieler Gene in Hefe immer noch auf die cDNA angewiesen. Ein großer Vorteil der Hefe gegenüber den Bakterien ist, daß sie posttranslationale Modifikationen vornehmen kann, wie z.B. die Entfernung einer Signalsequenz aus einem Polypeptid, das als Vorstufe aus der Zelle sezerniert wird. Die Hefe kann auch Polypeptide glykosylieren, wenn es auch möglich ist, daß die Art der Glycosylierung nicht mit der in tierischen Zellen identisch ist. Wie oben erwähnt, kann die Stabilität der klonierten DNA durch die Bildung von Mini-Chromosomen erhöht werden. Die Möglichkeit der direkten Integration der DNA macht die Hefe besonders nützlich für die ortspezifische Mutagenese (s. Abschn. 11.4). Je mehr über die Genmanipulation der Hefe bekannt wird, desto attraktiver wird sie als Wirt für die Expression von eukaryotischen Genen.

Man hat mehrere Möglichkeiten ausprobiert, in Hefen zu klonieren. Zu jeder gehört die Aufnahme fremder DNA durch die Zellen. Dies kann durch enzymatische Verdauung der Zellwände erreicht werden, wobei Spheroplasten entstehen. Danach werden die Spheroplasten in Gegenwart von Ca^{2+} und Polyethylenglykol mit der DNA zusammengebracht. Nach der Aufnahme der DNA läßt man die

Zellen ihre Zellwände neu aufbauen. Wenn die fremde DNA beim Wachstum und bei der Zellteilung beibehalten werden soll, muß sie mit DNA verknüpft sein, die eine Sequenz enthält, die von der Hefe als Replikationsstartpunkt erkannt wird. Man kann nicht erwarten, daß bakterielle Plasmide in Hefen repliziert werden, da ihr Replikationsursprung prokaryotischer Natur ist. Hefe enthält jedoch ihren eigenen Plasmid, bekannt als 2μ-Ring, der in einer Menge von etwa 50 Kopien pro Zelle beibehalten wird. Im Prinzip könnte dieser als Vektor zur Klonierung fremder Gene benutzt werden. Es hat sich aber in der Praxis herausgestellt, daß es einfacher ist, seinen Replikationsstartpunkt und die REP-Gene, die verhindern, daß die Zahl an Kopien zu weit absinkt, zu isolieren und diese an die zu klonierende DNA anzuknüpfen. Solche Plasmide enthalten gewöhnlich auch ein Gen, das ein defektes Gen in der als Wirt eingesetzten Hefeart komplementiert, was die Auswahl der transformierten Zellen ermöglicht.

Man hat herausgefunden, daß bestimmte DNA-Sequenzen in Hefe mit sehr hohem Wirkungsgrad repliziert werden, und zwar egal mit welcher DNA sie verknüpft ist. Solche Sequenzen werden „autonom replizierende Sequenzen" oder ARS-Fragmente genannt. Es ist nicht bekannt, ob es richtige Replikationsstartpunkte in den Molekülen gibt, von denen sie stammen oder ob sie zufällig in Hefe als solche fungieren. Es können Plasmide konstruiert werden, in denen ARS-Fragmente die Replikation in der Hefe sicherstellen und ein auswählbarer Marker dafür sorgt, daß das Plasmid in der Hefe, die unter selektiven Bedingungen wächst, beibehalten wird. Durch Einbau eines DNA-Fragments, das ein Hefe-Centromer (die CEN-Region) enthält, kann die Ausscheidung besser kontrolliert werden. Das Plasmid stellt nämlich dann effektiv ein kleines Chromosom dar, das während der Zellteilung in den Spindelmechanismus integriert ist. Leider werden Chromosomen umso instabiler, je kleiner sie sind. So können solche „Mini-Chromosomen" den Zellen immer noch verloren gehen.

Durch Einbau eines bakteriellen Replikationsstartpunktes wird ein „Pendel"-Vektor (engl.: „shuttle vector") kreiert (Abb. 11.13), der bequem in Bakterien manipuliert und kloniert und dann zur möglichen Expression von eingebauten eukaryotischen Genen in Hefen übertragen werden kann.

Es gibt keinen Grund dafür, irgendeinen Replikationsstartpunkt einzubauen, wenn die fremde DNA in die chromosomale DNA der Hefe integriert wird, da dann die integrierte DNA als Teil eines Chromosomes repliziert wird. Eine solche Integration tritt durch spezifisches Crossing-over zwischen homologen Regionen der chromosomalen und integrierten DNA ein, wie es sich z.B. ereignet, wenn ein Plasmid eine Kopie eines chromosomalen Gens der Hefe enthält (Abb. 11.14). Das Erfordernis der Homologie weist darauf hin, daß die fremde DNA durch Bindung an eine geeignete Sequenz genau an eine bestimmte Stelle der chromosomalen DNA dirigiert werden kann. Dies steht im Gegensatz zu dem Einbau von DNA in tierische oder pflanzliche Zellen, wo dies anscheinend zufällig passiert. Da der Einbau reversibel ist und sowohl die chromosomale als auch die „fremde" Kopie der homologen Region entfernt werden kann, kann diese Methode dazu benutzt werden, ein natürlich vorkommendes Gen durch ein verändertes zu ersetzten. Dies eröffnet die Möglichkeit der Produkton neuer En-

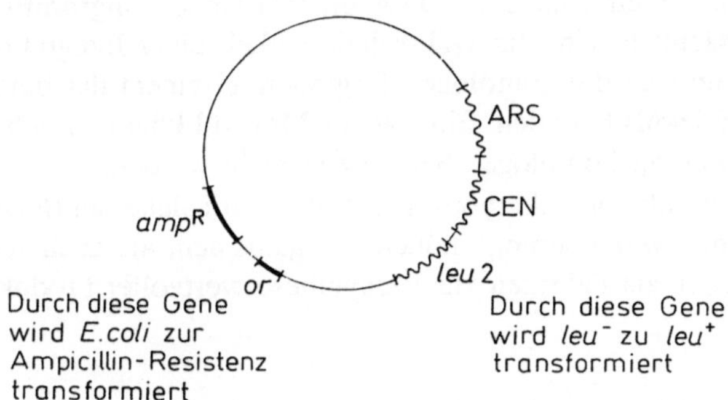

Abb. 11.13 Hefe/*E. coli*-Pendel-Vektor. *Schlüssel: amp^R*: Ampicillin Resistenz; *or*: prokaryotischer Replikationsstartpunkt; ARS: autonom replizierende Sequenz; CEN: Hefe-Centromer; *leu2*: Ergänzung eines fehlenden Hefe-Gens, das Wachstum in Abwesenheit von Leucin ermöglicht

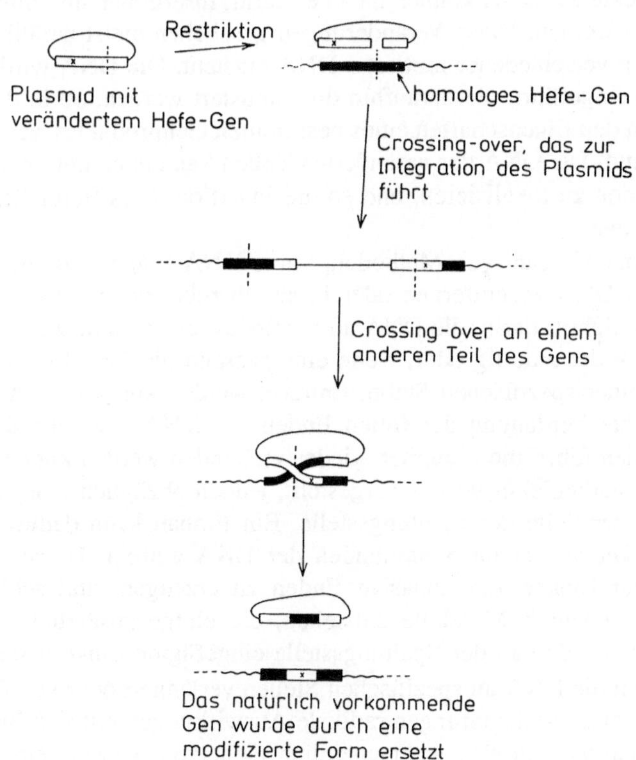

Abb. 11.14 Ersetzung eines Gens in Hefe

zyme in Hefen. Die einzubauende DNA braucht keinen ringförmigen Plasmiden zu bilden. Tatsächlich wird die Wahrscheinlichkeit einer Integration sogar stark vergrößert, wenn sich die homologen Regionen an einem der beiden Enden eines linearen Moleküls befinden. Ein solches Molekül könnte durch Zerschneiden eines Plasmids in der homologen Sequenz erreicht werden.

Die Genmanipulation eukaryotischer Zellen wird sicher an Bedeutung gewinnen, sowohl zur „Verbesserung" höherer Organismen, als auch für den Einsatz gezüchteter Zellen als Fabriken zur Biosynthese wertvoller Produkte.

11.4 Ortsspezifische Mutagenese

Techniken, die die Einführung von Mutationen an spezifischen Stellen in einem Genom ermöglichen, sind für die Molekularbiologen von großem Wert gewesen, besonders bei der Identifizierung der Bereiche, die die Genexpression kontrollieren. Eine gebräuchliche Methode bestand darin, einen wesentlichen Teil der DNA zu klonieren, zusammen mit den Bereichen, die von Interesse sind, und dann die klonierte DNA *in vitro* so zu manipulieren, daß mutante Formen gebildet werden. Kurze Fragmente der DNA können dabei entfernt, Insertionen und Substitutionen vorgenommen werden. Diese Veränderungen geschehen meist zufällig, wodurch eine Mischung verschiedener mutierter DNA entsteht. Die DNA wird dann wieder in Zellen eingeführt, die daraufhin durchmustert werden, ob in der Konzentration oder in den Eigenschaften eines bestimmten Genproduktes Veränderungen aufgetreten sind. Die DNA der veränderten Zellen kann dann untersucht werden, um die Mutation zu lokalisieren, und so die Funktion jedes Bereiches des Gens bestimmt werden.

Es gibt eine Vielzahl von Methoden, kurze DNA-Fragmente aus einem Teil der klonierten DNA zu entfernen oder in sie einzubauen. In beiden Fällen besteht der erste Schritt darin, die DNA an zumindest einer Stelle zu zerschneiden, und zwar entweder zufällig oder, wenn eine passend plazierte Restriktionsstelle existiert, an einer spezifischen Stelle. Entfernt werden können DNA-Fragmente durch begrenzte Verdauung der freien Enden der DNA, was zur Bildung von stumpfen Enden führt, die hinterher wieder verbunden werden können. Dadurch wird das Originalmolekül wieder hergestellt, jedoch abzüglich eines kurzen Bereiches auf jeder Seite der Spaltungsstelle. Ein Einbau kann dadurch erfolgen, daß man Linker an beiden Schnittenden der DNA einfügt. Danach folgt eine Restriktion der Linker, um kohäsive Enden zu erzeugen, und schließlich die Verknüpfung, wodurch Moleküle entstehen, die einige zusätzliche Nucleotide enthalten, die von den an der Spaltungsstelle eingefügten Linkern stammen.

Auch wenn die DNA an spezifischen Stellen verlängert oder verkürzt werden kann, werden diese Veränderungen radikale Auswirkungen mit sich bringen. Solche Mutationen werden also wahrscheinlich nicht von Nutzen sein, wenn man geringe Modifikationen an der Gensequenz vornehmen will. Es sind jedoch gerade solche subtilen Veränderungen, die wahrscheinlich für die Biotechnologen am wertvollsten sind. Sie wollen vielleicht nur eine einzige Aminosäure in einem Protein verändern, um seine Eigenschaften nach ihren Wünschen zu verändern (s. Abschn. 14.1.3 und 14.5.2). Solche Veränderungen erfordern die Einführung von Punktmutationen, bei denen ein einziges Nucleotid ein einer einzigen Stelle in dem Gen verändert wird. Die meisten der Methoden, Punktmutationen durch Ersetzen eines Nucleotiden durch ein anderes zu erzeugen, können nur eingesetzt werden, wenn die Mutation in nächster Nähe zu einer Restriktionsstelle vorgenommen werden soll. Zum Beispiel erzeugen Restriktionsenzyme in Anwesenheit von Ethidiumbromid, das an die DNA bindet, eine Kerbe (engl.: „nick") in der DNA, indem sie nur einen Strang an ihrer Restriktionsstelle zerschneiden. Diese Kerben könne erweitert werden. Dabei entstehen einzelsträngige Lücken, die etwa fünf Nucleotide groß sind. Durch Einsatz von Nucleotid-Analoga (die relativ unspezifisch bei ihrer Basenpaarung sind) oder durch Weglassen von einem der vier Deoxynucleosid-Triphosphate, können die Lücken in einer Weise wieder aufgefüllt werden, daß bei einer Position in der Lücke eine Veränderung eingetreten ist. Nach der Replikation der veränderten DNA befindet sich etwa die Hälfte der entstehenden Moleküle noch im Urzustand, die andere besteht aus Mutanten.

Die vielleicht wirksamste Methode, Punktmutationen in einem Gen zu erzeugen, ist unter dem Namen „Oligonucleotid-gesteuerte Mutagenese" (engl.: oligonucleotid-directet mutagenesis) bekannt (Abb. 11.15). Diese Technik kann nur eingesetzt werde, wenn die Nucleotidsequenz des Gens bekannt ist. In der Praxis ist aber eine solche Information über jedes Gen verfügbar, dessen Produkt ausreichend gut charakterisiert ist, um Veränderungen an ihm vorzunehmen. Wenn man sich entschlossen hat, welche Base ausgetauscht werden soll, dann wird ein Oligonucleotid synthetisiert, das dem zu verändernden Nucleotiden und seinen Nachbarregionen entspricht, typischerweise etwa 15 – 20 Nucleotide lang. Diese Oligonucleotide läßt man mit einem einzelsträngigen Klon eines Gens des Wildtyps hybridisieren, das mit Hilfe eines M13-klonierenden Systems hergestellt wurde. Unter der Vorausetzung, daß diese Hybridisierung unter Bedingungen „geringer Exaktheit der Paarung" durchgeführt wurde (d.h. bei niedriger Temperatur, hoher Salzkonzentration, wobei man einige nicht-passende Basenpaarungen toleriert), bildet das Oligomer mit der natürlich vorkommenden, komplementären Sequenz Basenpaare. Dies kann als Primer für die Bildung doppelsträngiger DNA durch die DNA-Polymerase dienen. Ein Strang dieser DNA besteht aus dem Wildtyp, der andere enthält die erwünschte Punktmutation. Die Replikation in dem bakteriellen Wirt führt zu einer Mischung aus doppelsträngigen wilden und mutierten DNAs. Diese kann extrahiert und dazu benutzt werden, mehr Zellen zu transformieren, wodurch Klone entweder aus wilder oder aus mutierter DNA gebildet werden. Glücklicherweise ist es recht leicht, zwischen den beiden Arten von Klonen zu unterscheiden: die DNA aus aufgelösten Zellen wird auf Nitrocellulosefiltern immobilisiert und mit dem radioaktiv markierten Oligonucleotid unter Bedingungen „hoher Exaktheit der Paarung" (hohe Temperatur und niedrige Salzkonzentration) hybridisiert. Dabei hybridisiert nur die mutierte DNA

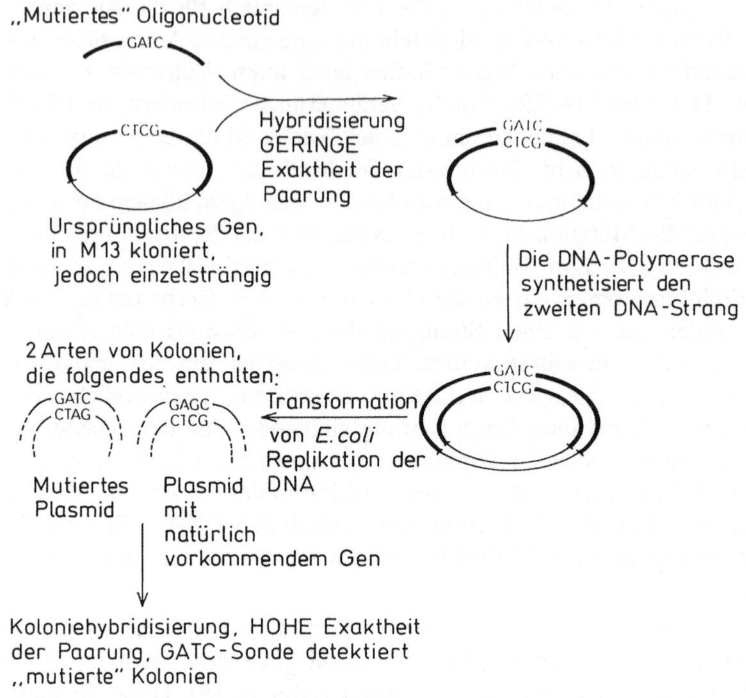

Abb. 11.15 Oligonucleotid-gesteuerte Mutagenese

mit der Sonde. Diejenigen Kolonien, die die mutierte DNA enthalten, können identifiziert und zur weiteren Kultur isoliert werden.

Das Potential der Oligonucleotid-gesteuerten Mutagenese zur Erzeugung neuer Proteine wurde an Tyrosyl-tRNA-Synthetase (TyrTS) als Modellenzym deutlich gezeigt. Eine Gruppe von Enzymologen und Röntgenkristallographen am Imperial College in London konnte das Enzym so detailliert charakterisieren, daß es möglich war, Aminosäurensubstitutionen vorauszusagen, die die Affinität des Enzyms zu seinem Substrat ATP vergrößern könnte. Es wurde eine Threonin-Seitenkette identifiziert, die eine Rolle bei der Bindung des ATP spielte, und es wurde vermutet, daß sich die Affinität des Enzyms zu ATP vergrößerte, wenn sie durch Alanin oder Prolin ersetzt werden könnte. Auf der Grundlage dieser Voraussagen setzten Molekularbiologen in Cambridge die Oligonucleotid-gesteuerte Mutagenese ein, um mutierte TyrTS-Gene zu konstruieren, bei denen das spezifische Threonin-Codon durch eines für Alanin bzw. Prolin ersetzt wurde. Diese Gene wurden exprimiert und die entstehenden TyrTS-Enzyme analysiert. Es stellte sich heraus, daß die Mutation zu Alanin zu einer geringen Erhöhung der Affinität für ATP führte, die Substitution durch Prolin aber eine dramatische Affinitätserhöhung zur Folge hatte. Bei niedriger Konzentration von ATP würde also das „technisch hergestellte" Enzym sehr viel aktiver sein als das des

Wildtyps (Wilkinson *et al.*, 1984). Man ist versucht anzunehmen, daß dies ein Beispiel dafür ist, daß der Mensch die Natur verbessert. Die „Enzymingenieure" selbst aber wiesen darauf hin, daß die normale intrazelluläre Konzentration von ATP so hoch ist, daß sowohl der mutierte als auch der Wildtyp des Enzyms nahe der Sättigung arbeiten, so daß die Affinität *in vitro* nicht geschwindigkeitsbestimmend ist. Tatsächlich weisen die mutierten Formen niedrigere Geschwindigkeitskonstanten für die Katalyse der Aminoacylierung auf, wären also bei einer ATP-Konzentratrion nahe der Sättigung weniger aktiv als der Wildtyp. Wir können erwarten, daß die Enzyme perfekt für ihre Aufgaben in der Zelle konstruiert sind, aber es besteht kein Grund, warum die Evolution hätte dahin gehen sollen, daß sie gut für industrielle Prozesse geeignet sein sollten. Die Bedeutung der Arbeit über TyrTS besteht darin, daß sie uns erlaubt, optimistisch zu sein bezüglich der Aussicht, existierende Enzyme zu „tunen", was ihre Affinität, katalytische Geschwindigkeitskonstanten, Temperaturoptimum, pH-Optimum usw. betrifft, damit sie besser den Anforderungen des Technikers in der Biochemie gerecht werden.

11.5 Zusammenfassung

Der Vorgang der Genklonierung besteht hauptsächlich aus folgenden Schritten: Isolierung eines Gens, Einbau des Gens in einen Vektor, Transfer des rekombinanten Vektors in die bakterielle Zelle, Auswahl der Zellen, die den rekombinanten Vektor enthalten, Züchtung der ausgewählten Zellen und weitere Nutzung dieser Zellen (wenn das Gen exprimiert wurde) oder Gewinnung des klonierten Gens aus ihnen.

Jeder dieser Schritte wurde im Detail betrachtet. Restriktionsenzyme werden eingesetzt, um die DNA an spezifischen Stellen zu zerschneiden. Messenger-RNA kann isoliert werden und dazu benutzt werden, die Synthese der cDNA zu dirigieren, die dann kloniert werden kann, um einen Genpool anzulegen. Plasmide als klonierende Vektoren enthalten Gene für Antibiotikaresistenz und diese wiederum besitzen gewöhnlich Sequenzen, die durch ein Restriktionsenzym vor dem Einbau des zu klonierenden DNA-Fragmentes zerschnitten werden können. Eine Bindungsreaktion ist erforderlich, um eine kovalente Verbindung zwischen dem Vektor und dem einzubauenden Fragment herzustellen. Die entstehende rekombinante DNA wird von bakteriellen Zellen aufgenommen, die dadurch, wie man sagt, transformiert werden. Nach dem Wachstum der transformierten Zellen werden diejenigen Kolonien, die eine bestimmte rekombinante DNA enthalten, durch Koloniehybridisierung ausgewählt. Dieses Verfahren erfordert die Herstellung einer „Sonde", die komplementär zu der erwünschten DNA ist. Komplementäre DNA (cDNA) wird häufig als Sonde benutzt und kann aus einem cDNA-Pool isoliert werden, und zwar durch Einsatz der Translation mit Freisetzung oder Festhalten des Hybrids. Auch Expressionsvektoren können benutzt werden, um spezifische DNA zu detektieren.

Virale DNA und Cosmidvektoren werden anstelle von Plasmiden benutzt, um große DNA-Fragmente zu klonieren, wie sie z.B. beim Erstellen einer Genombibliothek anfallen. Die DNA wird in Kopfpartikel des Virus eingepackt, ein Prozeß, bei dem die *cos*-Stellen eine Rolle spielen. Die Infektion der Bakterien führt zu einer sehr effektiven Übertragung der DNA in die bakteriellen Zellen.

Man kann auch eine Expression der klonierten Gene erreichen. Wenn aber das Gen eukaryotischen Ursprungs ist, müssen die Introns zuerst entfernt werden. Man hat Expressionsvektoren konstruiert, die zur Diskussion gestellt werden. Die Sezernierung von Proteinen aus der Zelle kann von großer Bedeutung sein, da die Gewinnung der Produkte dadurch erleichtert wird.

Die Genmanipulation eukaryotischer Zellen hat einige Vorteile gegenüber dem Einsatz von Bakterien, insbesondere, wenn eine posttranslationale Modifikation erforderlich ist. Sie kann eingesetzt werden, um die Feldfrüchte und den Viehbestand zu verbessern. Für die Genmanipulation von Pflanzen kann das T*i*-Plasmid oft als Vektor benutzt werden. DNA kann auch mittels des Blumenkohl-Mosaik-Virus in Pflanzenzellen eingeführt werden oder durch direkte Transformation von Protoplasten. Zellen von Säugetieren werden durch direkte Transformation, virale DNA-Vektoren oder Mikroinjektion manipuliert. Die Genmanipulation von Hefe ist von großer Bedeutung, da es sich um einen schnellwachsenden, sicheren, billigen und eukaryotischen Organismus handelt. Nach der Transformation von Spheroplasten durch Hefevektoren kann man die fremde DNA an homologen Stellen der chromosomalen DNA integrieren.

Die gerichtete Mutagenese, bei der Punktmutationen an spezifischen Stellen der chromosomalen DNA vorgenommen werden, ermöglichen es dem Biotechnologen, eine Proteintechnik zu entwickeln, die zum Ziel hat, die Eigenschaften von Enzymen zu verändern, damit sie den industriellen Anforderungen gerecht werden.

12. Errungenschaften und Ausblicke der Gentechnik

12.1 Errungenschaften

Was sind die Errungenschaften der Gentechnik auf dem Gebiet der Biotechnologie? Bis jetzt sind nur sehr wenige gentechnologisch hergestellte Produkte in die industrielle Produktion gegangen, obwohl viele das Stadium der Pilotanlagen erreicht haben oder sich in der klinischen Prüfung befinden. Gentechnologisch veränderte Bakterien werden schon seit einigen Jahren dazu benutzt, Einzellerprotein herzustellen. „Human"-Insulin aus Bakterien steht zur Verfügung, sieht sich aber der Konkurrenz des chemisch modifizierten Schweineinsulins gegenüber. Die einzigen Impfstoffe, die käuflich zu erwerben sind, werden für den Viehbestand verwendet, wo eine große Nachfrage besteht. Solche Impfstoffe können nicht den verlängerten Schutz gewähren, der durch abgeschwächte, lebende Bakterien erreicht wird, sind aber sicherer in der Anwendung. Diese wenigen Produkte, die jedoch Erfolg haben, können möglicherweise nicht genug Profit erzielen, um die hohen Kosten, die schon in die Entwicklung der Gentechnik investiert wurden, abzudecken. Gewiß werden die Investoren noch einige weitere Jahre warten müssen, bevor sie einen nennenswerten Profit erwirtschaften. Schon befinden sich einige Firmen in finanziellen Schwierigkeiten, da sie die Zeit, die zur Lösung der beträchtlichen Probleme bei der Entwicklung, Produktion und Austestung eines neuen Produktes benötigt wird, unterschätzt haben. Die USA und Japan sind die größten Verpflichtungen bezüglich der Genmanipulation eingegangen. Sie können erwarten, daß sie den recht beträchtlichen Lohn für ihre Voraussicht in den nächsten Jahren erhalten werden. Tatsächlich wird erwartet, daß im Jahre 2000 Waren im Wert von 40 Milliarden Dollar durch Gentechnik hergestellt werden (Gregory, 1984), so daß ein großer Anreiz besteht, jetzt in die Forschung zu investieren.

Zu den Projekten, deren kommerzieller und sozialer Nutzen sich wahrscheinlich in nächster Zukunft erweisen wird, gehören die Herstellung des menschlichen Faktor VIII, der Interferone, des Tumornekrosefaktors, des Lymphotoxins und von Impfstoffen gegen Herpes simplex, Hepatitis B und anderen menschenpathogenen Viren. Es werden Bakterien zur Verfügung stehen, um Verunreinigungen wie 2,4,5-T oder DDT abzubauen oder um Netzmittel, Emulgatoren und andere spezielle Moleküle herzustellen. Alle diese Projekte waren im Labormaßstab erfolgreich und müssen jetzt für die Produktion im größeren Maßstab vorbereitet werden.

12.2 Probleme

12.2.1 Expression und Stabilität der Plasmide

Die Gentechnik hat ein Stadium erreicht, in dem es relativ einfach ist, ein Gen irgendeines Proteins, das gut charakterisiert ist, zu isolieren und zu klonieren. Die zeitaufwendigen Probleme treten nach dem Stadium der Klonierung auf. Zunächst muß man einen hohen Grad an Expression in der Wirtszelle erreichen, idealerweise unter kontrollierbaren Bedingungen, so daß die Expression solange unterdrückt werden kann, bis die Zellen in hoher Dichte wachsen können. Möglicherweise ist das gebildete Protein in der Wirtszelle nicht stabil, so daß es nötig sein kann, ein Hybrid-Gen zu benutzen, um das Protein mit einem schützenden Polypeptid zu versehen; eine andere Methode besteht darin, das Genom der Wirtszellen so zu verändern, daß der Abbau fremder Proteine verhindert wird. Wenn das fremde Gen auf einem Plasmid sitzt, muß man Maßnahmen ergreifen, um sicherzustellen, daß das Plasmid in der Zellkultur beibehalten wird. Wenn das fremde Gen der Wirtszelle zu einem größeren Wirkungsgrad beim Wachstum verhilft (wie im Falle des Glutamat-Dehydrogenase-Gens, das auf *M. methylotrophus* übertragen wurde), ist die Plasmidstabilität automatisch gesichert; in der Mehrzahl der Fälle aber muß ein anderes Gen in das Plasmid eingebaut werden, das für einen Selektionsdruck zugunsten der Plasmid-haltigen Zellen sorgt.

12.2.2 Gewinnung des Produktes

Selbst wenn die Expression eines Gens auf einem stabilen Plasmid erreicht wurde, sind wir noch nicht von allen Sorgen befreit. Die Leichtigkeit, mit der ein Produkt gewonnen werden kann, kann ein wichtiger Faktor bei der Entscheidung sein, ob ein Verfahren profitabel ist. Wenn das Produkt in den Bakterien verbleibt, müssen die Zellen isoliert und zerstört werden und die Überbleibsel von dem Produkt getrennt werden. Wenn man andererseits die Zellen dazu bringen kann, das Produkt auszuscheiden, wird seine Gewinnung viel einfacher. Diese Methode hat den zusätzlichen Vorteil, daß die Zellen während der Gewinnung des Produktes nicht zerstört werden. Eukaryotische Zellen sezernieren Proteine, die eine geeignete Signalsequenz an ihrem *N*-terminalen Ende besitzen. Diese Sequenz wird beim Verlassen der Zelle entfernt. Prokaryoten können ihre Proteine im allgemeinen weniger leicht ausscheiden. *Bacillus subtilis* ist dafür bekannt, daß er mehr als 50 Proteine sezerniert. Deshalb wird er oft *E. coli* vorgezogen, wenn es wichtig ist, daß das Produkt ausgeschieden wird. Die Probleme, die sich bei der Gewinnung von Enzymen aus Zellkulturen ergeben, werden in Kap. 13 detailliert betrachtet.

12.2.3 Sicherheit

Ein anderer Faktor, der bei jedem gentechnologischen System sorgfältig beachtet werden muß, ist die Sicherheit. Als man Mitte der siebziger Jahre mit der Klonierung begann, schien eine ernstzunehmende Möglichkeit zu bestehen, daß schädliche Gene (wie z.B. solche, die Tumorbildung oder ein Toxin codieren) versehentlich in Bakterien eingeschleußt werden könnten, die außerhalb des Labors überleben und sich unter der Bevölkerung ausbreiten könnten. Strenge Vorschriften wurden von den National Institutes of Health in den USA und von der Genetic Manipulation Advisory Group in Großbritannien erlassen, die die Klonierung viraler DNA oder der DNA von Tumorviren praktisch untersagten und den meisten anderen Klonierungsexperimenten weitreichende Sicherheitsmaßnahmen auferlegten, um das Verbleiben des Mikroorganismus im Versuchslabor zu gewährleisten. Glücklicherweise sind „sichere" Wirtszellen entwickelt worden, wie z.B. 1776, die so spezifische Nahrungsbestandteile benötigen, so schwache Zellwände besitzen, so große Empfindlichkeit gegenüber Salzen von Gallensäuren aufweisen usw., daß es sehr unwahrscheinlich ist, daß sie außerhalb des Laboratoriums überleben könnten. Zur gleichen Zeit wurden Plasmide konstruiert, die die *tra*-Gene, die für die Übertragung von einer Zelle auf eine andere mittels Konjugation nötig sind, nicht enthielten. Somit wurde die Gefahr eines Transfers gefährlicher Plasmide von sicheren Wirtszellen auf infektiöse vermindert.

Damit ein kloniertes Gen schädlich werden kann, müssen *alle* folgenden Ereignisse eintreten. Das Gen muß in einen infektiösen Wirt gelangen. Der neue Wirt muß aus seinem Gefängnis entkommen und eine Infektion hervorrufen. Das klonierte Gen muß in dem Wirt exprimiert werden. Das Produkt muß fähig sein, von der bakteriellen Zelle in die infizierte Person zu gelangen, wo es Schaden anrichten kann, wenn es einen bestimmten Ort erreicht. Da die Wahrscheinlichkeit für einen solchen Unfall sich aus dem *Produkt* aller dieser Schritte ergibt, können die Risiken heutzutage als unbedeutend betrachtet werden, vorausgesetzt, daß ungefährlich gemachte Wirte und Plasmide benutzt werden und ein vernünftiges Maß strenger Vorsichtsmaßnahmen ergriffen wird, um die Mikroorganismen im Labor einzuschließen. Als dies erkannt worden war, sind die Vorschriften nach und nach gelockert worden, und die einzigen ernsthaften Einschränkungen, die bleiben, beziehen sich auf die Freisetzung des genetisch veränderten Organismus in die Umgebung. Dies wäre bei dem Abbau von Verunreinigungen oder für die Vergrößerung der Ölausbeute mittels Mikroorganismen nötig. Die Arbeit mit pathogenen Organismen muß natürlich weiterhin unter streng kontrollierten Bedingungen hinsichtlich ihres Verbleibens in ihrer Umgebung durchgeführt werden.

12.2.4 Wirtschaftlichkeit

Es gibt keine Garantie dafür, daß ein Produkt Profit erzielt, nur weil es durch
einen genetisch veränderten Organismus hergestellt wurde. Wenn der Markt sehr
beschränkt ist, kann man keinen Profit machen, es sei denn, die Kunden seien
allesamt Ölscheiche. Solch ein Argument könnte auch für das Somatotropin gelten, da es relativ wenige Fälle von Zwergwuchs auf der Welt gibt. Man kann
also nicht mit einem möglichen Verdienst zur Deckung der Entwicklungs- und
Produktionskosten rechnen. Es wurde jedoch herausgefunden, daß das Hormon
auch bei der Behandlung von Verbrennungen nützlich ist und zur beschleunigten
Wundheilung beitragen kann. Somit ist der Markt groß und die Herstellung des
Hormons sollte sehr profitabel sein, besonders da die Nachfrage bei weitem nicht
durch die Gewinnung aus Leichen gedeckt werden kann. Dieses eine Beispiel
sollte verdeutlichen, daß viel von der Investition in die Gentechnik spekulativ
sein muß, ausgenommen, es wäre eine offensichtliche Nachfrage für ein Produkt
vorhanden, ohne eine zufriedenstellende alternative Quelle. Auch in diesen Fällen
können sich schreckliche Fallen auftun, darunter das Problem des adäquaten Pa-
tentschutzes für jede neue rekombinante DNA. Obwohl es möglich ist, einen
Organismus oder ein Plasmid patentieren zu lassen, so ist es doch nicht klar,
wieviel Schutz dies gegen die Konstruktion von Organismen oder Plasmiden
gewährt, die das gleiche auf leicht veränderte Weise tun. Zum Beispiel können
einige Basen eines Gens ausgetauscht sein, ohne daß das codierte Produkt sich
ändert.

12.2.5 Notwendigkeit der Grundlagenforschung

Eines der Haupthindernisse bei der Arbeit des Gentechnikers hat nichts mit der
Genmanipulation an sich zu tun. Es besteht in der Tatsache, daß wir immer noch
erbärmlich wenig über viele wichtige Prinzipien wissen, die den Eigenschaften,
die wir verändern wollen, zugrundeliegen. Solange wir die Biochemie, die für
die Krankheitsresistenz, Wachstumsgeschwindigkeiten, Morphologie und Photo-
syntheseausbeute ausschlaggebend ist, nicht gründlich verstanden haben, ist es
schwierig, solche Eigenschaften durch Gentechnik zu manipulieren.

12.3 Zukunft

In diesem Buch wurde die Genmanipulation nur in Bezug auf ihre direkte Anwendung in der Biotechnologie diskutiert. Man sollte jedoch nicht vergessen, daß
eine hauptsächliche Anwendung dieser Techniken die Untersuchung der Gen-
struktur und -funktion ist. Solche grundlegenden Arbeiten werden unvermeidbar
einen großen Einfluß auf die Biotechnologie ausüben, und zwar bezüglich dessen, was kloniert wird und auf welche Weise es geschieht. Wir können sehr viel
mehr über die Faktoren lernen, die an der Regulation der Genexpression beteiligt
sind und sollten fähig sein, dieses Wissen bei der Optimierung der Expression

fremder Gene einzusetzen. Ein vollständiges Verständnis des Mechanismus der Ausscheidung und der posttranslationalen Modifikationen wird bei der effektiven Herstellung voll aktiver und stabiler Polypeptide helfen.

Welche Entwicklungen können wir hoffen, in den nächsten zehn Jahren zu erleben? Das Leben wäre ohne Überraschungen sehr langweilig und es gibt keinen Grund dafür, warum nicht auch die Gentechnik uns mit solchen konfrontieren sollte. Auf der Grundlage der laufenden Arbeiten ist es jedoch möglich, einige Vermutungen darüber zu äußern, auf welchen Gebieten wahrscheinlich Ergebnisse zu erwarten sind.

12.3.1 Pharmakologie

Die Klonierung wird genug Material zur Verfügung stellen, um vollständige klinische Studien über diejenigen Polypeptide wie z.B. Interferone, Enkephaline und Cytokine anzustellen, die von Natur aus in nur sehr geringer Konzentration im Körper hergestellt werden und die vielleicht als „biologische Reaktionsvermittler" agieren. Wenn sie als „natürliche" Arzneimittel benutzt werden könnten, würde sich der Pharmakologie ein neues Gebiet eröffnen. Die Zahl der Impfstoffe, die gentechnisch hergestellt werden, wird sicherlich steigen. Darunter werden auch einige für die Anwendung am Menschen sein. Es gibt Hoffnungen auf Impfstoffe gegen Malaria und AIDS.

12.3.2 Enzyme in der Industrie

Da der industrielle Einsatz von Enzymen immer wichtiger wird (s. Kap. 14), können wir erwarten, daß man sie mittels gentechnisch veränderter Mikroorganismen herstellen wird. Jedes Gen wird wahrscheinlich durch *in vitro*-Mutagenese so verändert werden, daß ein Enzym gebildet wird, dessen Stabilität und Kinetik verbessert sind, und das vielleicht zur effektivsten Ausnutzung im Großmaßstab immobilisiert werden kann. Solch eine Erzeugung neuer Proteine ist wahrscheinlich von ungeheurem Interesse für die Entwicklung der Enzymtechnologie und hängt gänzlich von den Methoden der Gentechnologie ab. Ein Projekt, das schon bedeutende Fortschritte macht, ist die Herstellung von Ligninasen, die durch den Abbau von Holzabfällen eine große neuartige Nahrungsquelle zugänglich machen könnten. Eine weitere Diskussion der möglichen Nutzung von gentechnologisch hergestellten Enzymen wird in Kapitel 15 geführt.

12.3.3 Züchtung

Betrachtet man den gesamten Organismus, dann können wir einige bedeutende Verbesserungen in der Qualität der Feldfrüchte erwarten. Dazu gehören die Verminderung des Bedarfs an Düngern und Pestiziden, eine erhöhte Krankheitsresistenz, eine vergrößerte Ausbeute und eine verbesserte Qualität von pflanzlichen Proteinen. Ähnliche Verbesserungen in der Qualität des Viehbestandes könnten möglich sein. Es gibt schon Berichte über die Synthese neuer Verbindungen durch

Bakterien als Ergebnis der Schaffung eines neues Stoffwechselweges. Zum Beispiel sind neue „Hybrid"-Antibiotika von *Streptomyces* synthetisiert worden. Sie sind das Ergebnis des Versuchs, in einem Organismus die Biosynthese-Gene aus Arten zu kombinieren, die verschiedene Antibiotika erzeugen (Hopwood *et al.*, *1985*).

12.3.4 Alternativen

Es wurde diskutiert (Vane und Cuatrecasas, 1984), daß die Produktion von Polypeptiden durch die Gentechnik nur von vorübergehender Bedeutung sein könnte, da Fortschritte in unserem Verständnis der Rezeptor-Effektor-Interaktion die Konstruktion kleiner Moleküle ermöglichen könnte, die so wirksam sind wie große Polypeptide. Diese könnten jedoch chemisch hergestellt werden. Es ist wahr, daß kurze Polypeptide mit einer Länge zwischen etwa 8 und 20 Aminosäureresten gefunden worden sind, die die Antikörperproduktion gegen den Virus der Maul- und Klauenseuche oder gegen den Poliovirus effektiver anregen konnten als die vollständigen viralen Proteine. Auch viele bioaktive Polypeptide sind sehr kurz (z.B. Calcitonin 32 Aminosäurereste, Endorphine 31, Enkephaline 5). Die chemische Synthese eröffnet die Möglichkeit, einige Reste abzuändern, z.B. durch D-Aminosäuren zu ersetzen, so daß das Polypeptid im Darm nicht abgebaut wird. Das würde die orale Applikation von Arzneimitteln erlauben, die sonst intravenös verabreicht werden müssen. Die Wahl zwischen der biologischen und chemischen Synthese wird durch Faktoren wie den technologischen Vorteilen bei der Polypeptidsynthese im Großmaßstab, den Kosten für die Rohmaterialien, dem erforderlichen Reinheitsgrad usw. beeinflußt. Es ist unmöglich, vorauszusagen, wie lange es dauern wird, bis auf rationellem Wege Arzneimittel entworfen werden können, die genau zu den Rezeptoren passen, an die sie binden. Es ist wahrscheinlich, daß die Gentechnik noch viele Jahre lang zur Herstellung von Polypeptiden eingesetzt werden wird und für die Enzymproduktion in absehbarer Zukunft die einzige durchführbare Methode ist. Die Gentechnik ist für die Züchter schon zu einem Werkzeug geworden und ihre Bedeutung auf diesem Gebiet wird sicherlich noch wachsen.

12.4 Zusammenfassung

Das Kapitel enthält einen Überblick über die Errungenschaften der Gentechnik einschließlich Insulin, Impfstoffen, Blutgerinnungsfaktoren, antiviralen Arzneimitteln und Antikrebsmitteln.

Die Hauptprobleme, die zu lösen bleiben, sind folgende: effiziente und kontrollierte Expression klonierter Gene; Plasmidstabilität; Gewinnung des Produktes.

Die neue Technologie birgt einige mögliche Risiken. Folglich sind Richtlinien erstellt und „sichere" Wirtszellen und Vektoren entwickelt worden.

Die Wirtschaftlichkeit wird zweifellos die Zukunft der Gentechnik bestimmen. Es muß genügend Nachfrage nach einem Produkt bestehen, um die hohen Investitionen zu rechtfertigen, die erforderlich sind, um es auf den Markt zu bringen. Es ist noch nicht sicher, in wie weit ein gentechnisch hergestelltes Produkt durch Patente geschützt werden kann.

Es wurde ein kurzer Überblick über mögliche Produkte aus der Gentechnik gegeben. Dazu gehören „biologische Reaktionsvermittler", Impfstoffe, Enzyme für den industriellen Einsatz, verbesserte Feldfrüchte und Viehbestände, Herstellung neuer Verbindungen durch Bakterien. Dennoch wird vermutet, daß die chemische Synthese von Oligonucleotiden ihre Herstellung mittels Gentechnik herausfordern könnte.

Teil V Enzymtechnologie

M. D. Trevan

Vorausgesetzte Begriffe

Grundlagen der Proteinstruktur
Michaelis-Menten-Kinetik
Wirkung von pH und Temperatur auf enzym-katalysierte Reaktionen
Kompetitive und nicht-kompetitive Hemmung
Chromatographische Trennungen
Elektrophoretische Trennungen

Empfohlene Bücher

Chaplin, M.F., Bucke, C. (1990), *Enzyme Technology*. Cambridge University Press, Cambridge
Gacesa, P., Hubble, J. (1992), *Enzymtechnologie*. Springer, Berlin
Godfrey, T. Reichert, J. (1991) *Industrial Enyzmology*, 2 ed. Stockton Press, London
Mosbach, K. ed. (1976) *Methods in Enzymology, Vol XLIV*. Academic Press, New York
Palmer, T. (1991), *Understanding Enzymes*. Ellis Horwood, Chichester
Zickler, F., Mangold, K.H. (1979), *Industrielle Enzyme*. Steinkopff, Darmstadt
Schellenberger, A. (Hrsg.)(1989), *Enzym-Katalyse, Eine Einführung in die Chemie, Biochemie und Technologie der Enzyme*. Springer, Berlin
Stryer, L. (1988) *Biochemistry*, 3 ed. Freeman, New York
deutsch: (1990) *Biochemie*. Spektrum der Wissenschaften, Heidelberg
Trevan, M. D. (1980) *Immobilized Enzymes*. John Wiley, Chichester

13. Herstellung der Enzyme

13.1 Einführung: Anwendung von Enzymen

Die praktische Anwendung der enzymatischen Katalyse ist ein großes Geschäft. Der gesamte Weltmarkt für Enzyme wurde 1981 auf 65 000 Tonnen mit einem Wert von 400×10^6 Dollar geschätzt; für 1985 wurde ein Wachstum auf 75 000 Tonnen (600×10^6 Dollar) erwartet. Enzyme werden auf vier verschiedenen Gebieten eingesetzt: als therapeutische Wirkstoffe; als Werkzeuge zur Manipulation z.B. bei der Genmanipulation; als analytische Reagentien und als Katalysatoren in der Industrie. Der größte dieser Märkte ist ihre Anwendung als Katalysatoren in der Industrie, und er wird es in absehbarer Zukunft auch bleiben. Obwohl sich etwa 25 Firmen in der westlichen Welt mit der Enzymproduktion beschäftigen, produziert nur eine Handvoll die Hauptmasse. Novo Industries in Dänemark stellt 50% der Enzyme her, die auf dem „westlichen" Markt verkauft werden. Gist-Brocades aus Holland weitere 20%, während der gesamte Ausstoß aus den USA nur etwa 12% der gesamten Menge ausmacht. Damit soll jedoch nicht gesagt werden, daß die Verteilung der volumenmäßigen Produktion zwangsläufig den Wert wiederspiegelt, den die Produkte auf dem Markt haben. Die Massenhersteller neigen nämlich dazu, Enzyme von geringem Wert zu produzieren, für die eine große Nachfrage besteht, meist für die Anwendung als Katalysatoren in der Industrie. Die kleineren Firmen dagegen spezialisieren sich auf die Herstellung geringer Mengen hochwertiger Enzyme, die zur Zeit meist in der Analytik oder zur Manipulation benutzt werden. Beispielsweise kostet eines der billigsten, käuflich zu erwerbenden Enzyme, eine bakterielle α-Amylase, gerade 1,7 Dollar pro kg und hat ein Marktvolumen von 3000 Tonnen pro Jahr. Das andere Extrem stellt die Ornithincarbamyl-Transferase dar, die 215×10^6 Dollar pro kg kostet und von der weniger als 10 mg pro Jahr verkauft werden.

Es überrascht deshalb nicht, daß 80% der jährlich produzierten Enzyme einfache hydrolytische Enzyme sind, wobei 60% davon Proteasen sind. Tab. 13.1 zeigt den ungefähren Prozentsatz der Volumenproduktion für verschiedene Klassen von Enzymen. Daraus ist zu erkennen, daß eine mehr als dreimal so große Menge an Enzymen entweder in Käse oder Waschpulver endet als insgesamt im analytischen, pharmazeutischen und Entwicklungssektor! Es wäre also angemessen zu folgern, daß Waschen und Essen (d.h. die Herstellung von Detergentien und Nahrung) zur Zeit die Haupteinnahmequellen für den Enzymtechnologen sind.

Tabelle 13.1 Verteilung industriell eingesetzter Enzyme

Proteasen 59%		Carbohydrasen 28%		Lipase 3%	Sonstige 10%
Alkalische (Detergentien)	25%	α-Amylasen	13%		Analytik
Neutrale	12%	Isomerasen	6%		Arzneimittel
Saure (Lab)	10%	β-Amylasen	5%		Entwicklung
Alkalische (sonstige)	6%	Pectinasen	3%		
Trypsine	3%	Cellulasen ⎤			
Saure (sonstige)	3%	Lactase ⎦ 1%			

Betrachtet man jedoch das zukünftige Potential der Enzymtechnologie, so ist es wahrscheinlich, daß die größte Zuwachsrate bei dem nicht-traditionellen Einsatz von Enzymen zu erwarten ist, und zwar auf folgenden Gebieten: als analytische Reagentien bei der vollautomatischen Analyse in der klinischen Chemie, beim Monitoring des Abwassers, bei der Prozeßkontrolle und als industrielle Katalysatoren für die Herstellung von Feinchemikalien, die zur Zeit mit rein chemischen Mitteln produziert werden. Dieser Teil des Buches wird sich deshalb auf diese Gebiete konzentrieren.

Vorsichtshalber soll eine letzte Bemerkung diese Einführung abschließen. Wir wollen dem Leser nocheinmal vor Augen führen , was mit dem Ausdruck „Enzym" in diesem Zusammenhang gemeint ist. Wenn man ein kommerziell vertriebenes Enzym kauft, kann es vorkommen, daß man ein Produkt erhält, das nur 10% Protein und nur 1-2% des aktiven Enzyms enthält, das wiederum aus einer Mischung ähnlicher Enzyme zusammengesetzt ist. Die alkalischen Proteasen, die in Waschmitteln eingesetzt werden, werden üblicherweise als Zubereitungen aus 2-3% aktivem Enzym zusammen mit 10% anderem Protein und 85% anorganischen Salzen, hauptsächlich Bicarbonaten und Phosphaten, geliefert. Wie wir sehen werden, gibt es gute Gründe dafür. Auf der anderen Seite kann eine Zubereitung zu praktisch 100% aus einem reinen Enzym mit einer einheitlichen Molekülstruktur bestehen (z.B. bei den Endonucleasen, die bei der Genmanipulation Verwendung finden). Außerdem wird der Einsatz möglicherweise veränderter mikrobieller oder pflanzlicher Zellen immer gebräuchlicher, um spezifische Umsetzungen zu katalysieren. Es gibt also einen fließenden Übergang zwischen den „Enzymen", die als Katalysatoren in der Industrie Verwendung finden zu den Enzymen von höchster Reinheit. Dazwischen steht der veränderte Zellkatalysator, der vielleicht auf dem Gebiet der Fermentationstechnologie seinen Platz finden wird. Die Mikroorganismen, die in der klassischen Fermentation Verwendung finden, sind im wesentlichen komplexe Katalysatoren, die aus vielen Enzymen bestehen. Aus diesen Gründen wäre es vielleicht besser, den kürzlich geprägten Ausdruck „Biokatalysator" zu benutzen, der alle diese Typen umfaßt.

Die Beschreibung aller verschiedenen Anwendungen, die heutzutage Enzyme finden, würde den Rahmen dieses Textes sprengen. Um einen detaillierten Überblick über diese Gebiete zu bekommen, wird dem Leser das Buch von Godfrey und Reichert (1983) empfohlen. Drei Hauptschritte müssen zwischen der

Formulierung des Bedarfs für ein bestimmten Enzym und seiner Produktion unternommen werden: Auswahl des Ausgangsmaterials, Extraktion und Reinigung. Jeder von ihnen wird als separates Gebiet abgehandelt werden, man darf aber nicht vergessen, daß diese drei Schritte in der Praxis einen zusammenhängenden Vorgang bilden. Es wird deutlich werden, daß die Art, mit der diese drei Schritte in Angriff genommen werden, von einer Reihe von Faktoren abhängt. Zum Beispiel kann die Herkunft des Enyzms sowohl die Extraktion als auch den Reinigungsvorgang beeinflussen. Die Anwendung des Enzyms bestimmt den erforderlichen Reinheitsgrad, die Größenordnung des Arbeitseinsatzes die Techniken, die in der Praxis benutzt werden können.

13.2 Auswahl der Ausgangsmaterialien für die Enzyme

Über 2000 Enzyme sind isoliert und charakterisiert worden. Die Mehrzahl könnte man aus jedem biologischen Organismus gewinnen. Das Problem des Enzymtechnologen besteht darin, zu entscheiden, woraus das erwünschte Enzym zu isolieren ist. Die Lösung wird zum größten Teil durch die Charakteristika des erwünschten Enzyms und natürlich durch die Kosten des gesamten Isolationsvorganges diktiert.

13.2.1 Spezifität

Wird das Enzym für einen Prozeß benötigt, bei dem ein hoher Grad an Spezifität erforderlich ist, so kann dies von Anfang an die Wahl des Ausgangsmaterials einschränken. Zum Beispiel wurde für den ersten Schritt bei der Käseherstellung, der partiellen Proteolyse des Milchcaseins zu Quark, üblicherweise das Enzym Rennin verwendet, das aus dem Magen gesäugter Kälber isoliert wird, sicherlich ein nur in beschränktem Maße verfügbares und möglicherweise teures Material. Die hohe Spezifität der Kälberprotease führt jedoch zu einer einzigartigen Form der Caseinspaltung, die mittels Proteasen aus anderen Quellen schwierig nachzuahmen ist. Man hat auch einige bakterielle Rennine isoliert und zur Käseherstellung eingesetzt. Sie werden aber nicht allgemein akzeptiert, da sie dadurch, daß sie etwas andere Hydrolyseprodukte aus dem Casein bilden, bestimmte Geschmacksstoffe des Endproduktes Käse abbauen. Dagegen weisen die alkalischen Proteasen, die in Waschpulvern Verwendung finden, eine niedrige Spezifität auf. Die Substitution einer Protease durch eine andere kann daher wirkungsvoll sein. Tatsächlich können im letztgenannten Fall, wo der erwünschte Effekt der Proteasen darin liegt, denaturierte unlösliche Proteine zu kleinen löslichen Peptiden zu hydrolisieren, Mischungen verschiedener Proteasen synergistisch arbeiten. Jede baut das Protein nämlich zu unterschiedlichen Peptiden ab, und die Enzyme arbeiten damit synergistisch. Wenn man also zwei Proteasen zusammen einsetzt, dann ist die benötigte Gesamtmenge an Enzym sehr viel niedriger als wenn eine von ihnen alleine benutzt wird, um die erwünschte Solubilisierung des Proteinfleckes innerhalb einer bestimmten Zeit zu erreichen.

13.2.2 pH-Wert

Man muß auch den pH-Wert berücksichtigen, bei dem das Enzym eingesetzt werden soll. Der pH ist nicht nur für die Enzymaktivität von Bedeutung, sondern auch für seine Stabilität. Zum Beispiel ist die Protease Trypsin aus Tieren bei pH 3 am stabilsten, aber nur zwischen pH 6 bis pH 8 aktiv; die Xylose-Isomerase (sonst als Glucose-Isomerase bekannt) aus *Bacillus coagulans* hat ihren optimalen Aktivitätsbereich zwischen pH 5,5 und 7,0, ist aber von pH 4,0 bis pH 8,5 stabil. Wenn das Enzym möglichst gut genutzt werden soll, muß es vorzugsweise bei dem für den geplanten Prozeß nötigen pH sowohl stabil als auch aktiv sein. Zusätzlich müssen die für die vorangehenden und nachfolgenden Arbeitgänge erforderlichen pH-Werte berücksichtigt werden. Wenn das Enzym z.B. bei pH 7,0 aktiv und stabil ist, der vorangehende und nachfolgende Vorgang jedoch bei pH 10,5 durchgeführt werden muß, dann müssen vor Zugabe des Substrates zum Enzym beträchtliche Mengen an Säure zugesetzt werden. Nach der Reaktion muß man mit Alkali pH 10,5 wiedereinstellen. Als Ergebnis hat man eine große Menge an Salz vorliegen, und zusätzliche Kosten sind verursacht worden. Es ist also sehr viel sinnvoller, ein Enzym einzusetzten, das bei pH 10,5 aktiv ist. Genau diese Überlegungen führten zu der Suche nach einem Enzym, das inzwischen das meistverwendete Enzym ist, die alkalische Protease. Proteasen werden als Reinigungshilfsstoffe seit über 50 Jahren benutzt. Ursprünglich setzte man neutrale Proteine ein (d.h. solche, die bei pH 7 stabil und aktiv sind). Diese vertrugen sich aber nicht mit dem typischen pH einer Reinigungslösung aus Waschpulver (annäherend 10,5). Somit mußten solche Enzympräparationen als Vorwaschmittel eingesetzt werden. Wieviel bequemer ist es aber, ein Enzym zur Verfügung zu haben, das mit dem Pulver zusammen verwendet werden kann.

13.2.3 Temperatur

Was für den pH gilt, gilt auch für die Temperatur. Im Gegensatz zu dem, was in vielen Lehrbüchern der Biochemie behauptet wird, gibt es keine „optimale Temperatur" für ein Enzym. Abb. 13.1 zeigt, daß die typische Kurve, die man erhält, wenn man die Enzymaktivität gegen die Temperatur aufträgt, sich aus zwei antagonistischen Funktionen zusammensetzt. Erhöhte Temperaturen führen unweigerlich zu einer Erhöhung der Reaktionsgeschwindigkeit, der der denaturierende Effekt der erhöhten Temperatur auf das Enzym entgegenwirkt. Während jedoch die erhöhte Reaktionsgeschwindigkeit ein augenblicklich eintretendes Ereignis ist, nimmt die Proteindenaturierung eine beträchliche Zeit in Anspruch. Somit nimmt bei einer gegebenen Temperatur die Aktivität (ausgedrückt als gebildetes Produkt pro Minute) mit zunehmender Gesamtinkubationszeit ab. Wenn man die Aktivität verschiedener Enzyme bei einer bestimmten Temperatur vergleichen will, muß man darauf achten, daß die Inkubationszeit für jedes Enzym gleich ist. Ansonsten ist das Ergebnis aussagelos. Im allgemeinen werden höhere Temperaturen vorgezogen, da die Arbeitsgänge dann weniger anfällig für mikrobielle Kontaminationen sind und da sich die Reaktionsgeschwindigkeiten bei

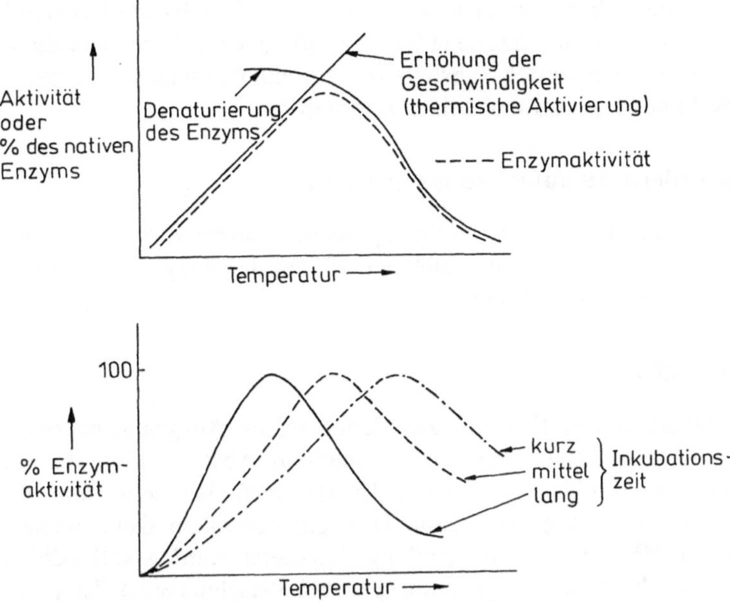

Abb. 13.1 Auswirkung der Temperatur auf enzym-katalysierte Reaktionen

einer Temperaturzunahme um 10 °C nahezu verdoppelt, was den Arbeitsgang beschleunigt. Hitzebeständigkeit bei dem ausschlaggebenden Enzym ist auch deshalb von Nutzen, weil man schon bei seiner Herstellung Wärme einsetzen kann, um unerwünschte Enzyme zu zerstören.

Obwohl ein gänzlich thermostabiles Enzym in den meisten Fällen das Ideal wäre, kann in einigen Fällen (z.B. bei der Verwendung von α-Amylasen) auch ein Enzym erforderlich sein, das am Ende des Prozesses durch Hitze inaktiviert werden kann.

13.2.4 Aktivierung/Inaktivierung

Ähnliche Proteine, die aus verschiedenen Ausgangsmaterialien isoliert wurden, können unterschiedliche Aktivatoren erfordern und unterschiedliche Reaktionen auf einen bestimmten Inhibitor aufweisen. Zum Beispiel benötigen β-Galaktosidasen gewöhnlich Kobalt als Cofaktor; somit würde ihr Einsatz beim Abbau der Lactose aus der Milch die Entfernung des Kobalts am Ende des Vorgangs erfordern. Glücklicherweise benötigen die Galaktosidasen aus Pilzen kein

Kobalt. Die Entfernung eines Aktivators von einem Enzym kann auch seine pH- oder thermische Stabilität verändern (s. Abschn. 14.5.4). Es ist offensichtlich, daß der Vorgang, für den das fragliche Ezym benötigt wird, besonders die erforderliche Zusammensetzung des Substrats oder Produkts, einen sehr großen Einfluß auf die Wahl des Enzyms und seiner Herkunft hat.

13.2.5 Erfordernisse aufgrund der Analytik

Über dieses Thema muß nicht viel gesagt werden, außer, daß eine geeignete analytische Methode zur Verfügung stehen muß, um das Enzym und seine Produkte zu detektieren und zu quantifizieren.

13.2.6 Verfügbarkeit

Die Verfügbarkeit des Enzyms und damit seines Ausgangsmaterials ist von größter Bedeutung. Dies wird weiter unten in Abschn. 13.4. detailliert diskutiert werden. Das Enzym muß nicht nur verfügbar sein, sein Ausgangsmaterial muß auch akzeptabel sein. Dies gilt vor allem dann, wenn das Enzym bei der Nahrungsmittelherstellung eingesetzt werden soll oder wenn es mit Menschen in Berührung kommt (z.B. bei Waschpulvern). Es ist sicherlich wünschenswerter, ein Enzym zur Nahrungsmittelherstellung aus einem Organismus nicht-pathogener Art zu isolieren!

13.2.7 Kosten

Bei einem industriellen Prozeß sind die Kosten der ausschlaggebende Faktor. Ein theoretisch besseres Enzym ist von geringem Nutzen, wenn seine Kosten zu hoch sind. In diesem Zusammenhang muß man sowohl die Kosten, die pro Umsetzung einer Einheit anfallen, als auch ihren Prozentsatz bezogen auf den Gesamtprozeß berücksichtigen. Solche Überlegungen sind jedoch auf medizinischem Gebiet oder bei Arbeiten wie der Genmanipulation weniger wichtig, wo hohe Reinheit und Spezifität ausschlaggebend sind.

13.2.8 Stabilität

Spezielle Betrachtungen über die Stabilität wurden schon unter den vorausgehenden Überschriften pH und Temperatur angestellt und werden im Abschnitt über die immobilisierten Enzyme wieder aufgegriffen werden (s. Abschn. 14.2, 14.5). Einige sachdienliche Beobachtungen können jedoch an dieser Stelle angeführt werden. Die erste ist, daß die aktuelle Konzentration des Enzyms selbst die Stabilität der Zubereitung beeinflussen kann. Aus Gründen, die man noch nicht vollständig versteht, die aber mit der Aggregation des Proteins zu tun haben könnten, werden viele Enzyme stabilisiert, wenn ihre Konzentration ansteigt. Zweitens können viele Enzyme durch ihre Substrate und/oder Produkte stabilisiert werden, z.B. sind Amylasen in Gegenwart von Stärke stabiler. Wird ein

Enzym durch sein Produkt stabilisiert, kann sich seine Inaktivierung nach Beendigung des Prozesses, z.B. durch Hitze, schwierig gestalten. Drittens können bestimmte Metallionen Enzyme stabilisieren. Zum Beispiel stabilisieren Calcium-Ionen schon in einer Konzentration von 4 ppm die α-Amylase von *Bacillus licheniformis* in einem so großen Ausmaß, daß sie nach einer Inkubation von 6 Stunden bei pH 7,0 und 70 °C 100% ihrer Aktivität beibehält. Dagegen wird sie in Abwesenheit von Calcium innerhalb von 4 Stunden unter den gleichen Bedingungen vollständig desaktiviert. Eigenartigerweise wird die α-Amylase von *Bacillus amyloliquifaciens* nicht durch Calcium stabilisiert. Viertens können Enzyme durch Reduktion der Wasserkonzentration in dem Reaktionsgemisch stabilisiert werden. Zum Beispiel kann die Verflüssigung von Stärke mit Erfolg mittels einer thermostabilen α-Amylase in einer Stärkesuspension mit 80% Trockensubstanz bei 110 °C durchgeführt werden! Man muß allerdings Vorsicht walten lassen. Eine zu niedrige Wasserkonzentration kann nämlich die Reaktionsgeschwindigkeit erniedrigen und zur Entstehung eines anderen Produktes führen. β-Galactosidase bildet normalerweise Glucose und Galactose bei der Hydrolyse von Lactose in Molke. Setzt man aber konzentrierte Molke ein, dann produziert das gleiche Enzym zwar auch etwas Glucose und Galactose, aber zusätzlich eine Mischung verschiedener Trisaccharide (s. Abschn. 15.3).

13.3 Herkunft der Enzyme

Haben wir einmal die erforderlichen Charakteristika für unser gewähltes Enzym festgelegt, so kann es sein, daß als mögliche Quelle für das Enzym nur noch ein Organismus übrigbleibt. Es ist aber wahrscheinlicher, daß wir noch die Vorteile verschiedener Vorkommen des gleiches Enzyms vergleichen müssen. Im wesentlichen werden die Enzyme aus Pflanzen, Tieren oder Mikroorganismen isoliert. Bevor wir ihre relativen Vorteile vergleichen, ist es lehrreich, die Ausgangsmaterialien der am meisten benutzten Enzyme zu betrachten. Die einzigen in größerem Maße (im Sinne von Produktionsvolumen) genutzten tierischen Enzyme, die zur Zeit Verwendung finden, sind Trypsin, eine Vielzahl von Lipasen und Labfermente. Die herkömmliche Verwendung der in Hundefaeces enthaltenen Enzyme zur Beseitung von Haaren auf Häuten hat in neuerer Zeit an Bedeutung verloren. Pflanzliche Enzyme werden in größerem Maßstab eingesetzt. Dazu gehören die Proteasen Papain, Bromelain und Ficin, Amylasen aus Getreide, Lipoxygenase aus Sojabohnen und einige spezielle Enzyme aus Citrusfrüchten. Diese Enzyme werden meist in der nahrungsmittelherstellenden Industrie benutzt. Die restlichen Enzyme (und bei weitem der größte Teil auf das Volumen bezogen) stammen aus Mikroorganismen. Interessanterweise werden aber trotz der Vielfalt der zur Verfügung stehenden Mikroorganismen weniger als 25 Arten (8 Bakterien, 4 Hefen und 11 Pilze) dazu genutzt, praktisch alle auf diese Weise gewonnenen Enzyme herzustellen. Sicherlich besteht die Möglichkeit, tierische oder pflanzliche Enzyme in Mikroben durch Genmanipulation zu produzieren. Wie diese Enzyme dann aber klassifiziert werden, ist noch eine offene Frage (Würde Rennin aus in *E. coli* exprimierten Kälber-Genen vegetarischen Käse herstellen?).

Es ist offensichtlich, daß die Herkunft des Enzyms und seine physikalische und chemische Beschaffenheit den Wirkungsgrad der Extraktion, den Reinigungsprozeß, die Stabilität und letztendlich die Kosten des Enzyms beeinflussen. Bis Anfang der siebziger Jahre ging man davon aus, daß pflanzliches und tierisches Material das beste Ausgangsmaterial für Enzyme darstellt. Einer der zahlreichen Gründe, die für eine solche Ansicht sprachen, war die Tatsache, daß die größte Menge der Enzymproduktion für die Nahrungsmittelindustrie bestimmt war. Enzyme pflanzlicher oder tierischer Herkunft hielt man für frei von Toxizitäts- oder Kontaminationsproblemen. Kurz gesagt: wenn du das Tier essen kannst, kannst du sicherlich auch seine Enzyme essen. Außerdem macht das relativ einfache Zerkleinern von pflanzlichen und besonders von tierischen Geweben die Extraktion viel einfacher und weniger kostspielig als die aus Mikroorganismen. Als jedoch die Nachfrage nach Enzymen wuchs, wurden die Ausgangsmaterialien für die Enzyme aus Tieren Mangelware und damit teuer. Die Zucht von Pflanzen wird vom Wetter und der internationalen Politik bestimmt, wobei beides recht unsichere Faktoren sind. Dies zusammen mit den verfeinerten Methoden, die in der Fermentationindustrie entwickelt worden waren, führte zum Aufblühen der mikrobiell hergestellten Proteine. Es ist vielleicht wichtig zu erwähnen, daß die Kosten für Enzyme mikrobieller Herkunft in den letzten fünf Jahren real tatsächlich gesunken sind, während die Enzyme, die aus Pflanzen bzw. Tieren stammen, um einiges teurer geworden sind.

13.4 Vorteile von Enzymen mikrobieller Herkunft

Die Frage, was zu dieser Änderung der relativen Kosten beigetragen hat, liegt nahe. Wieso sind Enzyme mikrobieller Herkunft besser für den kommerziellen Vertrieb geeignet? Diese Enzyme haben sowohl technische als auch wirtschaftliche Vorteile.

13.4.1 Wirtschaftliche Vorteile bei der Gewinnung von Enzymen aus Mikroorganismen

Der erste große wirtschaftliche Vorteil besteht darin, daß Enzyme mikrobieller Herkunft in großen Mengen hergestellt werden können. Die reine Quantität an Produkt, das in kurzer Zeit auf kleinem Raum hergestellt werden kann, übersteigt bei weitem die tierischer oder pflanzlicher Enzyme. Zum Beispiel kann ein Fermenter mit einem Volumen von 1000 l[1] mit *B. subtilis* bis zu 20 kg Enzym in 12 Stunden produzieren. Die mittlere Menge an Labextrakt aus einem Kalbsmagen beträgt 10 g und die Entwicklung eines Kalbes dauert mehrere Monate. Man kann sich also die Wirtschaftlichkeit eines großen Maßstabs zunutze machen. Der zweite Vorteil ist die Leichtigkeit der Extraktion. Ein großer Prozentsatz industriell eingesetzter Enzyme, z.B. die meisten Hydrolasen, werden von den Mikroorganismen an das Nährmedium abgegeben. Damit fallen also keine schwierigen

Extraktionsprobleme an. Auch wenn die Enzyme in den Mikroorganismen verbleiben, sind zu ihrer Extraktion weniger Schritte nötig als bei pflanzlichen oder tierischen Enzymen. Zum Beispiel sind die ersten Schritte bei der Herstellung von Enzymen aus Pflanzen oder Tieren der Eintrag des Organismus und sein Transport zur Industrieanlage. Mikroorganismen werden üblicherweise vor Ort produziert (mit der erwähnenswerten Ausnahme von verbrauchter Bierhefe), was nicht nur die Kosten für Ernte und Transport erspart, sondern auch die Integration des Produktions- und Extraktionsvorganges des Enzyms erlaubt. Gleichermaßen wichtig ist die Betrachtung, daß tierische oder pflanzliche Enzyme, anders als die von Mikroorganismen, gewöhnlich in speziellen Geweben oder Organen lokalisiert sind, und daß dieser Teil des Organismus erst noch von dem Rest entfernt werden muß und die Überbleibsel verworfen werden müssen. Die Produktion in Mikroorganismen weist noch zwei weitere wirtschaftliche Vorteile auf: die Vorhersagbarkeit der Enzymausbeute und die Abwesenheit von saisonbedingten Abweichungen. Pflanzliche und tierische Enzyme sind starken Veränderungen in der Aubeute unterworfen. Außerdem kann es sein, daß sie nur zu bestimmten Zeiten im Jahr zur Verfügung stehen. Das letztgenannte Problem führt dazu, daß entweder die Möglichkeit bestehen muß, die pflanzlichen oder tierischen Bestandteile lange Zeit aufheben zu können, oder daß die Ausrüstung zur Extraktion für längere Zeiträume ungenutzt bleibt. Beides sind Faktoren, die bedeutend zur Erhöhung der Kosten beitragen.

13.4.2 Technische Vorteile bei der Gewinnung von Enzymen aus Mikroorganismen

Es gibt vier Gesichtspunkte, die die Mikroorganismen zu vorteilhafteren Herstellern von Enzymen werden lassen, als dies Pflanzen oder Tiere sind. Der erste ist die ungeheure Variationsbreite der biochemischen Stoffwechselwege (und daher auch der Enzyme), die nicht nur in der gesamten Welt der Mikroorganismen zu finden ist, sondern auch innerhalb einer einzelnen Art. Somit ist ein Mikroorganismus theoretisch fähig, viele verschiedene Enzyme zu bilden. Der zweite Vorteil der Mikroorganismen ist das Spektrum der verschiedenen äußeren Bedingungen, unter denen sie wachsen. Dies bedeutet im speziellen, daß Enzyme, die unter extremen Bedingungen stabil sind, mit größerer Wahrscheinlichkeit in Mikroorganismen gefunden werden, die sich an diese extremen Bedingungen angepaßt haben. Das offensichtlichste Beispiel hierfür sind die thermophilen Organismen, die oft Enzyme liefern, die bei hohen Temperaturen stabil sind. Als echte Thermophile werden die Organismen betrachtet, die bei 65 °C leben können; es existieren Berichte über Organismen, die bei noch viel höheren Temperaturen wachsen, z.B. *Methanothermus forvidus*, der bei einer Temperatur von bis zu 97 °C lebt, und aus überhitztem Meerwasser bei $2,53 \times 10^7$ Pa (250 atm) und 330 °C isolierte Organismen (s. Baross und Demming, 1983). Dies bedeutet nicht, daß thermostabile Enzyme in mesophilen Organismen nicht gefunden werden. Tatsächlich wird die Protease Thermolysin, die nach 30 h bei 70 °C 86% ihrer Aktivität beibehält, aus *Bacillus thermoproteolyticus* isoliert, dessen optimale Wachstumstemperatur

54 °C beträgt und der deshalb nicht als thermophil bezeichnet werden kann. Von der Struktur her sind die Unterschiede zwischen den Enzymen aus thermophilen und mesophilen Organismen gewöhnlich sehr klein. Diese kleinen Unterschiede statten jedoch de thermophilen Organismus mit beträchtlichen Vorteilen aus, abgesehen davon, daß er bei höheren Temperaturen agieren kann. Zum Beispiel ist die Ausbeute an Enzym aus Thermophilen oft höher als aus Mesophilen, da das Enzym oft widerstandsfähiger gegen die Extraktions- und Reinigungsbedingungen ist, insbesondere gegen die Anwendung von Detergentien und organischen Lösungsmitteln. Auch läßt sich das Enzym gewöhnlich besser lagern. Tab. 13.2 veranschaulicht den Stabilitätsunterschied zwischen Glycerokinasen verschiedener Herkunft.

Tabelle 13.2 Stabilität von Glycerokinasen

Temperatur °C	*Bacillus stearothermophilus*	*E. coli*	*Candida mycoderma*
	$t_{\frac{1}{2}}$ min		
60	310	4,5	0,7
70	3	0	0
80	0,5	0	0
20	Kein Verlust in 10 Tagen	8,6 Tage	4,1 Tage

Der dritte Vorteil ist die genetische Flexibilität der Mikroorgansimen, die dazu führt, daß man sie relativ leicht manipulieren kann (s. Abschn. 9.2, 9.3 und 11.2), um die Ausbeute an Enzym zu erhöhen. Die herkömmlichen Techniken zur Verbesserung der Ausbeute wie Auswahl der Art oder der Mutanten, Induktion, Aufhebung einer Repression oder Änderung des Nährmediums werden immer noch dem Gentransfer vorgezogen. Das bedeutet nicht, daß die Genübertragung kein großes Potential hätte, sondern daß die zufällige Mutation oder die Veränderung in der Leistung von bestehenden Arten eine billige Technologie ist. Sie ist eine schnelle, erprobte Methode, die nicht von der (mit großer Wahrscheinlichkeit begrenzten) Kenntnis der Genetik oder der Biochemie des betreffenden Organsimus abhängt. Der letzte Vorteil ist die kurze Generationszeit der Mikroorganismen. Ein durchschnittliches Bakterium reproduziert sich innerhalb von Minuten, während Pflanzen Wochen brauchen können und Tiere Monate, um ihre Größe zu verdoppeln. Sogar einzellige Pflanzen wie Algen, die in Suspension wachsen, haben Verdopplungszeiten, die in Stunden gemessen werden. Beginnt man also mit kleinen Mengen eines Mikroorganismus, so kann er innerhalb von Tagen die Menge an Biomasse produzieren, für die eine Pflanze Monate benötigt.

Sicherlich könnten zukünftige Vorteile der Kultur pflanzlicher und tierischer Zellen die Bedeutung dieser Vorteile verringern. Doch auch in den Fällen, in denen das erwünschte Enzym nur in höheren Pflanzen oder Tieren zu finden ist, könnte die Übertragung der entsprechenden Gene auf die schnell wachsenden Mikroorganismen kostengünstiger sein. Während jedoch solche Verallgemeinerungen und Voraussagen dann gelten, wenn ein einzelnes Enzym erwünscht ist, könnten diese Überlegungen zu anderen Ergebnissen führen, wenn Multienzymsysteme aus Pflanzen oder Tieren benötigt werden.

13.5 Problem des Arbeitsmaßstabs

Bevor wir die einzelnen Techniken der Enzymextraktion und -reinigung, die dem Enzymtechnologen zur Verfügung stehen, diskutieren, müssen einige allgemeine Betrachtungen über die Probleme angestellt werden, die beim Einsatz dieser Techniken im Großmaßstab auftauchen. Verallgemeinernd kann man sagen, daß das, was bei einem kleinen Ansatz am besten funktioniert, im Großmaßstab nicht ökonomisch arbeitet. In diesem Abschnitt sollen die allgemeinen Probleme der Ausdehnung des Arbeitsmaßstabs („Scaling up") diskutiert werden; spezielle Probleme folgen bei der Erläuterung der einzelnen Techniken. Ausschlaggebend sind die Überlegungen, die Ausbeute und Zeitdauer eines Prozesses betreffen. Zur Optimierung eines Prozesses gehört es, die höchste Ausbeute in der kürzest möglichen Zeit zu erzielen. Für eine solche Optimierung müssen die nachfolgenden Faktoren berücksichtigt werden.

Je größer der Ansatz, desto länger dauert der Arbeitsgang. Der Transfer einer Flüssigkeit von einem Gefäß in ein anderes geht leicht und schnell vonstatten, wenn man mit 100 cm^3 arbeitet; eine schnelle Neigung des Gefäßes reicht dazu aus. Bei einem Volumen von 1000 l benötigt man Rohrleitungen und Pumpen und man kann voraussehen, daß der Vorgang viel länger dauert. Auch das Erhitzen einer Flüssigkeit von 20 auf 60 °C kann bei einem kleinen Volumen schnell durchgeführt werden, nimmt aber bei einem großen Volumen einige Zeit in Anspruch. Abgesehen von der Tatsache, daß eine resultierende Verlängerung der für einen Vorgang benötigten Zeit die Menge des pro Zeiteinheit hergestellten Enzyms verringert, kann durch solch große Zeitspannen die Ausbeute deshalb verringert werden, weil das Enzym für eine längere Zeit unter widrigen Bedingungen gehalten werden muß (z.B. pH, Anwesenheit von Proteasen, Wärme).

Auch der rein physikalische Umgang mit großen Volumina stellt ein Problem dar. Je größer die Ausrüstung für einen Arbeitsgang ist, desto komplexer ist sie meist. So benötigt man z.B. gewöhnlich mehr Arbeitskräfte, wenn gepumpt oder gekühlt werden muß. Somit führt die Vergrößerung des Arbeitsmaßstabs um einen bestimmten Faktor zu einem unproportionalen Anwachsen der Kosten, das schwierig vorauszusagen ist.

Die Temperaturkontrolle ist bei einem großen Ansatz sehr problematisch. Bei der Planung eines Prozesses muß man fundierte Überlegungen bezüglich der Erhitzungs- bzw. Kühlkreisläufe anstellen. Außerdem muß man sich einige Gedanken darüber machen, ob nicht nur Erwärmung, sondern auch Kühlung erforderlich sein wird. Die Kühlung stellt auch ein Problem bei der Zerstörung der Zellen oder bei einer Zentrifugation im Großmaßstab dar. Ein Kübel mit Eis um ein Gefäß von 200 l Fassungsvermögen ist kein ernstzunehmender Vorschlag. Nicht nur die Ausrüstung zum Erhitzen oder Abkühlen trägt zur Erhöhung der

Prozeßkosten bei, sondern auch die Energie, die nötig ist, sie zu betreiben. Es verwundert wenig, daß man häufig die Kosten dadurch verringert, indem man (warmes) Kühlwasser zur Erwärmung von Gewächshäusern oder Fischteichen benutzt. Es gibt aber noch ein anderes Problem, das mit der Temperaturkontrolle zusammenhängt. Bei einem kleinen Arbeitsansatz ist es gut möglich und gewöhnlich wünschenswert, die Temperatur auf 1 °C genau einzustellen. Bei einem großen Arbeitsmaßstab sind Temperaturschwankungen von 10-15 °C aufgrund der unzureichenden Vermischung und des ineffektiven Wärmeaustausches in der Flüssigkeit üblich. Es besteht natürlich die Gefahr, daß dies zu einer Inaktivierung des Enzyms und somit zu einer Verringerung der Ausbeute führt.

Eines der größten Probleme bei der Vergrößerung des Arbeitsmaßstabs ist das der Planung der benötigten Ausrüstung, wobei vor allem zwei Schwierigkeiten auftauchen. Die erste ist, daß kein System ein ideales und damit vorhersagbares Verhalten zeigt. Bei einem kleinen Arbeitsmaßstab ist ein nicht-ideales Verhalten jedoch nicht von Bedeutung. Vergrößert man aber den Ansatz, so weicht das System immer mehr vom Ideal ab. Somit werden die theoretischen Ausbeuten eines Prozesses im Großmaßstab gewöhnlich überschätzt, wenn man diejenigen eines kleinen Ansatzes der Berechnung zugrundelegt. Das Ausmaß dieser Fehleinschätzung ist dabei unvorhersagbar. Das zweite Problem besteht darin, daß möglicherweise ein Prozeß, der im kleinen Maßstab funktioniert, aus rein technischen Gründen nicht auf einen größeren übertragen werden kann. Zentrifugationen sind dafür ein gutes Beispiel. Ultrazentrifugen, die 150 000 g erreichen, sind in Biochemielabors ganz gewöhnliche Arbeitsmittel. Eine Zentrifuge, die diese Leistung erbringt, im Großmaßstab (d.h. mit einer Kapazität von 100 l) zu bauen, indem man eine Laborzentrifuge vergrößert, wäre verwandt mit dem Vorhaben, eine Concord zu bauen, indem man den Aufbau einer Cessna zugrundelegt. Ebenso müssen chromatographische Arbeitsgänge gewöhnlich verändert werden. Die typische Chromatographiesäule im Labor ist lang und dünn, da diese Gestalt die beste Auflösung des Produktes ergibt. Die Kompressibilität der gewöhnlich als Chromatographiematerialien verwandten Gele stellt aber ein physikalisches Problem dar, wenn Säulen von mehr als einigen Metern Länge benutzt werden müssen. Der Druckabfall in der Säule führt nämlich zu einer ungleichmäßigen Packung der Gelpartikel, was Furchen im Gel oder sogar eine Blockade verursacht. Es gibt zwei mögliche Lösungen für dieses Problem: entweder muß man ein inkompressibles Gelmaterial wählen oder die Säule kurz und dick machen. Die jüngste Generation von Chromatographiematerialien scheint deutlich weniger kompressibel zu sein als ihre Vorgänger. Trotz des Verlustes an Auflösung, haben dicke Säulen einen ökonomischen Vorteil: sie benötigen für das gleiche Volumen weniger Material und verursachen somit weniger Kosten bei ihrem Aufbau. Außerdem erlaubt der geringere Druckabfall in der Säule den Einsatz von weniger leistungsfähigen und damit weniger kostspieligen Pumpen. Man muß noch ein anderes allgemeines Problem berücksichtigen: für das Arbeiten im Großmaßstab wünscht man sich vorzugsweise einen kontinuierlichen Prozeß. Somit sind „Batch"-Zentrifugen, die schubweise beschickt werden, weniger ökonomisch beim Einsatz im Großmaßstab als kontinuierliche, obwohl letzteren immer eine geringere Zentrifugationskraft eigen ist.

Die nächste Schwierigkeit, die man in Betracht ziehen muß, ist die Kompatibilität der Ausrüstung mit der bestehenden Industrieanlage. Bei einem kleinen Maßstab ist es ökonomisch gesehen praktisch gleichgültig, ob die Ausrüstung für nur einen Prozeß gedacht ist oder für mehrere. Beim Arbeiten im Großmaßstab sollte sie multifunktionell sein (das ist am günstigsten), zumindest aber muß sie für mehr als einen Arbeitsgang geeignet sein. Es ist einfach unökonomisch, einen großen Teil der Ausrüstung, die eine größere Kapitalinvestition darstellt, für längere Zeitspannen unbenutzt zu lassen. Die verschiedenen Anforderungen unterschiedlicher Arbeitsgänge können daher dem Aufbau der Ausrüstung gewisse Zwänge auferlegen, die zu einem Kompromiß führen, so daß die Vorrichtung für keinen der Prozesse optimal ist. Dies kann die mögliche Arbeitsmenge oder die Ausbeute für einige der Arbeitsgänge verringern. Letztendlich kann dies aber ökonomisch gesehen sinnvoll sein, da die Investitionskosten dem Profit am Ende nur einmal gegenüberstehen. Solche Überlegungen müssen einerseits die bestehende Ausrüstung und ihre mögliche Anpassung an den erwünschten Prozeß, andererseits den wahrscheinlichen zukünftigen Nutzen einer speziell konstruierten Ausrüstung in Erwägung ziehen.

Schließlich müssen vor Beginn von Forschungs- und Entwicklungsprogrammen die voraussichtlichen Kosten betrachtet werden. Zum Beispiel kann ein Biochemiker im Labor einen wunderbaren eleganten Arbeitsschritt entwickeln, der auf Affinitätschromatographie beruht, der aber wegen der hohen Kosten des Materials hoffnungslos unökonomisch sein kann, wenn man ihn auf einen größeren Arbeitsmaßstab überträgt (s. Abschn. 13.7.4, Reinigung durch Säulenchromatographie). Selbst wenn man die Affinitätschromatographie einsetzten muß, kann es im ökonomischen Sinn richtig sein, eine Verrringerung der Auflösung wegen der Kosten des Materials in Kauf zu nehmen, indem man einen billigen Farbstoffliganden (z.B. Procion-Farbstoffe) anstelle von spezifischeren und teuren „biochemischen" Liganden benutzt. Außerdem sind die Prozeßkosten nicht nur bezüglich der Kosten des Endproduktes, sondern auch bezüglich des Marktvolumens in Erwägung zu ziehen. Denn selbst wenn das Endprodukt mehrere tausend Pfund pro Kilo kostet, wird ein sehr teurer hochtechnisierter Prozeß sich nicht lohnen, wenn das Marktvolumen nur einige hundert kg pro Jahr beträgt. Der gesamte Ertrag aus dem Produkt wird zu gering sein, um die nötigen Investitionen zu rechtfertigen.

13.6 Extraktion von Enzymen

Wenn man mit sehr viel Bedacht einmal ein geeignetes Ausgangsmaterial für das Enzym ausgewählt hat, besteht der nächste Schritt darin, es daraus zu extrahieren. Zahlreiche Methoden stehen hierfür zur Verfügung und die Auswahl hängt vom Zusammenspiel mehrerer Faktoren ab, z.B. der Art des Ausgangsmaterials, dem Arbeitsmaßstab, der Stabilität des Enzyms und der notwendigen Reinigung. In diesem Zusammenhang spricht man gewöhnlich von einem großem Ansatz, wenn man von mehr als 1 kg Ausgangsmaterial ausgeht, obwohl es auf der Hand liegt, daß man bei vielen Enzymen, die in großen Mengen hergestellt werden, mehrere Tonnen Rohmaterial einsetzt.

Zur Extraktion des Enzyms muß man die aktuelle Lokalisation des Enzyms kennen: liegt es extrazellulär vor (z.B. viele von Mikroorganismen produzierte Hydrolasen), ein Fall, bei dem keine Extraktion nötig ist, intrazellulär oder sogar membrangebunden?

Alle Methoden zur Extraktion von Enzymen sind bei näherer Betrachtung mit einem gewissen Grad an Zerstörung der Zellen verbunden. Es ist also sehr vorteilhaft, die Methode zu wählen, bei der am wenigsten zerstört wird, aber der größte Teil des erwünschten Enzyms extrahiert wird. Dadurch wird die Kontamination des Extraktes möglichst gering gehalten und somit die nachfolgende Reinigung vereinfacht. Zum Beispiel kann es viel ökonomischer sein, nur 50% des Enzyms zu extrahieren und nicht die gesamte Menge, wenn die Kontamination mit Zellbestandteilen dann geringer ist. Dadurch wird die Reinigung vereinfacht und die Kosten dafür gesenkt. Dies führt deutlich vor Augen, daß man die Produktion eines Enzyms immer als Ganzes betrachten muß anstatt jeden Schritt einzeln zu optimieren.

Im allgemeinen stellen intrazelluläre pflanzliche und tierische Enzyme kein großes Problem bei der Extraktion dar, da die Gewebe meist weich sind und sich leicht durch einfache Hack- und Mischprozesse zerkleinern lassen. Die meisten Mikroorganismen sind mechanisch sehr robust und erfordern gewaltsamere Zerkleinerungsmethoden, um ihre löslichen intrazellulären Enzyme freizusetzen. Membran-gebundene Enzyme stellen ein besonderes Problem dar, egal, woraus sie extrahiert werden. Im folgenden wird eine Anzahl verschiedener Methoden der Enzymextraktion und Zellzerstörung beschrieben, die in der Praxis meist für Mikroorganismen Verwendung finden. Außerdem wird versucht, ihre Eignung für die Anwendung im Großmaßstab zu diskutieren.

13.6.1 Extraktion unter Verwendung von Schleifmitteln

Es ist vielleicht kein Zufall, daß eine der am meisten eingesetzten Methoden zum Zerkleinern von Zellen auf die altehrwürdige Technik mit Mörser und Pistill unter Verwendung eines Schleifmittels zurückgeht. Beim Arbeiten mit kleinen Ansätzen (1 l) ist ein Labormischer unter Zusatz von einer Handvoll Glasperlen sehr wirksam, um recht widerstandsfähige mikrobielle Zellen zu zerstören (wie z.B. bei der Extraktion von Glucose-Dehydrogenase aus *Bacillus subtilis* angewandt). Für einen größeren Ansatz stehen verschiedene kontinuierlich arbeitende Vorrichtungen zur Verfügung (z.B. „Dynomill"). Im wesentlichen bestehen sie alle aus langen Zylindern mit Einlaß und Auslaß an gegenüberliegenden Seiten mit einem länglichen rotierenden Schaft, an dem radiale Rührer befestigt sind (Abb. 13.2). Glasperlen werden als Schleifmittel zugefügt. Die Kapazitäten dieser Vorrichtungen liegen gewöhnlich im Bereich von 0,6 bis 15 l. Viele Enzyme können mit einer solchen Vorrichtung aus einer Vielzahl von Ausgangsmaterialien extrahiert werden, z.B. Formiat-Dehydrogenase aus *Candida boidino*, wobei man von mehr als 1 kg Zellpaste ausgeht. Rehacek und Schaefer (1977) haben eine noch wirksamere Variante beschrieben, bei der die Rührer entlang des rotierenden Schaftes abwechselnd schräg und radial angeordnet sind, und beschreiben ihre Anwendung bei der Zerstörung von Hefezellen in einem Behälter mit einem Volumen von 20 l mit kontinuierlichem Fluß. Das System konnte 25-45 kg Paste pro Stunde als 15%ige Suspension (also 150-250 l h^{-1}) verarbeiten. Sie behaupten, ihr System könne bis zu 340 kg h^{-1} verkraften. Außerdem hätte es den Vorteil, Streptokokken, Staphylokokken und Mikrokokken zu zerkleinern, die sich sonst als sehr resistent gegen Zerstörung erweisen. Solch eine Ausrüstung hat auch den Vorteil, daß sie sich leicht in einen Sicherheitstrakt einbauen läßt, so daß man mit potentiell pathogenen Organsimen arbeiten kann, z.B. bei der Extraktion von Restriktionsendonucleasen aus *Haemophilus spp.*.

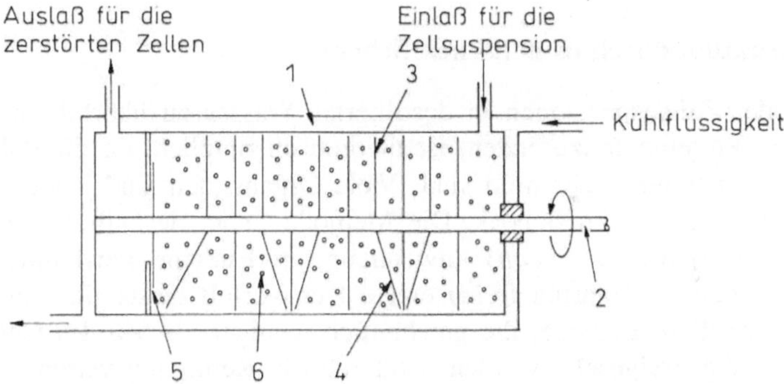

Abb. 13.2 Prinzip eines Zellzerkleinerers vom Dynomill-Typ: (1) gekühlte Trommel; (2) rotierender Schaft (möglicherweise gekühlt), an dem entweder (3) strahlenförmig, oder (4) abwechselnd schräg und strahlenförmig Scheiben befestigt sind; (5) Sperre, um den Austritt der (6) Glaskügelchen zu verhindern

13.6.2 Extraktion durch flüssige Scherung

Der Vorgang, Zellsuspensionen mit hohem Druck durch eine kleine Öffnung in eine Kammer mit Atmosphärendruck zu pressen, ist als flüssige Scherung bekannt; die Zellen werden durch den plötzlichen Druckabfall buchstäblich auseinandergeblasen. Solche Verfahren sind natürlich einer kontinuierlichen Arbeitsweise zugänglich. Bei kleinen Ansätzen werden Drücke bis zu 200 MPa benutzt. Solche plötzlichen Druchschwankungen erzeugen große Mengen an Wärme, wie jeder weiß, der eine Fahrradpumpe aus Metall besitzt. Somit wird eine wirksame Kühlung benötigt. Es existieren Vorrichtungen, mit denen man bis zu 250 l h^{-1} verarbeiten kann. Je größer jedoch der Arbeitsmaßstab, desto niedriger ist der Druckabfall und desto niedriger folglich die Zerkleinerungswirkung bei einem einmaligen Durchgang. Um dies zu vermeiden, kann ein System verwendet werden, bei dem die Vorrichtung mehrmals durchlaufen wird. Dies macht aber die Vorteile des größeren Ansatzes und der höheren Flußgeschwindigkeit zunichte. Diese Art der Zerkleinerung ist daher ein gutes Beispiel dafür, daß ein großer Arbeitsansatz nicht unbedingt produktiver sein muß. Die flüssige Scherung ist jedoch eine nützliche Methode für weniger robuste Organismen (z.B. gramnegative Bakterien), obwohl der Grad der Zerkleinerung oft von der Wachstumsphase abhängt. Zellen, die sich in der stationären Phase befinden, sind resistenter als solche in der logarithmischen. Bei robusten gram-positiven Bakterien und Pilzen kann es notwendig sein, daß man sie das System immer wieder durchlaufen lassen muß, wenn eine maximale Zerkleinerung erreicht werden soll.

13.6.3 Extraktion durch osmotischen Schock

Die Methode, Zellsuspensionen in destilliertes Wasser zu überführen, um die erwünschten Proteine freizusetzten, ist theoretisch nützlich, da die dabei herrschenden Bedingungen sehr mild sind. Viele Organismen sind jedoch sehr resistent gegen osmotischen Schock. Die Methode findet deshalb nur bei gram-negativen Bakterien (z.B. *E. coli*) Anwendung, um Enzyme, gewöhnlich hydrolytische, aus dem Periplasma freizusetzen. Der Vorteil dieser Technik besteht darin, daß nur diese Enzyme, die gewöhnlich weniger als 5% des Gesamtproteins ausmachen, freigesetzt werden, wodurch die Reinigung vereinfacht wird. Einige ungewöhnliche Enzyme werden mit Hilfe dieser Methode gewonnen, z.B. Luciferase aus *Photobacterium fischeri*. Als allgemein anwendbare Methode für das Arbeiten im Großmaßstab ist der osmotische Schock nicht ideal, und zwar aus drei praktischen Gründen: es fällt eine große Menge an Flüssigkeit an (400 l bei 10 kg Zellpaste), es wird eine große Zahl an Zentrifugationen nötig und man muß eine niedrige Temperatur aufrechterhalten.

13.6.4 Extraktion durch Behandlung mit Alkali

Die vielleicht einfachste Methode für die Auflösung von Zellen ist die Behandlung mit Alkali. Die meisten Zellen werden zwischen pH 11,5 und 12,5 zerstört. Somit ist theoretisch die Alkalibehandlung der Zellen eine einfache und billige Methode, die leicht im großen Maßstab durchgeführt werden kann. Sie hat nur einen offensichtlichen Nachteil: Das erwünschte Protein muß 20-30 min lang bei hohem pH stabil sein. Daher wird sie bis jetzt im Großmaßstab nur für die Isolierung eines einzigen Enzyms, der Asparaginase aus *Erwinia chrysanthemi*, eingesetzt.

13.6.5 Extraktion mit Detergentien

Theoretisch betrachtet ist auch der Einsatz von Detergentien eine vielseitig anwendbare Methode zur Zerstörung von Zellen. In der Praxis können zwar die meisten Zellen mittels Detergentien unter bestimmten Bedingungen (pH, Ionenstärke und Temperatur) aufgelöst werden, dabei werden jedoch auch die meisten Enzyme denaturiert. In dieser Hinsicht sind nicht-ionische Detergentien den ionischen vorzuziehen, da sie meist weniger reaktiv sind. Ionische Detergentien verursachen insbesondere die Dissoziation von Lipoproteinen. Abgesehen von diesem Problem verkompliziert der Einsatz von Detergentien die Planung und Kontrolle des Prozesses, da man die äußeren Bedingungen genau kontrollieren muß und gewisse nützliche Reinigungsmethoden, z.B. die Präzipitation mit Salz, ausgeschlossen werden. Trotzdem haben sich Detergentien bei der Extraktion von Membran-gebundenen Enzymen als nützlich erwiesen. Zum Beispiel wird die Cholesterol-Oxidase aus *Nocardia spp.* mit Detergens extrahiert. Es handelt sich dabei um ein Verfahren, das entwickelt wurde, da alle anderen Routinemethoden versagten. Es wurde von Buckland *et al.* (1974) eingehend beschrieben. Im wesentlichen wird eine 0,5%ige Triton X-100-Lösung in 5 mmol l^{-1} Phosphatpuffer bei pH 7,5 benutzt, um das Enzym zu extrahieren. Danach folgt eine Adsorption an DEAE-Sephadex samt Elution, und zwar nach dem Batch-Verfahren. Diese Methode hat zusätzlich den Vorteil, daß die Proteinkonzentration in dem Überstand niedrig ist (es wird relativ wenig Protein extrahiert, wohl aber die Gesamtmenge des erwünschten Enzyms), was die Reiniung vereinfacht.

13.6.6 Extraktion durch feste Scherung

Bei dieser Methode wird die Zellpaste eingefroren, gewöhnlich auf weniger als −20 °C, und mit hohem Druck durch ein kleines Loch gepreßt. Herkömmlicherweise handelt es sich hierbei um einen Batch-Prozeß, der zur Zerkleinerung kleiner Zellmengen eingesetzt wurde. Inzwischen ist eine Vorrichtung zur kontinuierlichen Nutzung, die bis zu 10 kg h^{-1} an Zellpaste verarbeitet, entworfen worden. Sie ist aber kompliziert und kostspielig zu betreiben. Mit Ausnahme der Isolierung von wärmeempfindlichen Enzymen ist es unwahrscheinlich, daß diese Methode einen breiten Anwendungsbereich finden wird.

13.6.7 Extraktion mit Lysozym und EDTA

Der kombinierte Einsatz von Lysozym (kommerziell aus Hühnereiweiß isoliert), um bakterielle Zellwände aufzuspalten, und EDTA, um die Zellmembran aufzulösen (durch seine Chelat-Bildung mit Calciumionen), ist eine sanfte und spezifische Methode der Zellzerkleinerung, die für den Einsatz im kleinen Maßstab geeignet ist. Lysozym ist nur bei gram-negativen Bakterien wirksam. Die hohen Kosten für Lysozym verhindern seinen Einsatz im Großmaßstab.

13.6.8 Extraktion mit organischen Lösungsmitteln

Obwohl organische Lösungsmittel bei der Auflösung einer Vielzahl von Zellarten wirksam sind und herkömmlicherweise zu diesem Zwecke benutzt werden (z.B. die Anwendung von Toluol), werden sie nicht im Großmaßstab zur Enzymextraktion eingesetzt, und zwar aus folgenden Gründen: Kosten, Toxizität, Proteindenaturierung, Entflammbarkeit.

13.6.9 Extraktion durch Beschallung

Die Beschallung wird gewöhnlich im kleinen Maßstab eingesetzt, um intrazelluläre Enzyme freizusetzen. Der große Energieverbrauch, die Schwierigkeit, die Energie auf große Volumina zu übertragen und das Problem der Wärmeentwicklung machen sie für den Großmaßstab unbrauchbar.

13.7 Reinigung der Enzyme

13.7.1 Einführung

Mit Ausnahme von ein oder zwei Methoden, die oben erwähnt sind, wird man nach der Bewältigung des Problems der Extraktion des Enzyms mit dem Problem seiner Reinigung konfrontiert. Der Vorgang wird gewöhnlich in sechs Stufen unterteilt: Entfernung der Nucleinsäuren, Entfernung der Zellbruchstücke, erste Reinigung und Konzentrierung, letzte Reinigung, Konzentrierung und Abfüllung. In dieser Diskussion sollen Reinigung und Konzentrierung gemeinsam abgehandelt werden, da eine Reinigung oft zu einer Konzentrierung führt.

Bevor wir jedoch mit unseren Betrachtungen beginnnen, sollten wir unsere Aufmerksamkeit noch einmal auf das Endziel einer Enzymproduktion im Großmaßstab lenken: ist es Ziel des Arbeitsganges, ein Enzym im erforderlichen Reinheitsgrad zu möglichst niedrigen Kosten zu produzieren? Die naheliegendste Antwort auf diese Frage scheint ja zu sein, vorausgesetzt, der Prozeß ist vollständig optimiert worden. Man muß jedoch zwei Faktoren beachten, die wir noch nicht diskutiert haben. Zunächst können die meisten Organismen mehr als ein Enzym zugleich in großen Mengen liefern; und zweitens ist gewöhnlich ein Markt für mehr als ein Enzym vorhanden. Somit mag es vorteilhaft sein, die Herstellung und Reinigung von mehr als einem Enzym in einem Arbeitsgang zu betrachten. Wenn diese Möglichkeit der Multienzymproduktion in die Tat umgesetzt wird, müssen zwei weitere Betrachtungen angestellt werden. Es ist unvermeidlich, daß man Kompromisse eingehen muß bezüglich der optimalen Herstellung eines jeden Enzyms, um die gemeinsame Produktion des zweiten, dritten, vierten usw. zu ermöglichen. Das bedeutet, daß der Gesamtprozeß auf Kosten der bestmöglichen Produktion jedes einzelnen Enzyms optimiert werden muß. Zwei oder mehr Enzyme aus einem Arbeitsgang zu isolieren, bedeutet sicherlich einen ökonomischen Vorteil, da mehr Einnahmen für alle Produkte zusammen nur einmal den Kosten für Produktion, Kapitalinvestition usw. gegenüberstehen. Dabei muß man immer annehmen, daß die Summe der Marktwerte/volumina der verschiedenen Enzyme abzüglich ihrer Produktionskosten größer ist als die Kosten für die Herstellung eines einzelnen Enzyms.

Eine Methode dieser Art wurde von Atkinson *et al.* (1979) eingesetzt, um routinemäßig vier Enzyme – Superoxid-Dismutase, Rhodanase, Tyrosyl-tRNA-Synthetase und Tryptophanyl-tRNA-Synthetase – durch eine einzige Extraktion von *Bacillus stearothermophilus* zu gewinnen, ein Verfahren, das auch die Gewinnung von 18 weiteren Enzymen ermöglicht (Abb. 13.3). Außerdem war es möglich, den Prozeß so umzugestalten, daß neben den gezeigten Enzymen auch die Restriktionsendonuclease *Bst I* hergestellt werden konnte. Ein separater Arbeitsgang zur Gewinnung dieses Enzyms wäre wahrscheinlich gänzlich unökonomisch, da es in einer Konzentration von nur 0,004% des löslichen Proteins im Rohextrakt vorkommt.

Schließlich darf man bei der Reinigung von Enzymen nie folgende allgemeine Strategie außer Acht lassen: Je weniger Schritte durchgeführt werden müssen, desto niedriger sind die Kosten.

13.7.2 Entfernung der Nucleinsäuren

Mit wenigen Ausnahmen führen die meisten Extraktionsmethoden zu einer mehr oder weniger vollständigen Zerstörung der Zellen. Aber nicht nur das erwünschte Enzym wird in das Extraktionsmedium abgegeben, auch die anderen Inhaltstoffe der Zellen. Ein Hauptbestandteil der meisten Zellen und daher in diesen Zusammenhang eine große Verunreinigung, die entfernt werden muß, sind die Nucleinsäuren. Wie die meisten löslichen Polymere tragen die Nucleinsäuren viel zu der Viskosität einer Lösung bei, was den Umgang mit ihr schwierig macht. Aus diesem Grund besteht der erste Schritt einer Reinigung in der Entfernung der Nuceinsäuren. Zur Lösung dieses Problems stehen zwei Möglichkeiten zur Verfügung: Fällung oder Verdauung. Eine Präzipitation der Nucleinsäuren kann leicht durch Zugabe von hochmolekularen Polykationen, z.B. von Protamin, Streptomycin oder Polyethylenimin, erreicht werden. Solche Polykationen sind jedoch relativ teuer und werden deshalb aus ökonomischen Gründen gewöhnlich nicht benutzt. Eine enzymatische Verdauung mit Nucleasen andererseits ist leicht und billig durchzuführen und für die meisten Anwendungen die Methode der Wahl. Natürlich werden durch die Behandlung mit Nucleasen die Nucleinsäuren nicht tatsächlich entfernt, sie werden vielmehr verkürzt, wodurch aber die Viskosität des Extraktes erniedrigt wird. Die resultierenden Oligonucleo-

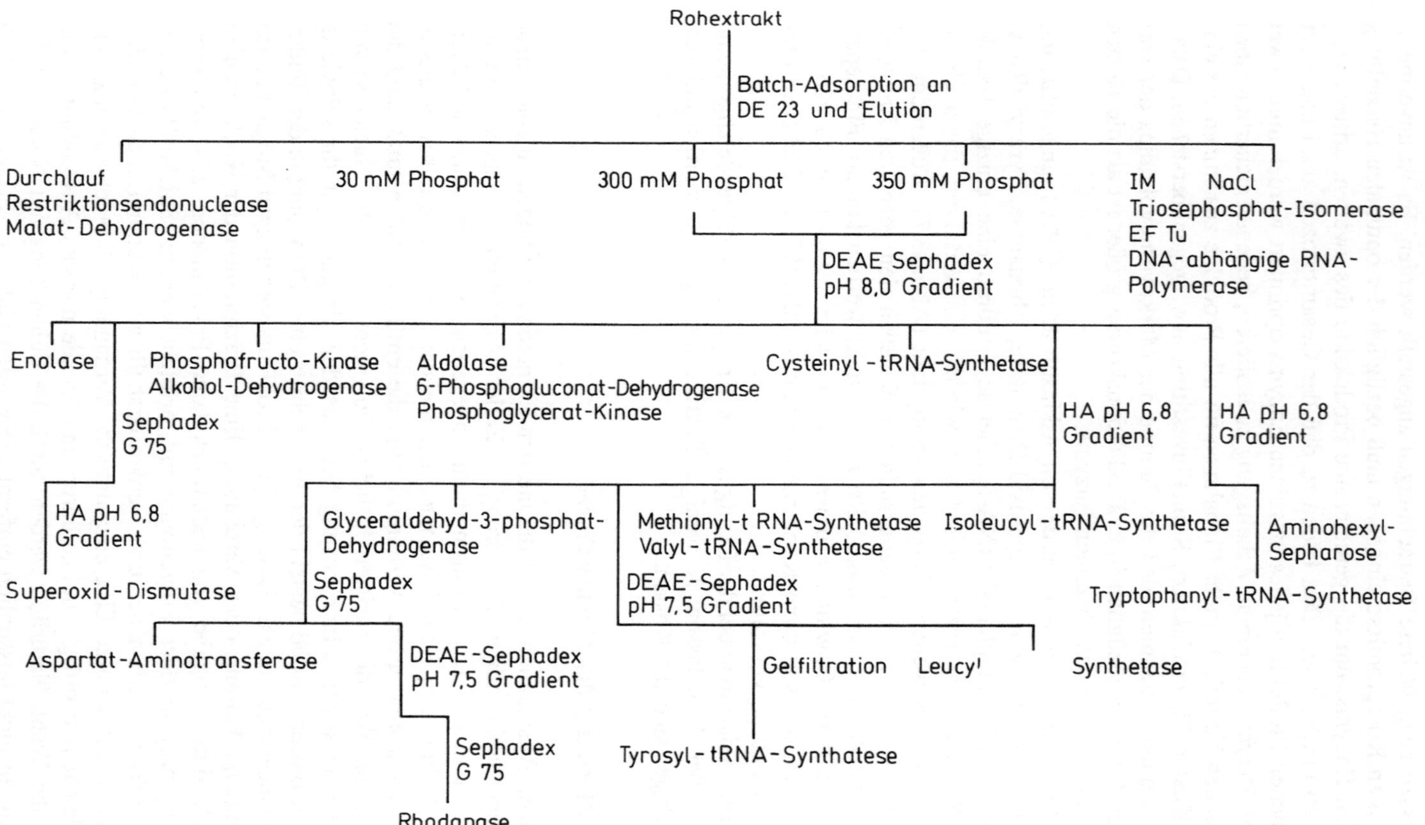

Abb. 13.3 Flußdiagramm einer Multienzympräparation aus *Bacillus stearothermophilus*. Die vier routinemäßig in homogener Form erhaltenen Enzyme werden in Großbuchstaben angegeben und sind unterstrichen. (Wiedergegeben mit der Erlaubnis von Bruton, 1983)

tide werden bei den nachfolgenden Reinigungsschritten entfernt. Ein Gebiet, bei dem die enzymatische Verdauung von wenig Nutzen ist, ist die Isolierung von DNA-Ligasen und Exonucleasen, da dort eine hohe Reinheit erforderlich ist. In diesem Fall müssen die Nucleinsäuren ausgefällt werden. Die dabei anfallenden zusätzlichen Kosten tragen zu dem hohen Preis für solche Enzyme bei.

13.7.3 Entfernung der festen Bestandteile

Wenn die Nucleinsäuren gefällt oder verdaut worden sind, müssen die unlöslichen Bestandteile der Zellen entfernt werden. Diese bestehen aus gefällten Nucleinsäuren, Zellwänden, großen Bruchstücken der Membran, teilweise zerstörten Zellen usw. Wenn das Enzym Membran-gebunden ist, muß man Vorsicht walten lassen, um das Kind nicht mit dem Bade auszuschütten. Zwei Möglichkeiten bieten sich an: Zentrifugation oder Filtration. Die Wahl der Methode hängt teils von dem Arbeitsmaßstab und teils von der Art der festen Bestandteile ab.

Bei einem mittleren Ansatz von bis zu 5 kg Ausgangsmaterial ist es oft am einfachsten, eine große Laborzentrifuge zu benutzten, die schubweise beschickt wird. Es gibt Zentrifugen mit einer Kapazität von bis zu 6 l zu kaufen, die eine Beschleunigung von bis zu 3000 g erbringen. Für das Trennen im größeren Maßstab (d.h. ab 5 kg Ausgangsmaterial), ist eine kontinuierliche Arbeitsweise wahrscheinlich wünschenswerter. Es stehen kontinuierliche Zentrifugen in sehr verschiedener Form und Größe zur Verfügung, angefangen von dem scheibenförmigen Typ, der mit 6000–8000 g arbeitet, bis zu 60 kg festes Material zurückhält und bis zu mehreren Tausend l h^{-1} verarbeitet, bis zum röhrenförmigen Typ (bis zu 16000 g) oder solchen mit einer Siebtrommel arbeitenden (800 g) und sogar entsprechend veränderten Haushaltswäscheschleudern! Einige kontinuierliche Zentrifugen haben den Vorteil, daß man zwischendurch das angehäufte Sediment entfernen kann, ohne die Zentrifuge anhalten und entleeren zu müssen. Die dabei entnommenen Sedimente sind jedoch Schlämme mit 50% Feststoffanteil. Somit geht ein Teil des (enzymhaltigen) Überstands verloren. Ökonomische Überlegungen entscheiden, ob eine solche Entnahme zwischendurch kosteneffektiv ist (Abb. 13.4). Während die Zentrifugation eine hervorragende Methode ist, um schleimige oder gelartige Feststoffe, die schwierig zu filtrieren sind, zu entfernen (worum es gewöhnlich geht), ist sie jedoch nicht brauchbar, wenn sehr große Volumina eines geflockten Präzipitats vorhanden sind. Diese könnten nämlich die Zuleitungen der Zentrifuge verstopfen. Unter solchen Umständen führt die Filtration eher zum Ziel.

13.7.4 Reinigung und Konzentrierung der Enzyme

Nach der Entfernung der Nucleinsäuren und der Zellbruchstücke aus dem Zellextrakt bleibt ein Überstand übrig, der das gewünschte Enzym enthält. Der nächste Schritt ist die Entfernung von unerwünschten Verunreinigungen, kleinen anorganischen und organischen Molekülen, anderen Proteinen und vor allem von Wasser. Es stehen eine Anzahl von Methoden für die Reinigung und Konzentrierung

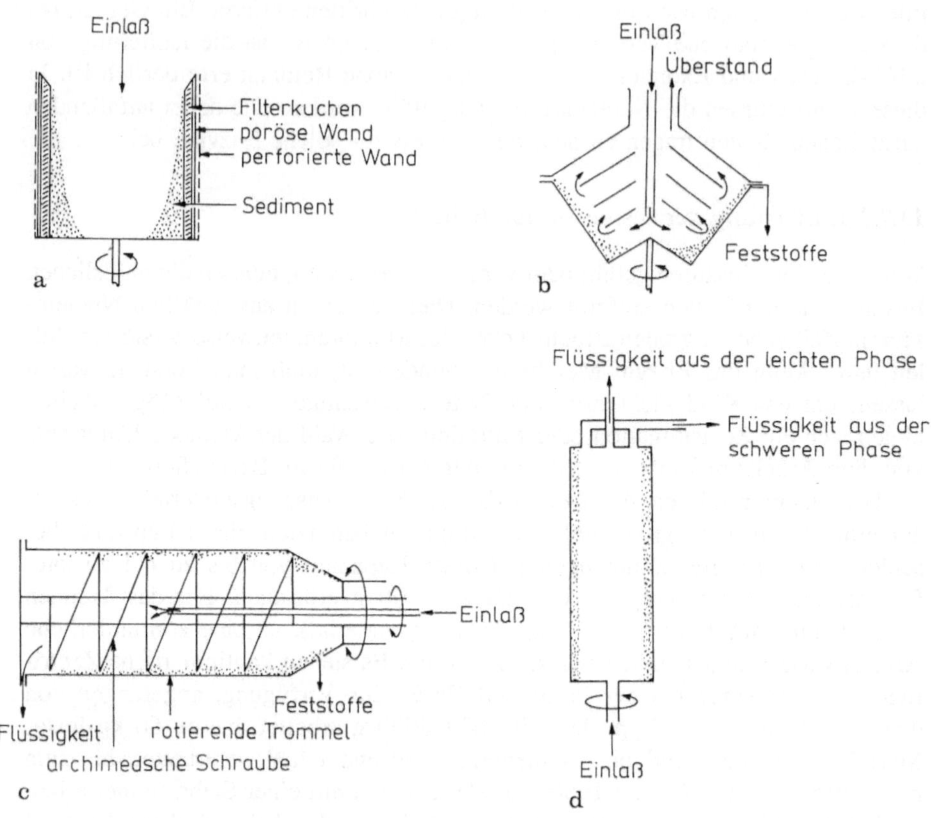

Abb. 13.4 Typen kontinuiericher Zentrifugen; (a) Siebtrommelzentrifuge; (b) Scheibenzentrifuge; (c) Schneckenzentrifuge; (d) „Sharples Super"

des erwünschen Enzyms zur Verfügung. Einige von ihnen erfüllen beide Ziele, andere nur eines von beiden. Die Auswahl der geeigneten Reinigungsmethode wird zum großen Teil von einer Mischung aus Empirismus, Erfahrung und Pragmatismus bestimmt, so daß man keine allgemeinen Hinweise geben kann. Tabelle 13.3 faßt eine Anzahl verschiedener Enzymextraktions- und -reinigungprozeduren zusammen, die schon zum Einsatz gekommen sind. Aus der Studie der Daten kann man erkennen, daß der Reinigungs- und Konzentrierungsprozeß aus einer Anzahl von Einzelschritten besteht. Zunächst kommt eine erste Reinigung, die eine gewisse Konzentrierung mit sich bringen kann, gefolgt von einer weiteren Endreinigung, gewöhnlich einer chromatographischen, und schließlich der letzten Konzentrierung des gereinigten Enzyms.

Tabelle 13.3 Methoden zur Enzymreinigung

Enzym	Ausgangsmaterial und Reinigungsmethode	Quelle
L-Asparaginase	*Citrobacter* spp. (55 kg Paste) Manton-Gaulin Homogenisator $MnCl_2$-Fällung der Nucleinsäuren Fraktionierung mit Aceton Fraktionierung mit Ammoniumsulfat 8 dm^3 DEAE-Cellulose-Säule mit Gradientenelution 2 dm^3 Hydroxyapatit-Säule mit Gradientenelution 3 × 1.4 dm^3 Sephadex G200-Säulen in Reihe	Bascomb *et al.* (1975)
β-Galactosidase	*Escherichia coli* Manton-Gaulin Homogenisator Fraktionierung mit Ammoniumsulfat Affinitätschromatographie auf einer p-Aminophenyl-β-D-thiogalaktosid-Agarose-Säule (1,8 dm^3), Elution mit 0,05 M Phosphatpuffer pH 7,0 und 0,1 M Boratpuffer pH 10,0	Robinson *et al.* (1974)
Formaldehyd- und Format-Dehydrogenasen	*Candida boidini* (1 kg Paste) Dynomill betrieben mit 5 dm^3h^{-1} Zugabe von Streptomycinsulfat zum Ausfällen der Nucleinsäuren DEAE-Cellulose-Säule von 7,8 dm^3 mit schrittweiser Elution DEAE-Cellulose-Säule von 1 dm^3 mit Gradienten-Elution Hydroxyapatit-Säule von 1 dm^3 mit Gradienten-Elution	Schutte *et al.* (1976)

Tabelle 13.3 Fortsetzung

Enzym	Ausgangsmaterial und Reinigungsmethode		Quelle
Pullulanase und 1,4-α-Glucan-Phosphorylase	*Klebsiella pneumoniae* (5 kg Paste) Extraktion der Zellen mit Na-Cholat Flüssige Zweiphasentrennung mit 9% PEG und 2% Dextran		Hustedt *et al.* (1978)
	obere Phase	*untere Phase*	
	Entfernung des PEG durch Diafiltration	Manton-Gaulin-Homogenisator,	
	Fällung der PULLULANASE mit	Zugabe von PEG bis zu 12% und Trennung,	
	Cetyl-trimethyl-ammoniumbromid	Zugabe von PEG bis zu 19% und KCl bis	
		zu einer Konzentration von 1,22 M zur oberen Phase,	
		Entnahme der unteren Phase	
		Entfernen des PEG durch Diafiltration	
		Batch-Adsorption auf CM-Sephadex und Elution	
		der 1,4 α-GLUCAN-PHOSPHORYLASE	
Renin	Schweineniere (100 kg) Zerkleinern des Gewebes Fraktionierung mit Ammoniumsulfat Affinitätschromatographie auf einer Säule von 0,5 dm^3 mit Pepstatin-Sepharose Gelchromatographie auf Ultrogel AcA 44		Hue *et al.* (1976)

Reinigung durch Präzipitation des Enzyms.   Dies ist eine altehrwürdige Methode der Proteinreinigung, die ideal für eine erste Reinigung eines Enzymextraktes ist. Die Präzipitation kann negativ oder positiv sein, je nachdem, ob die Verunreinigungen oder das erwünschte Enzym gefällt werden. Letztes ist vielleicht vorzuziehen, da das gefällte Enzym in einem sehr kleinen Volumen wieder aufgenommen werden kann, wodurch man gleichzeitig eine Konzentrierung des Enzyms erreicht hat. Es steht eine Anzahl verschiedener Fällungsmittel zur Verfügung. Durch Erniedrigen des pH von 7,0 auf 5,0 oder 4,0 werden oft Zellwandbestandteile und viele unerwünschte Proteine entfernt. Diese Methode wurde von Marutzky *et al.* (1974) beim ersten Reinigungsschritt für die Isolierung von Nucleosid-5'-Phosphotransferase aus Karotten eingesetzt. Sicherlich ist diese Methode nur anwendbar, wenn das erwünschte Protein bei niedrigem pH stabil und löslich ist. Das vielleicht am meisten benutzte Präzipitationsmittel ist Ammoniumsulfat, dessen Einsatz bei der fraktionierten Präzipitation ein Beispiel für eine Mischung aus positiver und negativer Fällung ist. Ein Zusatz von festem Ammoniumsulfat fällt erst die unerwünschten Begleitproteine aus, dann zuletzt das erwünschte Enzym. Durch solch einfache und kostengünstige Routinemethoden kann eine recht beachtliche Reinigung und Konzentrierung erreicht werden, was vielleicht die Allgegenwart dieser Technik erklärt.

Zusätzlich kann die hohe Konzentration an Ammoniumsulfat die Stabiltät einiger Enzyme in beträchtlichem Maße steigern.

Bei einem sehr großen Arbeitsansatz stellt Ammoniumsulfat allerdings ein Problem im Umgang und bei der Beseitigung dar, da es Beton und sogar den rostfreien Stahl hoher Qualität angreift, der bei der Konstruktion von Geräten für einen großen Arbeitsmaßstab benutzt wird. Natriumsulfat wirkt nicht korrosiv, seine niedrigere Löslichkeit erfordert aber die Einhaltung von Temperaturen über 35° C, um den gleichen Grad an fraktionierter Präzipitation zu erzielen.

Obwohl sie im Laborbereich wirksame Fällungsreagentien sind, werden organische Lösungsmittel wegen ihrer Entflammbarkeit selten bei Arbeiten im Großmaßstab benutzt. Verschiedene Polymere können als Fällungsmittel Verwendung finden. Polyethylenglykol (PEG), das weder toxisch noch entflammbar ist, wird bei der Serumfraktionierung eingesetzt. Seine Verwendung ist allerdings wegen seiner hohen Viskosität in Lösung beschränkt. Polyacrylsäure, die ebenfalls nicht toxisch ist, wurde bei der partiellen Reinigung von Amyloglucosidase aus *Aspergillus niger* eingesetzt. Ein allgemeines Problem der Präzipitationsmethoden besteht darin, daß es sich um Batch-Prozesse handelt (d.h. man geht schubweise vor). Diese sind nur schwierig in einen kontinuierlichen Vorgang einzugliedern.

Reinigung durch Adsorption.   Die Adsorption an unlösliche Materialien ist bei Batch-Prozessen als einer der ersten Schritte der Reinigung und Konzentrierung von Proteinen häufig benutzt worden. Drei Hauptarten von Materialien können verwendet werden: Harze, substituierte Dextrane oder Agarosen und substituierte Cellulosen. Gewöhnlich beruht die Adsorption auf Ionenaustausch, aber bei einigen Materialien, z.B. Cellit oder Hydroxylapatit, ist sie unspezifisch. Ionenaustauscherharze wie sulfonierte Polystyrene, sind in der Praxis von wenig

Nutzen, da ihr hoher Grad an Substitution zu Denaturierung führen kann. Eine Ausnahme bildet ihr Einsatz bei Proteinen mit ungewöhnlich hohem isoelektrischen Punkt, wie Cytochrom *c*. Meist werden substituierte Cellulosen, Agarosen oder Dextrane, die als Ionenaustauschermaterialien agieren, verwendet, obwohl sie bei großen Ansätzen teuer sind. Materialien wie Cellit und Hydroxyapatit sind wegen ihrer geringen Kosten von großem Nutzen, obwohl ihre Interaktionen mit den Proteinen relativ unspezifisch sind. Insbesondere Hydroxylapatit ist nützlich, da mit Hilfe wachsender Phosphatkonzentrationen eine differenzierte Elution vieler gebundener Proteine erreicht werden kann. Außderdem ist Chlorid kein Gegen-Ion; somit kann man eine Adsorption und Elution mit bis zu 1,0 M Chlorid durchführen. Materialien für die Affinitätschromatographie werden in diesem Stadium aus Kostengründen selten benutzt. Bei allen oben erwähnten Materialien wird der rohe Extrakt gewöhnlich durch Batch-Adsorption und -Elution verarbeitet (Inkubation des Extraktes mit dem Material in einem großen Gefäß) und nicht mittels Säulenchromatographie. Dafür gibt es viele Gründe, die mit dem großen Volumen an trüben Extrakten, die verarbeitet werden sollen, zu tun haben. Zunächst ist da das Problem der Kompressibilität des Adsorptionsmaterials. Die meisten Materialien für die Ionenaustauschchromatographie oder, in diesem Fall, für die Gelfiltration, die aus Cellulose oder Agarose bestehen, sind Gele, die sich recht leicht zusammendrücken lassen. Wenn man das Gelmaterial nun in eine Säule füllt und ein zu hoher Druck auf den Puffer, der durch die Säule fließt, einwirkt, wird das Material zusammengepreßt. Dies führt zur Bildung von Furchen oder, schlimmer noch, zur Blockierung der Säule. Die einzigen wirksamen Wege, den Druck zu verringern, bestehen darin, die Flußgeschwindigkeit zu reduzieren, sehr kurze, dicke Säulen zu verwenden oder eine Anzahl von kurzen Säulen hintereinanderzuschalten. Letzters wird weiter unten betrachtet werden. Kurze dicke Säulen haben eine niedrigere Auflösung als lange dünne. Die maximale Flußgeschwindigkeit, die mit einer im Labor benutzten chromatographischen Ausrüstung erreicht werden kann, liegt bei etwa 30 cm^3 h^{-1}, was zum Verarbeiten von mehreren Hundert Litern bei weitem nicht schnell genug ist. Die starke Trübung der Extrakte erschwert ebenfalls die Verwendung der Säulenchromatographie, da die obere Schicht des Gelmaterials als sehr wirksamer und leicht blockierter Filter wirkt. Wo folglich große Volumina an trübem Material verarbeitet werden müssen, ist die Batch-Methode trotz ihrer relativ niedrigen Auflösung eine realistische Lösung. Bei der typischen Vorgehensweise wird das Adsorbens eine kurze Zeit lang mit dem Extrakt verrührt und in einer Siebtrommelzentrifuge (oder sogar in einer Wäscheschleuder) abzentrifugiert. Das Adsorbens wird dann in einem Medium mit hoher Ionenstärke, anderem pH oder beidem wieder aufgenommen und wieder abzentrifugiert. Wenn man eine Zentrifuge mit einer Kapazität von bis zu 40 l einsetzt, kann man bis zu 2000 l pro Tag verarbeiten. Während des Elutionsvorgangs ist es wirksamer, den Eluenten in zwei oder drei Teilen zuzusetzen als auf einmal. Als Kompromiß kann auch eine Batch-Adsorption mit Säulenelution benutzt werden. Zusammenfassend kann man sagen, daß man durch dieses Vorgehen Zeit auf Kosten der Auflösung gewinnt.

Reinigung durch flüssige Zweiphasen-Trennung. Dies ist eine relativ neue Errungenschaft für das Arsenal des Proteinchemikers. Sie hat zwei große Vorteile: leichte Abtrennung der Proteine von den Zellwänden der Bakterien und von den halblöslichen Überresten und die Möglichkeit der Überführung in einen kontinuierlichen Prozeß. Das Prinzip dieser Technik liegt in der folgenden Beobachtung begründet: Gibt man verschiedene Proteine zu einer Lösung zweier unmischbarer Polymere, dann trennen sich diese Polymere in zwei Phasen, wobei die Proteine selektiv entweder in der einen oder in der anderen adsorbiert werden. Die Begründung für die Trennung der Polymere in zwei Phasen und für die selektive Adsorption der Proteine liegt in der physikalischen Eigenart der beteiligten Moleküle. Identische oder ähnliche Moleküle zeigen eine größere Tendenz, miteinander zu aggregieren als mit nicht-identischen oder völlig verschiedenen Molekülen. Typischerweise wird eine Mischung von Polyethylenglykol und Dextran oder vielleicht auch aus Polyethylenglykol und Ammoniumsulfat eingesetzt. In welcher Phase sich letztendlich das Protein befindet hängt von der relativen Molekülmasse der Proteine, von den Konzentrationen und den relativen Molekülmassen der Polymere, der Temperatur, dem pH und der Ionenstärke ab. Die Auswahl der geeigneten Bedingungen geschieht rein empirisch. Nach dem Mischen der Bestandteile tritt die Trennung der beiden Phasen durch Absetzen oder (möglicherweise kontinuierliches) Zentrifugieren ein. Es gibt viele Beispiele für den Nutzen dieser Technik: eines davon ist die Trennung und Reinigung von Pullulanase (Pullulan-6-glucan-Hydrolase) und 1,4-α-Glucan-Phosphorylase aus *Klebsiella pneumoniae* (Hustedt *et al.*, 1978, s.a. Kula, 1979). Reste der Zellwände werden in einer Polyethylenglykol-Dextran-Mischung von der Pullulase getrennt, die Polymere durch eine Kombination aus Dialyse und Filtration entfernt und das Enzym mit *N*-Cetyl-*N,N,N*-trimethylammoniumbromid gefällt. Man erhält eine Ausbeute von 70% mit einer Reinheit von 80%. Aus der ersten Dextranphase wird dann die Phosphorylase mit einem anderen Polyethylenglykol-Dextran-System von den Zellbruchstücken getrennt.

Reinigung durch Säulenchromatographie. Diese Methode ist normalerweise den späteren Schritten der Reinigung vorbehalten, wenn schon ein gewisser Grad an Reinheit und Konzentrierung (und damit eine Reduktion des Volumens) erreicht worden ist. Alle Arten chromatographischer Methoden, die gewöhnlich im Labor Anwendung finden, können eingesetzt werden. Gelfiltration, Ionenaustausch- und Affinitätschromatographie sind allerdings die wichtigsten davon. Die älteren Typen von Gelmaterialien (z.B. Sephadex, DEAE Sephadex usw.) werden nach und nach von neueren Generationen verdrängt, die entweder aus quervernetzten Cellulosen und Agarosen, aus Polyacrylamid/Agarose-Kopolymeren oder aus einer Kombination von anorganischen Grundstoffen und Cellulose bestehen. Alle diese Materialien sind so konzipiert worden, daß man aus ihnen festere und kleinere Partikel herstellen kann. Dadurch werden sie bei höheren Flußgeschwindigkeiten einsetzbar und führen zu einer besseren Auflösung. Die damit erreichte höhere Auflösung kann ökonomisch ausgenutzt werden, indem man die Säulen verkürzt, wodurch die Kosten sowohl für die

Säule selbst als auch für ihren Inhalt herabgesetzt werden. Eine kürzere Säule wird zwar die Ausstoßgeschwindigkeit nicht tatsächlich vergrößern (diese ist alleine durch die Flußgeschwindigkeit bestimmt), hat jedoch zwei weitere praktische Vorteile: der Druckabfall innerhalb der Säule und die Bearbeitungszeit für eine gewisse Menge Material innerhalb des Prozesses werden geringer. Das heißt, wegen des kleineren Gesamtvolumens des Systems, braucht ein gegebenes Volumen an Flüssigkeit weniger lang, es zu durchlaufen. Sicherlich muß es auch einen Nachteil bei diesen neuen Arten von Chromatographietechniken geben. Es erstaunt nicht, daß dieser bei den Kosten zu suchen ist.

Das Problem der Anwendung der Chromatographie im Großmaßstab ist mit der Einführung von Materialien mit besseren hydrodynamischen Eigenschaften jedoch nicht gelöst. Zum Beispiel läßt sich eine Säule von 10 l schlechter packen als eine von 500 cm^3, und die Sammlung von Fraktionen mit einem Volumen von mehreren l erfordert spezielle Apparaturen. Obwohl es Säulen mit einem Volumen von bis zu 100 l zu kaufen gibt, es ist schwierig, einen gleichmäßigen und vorhersagbaren Fluß in ihnen zu erzeugen. Es ist daher vorzuziehen, 10 Säulen von 10 l einzusetzen, die in Serie geschaltet sind, wodurch das gesamte System die Flußcharakteristik einer einzigen Säule von 10 l erhält.

Die Gelfiltration kann eine sehr wirksame Methode zur ersten Trennung des erwünschten Enzyms von Molekülen mit niedrigerer relativer Molekularmasse sein, vor allem, wenn man eines der neuartigen Gelmaterialien einsetzt. Es sind Flußgeschwindigkeiten von bis zu 2,0 l h^{-1} durch eine Säule von 2,5 × 80 cm möglich (verglichen mit 30 cm^3 h^{-1} bei den herkömmlichen Materialien).

Die Ionenaustauschchromatographie wird häufig in Kombination oder statt der Gelfiltration benutzt und hat im allgemeinen eine höhere Auflösung als diese. Sie ist auch dazu geeignet, die nützliche Technik der Batch-Adsorption kombiniert mit der Säulenelution einzusetzten. Diese kann die für den Arbeitsgang benötige Zeit um ein beträchtliches verkürzen, wenn man die Materialien neuerer Generation mit ihren hohen Flußgeschwindigkeiten benutzt. Wegen ihrer hohen Kosten finden diese neuen Materialien trotz ihrer Vorteile allerdings noch keine große Anwendung beim Arbeiten im Großmaßstab (Tabelle 13.4).

Tabelle 13.4 Zusammenfassung der Vorteile quervernetzter substituierter Agarosen

1. nicht komprimierbar = hohe Flußgeschwindigkeiten
2. große Kapazitäten auch bei hoher Ionenstärke
3. schrumpfen/quellen nicht bei Wechsel des pH/der Ionenstärke
4. Regenerierung in der Säule möglich
5. autoklavierbar
6. geringe Durchflußzeiten

Die Affinitätschromatographie, zumindest im klassischen Sinn, wird bei Arbeiten im Großansatz nicht häufig angewendet. Trotz der Vorteile einer hohen Auflösung und der Möglichkeit, Reinigungen in ein oder zwei Schritten durchzuführen, schließen die hohen Kosten, die niedrige Kapazität und die Instabilität der Affinitätsmaterialien gewöhnlich ihren Einsatz aus. Ausnahmen sind die Entfernung von Verunreinigungen in Form von Enzymen oder die Anwendung in den Fällen, in denen die Kosten für das Enzym selbst nicht ins Gewicht fallen (z.B. bei einigen Enzymen für Diagnostika).

Die Affinitätschromatographie kann, je nach Art des Liganden, in zwei Typen – spezifische und unspezifische – unterteilt werden. Spezifische Liganden sind gewöhnlich Substrate, ihrer Analoga oder Inhibitoren des Enzyms und weisen daher eine hohe Spezifität und Bindungstärke auf. Zu den unspezifischen Liganden gehören Moleküle wie AMP, Kohlenwasserstoffe (die Enzyme durch quasi-spezifische hydrophobe Wechselwirkungen adsorbieren) oder Farbstoffe. Es steht außerordentlich viel Literatur über dieses Gebiet zur Verfügung. Um Einzelheiten über einige Anwendungen zu erfahren, wird der Leser an die Arbeiten von Robinson *et al.* (1974), Hue *et al.* (1976) und Furbish (1977) verwiesen. Für diese allgemeine Diskussion soll es ausreichen, festzuhalten, daß die Affinitätstechniken oft eine Erhöhung der Ausbeute mit sich bringen (verglichen mit herkömmlichen Methoden) und zwar von 5% auf 50–90% und daß sie typischerweise den gesamten Reinigungsprozeß auf drei oder vier Schritte verringern.

Es lohnt sich allerdings, den wachsenden Einsatz von Triazinfarbstoffen (z.B. Procionblau) ein wenig näher zu erläutern. Diese Gruppe von Verbindungen hat eine Reihe von Vorteilen gegenüber den herkömmlichen Affinitätsliganden: niedrige Kosten, leichte Immobilisierung auf der Matrix und Stabilität der Matrix-Liganden-Bindung. Die Triazinfarbstoffe weisen verglichen mit den herkömmlichen Liganden einen niedrigeren Grad an Spezifität auf; durch kluge Wahl der Bedingungen, Art des Farbstoffes oder des Elutionsmittels kann jedoch für fast alle Zwecke eine ausreichende Bindungsspezifität erzielt werden. Es ist nicht genau bekannt, wie diese Farbstoffe an die betreffenden Enzyme binden, aber voraussichtlich beruht die Bindung auf einer Ähnlichkeit in Form/Größe mit dem Substrat, Coenzym usw. des Enzyms. Dieser spezielle Zweig der Affinitätschromatographie ist eine vielversprechende Methode, der eine große Zukunft in der Enzymreinigung prophezeiht wird. Eine Übersicht darüber bietet der Artikel von Lowe (1981).

Reinigung durch kontinuierliche Elektrophorese. Die elektrophoretischen Eigenschaften der Proteine zur Reinigung von Enzymen (oder Proteinen) zu nutzen, war vor der Erfindung der kontinuierlichen Elektrophorese wenig praktikabel. Das Prinzip besteht im Anlegen eines elektrischen Potentials an eine kontinuierlich strömende Proteinlösung, eine naheliegende Idee. In der Praxis funktioniert diese Technik aber wegen der seitlichen Vermischung des Stroms nicht, es sei denn, eine laminare Strömung wird erreicht. Dadurch kann man diese seitwärtige Vermischung verhindern. Wie bei so vielen nützlichen Entdeckungen, ist das Prinzip, durch das die laminare Strömung erzeugt wird, äußerst einfach. Die elektrophoretische Vorrichtung besteht aus zwei Elektroden, einer zylindrischen festen Kathode, die von einer hohlen zylindrischen Anode umgeben ist, die langsam rotiert. Die Lösung fließt zwischen den beiden Elektroden hindurch; die Rotation der äußeren Elektrode wirbelt die Lösung um die innere Elektrode herum, was den Fluß stabilisiert und eine Vermischung in dem Hohlraum zwischen den Elektroden verhindert (Abb. 13.5). Es sind Flußgeschwindigkeiten von bis zu 1 l h^{-1} möglich, wobei die Lösung an 20 verschiedenen Öffnungen am oberen Ende der Vorrichtung gesammelt werden kann. Diese Technik steckt noch in ihren Kinderschuhen (und die Ausrüstung ist noch teuer) und wird zur Zeit vor allem zur Fraktionierung von Blutproteinen eingesetzt. Ihr Potential bei der Trennung von Isoenzymen und praktisch sauberen Mischungen von Enzymen sowie bei besonderen Materialien kann nicht verleugnet werden.

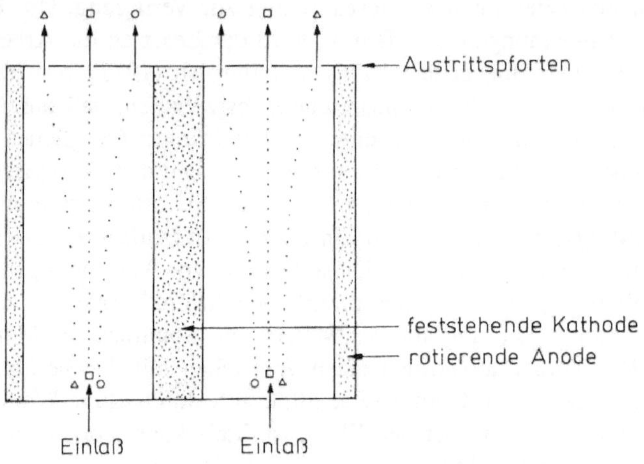

Abb. 13.5 Prinzip der kontinuierlichen Elektrophorese

Reinigung durch Ultrafiltration und Dialyse.   Die Anwendung von semipermeablen Membranen bei der Reinigung von Enzymen im Großmaßstab ist vor allem auf die späteren Stadien des Verfahrens und auf die Konzentrierung und Entfernung von Salzen beschränkt. In diesem Zusammenhang ist die Dialyse wegen der großen Volumina an Puffer/destilliertem Wasser, die benötigt würden, unbrauchbar. Die Ultrafiltration kann dagegen sehr wirksam eingesetzt werden, um Proteinlösungen aufzukonzentrieren. Es gibt zwei Arten von Ultrafiltern: die Hohlfaser (engl.: hollow fibre) und den Flachbettfilter. Hohlfaserfilter sind einfach anzuwenden. Eine Einheit mittlerer Größe kann mit Leichtigkeit bis zu 50 l h^{-1} verarbeiten. Sie neigen jedoch dazu, die filtrierten Proteine zu binden, wenn deren Konzentration unter 1 mg cm^{-3} fällt. Flachbettfilter zeigen diese Tendenz in geringerem Maße, erlauben aber im allgemeinen niedrigere Flußgeschwindigkeiten (z.B. 4 l h^{-1}). Der Grund dafür liegt in der geringeren verfügbaren Oberfläche, die in der Praxis erreicht werden kann. Bei beiden Arten von Filtern kann das Problem auftauchen, daß sie schwierig zu reinigen sein, und einige Enzyme werden durch die Scherkräfte, die an der Membranoberfläche entstehen, inaktiviert. Neuere Fortschritte in Aufbau und Handhabung der Ultrafilter führen jedoch zur Zeit dazu, daß die Ultrafiltration dabei ist, eine Schlüsselrolle in nachgeschalteten Arbeitsgängen zu übernehmen, und zwar sowohl für die Proteinkonzentrierung als auch für die Trennung nach der Molekülgröße. Sie wird wegen ihrer geringen Kosten und der Leichtigkeit, mit der die Sterilität aufrechterhalten werden kann, anderen Techniken vorgezogen.

13.7.5 Konzentrierung und Abfüllung

In wie weit und auf welche Weise das Enzym am Ende des Reinigungsprozesses konzentriert und abgefüllt wird, hängt davon ab, was durchführbar ist, zu welchem Zweck das Enzym eingesetzt werden soll und ob große Mengen des Enzyms über große Entfernungen transportiert werden müssen. Die ausschlaggebende Überlegung ist die, wie man mit der geringsten Anzahl von Arbeitsschritten das Enzym in einer akzeptablen Form erhalten kann. Für analytische Zwecke oder für Forschungsarbeiten im kleinen Maßstab werden die Enzyme gewöhnlich entweder als lyophilisiertes Pulver (durch die Gefriertrocknung) oder als Suspension in 3,4 M Ammoniumsulfat abgefüllt. Wenn das Enzym dazu bestimmt ist, an Ort und Stelle weiter immobilisiert zu werden, so kann man es vielleicht in Form einer relativ sauberen, aber stark verdünnten Lösung belassen. Für Enzyme, die in großer Menge benötigt werden, besonders Proteasen für Detergentien, muß man eine Verpackung in staubfreier Form wählen, um sie sicher handhaben und leicht transportieren zu können. In diesen Fällen wird das Enzym mit verschiedenen Salzen und Wachsen vermischt und in Form kleiner Kügelchen (Pellets) oder als konzentrierte Lösung zur Verfügung gestellt. Wenn eine vollständige Trockung des Enzyms erforderlich ist und die Gefriertrocknung auf Grund der großen Menge oder der Instabilität des Enzyms nicht durchführbar ist, kann eine Verdampfung des Lösungsmittels weiterhelfen. Wärme denaturiert Enzyme, aber nur, wenn sie über einen genügend langen Zeitraum einwirken kann (gewöhnlich länger als 0,5 s). Alfa-Laval stellt eine Vorrichtung her, Centi-Therm genannt, die enzymhaltige Lösungen wirksam zur Trockne eindampft, und zwar durch ultra-kurze Erwärmung und Kühlung durch die Verdampfung. Die Erwärmungsvorrichtung besteht aus mehreren hohlen, konischen, erwärmten Scheiben, die um eine gewöhnliche Spindel rotieren. Die enzymhaltige Lösung wird auf die Unterseite dieser Platten gesprüht, durch deren Drehbewegung die Flüssigkeit in einer Schicht von 0,1 mm Dicke ausgebreitet wird. Die Flüssigkeit ist somit für weniger als 1 s in Kontakt mit den erwärmten Scheiben, kocht mehr oder weniger sofort und das getrocknete Enzym wird von der Erwärmungsvorrichtung weggeschleudert.

13.8 Zusammenfassung

Enzyme sind potentiell von großem Nutzen wegen ihrer ungeheuren katalytischen Aktivität und ihrem hohen Grad an Spezifität. Sie können aus fast jedem Organismus gewonnen werden. Bei der Auswahl des Ausgangsmaterials für eine Enzymproduktion müssen jedoch eine Anzahl von Faktoren in die Betrachtung einbezogen werden, z.B. Spezifität, pH-Abhängigkeit, Wärmestabilität, Aktivierung oder Inaktivierung, Verfügbarkeit und Kosten. In der Praxis hat der Einsatz von Mikroorganismen als Quelle für die Enzyme eine Reihe technischer und ökonomischer Vorteile und in den letzten Jahren bei der Enzymproduktion eine führende Rolle übernommen.

Die Extraktion und Reinigung im Großmaßstab bringt eine Reihe von Problemen mit sich, die beim Arbeiten mit Laboransätzen nicht auftreten. Somit sind nicht alle möglichen Methoden anwendbar. Insbesondere muß der gesamte Prozeß betrachtet werden, ehe Versuche unternommen werden, einen einzelnen Schritt zu optimieren. Denn die Wahl einer besonderen Methode für einen vorgegebenen Schritt in dem gesamten Vorgang kann die Eignung einer anderen Methode, die man einsetzten möchte, beeinflussen. Die Entwicklung neuer Techniken für die Enzymenxtraktion und -reinigung in den letzten Jahren verspricht, diese Arbeitsgänge merklich zu verbessern.

14. Anwendung von Enzymen

14.1 Einführung

14.1.1 Anwendungsgebiete

Da wir nun die Isolierung und Reinigung des Enzyms unserer Wahl im Griff haben, können wir zur Betrachtung der praktischen Anwendung von Enzymen und der Probleme (hoffentlich einschließlich der dazugehörigen Lösungen) weitergehen, die bei diesen Anwendungen auftreten.

Wie wir sehen werden, eröffnet sich einer ungeheure Vielzahl an Anwendungsmöglichkeiten für Enzyme, die jedoch alle in der den Enzymen eigenen Charakteristika begründet liegen, d.h. ihrer hochwirksamen Katalyse unter milden Bedingungen verbunden mit der hohen Spezifität sowohl bezüglich des Substrats als auch bezüglich der katalysierten Reaktion. Wären wir so neugierig, den Lagerraum einer Industrieanlage oder einer Einrichtung, die mit chemischen oder biologischen Aufgaben zu tun hat, zu inspizieren, so würden wir sicherlich überall Enzyme entdecken. „Enzyme" können sowohl an Orten gefunden werden, wo man sie erwartet (z.B. in Krankenhäusern) als auch dort, wo man sie eigentlich nicht erwartet (wie bei der Herstellung von Acrylamid und in Ölfeldern). Um der Klarheit willen, werden wir unsere Abhandlung in vier Abschnitte unterteilen, und zwar gegliedert nach den Anwendungsgebieten: Entwicklung, Therapie, Analytik und Industrie.

14.1.2 Enzyme als nützliche Katalysatoren

Bevor wir jedoch jedes dieser Gebiete im Detail betrachten, sollten wir ein wenig auf die Eigenschaften eingehen, die ein Enzym zu einem nützlichen Katalysator machen.

Effizienz der Enzyme in der Katalyse. Die Effizienz in der Katalyse kann man sehr gut am Beispiel des Enzyms Katalase zeigen. Das Enzym katalysiert den Abbau von Wasserstoffperoxid zu Sauerstoff und Wasser. Es bewerkstelligt dies dank eines einzigen Eisenatoms, das im aktiven Zentrum eines jeden Moleküls lokalisiert ist. Es gibt nichts besonders Magisches an diesem Eisenatom. Tatsächlich sind auch Eisenfeilspäne in der Lage, Wasserstoffperoxid zu zersetzen. Was jedoch den alten Alchemisten magisch erscheinen mochte, ist die Beobachtung, daß 1 mg Eisen in der Katalase die gleiche Menge an Wasserstoffperoxid pro Zeiteinheit zersetzen kann wie einige Tonnen Eisenfeilspäne.

Diese Unterschiede in der katalytischen Wirksamkeit kann nur der Veränderung der Umgebung des Eisens zugesprochen werden, die durch das Enzym bewirkt wird. Somit liegt die Turnover-Zahl (d.h. die Zahl an Substratmolekülen, die ein Molekül Enzym pro s umwandeln kann) der meisten Enzyme im Bereich von $1\text{-}10^6$. Einige der effektivsten Enzyme, z.B. die Acetylcholin-Esterase, mit Turnover-Zahlen um 10^5 s^{-1} sind tatsächlich nicht so sehr durch ihre katalytische Fähigkeit, sondern durch die Geschwindigkeit (Frequenz), mit der Enzym- und Substratmoleküle zusammenstoßen, in ihrer Aktivität beschränkt. Wie wir sehen werden (Abschn. 14.2), kann dies Konsequenzen für das katalytische Verhalten von Enzymen haben.

Spezifität der Enzyme.   Enzyme sind im allgemeinen hoch spezifisch sowohl bezüglich ihres Substrats als auch bezüglich der durchgeführten Reaktion. Katalase zersetzt nur Wasserstoffperoxid zu Wasser und Sauerstoff; Eisenfeilspäne dagegen katalysieren eine große Zahl chemischer Reaktionen. Eine solche Spezifität ist natürlich von unschätzbarem Wert, da sie es den Enzymen ermöglicht, gezielte Umsetzungen vorzunehmen und aus einer Mischung chemischer Verbindungen nur eine spezielle herauszufinden. Dies erklärt den Wert der Enzyme bei der Analytik komplexer Mischungen von Chemikalien. Ihr hoher Grad an Spezifität bringt aber auch einige Nachteile bei ihrer praktischen Anwendung mit sich. Zum Beispiel sind die alkalischen Proteasen wie Subtilisin oder Thermolysin, die Waschpulvern zugesetzt werden, um proteinhaltige Farbstoffe abzubauen, sehr gut geeignet, Hämoglobin zu hydrolisieren, aber nicht annähernd so effektiv bei Casein oder Albumin. Wenn Sie also Ihre Kleidung unbedingt färben müssen, tun Sie es mit Blut und nicht mit Milch oder Eiern! Ein anderes kurioses Beispiel für ein Problem, das durch die „Spezifität" verursacht wird, kann man bei der Herstellung von Getreidesirup mit hohem Fructosegehalt finden (s. Abschn. 14.7). Bei diesem Vorgang wird Glucose durch das Enzym Xylose-Isomerase zu Fructose isomerisiert. Unglücklicherweise, zumindest für die Lieferanten von Molkeabfällen bei der Käseherstellung, wendet die Xylose-Isomerase den gleichen Trick nicht bei Galactose an. Auch wurde bis jetzt kein Enzym gefunden, das Galactose zu Glucose isomerisiert. Solch eine Entdeckung würde die Umwandlung eines zum größten Teil als Abfall anfallenden Produktes, Molke, in einen hochwirksamen Süßstoff, Fructose-Sirup, ermöglichen.

Stabilität der Enzyme.   Es versteht sich vielleicht von selbst, daß ein Enzym stabil sein muß, wenn es von praktischem Nutzen sein soll. Natürlich muß seine katalytische Aktivität für die Zeit aufrechterhalten werden, die zur Durchführung der erwünschten Reaktion nötig ist. Somit muß das Enzym relativ widerstandsfähig gegen denaturierende Agentien chemischer oder physikalischer Art sein, die in dem Reaktionsgemisch vorhanden sind. Die Stabilität des Enzyms ist aber aus einer Reihe von Gründen wichtig. Zunächst hält ein stabiles Enzym widrige Bedingungen, denen es während seiner Isolierung ausgesetzt sein kann, besser aus. Dadurch ergibt sich eine höhere Ausbeute, und es entsteht ein billigeres Produkt. Zweitens erhöht die Stabilität die Lagerfähigkeit eines Produktes und verringert die Anforderungen an die Lagerbedingungen. Je stabiler drittens ein Enzym ist, desto eher kann es wiederverwendet werden (siehe unten). Viertens: oft ist es von Vorteil, wenn man enzymatisch katalysierte Reaktionen bei erhöhten Temperaturen durchführen kann, z.B. um eine Reaktion zu beschleunigen und Probleme einer mikrobiellen Kontamination zu vermeiden. Gesichtspunkte, die die Stabilität von Enzymen betreffen, werden ausführlicher in den Abschnitten 14.2.3 und 14.5. behandelt.

Schließlich sollte man sich daran erinnern, daß es Gelegenheiten gibt, bei denen hoch stabile Enzyme einen Nachteil darstellen, ganz besonders in Verfahren wie der Zuckerherstellung aus Stärke, wo ein lösliches Protein vom Produkt abgetrennt werden muß. Die einfachste Art, dies zu erreichen, ist durch Erhitzen des Reaktionsgemisches.

Wiederverwendbarkeit der Enzyme.   Von einigen erwähnenswerten Ausnahmen abgesehen sind Enzyme nicht billig. Um die Kosten für einen enzymkatalysierten Arbeitsgang zu erniedrigen, ist es von großem Vorteil, wenn das Enzym mehr als einmal benutzt werden kann. Das größte Problem bei der Wiederverwendung von Enzymen liegt in der Wiedergewinnung des Enzyms aus dem Reaktionsgemisch. Theoretisch ist es möglich, das Enzym daraus zu extrahieren; die vielleicht einfachste Methode wäre die Ultrafiltration, aber die Kosten sind meist zu hoch. Aus diesen Gründen beschäftigt sich die Enzymtechnologie eingehend mit dem Problem der Wiederverwendung von Enzymen. Der erfolgreichste Versuch war der einer Immobilisierung der Enzyme (s. Abschn. 14.2). Die Wiederverwendung eines Enzyms erfordert entweder, daß das Enzym in einem kontinuierlichen Strom an Substrat festgehalten oder daß es nach Beendigung der Reaktion aus dem Gemisch abgetrennt/entfernt wird.

Entfernung des Enzyms aus dem Reaktionsgemisch.   Die Trennung des Enzyms von dem Produkt der Reaktion ist meist der erste Schritt zur Reinigung des Produktes. Wenn das Enzym billig genug und eine Wiederverwendung nicht nötig ist, besteht die einfachste Methode im Erhitzen des Gemischs und Abfiltrieren des denaturierten Enzyms. Manchmal kann das Produkt nicht genügend lange erhitzt werden, ohne daß schädliche Wirkungen auftreten (dies gilt vor allem für die Nahrungsmittelherstellung). So müssen andere Methoden zur Entfernung von Proteinen eingesetzt werden, z.B. Ultrafiltration, Präzipitation durch pH-Änderung oder Änderung der Ionenstärke.

14.1.3 Verbesserung des Katalysators

Sicherlich kann kein Enzym ein idealer Katalysator sein, vor allem, da die Faktoren, die zur Nützlichkeit eines Enzyms beitragen, stark von der ins Auge gefaßten Aufgabe abhängen. So ist die Stabilität eine wichtige Eigenschaft, wenn ein Enzym als Katalysator in der Industrie eingesetzt werden soll, während die Spezifität wichtiger ist, wenn das gleiche Enzym als analytisches Werkzeug benutzt werden soll. Es gibt jedoch eine Reihe von Mittel und Wegen, wie die nützlichen Eigenschaften eines Enzyms verbessert werden können. Zweck dieses Abschnittes ist es, eine kurze Einführung in diese Methoden zu geben. Eine weitere Diskussion darüber wird in anderen Abschnitten dieses Buches geführt.

Auswahl des Ausgangsmaterials.   Zumindest theoretisch betrachtet ist der einfachste Weg, die Eigenschaften eines Enzyms zu verbessern, das geeignete Ausgangsmaterial auszuwählen. Wenn also die Thermostabilität ausschlaggebend ist, ist es sinnvoll, bei den thermophilen oder caldoaktiven Organismen nach einem solchen Enzym zu suchen. Außerdem zeigen Isoenzyme aus einem Organismus oft recht unterschiedliche Eigenschaften. Auch wo die Spezifität eine wichtige Rolle spielt, kann eine geeignete Auswahl des Ausgangsmaterials sehr nützlich sein. Zum Beispiel sind Labfermente aus Kälbern sehr spezifisch bei der Käseherstellung und jeder Versuch, sie durch Enzyme aus Mikroorganismen zu ersetzen, muß diese Spezifität mit in die Rechnung einbeziehen.

Veränderung der Reaktionsbedingungen.   Häufig ist es möglich, die Reaktionsbedingungen so zu verändern, daß die nützlichen Eigenschaften des Enzyms verbessert werden. So sind Amylasen (und viele andere Enzyme) bei hoher Substratkonzentration stabiler.

Die meisten enzymatischen Reaktionen sind, zumindest in der Theorie, reversibel. Zum Beispiel ist die Hydrolyse von Peptiden durch Proteasen eine reversible Reaktion, deren Gleichgewicht unter normalen Bedingungen einer verdünnten wässrigen Lösung stark auf der rechten Seite liegt (d.h. zugunsten der Hydrolyse). Dies wird vor allem durch die hohe Konzentration an Wasser bewirkt. Folglich ist es in der Praxis möglich, die Reaktion umzudrehen, indem man den Wassergehalt des Reaktionsgemisches durch Zugabe eines organischen Lösungsmittels oder, alternativ, durch kontinuierliche Entfernung des Peptidproduktes erniedrigt. Solche Methoden werden bei der Synthese des Süßstoffes Aspartam ausgenutzt (s. Abschn. 15.3, und Carrea, 1984).

Chemische Modifikation von Enzymen.   Eine chemische Modifikation eines Enzyms kann eine erstaunliche Zahl an Änderungen in den Eigenschaften des Enzyms bewirken, von der Änderung des pH-Optimums und der K_m bis zu einer Erhöhung der Stabilität (s. Abschn. 14.5). Dieser Weg ist sehr empirischer Natur, und zu oft führen Versuche der chemischen Modifikation zu einer Inaktivierung des Enzyms. Als Technik für die „Massenproduktion" von Enzymen sind dieser Methode gewisse Beschränkungen wegen der möglicherweise auftretenden hohen Kosten auferlegt.

Konstruktion neuer Enzyme (engl.:„enzyme engineering").   Der Ausdruck „enzyme engineering" wurde kürzlich geprägt und bezeichnet die Veränderung der Struktur des Enzyms durch Änderung seines Gens. Auf diesem Gebiet findet die gerichtete Mutagenese, bei der eine einzige Aminosäure in der Primärstruktur des Enzyms substituiert wird, die meiste Beachtung. Zumindest potentiell sollte es möglich sein, jede Eigenschaft des Enzyms auf diese Weise zu verändern. Um jedoch erfolgreich zu sein, ist es nötig, eine genaue Kenntnis darüber zu besitzen, wie die besondere Eigenschaft, die man verändern möchte, durch die Struktur bestimmt ist und welche Eigenschaften sonst noch durch diesen Eingriff verändert werden könnten. So wäre es sinnlos, die Struktur eines Enyzms zu modifizieren, um seine K_m zu erniedrigen, wenn dadurch seine Stabilität merklich herabgesetzt wird. Zur Zeit stehen solche Informationen über die Struktur bei den meisten Enzymen einfach nicht zur Verfügung. So ist beispielsweise wenig über die allgemeinen Merkmale bekannt, die zur Enzymstabilität beitragen (s. Abschn. 11.4 und Winter und Fersht, 1984).

Abgesehen davon, daß man kleinere Veränderungen an der Struktur des Enzyms vornehmen kann, könnte es auch möglich sein, ganz neue Proteinmoleküle zu konstruieren, indem man die Gene für verschiedene Enyzme oder Proteine miteinander verbindet und daraus ein Hybrid-Gen herstellt. Diese neuen Multi-Gene würden dann zu Multienzymmolekülen exprimiert werden. Es steht fest, daß dies *in vivo* häufiger geschieht; die Fettsäure-Synthetase ist solch ein Molekül, bei dem eine Peptidkette drei globuläre Bereiche mit eigenständigen unterschiedlichen Enzymaktivitäten enthält. Daher besteht die Möglichkeit, Multienzyme für die Katalyse ganzer metabolischer Reaktionsfolgen zu konstruieren, die all die Vorteile, die die Arbeitsweise eines Multienzymkomplexes mit sich bringt, in sich vereinigen (s. Abschn. 10.1.3). Ein aufregender Ausblick für diese Technik wäre es, ein Enzym wie die Peroxidase mit Protein A (aus *Staph. aureus*) zu verknüpfen, um dieses Hybridprotein als Immunglobulin-bindendes Enzym in ELISA („enzyme linked immunosorbent assay")-Techniken einzusetzen (s. Abschn. 14.7.2).

Immobilisierung.   Wenn es in der Enzymtechnologie ein Huhn mit goldenen Eiern gibt, dann ist sicherlich die Immobilisierung der erste Kandidat dafür. Über den genauen Zeitpunkt des Eisprungs ist man anscheinend allerdings verschiedener Ansicht. Die Immobilisierung als Allheilmittel für alle Probleme der Enzymtechnologie zu proklamieren, würde allerdings bedeuten, diese Schwierigkeiten unterzubewerten. Gewiß macht die Immobilisierung die Wiedergewinnung und Wiederverwendbarkeit eines Enzyms leicht. Auch kann sie die Enzymstabilität erhöhen und allzu oft die kinetischen Eigenschaften wie pH-Optimum, K_m und Hemmbarkeit verändern, allerdings nicht immer in die gewünschte Richtung. Trotz dieser vielversprechenden Aspekte, werden immobilisierte Enzyme bei relativ wenig Anwendungen gefunden. Gerade sieben größere industrielle Verfahren, einige Vorschläge für eine therapeutische Nutzung und eine Handvoll analytischer Anwendungen. Warum ist dem so? Die Antwort kann mit zwei Worten gegeben werden: Kosten und Effektivität. Obwohl man mit immobilisierten Enzymen leichter umgehen kann als mit ihren löslichen Gegenstücken, sind sie oft keine so wirksamen Katalysatoren. Sie führen in jedes industrielle Verfahren fast ebensoviele Probleme ein wie sie lösen. Auch die Kosten für die Immobilisierung selbst kann ihren Einsatz unökonomisch gestalten. Diese Punkte werden bei der Diskussion der Enzymanwendungen und der Immobilisierung herausgearbeit werden, die im weiteren Teil dieses Kapitels folgt. Gibt es also eine Zukunft für die immobilisierten Enzyme? Die Antwort ist zweifellos ja. Die Entwicklung hängt aber vor allem von unvorhersagbaren ökonomischen Faktoren ab. Es sind jedoch dahingehende Tendenzen zu beobachten. Die Anwendung immobilisierter Zellen als Biokatalysatoren ist eine Methode, die im Moment größere Bedeutung gewinnt. Vielleicht liegen in diesem Gebiet vielversprechende Möglichkeiten für die Zukunft (s. Abschn. 14.4 und 14.7). In der näheren Zukunft liegt vielleicht das größte Potential in der Entwicklung von Biosensoren, d.h. der Immobilisierung von Enzymen oder Zellen auf einem Sensor, der auf die Aktion des Biokatalysators reagiert. Der Sensor kann aus einer potentiometrischen Elektrode (wie z.B. eine pH-Elektrode) oder sogar aus einem Siliciumchip bestehen. Wenn es einmal durchführbar werden wird, wird dieses letzte Konzept eines stabilen bioelektronischen Sensors aufregende Anwendungen auf vielen Gebieten, angefangen von der Medizin bis hin zur industriellen Verfahrenstechnik, finden, da solche Systeme nicht nur zum Monitoring benutzt, sondern direkt in die Kontrollsysteme eingebaut werden könnten.

14.2 Immobilisierung

14.2.1 Was ist Immobilisierung?

Immobilisierung eines Enzyms ist folgendermaßen definiert worden: „Fixierung eines Enzyms an eine feste Phase, die den Austausch, aber nicht die Vermischung mit einer flüssiges Phase erlaubt, in der Substrat-, Effektor- oder Inhibitor-Moleküle in einer überwachten Konzentration dispergiert sind" (Trevan, 1980; Abb. 14.1). Diese Definition kann auch auf Zellen und andere Biokatalysatoren ausgedehnt werden. Die Matrix, an die das Enzym gebunden ist, ist üblicherweise ein wasserunlösliches Polymer mit einer hohen relativen Molekülmasse (wie Cellulose), und das Fixieren des Enzyms kann mit verschiedenen Mitteln erreicht werden. Der potentielle Nutzen einer solchen Technik wurde schon erwähnt (Ab-

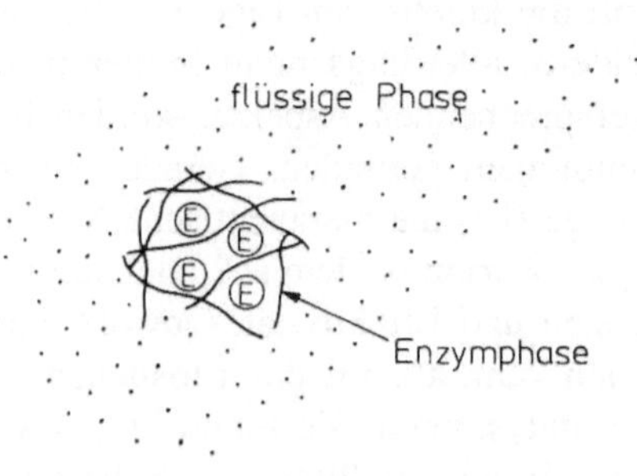

Abb. 14.1 Schematische Definition der Immobilisierung eines Enzyms

schn. 14.1.3) und wird noch weiter behandelt werden (Abschn. 14.5, 14.7). Zuerst müssen wir aber kurz auf die Mittel eingehen, durch die der Biokatalysator immobilisiert werden kann, und auf die Auswirkungen einer solchen Immobilisierung auf sein Verhalten.

14.2.2 Methoden zur Immobilisierung

Die Methoden zur Immobilisierung können in mehrere Gruppen unterteilt werden, je nach der physikalischen Beziehung zwischen dem Katalysator und der Polymermatrix. So kann der Katalysator kovalent an sie gebunden sein, physikalisch auf dem Polymer adsorbiert, mit sich selbst quervernetzt (und möglicherweise noch mit einem anderen inerten Protein), innerhalb der Polymermatrix eingeschlossen oder in eine „Polymertasche" eingekapselt sein. Auch kann man jede dieser Möglichkeiten mit einer anderen kombinieren. Abb. 14.2 stellt diese fünf Haupttypen dar. Es sind schon mehrere hundert mehr oder weniger allgemein anwendbare Methoden der Immobilisierung beschrieben worden, und viele werden zweifelsohne noch entdeckt werden. Trotz dieser Vielzahl gibt es nur wenige Methoden, die allgemein Anwendung finden. Auf diese werden wir uns konzentrieren. Auf jeden Fall wird der Ausdruck Polymermatrix bei der Beschreibung

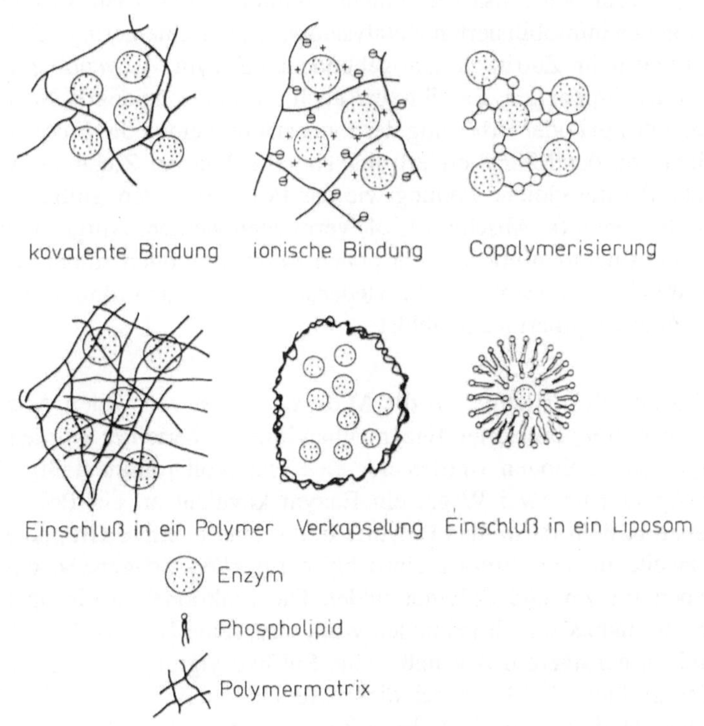

Abb. 14.2 Methoden zur Immobilisierung eines Enzyms

des Materials, das das Enzym letztendlich immobilisiert, in sehr nachlässiger Weise gebraucht. Fast alle denkbaren Materialien können Verwendung finden, angefangen mit Hydrogelen aus Cellulose bis hin zu Materialien wie Nylon, Glas oder sogar Eisenfeilspänen. Zu einem ausführlicheren Bericht über diese Methoden wird der Leser an Woodward (1985) verwiesen.

Adsorption des Enzyms an der Oberfläche der Matrix.   Die Adsorption eines Enzyms oder einer Zelle an eine Polymermatrix war wahrscheinlich die erste Methode zur Immobilisierung. Eine Reihe von nicht-spezifischen oder spezifischen Bindungskräften können dafür verantwortlich sein, z.B. elektrostatische, hydrophobe Wechselwirkungen oder Bindung durch Affinität zu spezifischen Liganden, die an dem Polymer befestigt sind. Tate und Lyle stellten in den 40er Jahren ein Verfahren mit immobilisierter Invertase vor. Eine Schicht aus Invertase war dabei an aktivierte Holzkohle adsorbiert (die zusätzlich dazu diente, Verunreinigungen durch Farbstoffe aus dem Sirup zu entfernen). Die vielleicht am meisten benutzte Immobilisierungstechnik ist die der elektrostatischen Bindung des Katalysators an eine Ionenaustausch-Cellulose (wie DEAE-Cellulose). Diese Methode hat eine Anzahl von Vorteilen: Einfachheit der Herstellung des immobilisierten Materials unter milden Bedingungen (das Polymer wird einfach mit dem Enzym zusammen verrührt); Verfügbarkeit des schnell zubereiteten Polymermaterials, das für den Einsatz in Säulenreaktoren geeignet ist; Möglichkeit zur Regeneration des immobilisierten Katalysators; oft nur eine geringe Behinderung des Substrates beim Zutritt zu dem gebundenen Enzym; Anwendbarkeit bei ganzen Zellen oder Organellen. Es gibt aber auch zwei entscheidende Nachteile: Durch Änderung des pH oder Erhöhung der Ionenstärke werden die Enzyme oder die Zellen leicht von der Matrix eluiert, manchmal schon bei Zugabe des Substrats. Substrate, die die gleiche Ladung wie das Polymer tragen, sollten wegen der Verteilung der Ionen (s. Abschn. 14.2.4) vermieden werden. Aufgrund dieses Phänomens kann es nämlich nur bei sehr hohen Konzentrationen zu dem Enzym gelangen. Diese hohen Konzentrationen wiederum können dazu führen, daß sich das Enzym von der Polymermatrix ablöst.

Kovalente Bindung des Enzyms an die Matrix.   Es ist von vielen Arten kovalent gebundener immobilisierter Enzymzubereitungen berichtet worden. Aus dieser Vielzahl von Methoden werden nur eine Handvoll routinemäßig eingesetzt. Im Prinzip gibt es zwei Wege, ein Enzym kovalent an ein Polymer zu binden. Die erste besteht darin, das Polymer durch eine reaktive Gruppe zu aktivieren, der zweite in dem Einsatz eines bifunktionellen Reagenzes, das eine Brücke zwischen Enzym und Polymer bildet. Die funktionellen Gruppen, mit denen das Enzym hauptsächlich gebunden wird, sind seine Hydroxyl- und Aminogruppen und, in geringerem Ausmaß, seine Sulfhydrylgruppen. Dadurch entsteht eines der größten Probleme bei dieser Technik: das Enzym wird durch die Konformationsänderungen als Folge dieser Reaktion oder durch Reaktion am aktiven Zentrum häufig inaktiviert. Das letztgenannte Problem kann jedoch häufig dadurch überwunden werden, daß man die Immobilisierung in Gegenwart des Substrates oder eines kompetitiven Inhibitors durchführt bzw. bei Proteasen die Zymogen-Form des Enzyms einsetzt (s. auch Abschn. 14.5). Zu den gebräuchlichsten Arten aktivierter Polymere gehören Hydrogele, z.B. Cellulosen oder Polyacrylamide, die mit Diazo-, Carbodiimid- oder Azidgruppen versehen sind. Alternativ können solche Hydrogele auch direkt aktiviert werden, z.B. mit Bromcyan. Besonders diese letztgenannte Technik hat breite Anwendung gefunden. Eine andere Verfahrensweise zur kovalenten Immobilisierung von Enzymen ist der Einsatz bifunktioneller Reagentien. Zwei Möglichkeiten bieten sich hier an. Die einfachste besteht darin, das Polymer, das Enzym und das Reagenz (z.B. Glutaraldehyd) miteinander zu mischen, ein einfaches, wenn auch sehr unkontrolliertes Verfahren. Bei der zweiten Methode läßt man das Reagenz bis zum erwünschten Grad an Substitution mit dem Polymer reagieren. Dann erst wird das Enzym zugegeben. Der Vorteil dieser Methode besteht darin, daß ein Eindringen des bifunktionellen Reagenzes in das aktive Zentrum des Enzyms wirksam unterbunden wird. Ein multifunktionelles Reagenz, das in dieser Weise benutzt wird, ist Cyanurchlorid (Trichlortriazin), das insbesondere deshalb interessant ist, da es ein trifunktionelles Reagenz ist, wobei die Aktivität seiner reaktiven Gruppen mit zunehmendem Substitutionsgrad abnimmt. Reines Trichlortriazin reagiert also innerhalb von Sekunden mit Cellulose zu Cellulose-Dichlortriazin. Dieses reagiert mit einer Verbindung mit einer Hydroxylgruppe, z.B. Ethanolamin, innerhalb von Minuten zu Cellulose-Monochlortriazinethanolamin. Diese Verbindung wiederum benötigt einige Stunden, um mit dem zugefügten Enzym vollständig zu reagieren. Benutzt man eine Verbindung vom Typ X-OH, um die zweite Substitution durchzuführen, so können positiv oder negativ geladene oder ungeladene Gruppen in das Polymer eingeführt werden und damit seine ionischen oder hydrophilen/hydrophoben Eigenschaften verändert werden. Somit kann die Anziehungskraft auf das Enzym, das gebunden werden soll, erhöht oder die Eigenschaften der am Ende der Reaktion vorliegenden immobilisierten Enzymzubereitung verändert werden.

Zu dieser Art von Immobilisierung gehört auch die Methode mit Metallionenkomplexen, mit denen Katalysator und Polymer verbunden werden. Zum Beispiel zeigen Titanium(IV)-Ionen äußerst starke (obwohl streng nicht-kovalente), vielfache Wechselwirkungen. Es gibt eine Reihe von Beispielen für den Einsatz von Glas, das mit Titan(IV) beschichtet ist, als aktivierte Polymermatrix zur Bindung von Enzymen und Zellen. Es sollte angemerkt werden, daß die Anwendung von Metallionen eine der wenigen Methoden mit „kovalenter" Bindung ist, die mit Zellpräparationen durchgeführt werden kann.

Die allgemeinen Vorteile einer kovalenten Bindung bei der Herstellung eines immobilisierten Katalysators sind die, die schon bei der Adsorption beschrieben wurden, mit der bemerkenswerten Veränderung, daß die Elution des Katalysators im allgemeinen kein Problem darstellt. Das Polymer kann so konstruiert werden, daß es jedes Vorzeichen und jeden Grad an Ladung trägt; fast jedes Polymermaterial kann eingesetzt werden; die Vielfalt an zur Verfügung stehenden chemischen Verbindungen bedeutet, daß fast jedes Enzym potentiell immobilisiert werden kann; es ist möglich, Enzyme an lösliche Polymere zu binden. Zu den Nachteilen dieser Methode gehören: die häufige Inaktivierung des Enzyms; die Anwendung toxischer Reagentien; die Kompliziertheit der präparativen Routinemethoden. Außerdem ist es im allgemeinen unmöglich, immobilisierte Zellpräparationen (als Gegenstück zu ungereinigten Enzymen) herzustellen.

Quervernetzung des Enzyms. Die Quervernetzung eines Enzyms mit sich selbst durch Reaktion mit einem bifunktionellen Reagenz, die mögliche Bindung an ein inertes Protein eingeschlossen, ist im wesentlichen eine Ausdehung der kovalenten Bindungstechniken mit all ihren Vorteilen und Problemen, die sie mit sich bringen. Als bifunktionelles Reagenz wird meist Glutaraldehyd eingesetzt. Diese Technik ist billig und einfach, wird aber nicht häufig bei reinen Proteinen benutzt, da dabei nur eine kleine Menge immobilisierten Enzyms entsteht, die eine große intrinsische Aktivität aufweist. Sie wird jedoch bei kommerziellen Präparationen immobilisierter Enzyme, die aus toten Zellen oder rohen Zellextrakten hergestellt werden, häufig benutzt (z.B. bei Glucose-Isomerase, s. Abschn. 14.7.4) Der Grund hierfür sind die niedrigen Kosten.

Einschluß des Enzyms in die Polymermatrix. Es ist prinzipiell einfach, den Biokatalysator in eine Polymermatrix einzuschließen. Er wird in einer Lösung aus Vorstufen des Polymers gelöst, und die Polymerisierung wird gestartet. Zwei Arten von Polymeren haben breite Anwendung gefunden, Polyacrylamid-artige Gele und Gelmaterialien, die von natürlich vorkommenden Polymeren stammen, wie Cellulosetriacetat, Agar, Gelatine, Carrageenan oder Alginat. Die größten Vorteile dieser Methode liegen in der Einfachheit der Präparation des immobilisierten Biokatalysators unter milden Bedingungen und der Anwendbarkeit zur Immobilisierung von Zellen. Da aber die mittlere Porengröße des Gels so groß wie möglich gehalten werden muß, um eine allzu große Einschränkung der Diffusion zu verhindern (s. Abschn. 14.2.4) und die Variationsbreite in der Porengröße solcher Gele sehr groß ist, kann sich das Enzym leicht aus dem Gel lösen. Dies gilt insbesondere für Enzyme mit geringer relativer Molekülmasse. Tote Zellen werden gewöhnlich gut zurückgehalten, lebende, sich teilende Zellen dagegen können sich vom Gelmaterial losreißen (Abb. 14.3). Keine der allgemein benutzten Einschlußmethoden ist vollkommen. Polyacrylamidgele haben den Nachteil, daß die Monomere, aus denen sie hergestellt werden, und die freien Radikale, die während der Polymerisierung entstehen, toxisch sind, weshalb diese Methode bei lebenden Zellen oder empfindlichen Molekülen ausgeschlossen ist. Agar und Carrageenan haben große Poren, die es selbst recht großen Zellen (größer als 10 μm) ermöglichen, mit Leichtigkeit zu entkommen. Zusätzlich depolymerisieren sie bei leichter Erwärmung. Calciumalginatgele, zur Zeit die Methode der Wahl für die Zellimmobilisierung, werden durch Reagentien, die Calcium komplexieren wie Citrat oder Phosphat, zerstört. Diese Verbindungen müssen aber oft dem Reaktionsmedium zugegeben werden.

Eine neue Variante dieser Technik ist die Präparation von Fasern aus dem immobilisierten Enzym. Pastore und Morisi (1976) sponnen Fasern aus β-

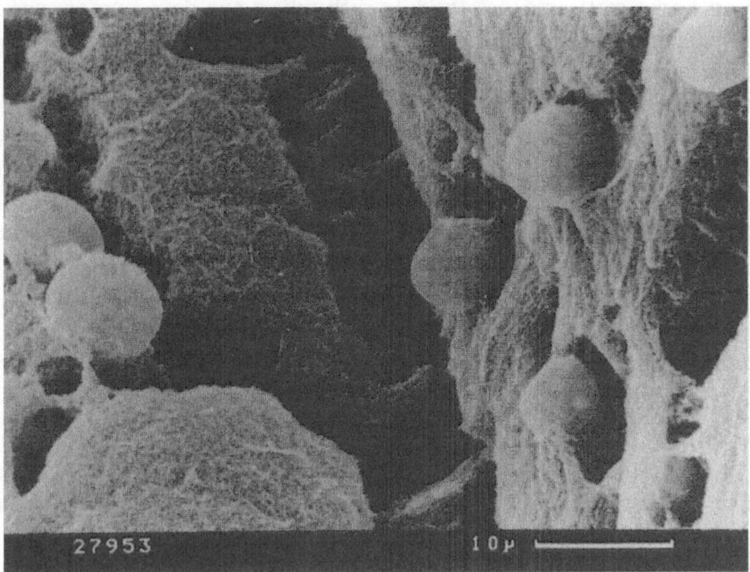

Abb. 14.3 Elektronenmikroskopische Aufnahme (Scanning electron micrograph; SEM) von Algenzellen, die in einer Calciumalginatmatrix immobilisiert sind (Photo von C.W. Lilley und M.J. Taylor)

Galactosidase, die in Cellulosetriacetat einpolymerisiert war, um Lactose in Milch zu hydrolisieren. Vor noch kürzerer Zeit ist eine Technik zum Spinnen von Fasern aus Zellen, die in Calciumalginat eingeschlossen waren, patentiert worden. Der besonders in Erscheinung tretende Vorteil dieser Technik besteht darin, daß sie ein relativ großes Fläche/Volumen-Verhältnis aufweist, was die Einschränkung der Diffusion verringert (s. Abschn. 14.2.4).

Einkapselung des Enzyms in die Matrix.   Die Einkapselung eines Biokatalysators, d.h. das Umgeben eines Tröpfchens der Enzymlösung mit einer semipermeablen Membran, war bis jetzt vor allem auf medizinische Anwendungen beschränkt. Diese Technik ist einfach und billig, aber der Biokatalysator muß in Lösung stabil sein, damit sie sinnvoll ist. Es trat nur eine relativ geringe Einschränkung der Diffusion auf. Außerdem kann man auf einfache Weise Kapseln definierter Größe herstellen, indem man die Herstellungsbedingungen verändert. Die benutzten Materialien können „permanent" sein (z.B. Nylon) oder biologisch abbaubar (z.B. Polymilchsäure oder Liposomen aus Phospholipid). Obwohl der Katalysator (sei es eine Zelle oder ein Enzym) sehr wirksam in der Kapsel zurückgehalten wird, ist eine solche Zubereitung mechanisch instabil. Eine andere Variante dieser Form der Immobilisierung ist das Einschließen einer enzymhaltigen Lösung in dem Lumen einer hohlen, semipermeablen Faser von der Art, wie sie in Membranfiltrationskartuschen benutzt werden. Die Fasern werden in die vorbeifließende Substratlösung eingetaucht. Das Substrat dringt in das Lumen ein, die Reaktion findet statt, und das Produkt diffundiert aus dem Lumen zurück in den Substratstrom. Diese Technik hat folgende Vorteile: sie ergibt eine Enzymzubereitung mit einem sehr großen Oberfläche/Volumen-Verhältnis; sie ist einfach durchzuführen; sie erlaubt ein einfaches Ersetzen des Enzyms und sie kann bei Substratlösungen eingesetzt werden, die hochviskos sind oder Partikel enthalten. Diese würden die Reaktoren, die mittels anderer Immobilisierungstechniken erhalten werden, blockieren. Ihr größter Nachteil liegt darin, daß das Enzym in keiner Weise geschützt ist in dem Sinne, daß es keine Möglichkeit gibt, das Enzym zu stabilisieren, wie sie bei anderen Methoden gegeben ist. Tatsächlich kann die Adsorption des Enzyms an den Wänden der Faser sogar mit einer Denaturierung verbunden sein. Die Anwendung dieser Technik ist auch durch die relative Molmasse des Substrates eingeschränkt.

Die Auswahl der Methode der Immobilisierung.   Die Auswahl der Methode wird weiter unten diskutiert werden (s. Abschn. 14.6.2). Es wird ausreichen, an dieser Stelle festzuhalten, daß sie größtenteils auf empirischen Faktoren beruht. Es gibt wenige allgemeine Regeln. Dabei können einige offensichtliche Gesichtspunkte (wie die relative Molekülmasse des Substrates, die Größe und die Stabilität des Enzyms, das Erfordernis einer speziellen physikalischen Form des immobilisierten Enzyms) bestimmte Methoden von vorne herein ausschließen. Gewöhnlich ist man aber auf das Prinzip Versuch und Irrtum angewiesen. Die Auswahl der Methode für die Immobilisierung von Amino-Acylase (s. Abschn. 14.7.4) war das Ergebnis einer Durchmusterung von über 40 verschiedenen Methoden.

14.2.3 Auswirkungen der Immobilisierung auf die Stabilität

Die Stabilität einer Zubereitung von Enzymen oder Zellen und die Methoden, diese zu erhöhen, ist von großer Bedeutung für die Technologie der Biokatalysatoren und wird an mehreren Stellen in diesem Buch behandelt (s. Abschn. 14.1.2, 14.1.3, 14.5). Trotzdem sollten auch an dieser Stelle einige Worte über die Auswirkungen der Immobilisierung auf die Stabilität des Enzyms verloren werden.

Obwohl es viele denkbare Wege gibt, durch die die Immobilisierung ein Enzym stabilisieren könnte (s. Abschn. 14.5), sind viele der Berichte über eine durch Immobilisierung induzierte Stabilität wahrscheinlich das Ergebnis davon, daß der freie Zugang des Substrates zu dem Enzym verwehrt war. Obwohl also sehr wohl eine erhöhte „Betriebs"-stabilität beobachtet werden konnte, hat man keine intrinsische Stabilisierung erreicht. Abb. 14.4 stellt schematisch die Ergebnisse dar, die oft bei Stabilitätsstudien erhalten werden. Sie sind auf den sogenannten „Zulu"-Faktor zurückzuführen. Zulukrieger waren nicht etwa wegen ihrer Hingabe oder ihrer militärischen Geschicklichkeit eine wirksame Streitmacht, sondern vor allem wegen ihrer großen Anzahl. Wenn die erste Reihe von Kriegern getötet worden war, so nahm eine andere ihren Platz ein, so daß die Schlacht für die Angegriffenen trotz der hohen Zahl an toten Zulus gleich grausam erhalten blieb. So funktioniert das auch bei den immobilisierten Enzymen.

Wenn die Partikel reichlich mit dem immobilisierten Enzym beladen sind, treffen die Substratmoleküle, die in den Partikel eindringen, auf eine sehr hohe lokale Enzymkonzentration und durchdringen vielleicht nur etwa die äußeren 10% des Teilchens, bevor sie gänzlich in Produkt umgewandelt worden sind. Mit der Zeit kommt es zu einer Denaturierung eines Teils des Enzyms. Es ist aber noch mehr als genug aktives Enzym vorhanden, wenn das Substrat weiter in den Partikel eindringt. Somit bleibt die katalytische Aktivität des Teilchens konstant. Die effektive katalytische Aktivität wird durch die Einschränkung der freien Diffusion des Substrates bestimmt. Sie ist gleich der Diffusionsgeschwindigkeit, die sehr viel kleiner sein kann als die intrinsische Enzymaktivität des Teilchens. Somit hat der Verlust eines Teils des Enzyms nur eine kleine Auswirkung auf die Reaktionsgeschwindigkeit. Bei hohen Substratkonzentrationen ist die Diffusion des Substrates erhöht und kann die intrinsische Aktivität des Enzyms überschreiten. Dies führt dazu, daß dann die beobachtete Form der Stabilisierung verloren geht. Andererseits kann auch mit der Zeit genügend Enzym denaturiert werden, sodaß irgendwann rgendwann wird dann der Punkt erreicht wird, an dem die Enzymaktivität und nicht die Diffusion des Substrats geschwindigkeitsbestimmend ist.

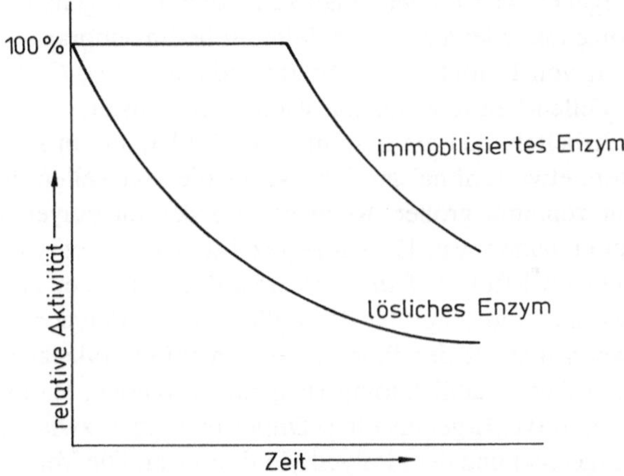

Abb. 14.4 Schematische Darstellung einer scheinbaren Stabilisierung eines Enzyms durch Immobilisierung

Unabhängig davon, ob dieser Effekt real oder vorgespiegelt ist, kann er ausgenutzt werden, da durch ihn eine Präparation mit großer Betriebsstabilität entsteht. Das heißt, ein konstanter Grad an Aktivität kann über eine signifikante Zeitdauer während des Arbeitseinsatzes aufrechterhalten werden. Dies führt zu einer einfacheren Prozeßkontrolle und zu einer linearen Reaktion vieler enzymhaltiger Biosensoren (s. Abschn. 14.7.2).

Man kann bei Enzym- und Zellpräparationen das gleiche Prinzip anwenden, bei letzteren können aber noch andere Faktoren eine Rolle spielen. Es gibt gewiß viele Berichte über die Stabilisierung von Zellen durch Immobilisierung. Dies könnte auf einer geeigneteren Umgebung für die Zellen beruhen, die durch die Polymermatrix entsteht (z.B. Veränderung der lokalen Konzentration an endogenen Hormonen). Oder sie stellt das Ergebnis einer reellen Stabilisierung der Zellmembran dar. Zum Beispiel haben viele Arbeitsgruppen den Anspruch erhoben, pflanzliche Zellen durch Immobilisierung stabilisiert zu haben. Die Lebenszeit der Zellen soll um den Faktor 10 oder mehr erhöht worden sein. Hier könnte sich jedoch die errechnete Stabilisierung durch die Wahl des Vergleichsexperiments ergeben haben. Die Langlebigkeit immobilisierter Pfanzenzellen ist gewöhnlich mit der von Pflanzenzellen gleicher Art verglichen worden, die in Suspension wachsen. Die immobilisierten Zellen zeigen jedoch die Charakteristik eines Kallusgewebes, das sehr viel stabiler ist als eine Suspensionen aus freien Zellen.

Der Bericht über eine Stabilisierung der Aktivität, der vielleicht am neugierigsten macht, ist der von Takata *et al.* (1982). Sie zeigten, daß verschiedene Methoden der Immobilisierung unterschiedliche Auswirkungen auf die Stabilität der Fumaraseaktivität in Zellen von *Brevibacterium flavum* aufweisen. Es sollte bemerkt werden, daß kein Hinweis auf den genauen Stoffwechselzustand der Zellen von *B. flavum* gegeben worden war. Man kann auch nicht genau sagen, ob es sich um lebende, ganze tote oder aufgelöste Zellen/rohe Enzympräparationen handelte. Die Anwendung von 1 mol l^{-1} an Fumarat und Salzen von Gallensäuren als Vorbehandlung der Zellen läßt letzteres am wahrscheinlichsten erscheinen. Kurz gesagt zeigten ihre Arbeiten, daß die Stabilität von Zellen, die in κ-Carrageenan eingeschlossen waren, etwa fünfmal größer war als die von Zellen in Polyacrylamid. Sie war sogar zehnmal größer, wenn das Polykation Polyethylenimin in dem Carrageenangel enthalten war. Es wurde gezeigt, daß Polyethylenimin einen gewissen stabilisierenden Effekt auf die Fumaraseaktivität freier Zellen besitzt. Außerdem erhöht es auch die Stabilität der Zellen, die in Polyacrylamid eingeschlossen waren, wenn man es der Präparation hinzufügt. Takata *et al.* (1982) schlossen daraus, daß diese Stabilisierung (gegenüber Wärme, Harnstoff, hohen pH-Werten und Ethanol) das Ergebnis einer Dreierinteraktion zwischen der Zellmembran, dem Carrageenan und dem Polyethylenimin war. Die Vorsicht erfordert es jedoch, hinzuzufügen, daß die immobilisierten Zubereitungen eine relativ hohe Beladung mit Zellen aufwiesen (16 Gewichtsprozent). Dies legt nahe, daß einiges von dem „Stabilisierungseffekt" auf einer Begrenzung der Diffusion beruhte. Zusätzlich zeigen die Daten, die in diesem und in vorherigen Berichten vorgestellt wurden, (a) einige typische Anzeichen für eine Einschränkung der Diffusion (z.B. Verbreiterung des pH-Profils, weniger als die erwartete Erhöhung der Aktivität mit zunehmender Temperatur usw.) und (b) Veränderungen in den physikalischen Eigenschaften des Carrageenangels nach Einbau des Polyethylenimins. Es scheint deshalb möglich, daß die beobachtete unterschiedlich hohe Stabilisierung auf die Wechselwirkung einiger Faktoren zurückzuführen ist: (a) eine gewisse echte Stabilisierung der Zellen durch Polyethylenimin *per se* (Polyamine werden als Schutzstoffe beim Einfrieren eingesetzt); (b) Unterschiede in der Gelstruktur, durch die Gele verschiedenen Diffusionswiderstandes entstehen (die Zugabe von Stärke zu Zellen, die in Carrageenangelen eingeschlossen sind, erniedrigt deren Stabilität); (c) die unterschiedlichen Immobilisierungsmethoden können verschiedene Grade an Enzyminaktivierung während der Zubereitung zur Folge haben, was zu unterschiedlichen Anfangsaktivitäten führt (es ist bekannt, daß Acrylamid-Monomere und die während der Polymerisation entstehenden freien Radikale toxisch sind).

Der Grund, weshalb wir uns ein wenig länger mit dieser Geschichte beschäftigt haben, ist der, daß sie deutlich die Schwierigkeit aufzeigt, die Gründe für eine anscheinende Stabilisierung eines Biokatalysators herauszufinden. Es muß klar herausgestellt werden, daß es in der Praxis, wenn ein Biokatalysator wirklich eingesetzt wird, von sekundärer Wichtigkeit ist, warum eine Erhöhung der Stabilität stattfindet. Hauptsache, sie wird überhaupt erhöht. Derjenige, der am Ende den Profit davonträgt, kümmert sich nicht um die Mittel.

Aus dem Gesagten kann gefolgert werden, daß man große Vorsicht walten lassen muß, wenn man behauptet, ein immobilisierter Biokatalysator weise eine höhere intrinsische Stabilität auf (auch wenn die Stabilisierung an sich offensichtlich ist), da eine echte Stabilisierung eher die Ausnahme als die Regel darstellt.

14.2.4 Veränderung der kinetischen Eigenschaften durch die Immobilisierung

Es ist schon viel über den Effekt der Immobilisierung auf die kinetischen Parameter von Biokatalysatoren geschrieben worden, über Enzyme mehr als über Zellen. Wir wollen uns deshalb mit einer Übersicht über die am meisten ins Auge springenden Merkmalen begnügen, die Ursache für die Veränderungen in den kinetischen Eigenschaften sein können.

Eigenschaften der Enzyme, die im folgenden betrachtet werden. In der folgenden Diskussion, werden wir uns auf die Betrachtung folgender Parameter beschränken: K_m, V_{max}, Einfluß des pH und Effekt von Inhibitoren. In dieser Diskussion wird eine Terminologie benutzt werden, die dem Leser vielleicht neu ist, besonders bezüglich der Ausdrücke K_m und V_{max}. Enzyme zeigen häufig Veränderungen dieser beiden Parameter als Folge der Immobilisierung. Eine Anzahl von Notationen wurde benutzt, um zwischen der K_m und V_{max} des freien Enzyms und den Werten, die für das immobilisierte gemessen wurden, zu unterscheiden. Bei der Betrachtung des immobilisierten Enzyms werden wir hier den Ausdruck V_s für die maximal unter Substratsättigung zu erreichende Geschwindigkeit verwenden, beziehungsweise K_v für die Substratkonzentration, die eine Geschwindigkeit von 1/2 V_s ergibt.

Ursachen für die Veränderungen der Eigenschaften durch die Immobilisierung. Es gibt zwei Gründe dafür, warum eine Immobilisierung zu einer (scheinbaren) Änderung der Eigenschaften eines Enzyms führen kann. Die Immobilisierung kann direkt auf die Molekülstruktur des Enzyms und damit auf seine

Funktion einwirken oder sie kann eine Mikroumgebung um das Enzym herum erzeugen, die sich von der des gelösten Enzyms unterscheidet. Die so durch das Polymer geschaffene Mikroumgebung kann das Enzym auf eine oder beide von zwei möglichen Weisen beeinflussen: durch Verteilung der Moleküle zwischen der löslichen Phase und der Umgebung des Enzyms oder durch Einschränkung der freien Diffusion von Molekülen in die oder innerhalb der Polymermatrix. Diese Effekte können entweder einzeln oder gemeinsam autreten. Ingesamt kann man den Sachverhalt folgendermaßen zusammenfassen:

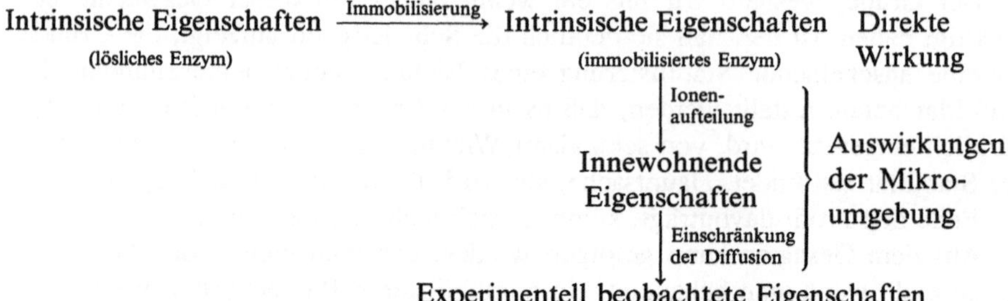

Direkte Auswirkungen der Immobilisierung auf die intrinsischen Eigenschaften des Enzyms könnten zu einer totalen oder partiellen Desaktivierung durch starke Konformationsänderungen oder Reaktion einer essentiellen Gruppe am aktiven Zentrum führen. Kleinere Konformationsänderungen können eine Destabilisierung, eine Änderung der allosterischen Effekte oder der kinetischen Parameter oder eine Stabilisierung (s. Abschn. 14.2.3 und 14.5) bewirken.

Die Mikroumgebung des immobilisierten Enzyms, die durch die Polymermatrix bestimmt wird, kann das anscheinende Verhalten eines Enzyms durch eine heterogene Verteilung der gelösten Stoffe zwischen dem Enzym und der flüssigen Phase, in der das immobilisierte Enzym dispergiert ist, beeinflussen. Diese Effekte der Mikroumgebung kann man in zwei Kategorien einteilen: Verteilung der Moleküle und Einschränkung der Diffusion (Abb. 14.5). Die Verteilung rührt von den hydrophoben oder elektrostatischen Wechselwirkungen zwischen Polymermatrix und dem anwesenden gelösten Stoffen her, betrifft sowohl reagierende als auch nicht reagierende gelöste Bestandteile und führt zu einer Zu- oder Abnahme ihrer Konzentration in der Nähe des Enzyms.

Die Begrenzung der freien Diffusion der gelösten Moleküle durch die physikalische Anwesenheit der Polymermatrix verursacht immer eine Abnahme der Konzentration an Substratmolekülen und eine Zunahme an Produktmolekülen um das Enzym herum. Es gibt zwei Arten von Diffusionseinschränkungen. Die Diffusionsbarriere kann aus einer unbewegten Schicht (Nernst'sche Schicht) an gelösten Stoffen um das immobilisierte Enzymteilchen herum bestehen. Dies ist die sogenannte externe Diffusionsbegrenzung. In diesem Fall kommt es nach der Diffusion zur Reaktion. Alternativ (oder gleichzeitig) kann eine Diffusionsbeschränkung innerhalb der Polymermatrix eintreten, die interne Diffusionsbeschränkung. In diesem Fall konkurrieren Reaktion und Diffusion miteinander. Wenn die Diffusionseinschränkung auf oder in einem Partikel mit einem reagierenden immobilisierten Enzym stattfindet, kann vielleicht ein Gleichgewicht

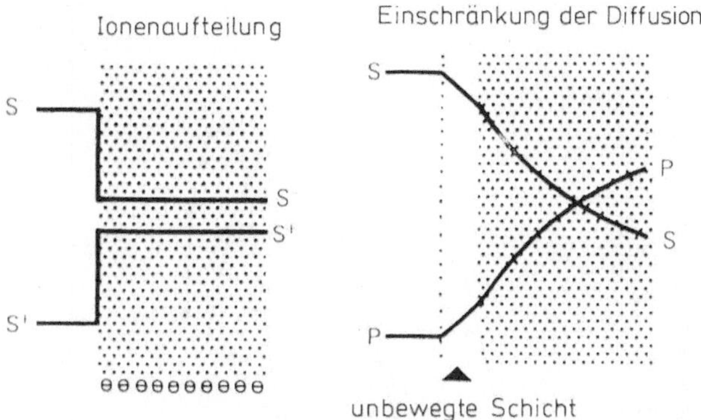

Abb. 14.5 Effekt der Ionenverteilung und Einschränkung der Diffusion auf die Konzentrationsprofile der löslichen Substanzen in Systemen mit immobilisierten Enzymen

erreicht werden, in dem die Diffusionsgeschwindigkeit eines gelösten Teilchens in einem gegebenen Volumenelement des Partikels oder von ihm weg gleich der Geschwindigkeit ist, mit der es entfernt oder bei der Reaktion verbraucht wird. Für diejenigen mit mathematischem Verständis, mag die Benutzung eines Ausdrucks wie „Volumenelement" auf die Notwendigkeit für die Anwendung von Differential- bzw. Integralrechnungen bei der quantitativen Behandlung der Modelle für immobilisierte Enzyme hinwiesen. Dies ist auch der Fall, zum Leidwesen für diejenigen Leute, die kein mathematisches Verständnis besitzen. Wir wollen jedoch nicht versuchen, solche Effekte quantitativ zu behandeln, sondern ein qualitatives Einfühlungsvermögen dafür zu entwickeln.

Auswirkungen des pH nach Immobilisierung des Enzyms. Eine ausführliche Studie der Literatur über den Effekt des pH auf die Aktivität eines immobilisierten Enzyms im Vergleich mit dem gleichen Enzym in löslicher Form wird alle Arten von Veränderungen zu Tage bringen. Das „pH-Profil" eines Enzyms (d.h. die graphische Auftragung der Reaktionsgeschwindigkeit gegen den pH) kann als Folge der Immobilisierung verschoben, verzerrt, verbreitert oder verengt sein. Wie können wir die Ursachen dafür erkennen? Kurz gesagt gibt es vier mögliche Ursachen, die einzeln oder in Kombination auftreten können: Verteilung der Wasserstoffionen; elektrostatische Ladung auf dem Polymer; Begrenzung der Diffusion der Wasserstoffionen, die bei der Reaktion entstehen oder verbraucht werden; Begrenzung der Diffusion des Substrates.

Eine *Verteilung* der Wasserstoffionen zu der polyionischen Matrix hin oder von ihr weg kann zu einer Zu- oder Abnahme der Konzentration an Wasserstoffionen in der Nähe des Enzyms führen. Somit kann der pH in der Umgebung des Enzyms höher oder niedriger sein, als der, den man in der flüssigen Phase mißt. Dies kann zu einer scheinbaren Verschiebung des pH-Profils zu höheren oder niedrigeren pH-Werten führen (Abb. 14.6). Das Ausmaß der gesamten Ver-

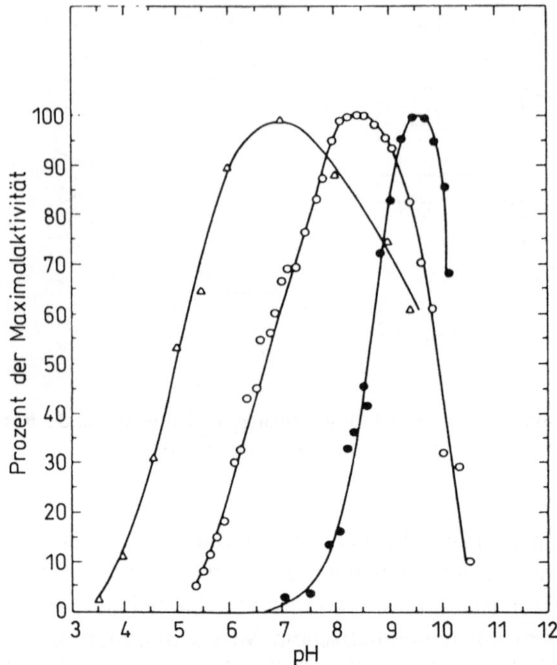

Abb. 14.6 Einfluß der Polymermatrix auf das pH-Profil von Chymotrypsin; in verdünnter Lösung (○), immobilisiert an ein polyanionisches Ethylen-Maleinsäureanhydrid-Copolymer (●), und immobilisiert an ein polykationisches Polyornithin (△). Substrat: Acetyl-L-Tyrosinethylester, Ionenstärke 0,01. (Wiedergegeben mit der Erlaubnis von Goldstein, 1972)

schiebung des pH-Profils hängt von dem Verteilungskoeffizienten (ΔH^+) der Polymermatrix für die Wasserstoffionen ab. Dieser ist größer als 1, wenn das Polymer ein Anion ist, und kleiner als 1 für ein Kation. ΔH^+ ist definiert als das Verhältnis der Wasserstoffionenkonzentration an der Oberfläche des Polymers (H_i^+) zu ihrer Konzentration in der flüssigen Phase (H_e^+) (d.h. H_i^+/H_e^+). Für jeden absoluten Wert von H_i^+ wird dieses Verhältnis konstant sein. Somit wird die pH-Differenz zwischen der Polymerphase und der flüssigen Phase $pH_e - pH_i$ betragen. Wie alle ionischen Verteilungskoeffizienten ist ΔH^+ von der Ionenstärke abhängig und wird bei hohen Puffer- oder Salzkonzentrationen auf nahezu eins reduziert. Es ist z.B. beobachtet worden, daß ein Enzym, das an einer polyanionischen Matrix (negativ geladen) ein scheinbar erhöhtes pH-Optimum zeigen kann (ein pH-Profil, das zu höheren pH-Werten hin verschoben ist). Dies könnte in diesem Fall dadurch erklärt werden, daß das Polymer Wasserstoffionen aufkonzentriert und somit den pH in der Umgebung des Enzyms verkleinert. Um also den optimalen pH-Wert um das Enzym herum zu erhalten, muß die externe flüssige Phase einen pH-Wert aufweisen, der über dem intrinsischen pH-Optimum liegt. Das gleiche Argument gilt auch für jeden gegebenen Punkt des pH-Profils des Enzyms. Da für einen gegebenen Wert von ΔH^+ die pH-Differenz $(pH_e - pH_i)$ ohne Rücksicht auf die absoluten Werte von pH_e oder pH_i konstant bleibt, wird das gesamte pH-Profil ohne Verzerrung zu alkalischen pH-Werten hin verschoben.

Eine *elektrostatische Aufladung des Polymers* kann einen direkten Einfluß auf die Stabilität der ionisierbaren Gruppen am aktiven Zentrum des Enzyms ausüben und ihre pKa-Werte somit erhöhen oder erniedrigen. So ist z.B. die Aktivität von Trypsin von der Anwesenheit einer ionisierten Hydroxylgruppe eines Serinrestes abhängig. Diese Hydroxylgruppe weist innerhalb von Trypsin einen viel kleineren pKa-Wert auf als in verdünnter Lösung. Es wurde postuliert, daß diese Erniedrigung des pKa-Wertes, tatsächlich also die Stabilisierung des $-O^-$-Ions, zumindest zum Teil durch die positive Nettoladung auf der Oberfläche des Enzyms (6+ pro Molekül) verursacht wird. Eine Veränderung der Oberflächenladung auf netto 5- erhöht das pH-Optimum des Enzyms um 1 pH-Einheit, während eine Nettoladung von 12+ es um 1 pH-Einheit erniedrigt. Beide Effekte sind das Ergebnis einer Veränderung der Stabilität (und daher des pKa) des $-O^-$-Ions im Serin. Sicherlich kann die gleiche Begründung für die Erklärung der Auswirkung polyionischer Matrices auf die pH-Profile immobilisierter Enzyme Anwendung finden. In der Praxis ist es unmöglich, diesen Effekt von dem der Verteilung der Wasserstoffionen, der oben beschrieben wurde, zu unterscheiden.

Trotz ihrer hohen Beweglichkeit kann eine *Einschränkung der Diffusion* der Wasserstoffionen auch dann eintreten, wenn eine Einschränkung der Diffusion von Substrat oder Produkt nicht beobachtet werden kann. Dies geschieht wegen der relativ niedrigen Konzentration an Wasserstoffionen, die in den meisten Systemen angetroffen wird. Wie in anderen Fällen auch wird die Einschränkung der Diffusion nur in Erscheinung treten, wenn Wasserstoffionen während der Reaktion verbraucht oder produziert werden. Bei enzymatischen Reaktionen ist dies eher die Regel als die Ausnahme.

Lassen Sie uns als Beispiel einer Reaktion betrachten, bei der Wasserstoffionen produziert werden. Das Enzym soll ein typisches wohlgeformtes pH-Profil aufweisen und an einer undurchlässigen Matrix immobilisiert sein. Die letztgenannte Annahme vereinfacht die Sache leicht, da wir uns nur mit der äußeren Diffusioneinschränkung zu befassen haben und wir effektiv von einem System mit zwei homogenen Kompartimenten ausgehen können: der flüssigen Phase und der Mikroumgebung des Enzyms. Wie der Verteilungseffekt kann auch jeder Unterschied zwischen pH_i und pH_e eine Verschiebung des pH-Profils des immobilisierten Enzyms verursachen, da das Enzym bei einem anderen pH als dem gemessenen arbeitet. Abgesehen von dem pH der Lösung werden in der Mikroumgebung des Enzyms Wasserstoffionen produziert, sobald die Reaktion gestartet ist. Bevor diese in die flüssige Phase diffundieren, werden sie akkumulieren, bis ein genügend hoher Konzentrationsgradient erreicht ist. Schließlich muß die Diffusionsgeschwindigkeit von der Mikroumgebung weg gleich der Produktionsgeschwindigkeit sein. Damit sind wir natürlich noch nicht am Ende der Geschichte angelangt, da Wasserstoffionen einen entscheidenden Einfluß auf die Aktivität des Enzyms ausüben. Was als nächstes passiert, hängt davon ab, ob der

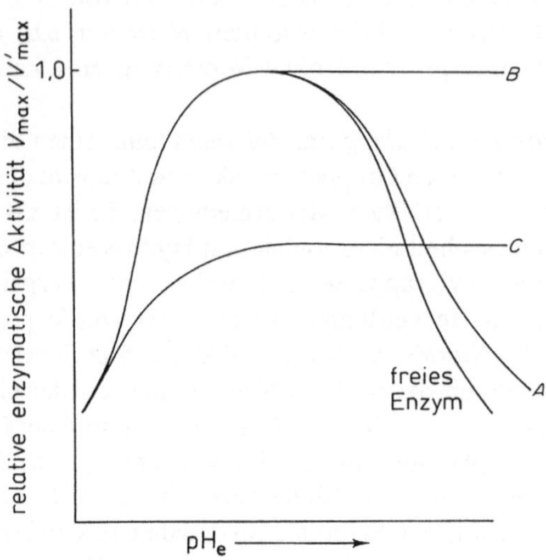

Abb. 14.7 Schematische Darstellung der Auswirkung der Diffusionseinschränkung der H^+-Ionen in einem H^+-Ionen freisetzenden Enzym, das auf einem ionenneutralen Polymer immobilisiert ist. (*A*) schwache, (*B*) mittlere und (*C*) starke Einschränkung der Diffusion (Wiedergegeben mit der Erlaubnis von Trevan, 1980)

pH zu Beginn oberhalb oder unterhalb des pH-Optimums lag. Oberhalb des pH-Optimum führt die Akkumulierung von Wasserstoffionen in der Mikroumgebung zu einer pH-Erniedrigung und damit zu einer Erhöhung der Aktivität. Dies führt zu einer erhöhten Geschwindigkeit bei der Produktion von Wasserstoffionen, was zu einer größeren Anhäufung führt. Dies wiederum erniedrigt den pH weiter, die Geschwindigkeit steigt, es akkumulieren noch mehr Wasserstoffionen. Dieser autokatalytische Effekt geht solange weiter, wie eine weitere Akkumulation von Wasserstoffionen und Abfall des pH nur noch eine vernachlässigbare Erhöhung der Reaktionsgeschwindigkeit mit sich bringt. Somit wird die Mikroumgebung des Enzyms zum pH-Optimum „hingeschoben". Dieser Effekt zeigt sich in einer Verzerrung des pH-Profils mit einer Verbreiterung der Kurve, also einem verlangsamten Abfall im alkalischen Bereich (Abb. 14.7). Wenn der pH zu Beginn unterhalb des pH-Optimums liegt, dann reduziert die Akkumulation der Wasserstoffionen (und die Erniedrigung des pH_i) die Reaktionsgeschwindigkeit und vermindert damit die Akkumulation. Der Effekt ist selbst-beschränkend, sodaß sich in diesem Fall der pH in der Mikroumgebung nicht stark von dem in der flüssigen Phase unterscheidet. Der ansteigende Teil im sauren Bereich des pH-Profils des immobilisierten Enzyms erscheint wenig verändert im Vergleich zu dem des freien, gelösten Enzyms. Der Grad einer solchen Verzerrung hängt von zwei Faktoren ab, der Stärke der Diffusionseinschränkung und der Aktivität des Enzyms. Je größer die Enzymaktivität, desto mehr tritt die Einschränkung der Diffusion in Erscheinung. Wenn eine sehr starke Diffusionseinschränkung vorhanden ist, dann wird der pH in der Mikroumgebung niemals das pH-Optimum überschreiten (Kurve B, Abb. 14.7). Es kann sogar sein, daß es niemals erreicht wird (Kurve C, Abb. 14.7). Diese letzte Annahme erscheint zunächst unlogisch. Man muß sich jedoch vor Augen führen, daß die Geschwindigkeit der Diffusion der Wasserstoffionen von der Mikroumgebung weg proportional zur Konzentrationsdifferenz $H_i^+ - H_e^+$ ist. In den Fällen starker Diffusionseinschränkung wird eine große Differenz benötigt, so daß $H_i^+ - H_e^+$ sich H_i^+ nähert. Diese Näherung ist gültig, wenn H_e^+ weniger als 1% von H_i^+ beträgt, d.h. $pH_e - pH_i$ größer als 2 ist. Somit haben wir eine Situation vorliegen, bei der eine Wasserstoffionenkonzentration von 10^{-6} mol 1^{-1} erforderlich ist, um einen genügend großen Gradienten zu erzeugen, damit die Wasserstoffionen mit der gleichen Geschwindigkeit wegdiffundieren können wie sie gebildet werden. Somit kann der Wert von pH_i nicht überschritten werden (da bei diesem Wert H_e^+ effektiv null sein müßte). Wenn das intrinsische pH-Optimum des Enzyms größer als 6 ist, dann kann natürlich das immobilisierte Enyzm immer bei pH_i-Werten unterhalb des pH-Optimums arbeiten.

Es sollte bemerkt werden, daß diese Art von Effekt am wahrscheinlichsten in Abwesenheit von Pufferlösungen auftritt, deren Anwesenheit jeglichen pH-Gradienten verhindert.

Schließlich muß man die Tatsache in Betracht ziehen, daß durch die logarithmische Natur der pH-Skala die gleiche Differenz $H_i^+ - H_e^+$ eine größere Differenz $pH_e - pH_i$ ergibt, wenn der Wert von H_i^+ ansteigt. Dies wiederum führt zu einer vergrößerten Verzerrung des pH-Profils bei höherem pH, d.h. dadurch ergibt sich eine Verbreiterung der Kurve mit langsamerem Abfall im alkalischen Zweig.

Eine *Einschränkung der Diffusion des Substrates* wirkt sich auch auf das pH-Profil eines Enzyms aus. Typischerweise ist es verbreitert, da das Enzym eine geringere Empfindlichkeit gegenüber Änderungen des pH aufweist. Abb. 14.8 zeigt ein typisches Beispiel für diese Art von Effekt. Er kann dadurch erklärt werden, daß eine starke Einschränkung der Diffusion des Substrates effektiv die Reaktionsgeschwindigkeit beeinflußt. Sie wird natürlich von Änderungen des pH nicht berührt. An den Grenzen des pH-Bereiches, in dem ein Enzym normalerweise aktiv ist, fällt die intrinsische Aktivität des Enzyms unter die Diffusionsgeschwindigkeit des Substrates ab. Sie kontrolliert damit die effektive Reaktionsgeschwindigkeit, die jetzt natürlich für Änderungen des pH empfänglich ist.

Auch können *Kombinationen* all dieser verschiedenen Effekte auftreten, mit dem Ergebnis, daß unter bestimmten Bedingungen das immobilisierte Enzym auf Änderungen des pH in außerordentlicher Weise reagieren kann. Abb. 14.9. und 14.10 zeigen solche Beispiele.

Michaelis-Konstante (K_m). Änderungen in der gemessenen K_m sind bei immobilisierten Enzymen eher die Regel als die Ausnahme. Lassen wir im Moment jeden direkten Effekt der Immobilisierung auf den intrinsischen K_m-Wert außer Acht und betrachen wir nur diejenigen Effekte, die durch die Mikroumgebung des

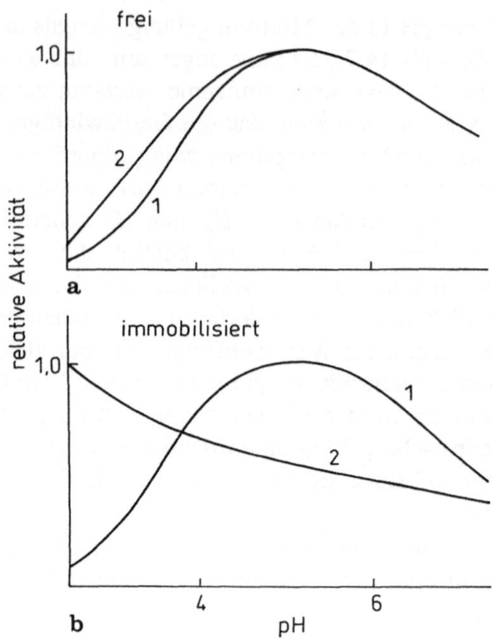

Abb. 14.8 Der Einfluß der Einschränkung der Substratdiffusion auf das pH-Profil einer Glucose-Oxidase, die in einem Polyacrylamidgel eingeschlossen ist. (a) freies Enzym in Gegenwart von (1) 1,0 und (2) 0,1 mol l^{-1} Glucose; (b) immobilisiert in Gegenwart von (1) 1,0 und (2) 0,1 mol l^{-1} Glucose. Es ist zu beachten, daß der Effekt der Diffusionseinschränkung bei hohen Glucosekonzentrationen verschwindet (Von M.D. Trevan, unveröffentlichte Daten)

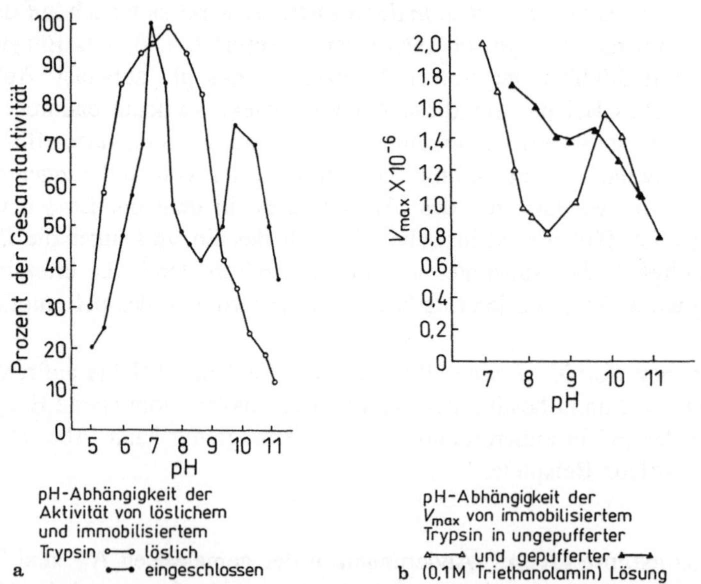

Abb. 14.9 pH-Abhängigkeit der Aktivität von löslichem (○) und in Polyacrylamid eingeschlossenem (●) Trypsin, (a) ausgedrückt als % der Gesamtaktivität; (b) V_{max} für immobilisiertes Trypsin in Gegenwart (▲) und in Abwesenheit (△) von 0,1 mol l^{-1} Triethanolaminpuffer. (Aus Trevan, M.D. und Groves, S. (1979))

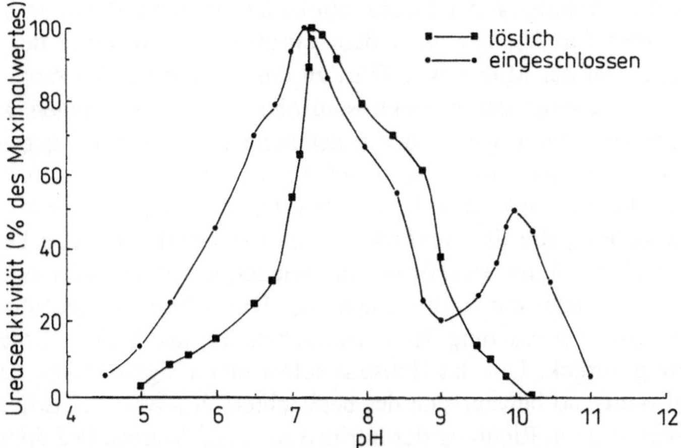

Abb. 14.10 Relative Aktivität von löslicher und in Polyacrylamidgel eingeschlossener Urease. (Trevan M.D., unveröffentlichte Daten)

immobilisierten Enzyms herbeigeführt werden. Auch hier können zwei Faktoren eine Rolle spielen: Verteilung der Ionen und Einschränkung der Diffusion.

Eine *Verteilung* der Substratmoleküle zu dem Polymer hin oder von ihm weg führt offensichtlich zu einer Substratkonzentration in der Nähe des Enzyms, die sich von der in der flüssigen Phase gemessenen unterscheidet. Nehmen wir an, der Substratverteilungskoeffizient beträgt:

$$p = \frac{S_i}{S_e}$$

wobei S_i die Substratkonzentration an der Oberfläche des Polymers ist und S_e die in der flüssigen Phase. Für ein einfaches System, bei dem das Enzym der Michaelis-Menten-Kinetik folgt, hängt die Reaktionsgeschwindigkeit (v) von den Werten von S_e und p in folgender Weise ab:

$$v = \frac{V_{max}\, S_i}{K_m + S_i} = \frac{V_{max}\, pS_e}{K_m + pS_e}$$

Daraus ergibt sich nach Division durch p:

$$v = \frac{V_{max}\, S_e}{K_m/p + S_e}$$

Da S_e die gemessene Substratkonzentration ist, ist die beobachtete Michaelis-Konstante (K_v)

$$K_v = K_m/p$$

Somit ergibt die Verteilung der Substratmoleküle zu dem Polymer hin einen beobachteten Wert für K_v, der unter dem intrinsischen K_m-Wert des Enzyms liegt; Verteilung von der Matrix weg führt zu einem höheren K_v-Wert.

Wenn die Verteilung durch elektrostatische Wechselwirkungen zustandekommt, tendiert der Wert von p bei zunehmender Ionenstärke gegen 1. Bei hohen Salzkonzentrationen (oder sogar schon bei hohen Substratkonzentrationen) verschwindet der Unterschied zwischen K_v und K_m. Dies wird deutlich in Abb. 14.11 gezeigt, die die Auswirkung der Ionenstärke auf den beobachteten K_v-Wert für immobilisiertes Bromelain wiedergibt. Interessanterweise liegt das Plateau der K_v unter der intrinsischen K_m. Die Arbeitsgruppe führte dieses Phänomen auf eine Veränderung der intrinsischen K_m als direktes Ergebnis der Immobilisierung zurück. Übt das Substrat selbst einen signifikanten Effekt auf den Wert von p aus, so bewegt sich der beobachtete K_v-Wert bei Erhöhung der Substratkonzentration in Richtung des intrinsischen K_m-Wertes. Die doppelt reziproke Auftragung der Reaktionsgeschwindigkeit gegen die Substratkonzentration ergibt in diesem Fall eher eine S-förmige Kurve als eine Gerade.

Eine *Einschränkung der Diffusion* des Substrates verursacht auch Veränderungen in der beobachteten K_v, in diesem Fall bleibt der Wert für K_v jedoch immer größer als der intrinsische K_m-Wert. Vereinfacht gesagt kommt dies daher, daß für das Substrat ein Konzentrationsgefälle vorhanden sein muß, damit es in die

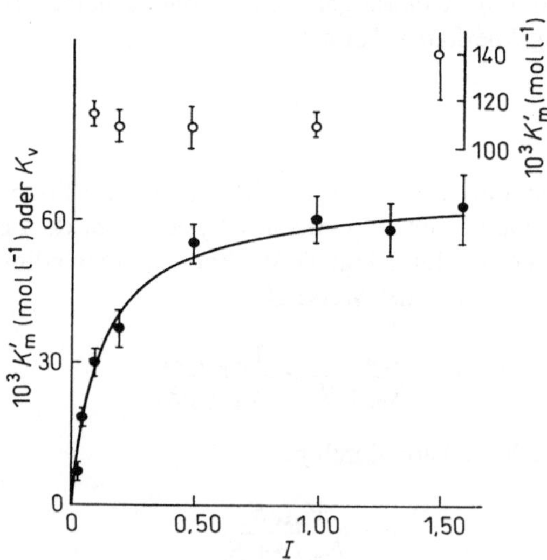

Abb. 14.11 Einfluß der Ionenstärke auf die scheinbare Michaelis-Konstante K_v von Bromelain in verdünnter Lösung (○) und immobilisiert mit Carboxymethylcellulose (●), mit Benzoylargininethylester als Substrat (Wiedergegeben mit der Erlaubnis von Wharton, Crook und Brokelhurst, 1968)

Mikroumgebung des Enzyms diffundieren kann. Somit ist die Substratkonzentration in der flüssigen Phase höher als in der Nähe des Enzyms. Um also eine Substratkonzentration zu erreichen, die für das immobilisierte Enzym die Hälfte der Maximalgeschwindigkeit ergibt (K_v), muß sie in der flüssigen Phase denjenigen Wert übersteigen, der die Hälfte der Maximalgeschwindigkeit für das freie Enzym (K_m) unterhält. Letztendlich ist die beobachtete Reaktionsgeschwindigkeit entweder durch die Diffusionsgeschwindigkeit des Substrates zum Enzym oder durch die intrinsische Geschwindigkeit des Enzyms beschränkt. Sie wird immer von dem kleineren der beiden Werte kontrolliert. Welcher nun der niedrigere ist, hängt für das jeweilige System von zwei Faktoren ab, der intrinsischen Aktivität und der Substratkonzentration in der flüssigen Phase. Nehmen wir das Beispiel eines Enzyms, das an einer undurchdringlichen Matrix immobilisiert ist, wo die Diffusion des Substrats durch die unbewegte Schicht um das Enzym herum eingeschränkt ist. Die maximal erreichbare Diffusionsgeschwindigkeit des Substrates wächst linear mit der Steigerung der Substratkonzentration in der flüssigen Phase (S_e). Die maximal erreichbare intrinsische Reaktionsgeschwindigkeit erhöht sich dagegen mit zunehmender S_e typischerweise in Form einer hyperbolischen Kurve. Abb. 14.12 zeigt diese beiden Kurven im gleichen Graphen. Die effektive Reaktionsgeschwindigkeit verhält sich jeweils wie die untere der beiden Linien. Sie ist bei Werten von S_e unterhalb von A (Abb. 14.12) durch die Substratdiffusion, oberhalb von A jedoch durch die intrinsische Reaktionsgeschwindigkeit bestimmt.

Mehrere Besonderheiten treten nun in Erscheinung. Zunächst kann der Effekt der eingeschränkten Substratdiffusion ausgeglichen werden, indem man die Substratkonzentration in der flüssigen Phase erhöht oder die intrinsische Enzy-

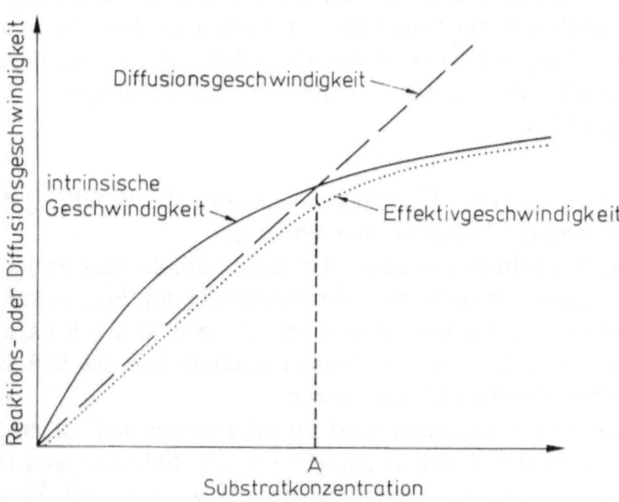

Abb. 14.12 Beziehung zwischen der intrinsischen Reaktionsgeschwindigkeit (——), der effektiven Geschwindigkeit (·····) und der Diffusionsgeschwindigkeit (– – –) bei einem immobilisierten Enzym

maktivität erniedrigt. Zum zweiten sind die doppelt reziproken Auftragungen der Geschwindigkeit gegen die Substratkonzentration gekrümmt. Zum dritten verstärkt eine Temperaturerhöhung den Effekt einer Einschränkung der Substratdiffusion, da die intrinsische Enzymaktivität in größerem Maße zunimmt als die Diffusionsgeschwindigkeit. Um die intrinsische Aktivität eines Enzyms zu verdoppeln, muß man die Temperatur um 10 °C steigern; für eine Verdoppelung der Diffusionsgeschwindigkeit benötigt man eine Temperaturerhöhung um 300°C (ausgehend von 27 °C).

Maximalgeschwindigkeit (V_{max}). Der scharfsinnige Leser mag nun geschlossen haben, daß die maximale Geschwindigkeit eines immobilisierten Enzyms (V_s) gleich der des freien Enzyms (V_{max}) ist, direkte Auswirkungen der Immobilisierung auf das Enzym ausgenommen. Es muß jedoch festgestellt werden, daß dies nicht immer der Fall ist. Zwei Faktoren können zu einer Veränderung von V_s im Vergleich zu V_{max} führen: eine praktische Begrenzung durch die Löslichkeit des Substrates und Veränderungen in der Stabilität des Enzyms (real oder scheinbar) als Folge der Immobilisierung.

Die *Löslichkeit des Substrates* kann die maximal erreichbare Substratkonzentration in der flüssigen Phase begrenzen. Dadurch kann die Situation eintreten, daß die Substratkonzentration in der Mikroumgebung des Substrates nicht den Wert erreichen kann, der für eine maximale Enzymaktivität nötig wäre. In solchen Fällen ist V_s niedriger als V_{max}.

Die *Stabilität des Enzyms* hat einen Einfluß auf die gemessene Reaktionsgeschwindigkeit, da während der Zeit, in der die Geschwindigkeit gemessen wird, das Enzym schon denaturiert worden sein kann. Dies tritt vor allem bei höheren Temperaturen auf. Wenn die Immobilisierung effektiv das Enzym stabilisiert, kann es sein, daß es während der Meßzeit nicht denaturiert wird, und daß somit die Reaktionsgeschwindigkeit (und damit V_s) höher erscheint (verglichen mit der V_{max} des freien Enzyms). Dies könnte die Erklärung der Veränderung der V_s-Werte der immobilisierten Amino-Acylase sein, wie sie in Tabelle 14.7 (s.S. 285) wiedergegeben wird.

Inhibitoren und Aktivatoren. Hier zeigen wiederum die Verteilung der Ionen oder die Einschränkung der Diffusion ihre Wirkung.

Eine *Verteilung* der Inhibitoren oder Aktivatoren erhöht oder erniedrigt ihre Wirkung, abhängig davon, ob sie in der Mikroumgebung des Enzyms konzentriert oder daraus vertrieben werden. Eine solche Verteilung wird durch Faktoren wie die Ionenstärke in genau der gleichen Weise beeinflußt wie die Verteilung des Substrates, die weiter oben beschrieben wurde.

Die *Einschränkung der Diffusion* wird im allgemeinen nur diejenigen Moleküle betreffen, die an der Reaktion teilnehmen, d.h. Substrate und Produkte, weil letztendlich eine homogene Verteilung erreicht werden wird. Eine erwähnenswerte Ausnahme stellen Moleküle mit hoher relativer Molekülmasse dar, weil sie durch sterische Hinderung ausgeschlossen werden können. Somit kann es sein, daß ein immobilisiertes Enzym die gleiche Empfänglichkeit gegenüber einem Inhibitor mit niedriger relativer Molekülmasse aufweist wie das freie, aber vergleichsweise wenig auf die Anwesenheit eines Inhibitors mit hoher relativer Molekülmasse reagiert.

Wenn ein Enzym einer Produkthemmung unterliegt, dann bewirkt die Diffusionsbeschränkung, die zur Anhäufung des Produktes führt, eine Verstärkung der Hemmung. Die Sachlage wird dadurch noch schlimmer, daß viele Produkte kompetitive Hemmer sind und dadurch, daß auch das Substrat einer Diffusionsbeschränkung unterliegen kann, wenn sie beim Produkt gegeben ist. Diese beiden Effekte wirken also synergistisch, da die Konzentrierung des Produktes am größten ist, wenn die Substratkonzentration den niedrigsten Wert erreicht hat. Wenn allerdings die Konzentration an Produkt in der flüssigen Phase auf ein genügend hohes Maß angestiegen ist, kann die Wirkung der Diffusionseinschränkung vernachlässigbar werden, da die intrinsische Aktivität in einem Ausmaß reduziert wurde, bei dem die Diffusion nicht länger limitierend ist.

Es ist nun möglich, sich eine Situation vorzustellen, bei der eine kompetitive Hemmung, sei es durch ein Produkt oder ein Substratanalogon, nie beobachtet werden kann, wenn nämlich die Einschränkung der Substratdiffusion sehr groß ist. Dies kann geschehen, weil die Substratkonzentration in der flüssigen Phase, die benötigt wird, um die Einschränkung der Diffusion zu überwinden, auch die Wirkung des Hemmers überspielt. Dies ist offensichtlich bei einem nicht-kompetitiven Hemmer nicht der Fall (Abb. 14.13). Somit können die Effekte

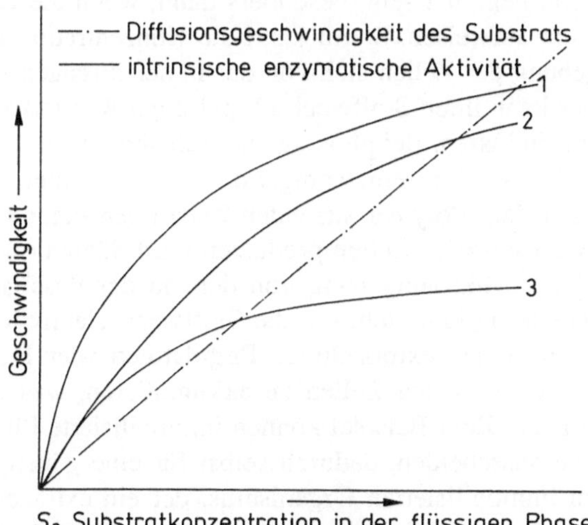

Abb. 14.13 Schematische Darstellung der Wechselwirkung der Diffusionseinschränkung des Substrates und der chemischen Hemmung bei einem immobilisierten Enzym. Die durchgezogenen Linien stellen die intrinsische Enzymaktivität des immobilisierten Enzyms dar, ungehemmt (1), bei kompetitiver Hemmung (2), bei nicht-kompetitiver Hemmung (3). Es wird deutlich, daß die kompetitive Hemmung nicht in Erscheinung tritt, wenn die Diffusionseinschränkung des Substrates groß ist. (Wiedergegeben mit der Erlaubnis von Trevan, 1980)

der Einschränkung der Substratdiffusion und der kompetitiven Hemmung sich antagonistisch verhalten.

Eine Substrathemmung mit zusätzlicher Einschränkung der Substratdiffusion kann Hystereseschleifen bei der Auftragung der Substratkonzentration gegen die effektive Reaktionsgeschwindigkeit ergeben. Es gibt nämlich dann möglicherweise mehrere Gleichgewichtszustände für eine gegebene Substratkonzentration. Es wird für die Zwecke dieser Diskussion genügen, festzustellen, daß im allgemeinen eine Substrathemmung bei einem immobilisierten Enzym bei höheren Konzentrationen an Substrat in der flüssigen Phase einsetzt als bei dem freien Enzym und daß dieser Effekt in Enzymreaktoren ausgenutzt werden kann. Zu einer weiteren Diskussion dieses seltsamen Verhaltens immobilisierter Enzyme wird der Leser an die Abhandlung von Trevan (1980) verwiesen.

Einfluß der Immobilisierung auf Zellen.   Über den Einfluß einer Immobilisierung auf das Verhalten lebender Zellen kann nur wenig ausgesagt werden, da dieses Thema bis jetzt nicht eingehend untersucht worden ist. Es ist jedoch möglich, einige Anmerkungen zu machen.

Die geläufigste Methode zur Immobilisierung lebender Zellen besteht darin, sie auf irgendeine Weise in ein Hydrogel einzuschließen. Es ist also höchst wahrscheinlich, daß eine Einschränkung der Diffusion dafür sorgen wird, daß die Mikroumgebung um die Zelle sich in recht hohem Maße und in vielerlei Hinsicht von der flüssigen Phase unterscheiden wird.

Der Gasaustausch zwischen der Mikroumgebung in dem Polymer und der flüssigen Phase kann begrenzt sein, besonders dann, wenn die Zellen eine hohe Stoffwechselaktivität aufweisen. Somit kann die Konzentration an O_2 und CO_2 in der Mikroumgebung der Zellen sich von der in der flüssigen Phase sehr stark unterscheiden. Dies kann ihren Stoffwechsel und ihren Ausstoß an Stoffwechselprodukten direkt beeinflussen. Bei photosynthetisch aktiven Organismen kann die Intensität des Lichtes reduziert sein, weniger durch das Polymer, als dadurch, daß die weiter außen auf dem Polymer sitzenden Zellen den tiefer liegenden Schatten werfen. Stoffwechselaktive Zellen produzieren oft Säuren oder Basen. Somit kann sich der pH der Mikroumgebung von dem in der flüssigen Phase unterscheiden. Auch dies beeinflußt nicht nur die Stoffwechselaktivität, sondern auch die Produktivität. Hormone, extrazelluläre Regulatoren oder Enzyme tendieren ebenfalls dazu, in der Nähe der Zellen zu akkumulieren, was unterschiedliche Wirkungen haben kann. Zum Beispiel können immobilisierte Pflanzenzellen, die endogene Hormone ausscheiden, dadurch selbst für eine günstigere Umgebung sorgen. Bei einem immobilisierten Organismus, der ein extrazelluläres Verdauungsenzym ausscheidet, kann die Akkumulation dieses Enzyms dazu führen, daß er einen essentiellen Nahrungsbestandteil (der aufgrund seiner durch das Polymer eingeschränkten Beweglichkeit sowieso in geringerer Konzentration zur Verfügung steht) in erhöhtem Maße aufnehmen muß. Die Akkumulierung von Sekundärmetaboliten kann ihre Synthese stoppen und dazu führen, daß immobilisierte Zellen weniger produktiv sind als freie. Dagegen kann die Einschränkung des Wachstums durch Beschränkung des Nahrungsangebots die Zellen in ihrer stationären Phase belassen, in der die Produktion an Zweitmetaboliten erhöht sein kann (s. Abschn. 6.3).

Es erstaunt kaum, daß die mögliche Beschränkung an Licht und Nahrungsstoffen und die Akkumulation von toxischen oder hemmenden Stoffen in der Mikroumgebung der Zellen bei den meisten immobilisierten Zellen dazu führt, daß in einer alten Zubereitung die Zellen an der Peripherie konzentriert sind (Abb. 14.14). Dieser Effekt rührt wahrscheinlich eher von dem Zelltod im Innern des Partikels verbunden mit einem Zellwachstum an der Peripherie her als von einer Zellwanderung.

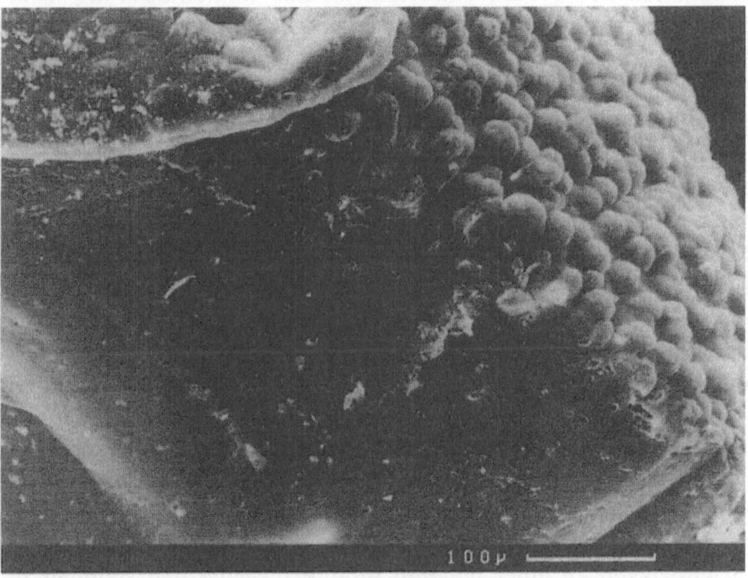

Abb. 14.14 Elektronenmikroskopische Aufnahme (Scanning electron micrograph; SEM) eines Querschnitts durch eine Schicht von Algenzellen, die mit Calciumalginat immobilisiert wurden, 4 Tage nach der Immobilisierung. Die Konzentrierung der Zellen an der Peripherie und ihr Fehlen im Inneren der Schicht ist deutlich zu sehen (Photo von C.W. Lilley)

14.3 Soll man lösliche oder immobilisierte Enzyme einsetzen?

Wenn die Immobiliserung von Biokatalysatoren sich so schwierig gestaltet, so stark empirisch bestimmt ist und so oft zu unvorhersagbaren Veränderungen in ihrem Verhalten führt, warum soll man sich dann mit ihr abgeben? Die Gründe liegen in der Möglichkeit, durch die Immobilisierung die nützlichen Eigenschaften der Enzyme zu verbessern (s. auch Abschn. 14.1.2 und 14.13). Die Rangfolge in der Wichtigkeit dieser Eigenschaften hängt zum Teil von der Anwendung ab, für das das Enzym bestimmt ist. Manchmal und für einige Zwecke, z.B. zum

Umgang mit Polymeren mit hoher relativer Molekülmasse oder zur Genmanipulation, sind immobilisierte Enzyme nicht nur ungeeignet, sondern auch vollkommen nutzlos. Für andere Anwendungen dagegen, z.B. in Biosensoren, ist die Immobilisierung obligatorisch. Für die meisten Anwendungen entscheiden jedoch Kosten und Effektivität, ob man eine Immobilisierung vornimmt oder nicht. Bevor wir die besonderen Vorteile immobilisierter Enzyme betrachten, beginnen wir damit, die Probleme der löslichen zu diskutieren.

Die Anwendung löslicher Enzyme ist durch einige Faktoren beschränkt: relative Instabilität; Kosten; die problematische Wiedergewinnung aus dem Produkt, die dazu führt, daß man sie nur einmal benutzen kann; die Unmöglichkeit, ein Enzym in einem Strom von Substrat zurückzuhalten, wodurch es nicht möglich ist, einen kontinuierlichen Prozeß einzurichten. Eine Immobilisierung kann einige, wenn nicht alle dieser Probleme lösen. Die Stabilität kann erhöht sein, auch wenn dies nur für die Gebrauchsstabilität gilt und keine Erhöhung der intrinsischen Stabilität stattgefunden hat. Diese Erhöhung der Stabilität ist eine Voraussetzung für den zweiten Vorteil immobilisierter Enzyme, nämlich ihrer leichten Trennung von dem Produkt. Daher wird die Möglichkeit eröffnet, sie wiederzuverwenden. Es ist jedoch sicherlich nicht praktikabel, einen wiederverwendbaren Katalysator zu besitzen, wenn er nicht stabil genug für eine Wiederverwendung ist. Die Wiederverwendbarkeit des Katalysators ist einer der Faktoren, der den möglicherweise hohen Kosten für die Immobilisierung des Enzyms entgegengesetzt werden kann. Es versteht sich von selbst, daß die proportionalen Kosten für das Enzym pro Produktionseinheit umso niedriger sind, je mehr Arbeitseinheiten das Enzym durchführen kann (z.B. je mehr Substrat es verarbeiten kann).

Die Möglichkeit, durch Immobilisierung das Enzym in einem bewegten Strom von Substrat festzuhalten, macht ein kontinuierliches Verfahren mit allen seinen ihm innewohnenden Vorteilen durchführbar. Die Anwendung von Reaktoren mit einer dicht gepackten Schicht aus Enzym, die nur durch Immobilisierung möglich wird, kann zu einer höheren Produktausbeute und -reinheit führen (s. Abschn. 14.6.1). Schließlich, und das ist in Zukunft vielleicht der wichtigste Gesichtspunkt, besteht die Möglichkeit, durch Immobilisierung eine Veränderung in dem Verhalten des Enzyms zu bewirken. Die Verschiebung des pH-Optimums eines Enzyms als Folge einer besonderes ausgewählten Art der Immobilisierung kann es ermöglichen, daß ein Enzym, das normalerweise um den Neutralpunkt herum aktiv ist, in alkalischen Lösungen eingesetzt werden kann. Dies kann die Notwendigkeit, den pH zu ändern, ersparen oder als Hilfsmittel eingesetzt werden, um die mikrobielle Kontamination in Schranken zu halten. Die Einschränkung der Substratdiffusion ist der Schlüssel zu einer linearen Reaktion eines Biosensors (s. Abschn. 14.7.2). Auch kann man durch sie bewirken, daß ein Enzym gegen Schwankungen des pH-Wertes, die beim Arbeiten im Großmaßstab auftreten können, unempfindlich wird. Dadurch wird die Produktausbeute konstant gehalten, ohne daß man eine genaue und kostenaufwendige pH-Kontrolle benötigt. Verteilung der Substratmoleküle zugunsten der Mikroumgebung des Enzyms und/oder der Produktmoleküle zu ihren Ungunsten kann sowohl die

Produktausbeute als auch die Umwandlung von Substrat in Produkt erhöhen, indem sie das Ausmaß der Produkthemmung verringert.

Bei vielen nützlichen biologisch katalysierten Umwandlungen hat man es mit Substraten und Produkten zu tun, die in Wasser wenig löslich sind. Um die Reaktion und die Ausbeute zu verbessern, müssen organische Lösungsmittel als Carrier für solche Verbindungen eingesetzt werden. Um nun das Verfahren ökonomisch zu gestalten, muß das Enzym (oder die Zelle) in organischen Lösungsmitteln stabil sein. Immobilisierung kann diese Stabilität erhöhen.

Die meisten der oben angeführten Betrachtungen gelten auch für immobilisierte Zellen, insbesondere die Möglichkeit, eine vorteilhafte Mikroumgebung um die Zelle herum aufrecht zu erhalten. Außerdem wachsen pflanzliche und tierische Zellen langsam, und deshalb ist die Möglichkeit, ihre Stabilität zu erhöhen, von vitaler ökonomischer Wichtigkeit. Es ist auch möglich, die Zellmasse pro Volumeneinheit beim Einsatz immobilisierter Zellen weit über die Grenzen, die bei den meisten freien Zellsuspensionen in der Praxis bestehen, zu erhöhen, indem man sie zunächst in der Polymermatrix wachsen läßt. Dies kann die Produktivität wiederum steigern.

14.4 Soll man Zellen oder Enzyme einsetzen?

Vorausgesetzt, die Immobilisierung wird als wünschenswert/kosteneffektiv angesehen, taucht die nächste Frage auf: Welche Form von Biokatalysator sollen wir benutzen, Enzyme oder Zellen? Es gibt keine festen und einfachen Regeln und die Antwort wird letztendlich durch die Berechnung der Gesamtkosten bestimmt. Während dieser Diskussion kann man uns natürlich mit der Scherzfrage „Wann ist ein Enzym kein Enzym?" ärgern, auf die die Antwort lauten muß: „Wenn es eine Zelle ist."

Es gibt eine Anzahl verschiedener Formen von Biokatalysatoren: das reine Enzym, den rohen Zellextrakt, intakte, tote Zellen (gewöhnlich mikrobieller Art), lebende mikrobielle Zellen, lebende pflanzliche Zellen, lebende tierische Zellen. Die Verfahren, in denen Biokatalysatoren Verwendung finden, reichen von einfachen Ein-Schritt-Reaktionen über Ein-Schritt-Reaktionen mit Coenzymen, Mehr-Schritt-Verfahren zur Biotransformation zugesetzter Precurser bis hin zu *de novo*-Synthesen von Verbindungen aus den einfachen Kohlenstoffquellen. Die Kunst besteht darin, den biologisch katalysierten Prozeß in das gesamte Verfahren einzugliedern. Tabelle 14.1 gibt einige Hinweise dafür. Durch diese Tabelle wird deutlich, daß bei der Wahl zwischen Zellen oder Enzymen als Katalysatoren eine Reihe von Betrachtungen eine Rolle spielen: die Zahl der Arbeitsschritte des Verfahrens; das Erfordernis von Coenzymen; das Ausmaß von Nebenreaktionen; die Kosten; die Stabilität; die Effektivität des Katalysators. Wir können uns diese Zusammenhänge durch eine Auswahl geeigneter Beispiele vor Augen führen.

Wenn es sich bei dem Prozeß um eine einfache Ein-Schritt-Reaktion handelt, die keine Coenzyme benötigt, dann kann der Einsatz des gereinigten Enzyms eine Reihe von Vorteilen aufweisen. Mit nur einem Enzym kann es keine

Tabelle 14.1 Vergleich der Anwendungen verschiedener immobilisierter Biokatalysatoren

	Enzyme	Mikrobielle Zellen	Pflanzenzellen	Tierische Zellen
Immobilisierungsmethode	viele Techniken möglich	Möglich, meist durch Einschluß oder Adsorption	Einschluß in Biogele; wenige andere Methoden getestet	bei Adsorption möglich
Stabilität der nicht immobilisierten Form	niedrig	mittel→hoch	mittel	niedrig
Stabilisierung der Biokatalysatoren durch Immobilisierung?	Ja, aber eher scheinbar als echt	gewisse Stabilisierung	Echte, merkliche Stabilisierung	?
Einschritt-Verfahren	Ja, meist hydrolytische Reaktion	Ja, meist hydrolytische Reaktionen mit toten Zellen	Möglich, aber Enzyme oder mikrobielle Zellen sind wahrscheinlich effizienter	nicht wirkungsvoll
Einschritt-Reaktionen mit (teuren) Coenzymen	Möglich, aber noch zu teuer	Möglich, aber Fermentation könnte billiger sein	Möglich, könnte als einzige Möglichkeit von Nutzen sein, um pflanzliche Abfallprodukte zu verarbeiten	Kann möglich sein, ist aber sehr kostspielig
Mehrschritt-Reaktionen zur Biotransformation zugegebener Precursor	Vielleicht technisch möglich, aber zu teuer	Möglich, aber herkömmliche Fermentation könnte billiger sein	Möglich, (s.o.); Immobilisierung wahrscheinlich effizienter als Fermentation	Kann möglich sein
De novo-Synthese aus einfachen Kohlenstoffquellen	Nein	Möglich, aber Fermentation fast sicherlich billiger	Möglich und wahrscheinlich kosteneffektiv, wenn Preis + Markt-volumen hoch genug sind	Im wesentlichen Proteinprodukte
Aktuelle oder potentielle Hauptanwendungsgebiete	Wahrscheinlich beschränkt auf Einschritt-Reaktionen, meist Hydrolysen	Benutzt als „ungereinigtes" Enzym oder vielleicht für Einschritt-Verfahren mit Enzymen	Verfahren mit vielen Schritten, *de novo*-Synthesen	Herstellung wünschenswerter tierischer Proteine
Art des am wahrscheinlichsten herzustellenden Produktes	Große Mengen organischer Verbindungen, die durch Einschrittverfahren hergestellt werden	Mittlere bis große Mengen organischer Verbindungen möglicherweise mit Einschritt oder Mehrschritt-Reaktionen	Mittlere bis kleine Mengen sehr teuer pflanzlicher Produkte, photosynthetische Verfahren	s.o.
Alternative Herstellungsmethode	Chemische Verfahren; immobilisierte mikrobielle Zellen	Fermentation	Landwirtschaft, Fermentation, jedoch nicht für alle Produkte	Extraktion aus tierischen Geweben; Gentechnik
Langzeitperspektiven	gut, aber beschränkt	Fortgeschrittene Fermentation*; könnte kosteneffektiver sein	Immobilisierte Zellen könnten kosteneffektiver sein	Gentechnik könnte letzlich kosteneffektiver sein

* Außer in Arbeitsgängen mit Produkten/Substraten, die in organischen Lösungsmitteln löslich sind, bei denen nur immobilisierte mikrobielle Zellen von Nutzen sein könnten

unerwünschten Nebenreaktionen geben, was die Reinigung des Produktes sehr vereinfacht. Mit dem reinen Enzym kann man hohe Beladungen des immobilisierten Katalysators erreichen. Dies kann eine Reihe von Vorteilen haben, z.B. den Einsatz kleinerer Reaktoren oder kürzere Arbeitszeiten. Sehr hohe Beladungen können aber auch Verschwendung sein, da das immobilisierte Enzym in der Praxis durch die Diffusion des Substrates gehemmt sein kann. Für sich selbst gesehen kann dies vorteilhaft sein, da es zu einer effektiven Erhöhung der Betriebsstabilität führen kann, wodurch die Kontrolle vereinfacht und die Produktivität des Verfahrens erhöht wird. Diesen Vorteilen stehen die Kosten für die Reinigung des Enzyms und das Problem gegenüber, daß bei vielen Membran-gebundenen Enzymen die Reinigung zu einer verminderten Stabilität führen kann. In der Praxis kann es billiger sein, ein rohes Zellhomogenisat oder ganze tote Zellen einzusetzten und kontaminierende Enzyme z.B. durch eine selektive Wärmebehandlung zu entfernen (wie bei der Entfernung von Urocanase aus *Achromobacter liquidum*-Zellen, die eine Aktivität an Histidin-Ammonium-Lyase aufweisen). Außerdem kann die spezifische Aktivität durch partielle Auflösung der Zellmembran erhöht werden.

Es sollte vielleicht darauf hingewiesen werden, daß die meisten der bei größeren Arbeitsansätzen benutzten immobilisierten Biokatalysatoren (wie Glucose-Isomerase, Penicillin-Acylase, s. Abschn. 14.7.4) tote immobilisierte Zellen sind und nicht gereinigte Enzyme.

Wenden wir uns komplexeren Reaktionssystemen zu, die vielleicht auch noch Coenzyme benötigen, dann werden wir feststellen, daß dort die Zellen ihren großen Tag haben. Bei den kompliziertesten Aufgaben, z.B. bei der Herstellung von Alkaloiden aus einfachen Kohlenstoffquellen mit Hilfe von Pflanzenzellen, erfordert es der gesunde Menschenverstand, die ganze Zellen einzusetzen anstatt die enzymhaltigen Systeme, die die Einzelschritte des Stoffwechselweges katalysieren, auseinanderzupflücken und sie dann wieder zusammensetzen zu müssen. Aber auch auf dem Niveau der Ein- und Zwei-Schritt-Reaktionssysteme, zu denen Coenzyme benötigt werden, steht den immobilisierten Zellen eine besonders große Zukunft bevor. Theoretisch ist es wohl möglich, Coenzyme mit dem Enzym zusammen in einem Reaktor zurückzuhalten und einem Recycling zuzuführen. Warum sich aber mit all den Problemen und Kosten herumschlagen, wenn eine Zelle im wesentlichen eine semipermeable Tasche ist, die Enzym, Coenzyme und die zum Recycling notwendigen Enzymsysteme besitzt? Dies ist der Grund, weshalb Zellen von *Nocardia*-Arten immobilisert und als Katalysatoren für die Hydroxylierung von Steroiden benutzt wurden.

Es scheint deshalb wahrscheinlich, daß die zukünftige Anwendung immobilisierter Enzyme als Biokatalysatoren auf einfache, wahrscheinlich hydrolytische Reaktionen beschränkt sein wird, bei denen eine hohe Spezifität erforderlich ist. Für komplexere Reaktionen scheinen immobilisierte „Zellen" eine größere Zukunft zu haben.

14.5 Stabilisierung

Die erste Frage, die wir stellen müssen, lautet: Was verstehen wir unter dem Ausdruck Stabilität? Die Antwort scheint auf der Hand zu liegen, doch bei der Vielfalt von Definitionen, die in der Literatur zu finden sind, scheint es so, als ob der Ausdruck Stabilität eine Menge fein differenzierter Bedeutungen besitze. In diesem Zusammenhang soll jedoch Stabilität als die Fähigkeit eines Enzyms definiert werden, seine katalytische Aktivität beizubehalten. Wie man die Stabilität des Enzyms erhöhen kann, ist der Gegenstand dieses Abschnittes.

Die nächste Frage ist vielleicht ebenso selbstverständlich: Welche Faktoren können dazu führen, daß ein Enzym seine Aktivität verliert? Es gibt derer viele: mikrobielle Verdauung; Hydrolyse durch Proteasen (einschließlich Autolyse); „Vergiftung" z.B. durch Metallionen oder Oxidationsreaktionen; Aggregation und Präzipitation des Enzyms (z.B. durch organische Lösungsmittel) und Entfaltung der molekularen Struktur des Proteins. Gegen die ersten vier dieser Faktoren kann man recht einfach Gegenmaßmahmen ergreifen, indem man das Enzym für das inaktivierende Agens unangreifbar macht. Zum Beispiel versieht eine Immobilisierung (s. Abschn. 14.2) das Enzym mit einem Käfig, der den physischen Kontakt mit Mikroorganismen und hydrolytischen Enzymen oder, im Fall eines immobilisierten proteolytischen Enzyms, den intermolekularen Kontakt und damit die Autolyse verhindert. Alternativ kann auch die Oberfläche eines Enzyms chemisch verändert werden, z.B. durch Alkylierung oder Glycosylierung, so daß die möglichen Angriffspunkte für Proteasen an der Oberfläche des Enzyms verdeckt sind. Ebenso kann die Polymermatrix eines immobilisierten Enzyms aus sterischen oder elektrostatischen Gründen die Vergiftung eines Enzyms verhindern, indem sie das Gift, egal ob es sich nun um Wasserstoff oder Metallionen, organische Moleküle oder sogar Sauerstoff handelt, ausschließt oder, noch besser, bindet. Eine Immobilisierung kann auch die Inaktivierung durch Aggregation der Enzymmoleküle, die z.B. durch organische Lösungsmittel verursacht wird, entweder durch rein physikalisches Festhalten der gebundenen Enzymmoleküle oder durch negative Verteilung des Lösungsmittels (d.h. durch Fernhalten der Substanz von dem Enzym) verhindern.

Wenn es um die Verhinderung oder Vermeidung einer Auffaltung der molekularen Struktur des Enzyms geht, ist man durch die Anzahl der Lösungsmöglichkeiten verwöhnt. Bevor wir uns mit diesen befassen, sollen jedoch einige Worte über das Entfalten (die Denaturierung) von Proteinen verloren werden. Eine Denaturierung kann durch eine Reihe physikalischer (Temperatur, pH, Ionenstärke) oder chemischer (Harnstoff, Guanidin, organische Lösungsmittel) Mittel herbeigeführt werden. Im Prinzip wirken sie aber alle ähnlich: Sie zerstören die verschiedenen elektrostatischen und hydrophoben Wechselwirkungen bzw. die Wasserstoffbrücken usw., die für die native Gestalt des Enzyms verantwortlich sind. Dadurch kann die Peptidkette sich entfalten, und neue Assoziationen können eingegangen werden. Diese Ähnlichkeit in der Wirkungsweise bedeutet, daß eine erfolgreiche Methode zur Stabilisierung des Enzyms z.B. gegen Harnstoff, auch gute Chancen hat, eine Erhöhung der Stabilität gegenüber höheren Temperaturen herbeizuführen. Der Trick besteht darin, die native Strukur des Enzyms zu verstärken und es gibt eine Reihe von Wegen, wie man dies, zumindest in der Theorie, bewerkstelligen kann.

Die genaue Art und Weise, mit der eine Denaturierung vor sich geht, war schon Gegenstand verschiedener Hypothesen. Die einfachste geht davon aus, daß die Desaktivierung eine Ein-Schritt-Reaktion erster Ordnung ist, die man durch die Gleichung

$$E \xrightarrow{k_1} E_1$$

darstellen kann. Dabei ist E die spezifische Aktivität des Enzyms. In diesem Fall ist $E_1 = 0$. k_1 ist die Desaktivierungkonstante erster Ordnung, die durch folgende Gleichung beschrieben wird:

$$\frac{-dE}{dt} = k_1 E$$

Henley und Sadana (1985) haben diese Theorie erweitert, damit sie auch für einige der weniger erwarteten Ergebnisse der Desaktivierung gilt. Sie schlugen ein Zwei-Stufen-Modell vor:

$$E \xrightarrow{k_1} E_1 \xrightarrow{k_2} E_2 \quad \text{wobei} \quad \frac{E_1}{E} = \alpha_1, \quad \text{und} \quad \frac{E_2}{E} = \alpha_2$$

in dem entweder α_1 oder α_2 größer oder kleiner als 1 sein kann und k_1 und k_2 unabhängig voneinander Werte größer gleich 0 annehmen können.

Angenommen, die Aktivität des Enzyms (a), die zu irgendeiner Zeit gemessen werden kann, beträgt:

$$a = \frac{E + \alpha_1 E_1 + \alpha_2 E_2}{E_0}$$

wobei E_0 die spezifische Aktivität zum Zeitpunkt 0 ist. Dann können die Werte E, E_1, E_2 durch Integration in Abhängigkeit von k_1 und k_2 beschrieben werden. E_0 ist dabei die spezifische Aktivität zum Zeitpunkt 0. Jeder spezielle Fall kann somit durch Substitution dargestellt werden.

Mit Hilfe dieser Theorie war es möglich, eine Reihe verschiedener Muster von „Desaktivierungen" zu beschreiben, bei denen die Auftragungen des Logarithmus der Aktivität gegen die Zeit lineare oder komplexe Zusammenhänge aufzeigten und Verluste oder sogar Erhöhungen der Aktivität ergeben konnten (Abb. 14.15), was mit den experimentellen Befunden übereinstimmte.

14.5.1 Stabilisierung durch Einsatz thermophiler Organismen

Einer der einfachsten Wege, etwas zustande zu bringen, besteht darin, jemanden zu finden, der die Aufgabe für einen übernimmt! Somit besteht der einfachste Weg, eine stabilere Enzympräparation zu erhalten, darin, das Enzym in einem thermophilen Organismus zu identifizieren und daraus zu isolieren. Thermophile Organismen sind dadurch charakterisiert, daß sie Enzyme mit hoher thermischer Stabilität enthalten, die oft auch widerstandsfähiger gegenüber anderen denaturierenden Agentien sind. Der Grund für diese erhöhte Stabilität ist bis jetzt nicht

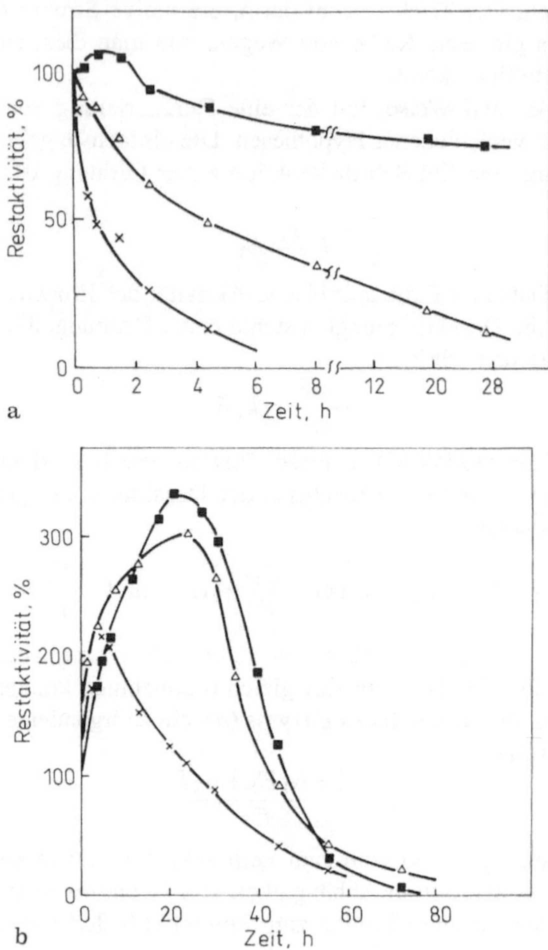

Abb. 14.15 Einfluß des pH auf die Stabilität von (a) löslicher und (b) immobilisierter 3-Phosphoglycerat-Kinase bei 25 °C und pH 7,0 ■; △ pH 8,0; × pH 9,0. Die Versuche wurden in 0,1 mol l^{-1} Triethanolamin/HCl-Puffer durchgeführt. Die benutzten Enzymkonzentrationen lagen bei 20 μg cm^{-3} für das lösliche Enzym und 12 mg Feststoff cm^{-3} für das immobilisierte Enzym. (Wiedergegeben mit Erlaubnis von Simon al., 1985)

genau bekannt. Es erscheint aber unwahrscheinlich, daß sie durch zusätzliche intramolekulare kovalente Bindungen (d.h. Disulfid-Bindungen) bewirkt wird, da viele thermostabile Enzyme weniger Disulfid-Bindungen enthalten als solche, die aus mesophilen Organismen isoliert wurden. Es kann vermutet werden, daß thermostabile Enzyme so konstruiert sind, daß sie von sich heraus stabil sind, ohne zusätzliche kovalente Bindungen zu benötigen. Das heißt, daß durch die Primärstruktur des Enzyms eine größere Menge nicht-kovalenter intramolekularer Bindungen gebildet wird, Bindungen, die vielleicht weniger leicht durch Hitze denaturiert werden können. Es scheint wahrscheinlich, daß das Enzym mehr auf intramolekulare hydrophobe Wechselwirkungen als z.B. auf Wasserstoffbrücken baut.

14.5.2 Stabilisierung durch Konstruktion neuer Enzyme

Eine mit obenstehender Methode verwandte Lösung ist die Konstruktion neuer Enzyme (s.a. Abschn. 11.4 und 12.3.2). Hier hilft allerdings der Wissenschaftler der Natur auf die Sprünge. Im Prinzip ist der Weg vorgegeben: man isoliere ein Enzym aus einer Reihe von Ausgangsmaterialien und untersuche die Temperaturstabilität und die Struktur des Enzyms; man versuche, die strukturellen Gegebenheiten mit der Stabilität in Beziehung zu setzen; man sage voraus, welche Veränderungen in der Aminosäurezusammensetzung nötig sind, um die Stabilität zu erhöhen; man isoliere das Gen für das Enzym und ändere mit der Methode der ortsspezifischen Mutagenese die DNA in geeigneter Weise; man kloniere das Gen in einem adäquaten Organismus und untersuche die Stabilität des resultierenden Enzyms. In der Praxis sind mehrere Hindernisse zu überwinden. Bis jetzt ist wenig über die Zusammenhänge zwischen Struktur und Stabilität bekannt. Es wird also wahrscheinlich noch einige Zeit vergehen, bevor solche Methoden zur Routine werden (s. Mozhaev und Martinek, 1984).

14.5.3 Stabilisierung durch chemische Veränderung der Enzyme

Während eine Stabilisierung durch effektive Änderung der Primärstruktur eines Enzyms im Moment mehr Traum als Realität ist, ist die direkte chemische Modifikation des nativen Enzyms als Mittel zur Erhöhung der Stabilität eine oft praktizierte und ausgetüftelte Kunst. Martinek und Berezin (1977) haben die thermische Stabilisierung von α-Chymotrypsin durch Alkylierung der freien Aminogruppen des Enzyms mit Acrolein beschrieben. Die entstehenden Schiffschen Basen wurden durch Reduktion mit Borhydrid stabilisiert. Insgesamt konnten 15 Aminogruppen pro Molekül alkyliert werden. Jede Aminogruppe wies eine andere Reaktivität auf (wahrscheinlich als Folge ihrer Lokalisierung im Enzym). Durch Änderung der Reaktionsbedingungen konnten zwischen 1 und 15 Aminogruppen alkyliert werden. Eine Alkylierung von bis zu fünf Aminogruppen hatte wenig Einfluß auf die Stabilität; eine Alkylierung von zwischen fünf und 13 Gruppen führte zu einem exponentiellen Anstieg der Stabilität. Mit 13 alkylierten Gruppen war das Enzym 120 mal stabiler als die nicht-alkylierte Form. Bei einer Alkylierung von allen 15 Gruppen war das Enzym jedoch nicht stabiler als die native Form. Martinek und Berezin (1977) beschrieben in der gleichen Veröffentlichung eine Ausweitung dieser Technik. Dabei wurden nicht nur Gruppen an der Oberfläche des Enzyms modifiziert, sondern auch Versuche unternommen, die molekulare Struktur durch intramolekulare Quervernetzung mit bifunktionellen Reagentien zu verstärken. Das Prinzip hat breite Anwendung gefunden und ist damit zu vergleichen, daß man Träger und Platten am äußeren Mauerwerk eines Gebäudes anbringt, um zu verhindern, daß es zusammenfällt.

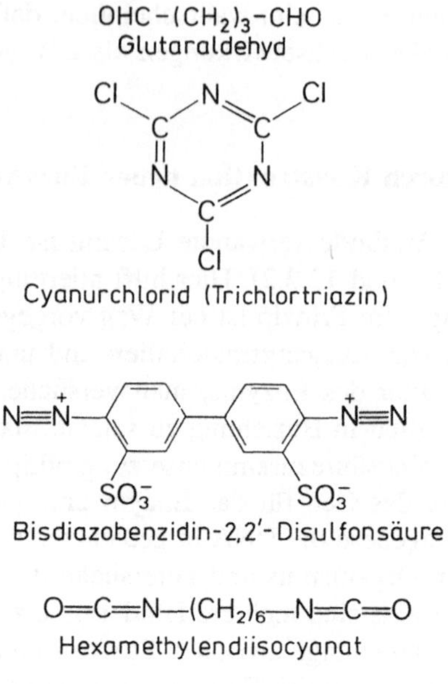

$$OHC-(CH_2)_3-CHO$$
Glutaraldehyd

Cyanurchlorid (Trichlortriazin)

Bisdiazobenzidin-2,2'-Disulfonsäure

$$O{=}C{=}N{-}(CH_2)_6{-}N{=}C{=}O$$
Hexamethylendiisocyanat

Abb. 14.16 Strukturen einiger mulitfunktioneller Reagentien

Viele bifunktionelle Reagentien wurden eingesetzt. Im Prinzip ist ein bifunktionelles Reagenz ein lineares Molekül mit je einer reaktiven Gruppe an jedem Ende (z.B. Dialdehyde, *Bis*diazonium-Salze, Diisocyanate, Abb. 14.16). Die meisten frühen Arbeiten waren empirischer Natur. Meist wurde eine geringe oder vernachlässigbare Stabilisierung erreicht, die manchmal nur das Ergebnis einer Modifikation an einer Stelle des Enzyms war. Das Geheimnis dieser Form der Stabilisierung, so wurde festgestellt, lag darin, einen Baustein der richtigen Größe einzusetzen. Unterschiedliche Enzyme brauchen verschieden lange bifunktionelle Reagentien, wahrscheinlich deshalb, weil die Entfernung zwischen den reaktiven Gruppen auf der Oberfläche von Enzym zu Enzym variiert.

Torchillin *et al.* (1977) beschrieben ein System, in dem die Stabilität von α-Chymotrypsin um den Faktor 40 erhöht war, nachdem das mit Carbodiimid aktivierte Enzym mit Diaminobutan ($NH_2(CH_2)_4NH_2$) reagiert hatte, wodurch eine Peptidbindung zwischen der Diaminoverbindung und einer Carboxylgruppe an der Oberfläche des Enzyms gebildet worden war. Sowohl das Monoamin 1-Aminopropan-3-ol als auch Diamino-duodecan ($NH_2(CH_2)_{12}NH_2$) erniedrigten die thermische Stabilität des Enzyms, während Diaminopentan, Diaminohexan und Diaminoethan einen gewissen stabilisierenden Effekt aufwiesen. Wenn das Experiment mit succinyliertem α-Chymotrypsin wiederholt wurde (Bernsteinsäureanhydrid reagiert mit Aminogruppen an der Oberfläche des Enzyms und erhöht damit die Dichte an verfügbaren Carboxylgruppen), wurde sogar eine noch größere Stabilisierung erreicht. In diesem Fall war aber das effektivste quervernetzende Reagenz Diaminoethan (Tab. 14.2).

Tabelle 14.2 Einfluß der Alkylkettenlänge der Quervernetzungsreagentien mit Diaminoalkylstruktur auf die Stabilität von nativem und succinyliertem α-Chymotrypsin; die Stabilität verhält sich invers zur Geschwindigkeitskonstante der Hitzedenaturierung (aus Torchillin *et al.*, 1977)

Kettenlänge des quervernetzenden Alkyldiamins	Geschwindigkeitskonstanten der Hitzedenaturierung min^{-1}	
	Natives Chymotrypsin	Succinylchymotrypsin
nicht quervernetzt	0,25	0,25
0	0,48	0,05
2	0,10	0,01
4	0,08	0,04
5	0,15	0,05
6	0,24	0,09
12	0,27	0,09

14.5.4 Stabilisierende Agentien

Es gibt jedoch auch andere Wege, um das Auffalten einer Enzymstruktur zu verhindern. Es existieren viele Beispiele, die beweisen, daß die Anwesenheit von Substrat oder von bestimmten Metallionen (z.B. Zn^{2+} oder Ca^{2+}) das Enzym merklich stabilisieren kann (s. Abschn. 13.2.8). Solche Effekte könnten durch zusätzliche Bindungen des Enzyms an die zugegebenen Moleküle erklärt werden. Sie sind offensichtlich für jedes Enzym spezifisch. Es ist außerdem bewiesen worden, daß viele Enzyme durch die Zugabe hydrophiler Polymere mit hoher relativer Molekülmasse wie Dextrane oder Polyethylenglykol stabilisiert werden können (s. Schmidt, 1979). Die letztgenannten Agentien wirken vermutlich in der Art, daß sie die Wasseraktivität um das Enzym herum reduzieren, wodurch seine Hydrathülle entfernt wird. Dadurch wird die Möglichkeit des Enzyms, seine Konformation zu ändern, eingeschränkt. Ein vollständig denaturiertes Enzym hat die maximal mögliche Zahl an Wechselwirkungen zwischen seinen hydrophilen Gruppen und Wasser. Wenn dem Enzym weniger Wasser zur Verfügung steht, ist die „denaturierte" Konformation weniger leicht zu erreichen und wird deshalb mit geringerer Wahrscheinlichkeit eingenommen werden. Wenn nun die hydrophilen Gruppen nicht mit Wasser in Wechselwirkung treten können, weil es entfernt worden ist, dann bleibt ihnen tatsächlich nichts anderes übrig als miteinander zu interagieren. Somit bleibt die native Konformation des Enzyms bestehen. Dieser Effekt kann auch durch die erhöhte Viskosität des Lösungsmittels hervorgerufen werden. In diesem Zusammenhang ist es interessant, die Beobachtungen von Zaks und Klibanov (1984) bezüglich des Einflusses von Wasser auf die thermische Stabilität der Pankreas-Lipase vom Schwein zu erwähnen. In einem wässrigen Medium wurde die Lipase durch Erhitzen auf 100 °C sofort denaturiert. In einem Medium, das 2 M n-Hepanol in Trybutyrin enthielt und dessen Wassergehalt auf 0,015% reduziert war, betrug die Halbwertszeit der Lipase bei 100 °C über 12 h! Eine kontinuierliche Erhöhung des Wassergehaltes auf 0,3%

führte zu einer starken Abnahme dieser phänomenalen thermischen Stabilität. Diese Arbeiten führen jedoch auch das fundamentale Problem vor Augen, das viele Methoden zur Stabilisierung eines Enzyms aufwerfen: Schränkt man die Beweglichkeit eines Enzyms ein, um es zu stabilisieren, so erfährt es auch merkliche unerwünschte Veränderungen in seiner spezifischen Aktivität und Spezifität. So verfügte die „trockene" Lipase über ein viel weniger breites Substratspektrum als das „feuchte" Enzym. Ebenso unangenehm war es, daß die spezifische Aktivität der „trockenen" Lipase bei 100 °C nicht höher war als die der „feuchten" bei 20 °C. Somit ist diese Methode nicht brauchbar, wenn man sich zum Ziel setzt, die Enzymaktivität durch Erhöhung der Temperatur zu erhöhen (was eine Stabilisierung des Enzyms nötig macht). Sie kann aber nützlich sein, um die Spezifität des Enzyms zu erhöhen.

14.5.5 Stabilisierung durch Konzentrierung des Proteins

Einer der einfachsten Wege, die Stabilität eines Proteins zu erhöhen, besteht darin, seine Konzentration zu erhöhen. Forniani *et al.* (1969) untersuchten die Stabilität von Glucose-6-phosphat-Dehydrogenase verschiedener Herkunft unter verschiedenen Bedingungen. Das menschliche Enzym behielt bei einer Konzentration von 1 Einheit cm^{-3} 90% seiner Aktivität über einen Zeitraum von 90 Tagen bei 37 °C bei. Bei einer Konzentration von 0,06 Einheiten cm^{-3} blieben nach der gleichen Zeit nur 20% übrig. Außerdem wurde das Enzym merklich durch die Gegenwart von 0,5 mM NADP stabilisiert. Der genaue Grund, warum konzentrierte Lösungen eines Enzyms stabiler sind (mit der Ausnahme von Proteasen!) oder umgekehrt, warum verdünnte Lösungen relativ instabil sind, ist nicht bekannt. Dieses Phänomen kann mit der oben beschriebenen Wirkung löslicher Polymere zu tun haben oder auf speziellen intermolekularen Wechselwirkungen beruhen, die bei höheren Konzentrationen mit größerer Wahrscheinlichkeit auftreten. Was auch immer der Grund sein mag, dieser Effekt kann, zumindest zum Teil, für die Stabilisierung, die bei anderen hier beschriebenen Arten von Behandlungen eines Enzyms beobachtet worden sind, verantwortlich sein, insbesondere für die Auswirkungen der Immobilisierung auf das Enzym (s. Abschn. 14.2.3).

14.5.6 Stabilisierung durch Immobilisierung

Es gibt zwei miteinander verwandte Wege, auf denen ein Enzym, zumindest potentiell, stabilisiert werden kann: intramolekulare Quervernetzung (s.o.) und Immobilisierung. Bei beiden Methoden wird vermutlich die molekulare Struktur versteift, bei ersterer durch interne Verknüpfungen, bei letzterer mittels externer Gerüste. Es gibt jedoch eine Reihe von Fällen, in denen sich der unbedachtsame Forscher verfangen kann. Es kann nämlich sein, daß das Enzymmolekül scheinbar oder wirklich stabilisiert wird, ohne daß dies auf die Quervernetzung oder die Immobilisierung *per se* zurückzuführen ist. Zum Beispiel kann eine beobachtete Stabilisierung in Wirklichkeit durch folgende Faktoren bewirkt werden: durch eine einfache chemische Veränderung der Oberfläche des Enzyms, durch eine Verringerung der Autolyse und, besonders im Falle des immobilisierten Enzyms, durch ein Ansteigen der effektiven (lokalen) Proteinkonzentration und/oder durch die Effekte der Einschränkung der Substratdiffusion (s. Abschn. 14.2.3). Außerdem kann die Inaktivierung eines Enzyms durch Wärme, pH oder denaturierende Agentien oft nicht als einfache Reaktion erster Ordnung (d.h. als rein exponentielles Abfallen der Aktivität mit der Zeit) beschrieben werden. Es ist nicht ungewöhnlich für ein „reines" Enzym, daß es in verschiedenen Formen vorliegen kann, von denen jede eine unterschiedliche Stabilität aufweist. Die anfängliche Präparation des zu quervernetzenden oder immobilisierenden Enzyms kann zu einer vollständigen Inaktivierung der (vorherrschenden) labilen Form(en) des Enzyms führen. Die Quervernetzung oder Immobilisierung kann dann zu einer Zubereitung führen, die von sich aus schon stabiler als die „freie" Form des Enzyms ist. Zum Beispiel wird Trypsin gewöhnlich als Mischung der α- und β-Form gereinigt, die sich in ihrer Struktur nur durch den Grad der Spaltung der Peptidkette unterscheiden. Die β-Form ist jedoch etwa 100 mal stabiler als die α-Form. Unter diesen Voraussetzungen ist es nicht erstaunlich, daß vielfach behauptet wird, man habe das Enzym durch die Immobiliserung stabilisieren können. Was vielleicht erstaunlich ist, ist der unbedachte Optimismus, mit der der Enzymtechnologe manchmal diese Methode zu betrachten scheint.

Für eine wirkliche Stabilisierung des Enzyms als Folge der Immobilisierung scheint es notwendig zu sein, daß es zu einer Mehrpunktbindung des Enzyms an das stützenden Polymer und zu einer Änderung der Mikroumgebung des Enzyms durch diese Unterstützung kommt.

Der Fall einer Mehrpunktbindung erscheint, im Nachhinein gesehen, selbstverständlich zu sein und ist jetzt gut dokumentiert. Sicherlich, je mehr Verknüpfungspunkte es zwischen einem Enzymmolekül und seiner starren Stütze aus dem Polymer gibt, desto mehr wird die Beweglichkeit in dem Molekül eingeschränkt sein. Die Beziehungen zwischen der Mehrpunktbindung und der strukturellen Steifheit eines Enzyms ist ebenfalls gut dokumentiert. Es müssen jedoch drei Einsprüche zu diesem Prinzip erhoben werden. Zunächst kann eine Einschränkung der Konformationsänderung in einem Enzym zu einer Destabilisierung führen, wenn das Enzym in einer instabilen Konfiguration „eingesperrt" ist. Berichte über eine Destabilisierung eines Enzyms als Ergebnis einer Immobilisierung sind nicht ungewöhnlich. Zweitens scheinen die meisten Enzyme auf ein gewisses Maß an Konformationsänderung angewiesen zu sein, um das Substrat binden und/oder die Katalyse durchführen zu können. Die Einschränkung dieser Möglichkeit, Konformationsänderungen vorzunehmen, kann sehr gut das Enzym inaktivieren, was wiederum kein ungewöhnliches Ereignis ist. Drittens sind die Oberflächen des Enzyms und des Polymers wahrscheinlich nicht komplementär zueinander. Somit wird, selbst wenn es zu einer Mehrpunktbindung kommt, nur ein kleiner Teil der Oberfläche des Enzyms versteift. Also wird nur eine geringe Stabilisierung beobachtet werden. Glücklicherweise ist das letztgenannte Problem lösbar. Martinek *et al.* (1977a und b) haben eine raffinierte Methode beschrieben, durch die das stützende Polymer an das Enzym angepaßt werden kann, indem man die Matrix um das Enzym herum polymerisiert. Zwei

Wege wurden eingeschlagen. Beim ersten wurde α-Chymotrypsin acryliert und mit einer Lösung aus Acrylamidmonomeren gemischt und die Polymerisierung gestartet. Das Enzym wurde damit in die Struktur eines Polyacrylamidgels inkorporiert, wodurch die beobachtete Stabilität um das 200fache, verglichen mit dem nativen oder dem acrylierten Enzym, erhöht wurde. Wenn das gleiche Experiment mit Polymethacrylat unternommen wurde, erhöhte sich die Stabilität 1000fach. Diese Forscher zeigten auch, daß die Konzentration des Polyacrylamidgels diese Stabilisierungen nicht beeinflußte. Bei der zweiten Reihe von Experimenten wurde unmodifiziertes α-Chymotrypsin in Polymethacrylatgele verschiedener Konzentration eingeschlossen. Hierbei wurde angenommen, daß das Enzym durch elektrostatische Wechselwirkungen vielfach an das Gel gebunden werden würde. Das immobilisierte Enzym zeigt eine erhöhte Stabilität, die von der Gelkonzentration in nicht-linearer Weise abhing. So wiesen Gele mit einer Konzentration von weniger als 20% einen kleinen stabilisierenden Effekt auf. Zwischen 20% und 50% wurde eine fortschreitende Stabilisierung beobachtet. In einem 50%igen Polymethacrylatgel war die theoretische Halbwertszeit des immobilisierten Enzyms bei 60 °C länger als einige hundert Millionen Jahre! In beiden Fällen (aber vor allem in letzterem) ist es möglich, daß etwas oder alles dieser Stabilisierung auf eine Reduktion der Wasseraktivität in der Mikroumgebung des Enzyms, zurückzuführen ist. Das Enzym wurde also in Wirklichkeit dehydratisiert.

Die Mikroumgebung des Enzyms könnte auch eine Rolle bei der Stabilisierung des Enzyms spielen, indem sie den Zugang denaturierender Agentien zu dem Enzym verhindert. So könnte eine polyanionische Matrix Wasserstoffionen ausschließen, und damit das immobilisierte Enzym weniger empfindlich für eine Denaturierung in sauren Lösungen machen. Auch kann eine Polyelektrolyt-Matrix als sehr effektiver lokaler Puffer agieren, der eine Pufferkapazität aufweist, die weit über der der meisten wasserlöslichen Puffer liegt. In beiden Fällen wird trotz eines extremen pH-Wertes in der flüssigen Phase ein harmloser Wert um das immobilisierte Enzym herum aufrecht erhalten. Ein solcher Effekt wurde schon bei Lactat-Dehydrogenase, die an porösem Glas immobilisiert war, beobachtet (Dixon *et al.* 1973). Ebenfalls wurde eine Stabilisierung gegen organische Lösungsmittel durch Immobilisierung eines Enzyms an einem Hydrogelpolymer (löslich oder unlöslich) vorgeschlagen. Es gibt allerdings nur wenige Veröffentlichungen über erfolgreiche Arbeiten (s. Douzou und Balny (1977) und Takahashi *et el.* (1984)). Die Stabilisierung rührt wahrscheinlich vom Ausschluß des organischen Lösungsmittels aus der Mikroumgebung der Enzyme und/oder vom Ersatz der Hydrathülle des Enzyms durch Hydroxylgruppen der Polymermatrix her. Sicherlich ist es einfacher, die Wechselwirkung zwischen dem organischen Lösungsmittel und dem Enzym zu verhindern, wenn das Lösungsmittel nicht mit Wasser mischbar ist. Die Inaktivierung durch Sauerstoff ist ein auf einen kleineren Bereich beschränktes Problem, aber eines, das eine Gruppe von Enzymen betrifft, die ein großes Potential bei der biologischen Umsetzung von Solarenergie besitzen, die Hydrogenasen. Auch hier kann die Immobilisierung wertvoll sein. Die Löslichkeit von Sauerstoff in Wasser wird reduziert, wenn die Ionnenstärke ansteigt, ein Aussalzungeffekt. So hatte die Hydrogenase von Clostridien, die durch Adsorption auf Polyethylenimin-Cellulose immobilisiert worden war, eine Halbwertszeit von 1 Woche, wenn sie in luftgesättigtem Wasser suspendiert wurde, verglichen mit 4 min bei dem freien Enzym (Klibanov, Nathan und Karmen, 1978). Tatsächlich erzeugt das Polyethylenimin eine Mikroumgebung um das Enzym herum, in dem Sauerstoff praktisch unlöslich ist.

Schließlich sind zwei interessante Beobachtungen bezüglich der Enzymstabilisierung durch Immobilisierung wert, erwähnt zu werden. Die erste, über die Cashion *et al.* (1982) berichteten, ist der allmähliche Anstieg der spezifischen Aktivität von alkalischer Phosphatase als Folge der Immobilisierung auf Tritylagarose. Die Aktivität der immobilisierten Zubereitung war nach 12 Tagen 4,8 mal so groß wie die des nativen Enzyms. Carrea, Bavara und Pasta (1982), die die Stabilität von auf CNBr-aktivierter Sepharose 4B immobilisierter Glycerinaldehyd-3-phosphat-Dehydrogenase untersuchten, entdeckten, daß die Aktivität innerhalb von 1 Stunde als Folge der Immobilisierung um das 2,3 fache anstieg und auf diesem Wert über 30 Stunden lang bei 40 °C blieb. So können wir sehen, daß eine große Zahl an Versuchen unternommen wurde, das Problem der Stabilisierung zu lösen. Das Gebiet ist zumindest dabei, seine rein empirischen Anfänge hinter sich zu lassen und zu einem Arbeitsgebiet zu werden, auf dem man mit vernünftigen Konzepten arbeiten kann, obwohl es für den Laien voller künstlicher Fallen steckt.

14.6 Reaktoren zum Einsatz von Biokatalysatoren

Um einen Biokatalysator richtig nutzen zu können, muß man etwas haben, worin er zum Einsatz kommt – den Reaktor. Der Aufbau eines geeigneten Reaktors ist eine Kunst an sich und hängt von der Form und der Art sowohl des Biokatalysators als auch der Reaktion ab. Sicherlich hat dieses Thema viel mit der Planung eines Fermenters gemeinsam, die an anderer Stelle in diesem Buch diskutiert wird (s. Abschn. 8.2). Wir sollten uns deshalb auf die Betrachtung der größten praktischen Unterschiede zwischen den verschiedenen (grundsächlich für Enzyme benutzten) Reaktoren und auf die Faktoren, die die Wahl des Katalysators und, bei Bedarf, die Wahl der Immobilisierungsmethode beeinflußt, beschränken.

14.6.1 Aufbau eines Reaktors

Über den Aufbau eines Reaktors muß hier nicht viel gesagt werden. Hier sollen nur die verschiedenen Möglichkeiten, die in Abb. 14.17 zusammengefaßt sind, vor Augen geführt werden. Reaktoren können in zwei Kategorien unterteilt werden: Batch-Reaktoren (die schubweise beschickt werden) und kontinuierliche Reaktoren.

Batch-Reaktoren. Dabei handelt es sich im Grunde um große Tanks mit Rührvorrichtung, in die Enzym und Substrat hineingegeben werden. Die Reaktion kann stattfinden, der Reaktor wird entleert und das Produkt vom Enzym

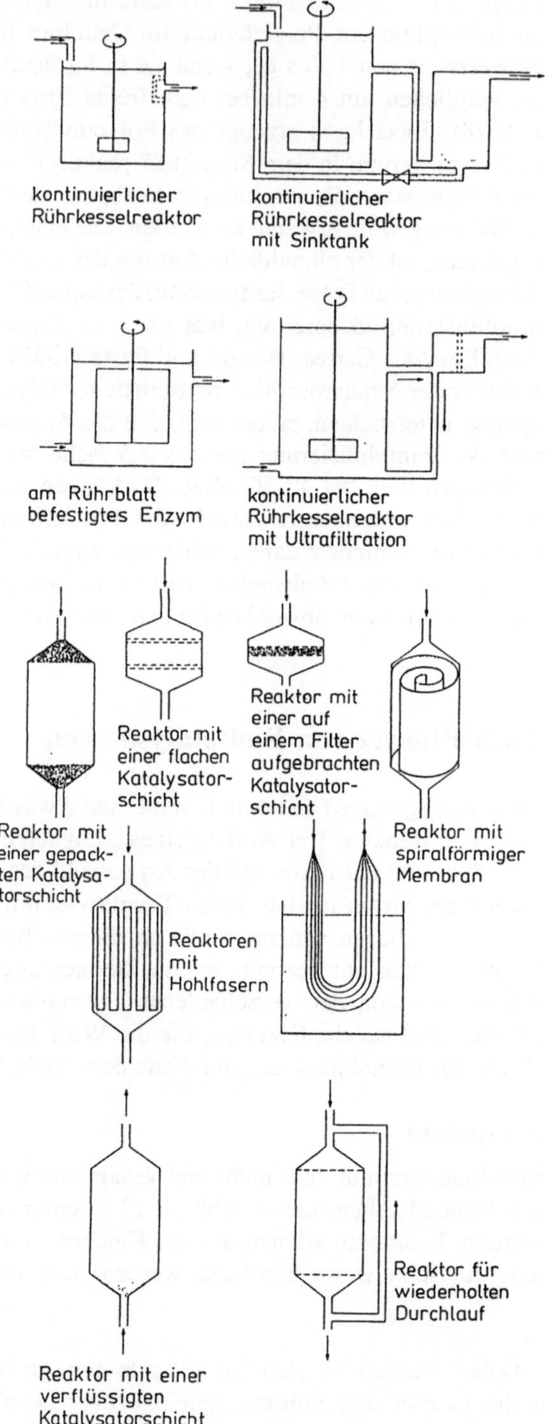

Abb. 14.17 Typen kontinuierlicher Reaktoren. (Wiedergegeben mit Erlaubnis von Trevan, 1980)

getrennt. In der Praxis werden solche Reaktoren bei billigen, löslichen Enzymen benutzt oder dann, wenn das Substrat in fester oder kolloidaler Form vorliegt. Sie sind somit für immobilisierte Enzyme ungeeignet. Trotz der Einfachheit und der niedrigen Kosten für solche Reaktoren sind sie wegen ihrer schlechten Integrierbarkeit in kontinuierliche Arbeitsverläufe nicht ideal.

Kontinuierliche Reaktoren. Dieser Art von Reaktoren liegt das Prinzip zugrunde, den Biokatalysator in dem Reaktor festzuhalten, wobei kontinuierlich Substrat zugegeben und Produkt entfernt wird. Solche Reaktoren, die in einer Vielzahl von Formen zur Verfügung stehen, können in den gesamten Arbeitsprozeß integriert werden, der dann einer Automatisierung zugeführt werden kann. Kontinuierliche Reaktoren sind jedoch nicht der letzte Schrei im Reaktordesign. Sie können recht unpraktikabel sein, wenn der übrige Teil des Verfahrens nicht kontinuierlich verläuft.

Der Katalysator kann in dem Reaktor festgehalten werden, indem er auf irgendeine Weise immobilisiert wird oder indem man eine lösliche Form in Verbindung mit einer Ultrafiltrationseinheit am Ausgang des Systems einsetzt. Durch kluge Wahl der Substratkonzentration, Flußgeschwindigkeit und Aktivität des Biokatalysators kann die Produktivität und der Prozentsatz des Substratumsatzes des Reaktors optimimal aufeinander eingestellt werden. Die Haupttypen dieser Reaktorart und ihre speziellen Vorteile werden weiter unten beschrieben (s. auch Tab. 14.3).

Kontinuierliche Rührkesselreaktoren. Dies ist der verbreitetste kontinuierliche Reaktortyp. Der Katalysator wird in einem großen Tank suspendiert, durch den das Substrat fließt, und wird durch Filtration, nachfolgende Sedimentation, Magnetismus oder durch Anheften an die Rührblätter zurückgehalten. Solche Reaktoren sind einfach zu bauen und zu kontrollieren und ermöglichen einen einfachen Austausch des verbrauchten Katalysators. Es kann eine gute Durchmischung erreicht werden, wodurch Einschränkungen der Diffusion auf ein Minimum reduziert werden können. Mit einem geeigneten immobilisierten Enzym können kolloidale oder feste Substrate benutzt werden. Andere Feststoffe usw. brauchen auch nicht aus dem Substratstrom entfernt zu werden. Diese Form von Rührkesselreaktoren erfordert einen unzerbrechlichen immobilisierten Katalysator, um Verschleiß durch die Rührblätter zu vermeiden. In der Praxis liegt das Leervolumen des Reaktors bei 98% (d.h. der Katalysator nimmt nur 1 oder 2% des Volumens ein). Dies bedeutet, daß kontinuierliche Rührkesselreaktoren verglichen mit Reaktoren mit einer gepackten Katalysatorschicht um eine Größenordnung größer sein müssen, um die gleiche Produktivität zu erreichen (nur damit genügend Katalysator zur Verfügung steht). Nicht nur die Gesamtproduktivität ist gering, auch der Prozentsatz an Substratumsatz zu Produkt liegt meist bei geringeren Werten. In einem Tankreaktor ist das Substrat in dem gesamten Reaktor homogen verteilt (Abb. 14.18) und liegt bis in den Produktstrom hinein in der gleichen Konzentration vor. Somit ist die Substratkonzentration überall gleich niedrig, kann aber niemals auf fast Null reduziert

Tabelle 14.3 Vergleich der Reaktortypen

	Kontinuierlicher Rühr-kesselreaktor	Reaktor mit gepackter Katalysatorschicht	Reaktor mit verflüssigter Katalysatorschicht	Hohlfaserreaktor
Kontrollierbarkeit	Gut	Mittelmäßig	Gut	Mittelmäßig
% Substrat-umsatz	<93%	>98%	>98%	>98%
Ausbeute bei Substrathemmung	Hoch	Niedrig	Mittelmäßig	Niedrig
Ausbeute bei Produkthemmung	Niedrig	Hoch	Mittelmäßig	Hoch
Verstopfung	Keine	Möglich	Keine	Keine
Benutzung von kolloidalen Substraten	Ja	Nein	Ja	Nur für Substrate mit niedriger molekularer Masse
Austausch des Enzyms	Leicht	Schwierig	Schwierig	Leicht
Eigenschaften des Enzyms	Nicht zerbrechlich	Nicht kompressibel	Nicht zerbrechlich	Löslich
Leervolumen	Hoch	Niedrig	Mittelmäßig	—
Flußgeschwindigkeiten	Jede	Jede	Hoch	Hoch
Stabilität des Reaktors	Gut	Gut	Niedrig	Niedrig
Massenübertragung	Mittelmäßig	Niedrig	Gut	Niedrig
Abweichung von idealen Eigenschaften	Nein	Ja	Ja	Ja
Druckabfall	Keiner	Hoch	Niedrig	Niedrig
Energiebedarf	Mittelmäßig	Niedrig	Hoch	Niedrig
Erweiterung des Arbeitsmaßstabs	Einfach	Mittelmäßig	Schwierig	Mittelmäßig
Automatisation	Mittelmäßig	Einfach	Mittelmäßig	Einfach
Installierbarkeit	Einfach	Schwierig	Schwierig	Einfach
Kosten	Mittelmäßig	Hoch	Hoch	Hoch

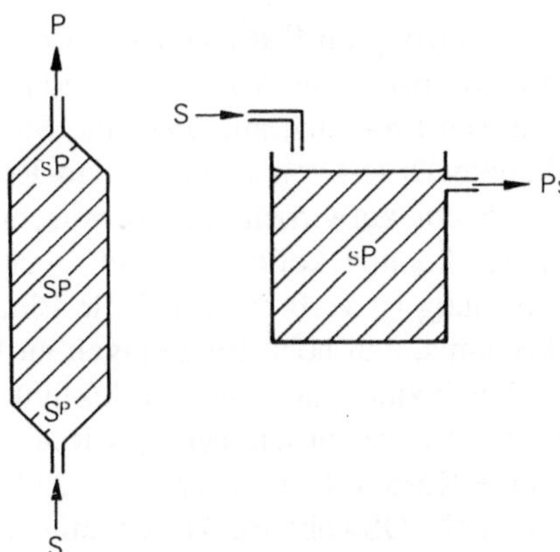

Abb. 14.18 Substrat- und Produktkonzentrationen in Reaktoren mit einer gepackten Reaktorschicht bzw. in Reaktoren mit Rührvorrichtung

werden. Umgekehrt ist die Produktkonzentration überall hoch. Dadurch kann bei einer Produkthemmung des Katalysators die Produktivität noch weiter gesenkt werden. In der Praxis ist es unökonomisch, bei diesem Reaktortyp einen Umsatzfaktor von mehr als 90% anzustreben.

Reaktoren mit einer gepackten Katalysatorschicht. Diese werden in verschiedenen Formen angeboten. Alle sind jedoch durch geringe Größe, hohe Produktivität auch bei Produkthemmung, niedrigem Leervolumen und Einfachheit der Automatisierung gekennzeichnet. Sie bringen aber auch einige Nachteile mit sich. Da man nicht gut an ihn herankommt, ist der Austausch des Katalysators meist umständlich und die Kontrolle der äußeren Bedingungen (besonders des pH) schwierig. Die Kosten für Fabrikation und Erwerb sind hoch, die Betriebskosten dagegen können gering gehalten werden. Partikuläre, kolloidale Substratströme oder solche mit hoher Viskosität führen oft zu einer Blockade dieses Reaktortyps. Auch kann es zusätzlich zu einer Kanalisierung oder Blockade des Flusses durch die Katalysatorschicht kommen, außer wenn der Katalsator nicht kompressibel ist. Das letztgenannte Problem und das der möglichen Gasfreisetzung (z.B. bei photosyntheseaktiven immobiliserten Pflanzenzellen) können überwunden werden, indem man eine mit dem immobilisierten Enzym beschichtete Folie benutzt, die zu einer Spirale aufgerollt ist und in Längsrichtung in den Reaktor eingebracht wird. Eine Alternative stellen Strähnen aus Fasern mit immobilisiertem Enzym dar. Zu einem Mischvorgang kommt es nur aufgrund der Flußgeschwindigkeit. Somit sind diese Reaktoren aufgrund der geringen Durchmischung für das Problem der Diffusionseinschränkung empfänglich. Eine vergrößerte Flußgeschwindigkeit zur Vermeidung dieses Problems reduziert die Produktivität und den Umsatz, wenn nicht gleichzeitig die Länge des Reaktors vergrößert wird oder ein Recycling des Substratstromes vorgesehen ist. Diese letzte „Lösungsmöglichkeit" verursacht mehr Probleme als sie löst, da ein Recycling die Heterogenität der Produktkonzentration verhindert, die die Produktivität und den Umsatz so hoch machen!

Reaktoren mit einer verflüssigten Katalysatorschicht.   Dieser Typ von Reaktor bietet, zumindest theoretisch, alle Vorteile des Reaktors mit gepackter Katalysatorschicht, ohne dessen Probleme aufzuwerfen. Sie arbeiten mit einem Substratstrom, der mit hohem Druck von unten in den Reaktor gedrückt wird und dabei die Katalysatorschicht aufwirbelt und vermischt. Somit kann keine Kanalisierung eintreten. Es können kolloidale und sogar feste Substrate benutzt werden. Die Durchmischung ist verbessert und die Einschränkung der Diffusion erniedrigt mit dem Ergebnis, daß hohe Beladungen an Biokatalysator wirkungsvoll angewendet werden können und die Produktivität des Reaktors ansteigt. Warum benutzt dann nicht jeder diesen Typ von Reaktor? Die Antwort ist: Unzuverlässigkeit und hohe Kosten. Der Energieaufwand für die Verflüssigung der Katalysatorschicht ist hoch. Obwohl Reaktoren mit einer verflüssigten Katalysatorschicht im Labormaßstab gut arbeiten, ist es schwierig, ihren Erfolg bei Vergrößerung des Arbeitsmaßstabes vorauszusagen.

Reaktoren mit Hohlfasern.   Diese Reaktoren arbeiten mit käuflichen Ultrafiltrationseinheiten, bei denen der Katalysator durch die semipermeable Wand der Hohlfaser, mit der die Ultrafiltration durchgeführt wird, von dem Substratstrom getrennt ist. Sie haben in letzter Zeit an Beachtung gewonnen. Zu guter letzt könnten diese Reaktoren sich als ökonomisch attraktiv erweisen, da sie bei löslichen Enzymen eingesetzt werden können (die leicht ersetzt werden können). Außerdem könnten sie für Reaktionen, bei denen Coenzyme erforderlich sind, von besonderem Wert sein.

14.6.2 Zusammensetzung des Katalysators

Bei der Auswahl des Katalysators zum Einsatz in einem Reaktor muß man einige Faktoren in Erwägung ziehen: die Art des Biokatalysators; das Erfordernis einer Immobilisierung; die Reaktion; das bei der Immobilisierung benutzte Polymermaterial; und, den kritischsten Punkt, die Kosten.

Obwohl es unmöglich ist, über die Zusammensetzung des Katalysators allgemeine Angaben zu machen, können einige nützliche Beobachtungen aufgeführt werden. Letztendlich regiert gewöhnlich der Empirismus. Der Ausgangspunkt ist gewöhnlich eine genaue Kenntnis der Reaktion, die durchgeführt werden soll, die wiederum die Art des zu benutztenden Katalysators bestimmt und ob dieser immobilisiert werden muß (s. Abschn. 14.3 und 14.4).

Enzym.   Es kann sein, daß dieses billig und leicht zu erwerben ist und nicht wert, immobilisiert zu werden. Dann ist es weniger kostenintensiv, es in löslicher Form als Verbrauchsartikel zu benutzen, wie bei der Verflüssigung von Stärke durch Amyloglucosidase. Eine Immobilisierung soll nur dann in Erwägung gezogen werden, wenn das Enzym kostspielig und/oder nur in beschränkter Menge zu erwerben ist. Die Frage, die sich stellt, ist natürlich, wie kostenaufwendig ein

Enzym überhaupt ist. Zwei Faktoren können die Kosten für ein Enzym in die Höhe treiben: die Reinheit, die die absoluten Kosten bestimmt und die proportionalen Kosten des Enzyms als Teil des Gesamtprozesses. Somit kann ein Enzym, das absolut gesehen teuer ist, weniger als 0,5% zu den Gesamtkosten beitragen und damit als Verbrauchsartikel angesehen werden. Dagegen kann ein billiges Enzym, wenn es zum Beispiel mehr als 10% der für den gesamten Batch-Prozeß aufzuwendenden Kosten darstellt, wert sein, immobilisiert zu werden und damit wiederverwendbar zu sein. Zusätzlich steigen mit steigender Reinheit die absoluten Kosten für ein Enzym, aber auch seine spezifische Aktivität. Eine hochaktive Enzymzubereitung kann mehr Substrat in einer gegebenen Zeit umsetzen. Somit muß der Substratstrom zur Erzeugung einer bestimmten Menge an Produkt für eine relativ kurze Zeit (bekannt als Verweilzeit im Reaktor) mit dem Enzym in Kontakt stehen. Da diese Verweilzeit gleich dem Verhältnis des Leervolumens (oder Flüssigvolumens) des Reaktors zu der Flußgeschwindigkeit ist, ermöglicht eine kurze Verweilzeit entweder eine höhere Flußgeschwindigkeit (ein Vorteil bei Reaktoren mit einer gepackten Katalysatorschicht) oder eine geringere Reaktorgröße (was die Kosten reduziert).

Somit muß ein Gleichgewicht zwischen den Reinigungskosten für das Enzym und der Verringerung der Kosten durch den Einsatz von Enzymzubereitungen mit hoher spezifischer Aktivität aufrechterhalten werden. Zur Zeit scheint in der Industrie die Praxis vorzuherrschen, unsaubere Enzyme oder ganze Zellen zu verwenden.

Polymermatrix. Die Polymermatrix für eine Immobilisierung sollte folgende Eigenschaften aufweisen: nicht teuer; vorzugsweise Material von Nahrungsmittelqualität; stabil; inkompressibel; nicht zerbrechlich; im Reaktor zurückzuhalten sein; nicht ausgewaschen werden; mikrobiellen Angriffen standhalten; die richtigen hydrophoben/hydrophilen Eigenschaften aufweisen; ein großes Verhältnis von Oberfläche zu Volumen besitzen; große Mengen an Enzym binden, ohne es mit der Zeit zu verlieren; die richtige physikalische Form oder Gestalt besitzen; ein einfaches Verknüpfen jeden Enzyms oder jeder Zelle mit nicht-toxischen Reagentien ermöglichen! Es erstaunt nicht, daß gewöhnlich ein Kompromiß gefunden werden muß; viele der aufgelisteten Eigenschaften schließen einander aus. So ist die mechanische Stabilität am größten bei kompressiblen Polymeren. Das Verhältnis von Oberfläche zu Volumen wächst mit abnehmendem Durchmesser der Partikel, damit aber auch die Zerbrechlichkeit. Die Mehrzahl der benutzten Polymere haben eine Dichte nahe eins. Deshalb ist es relativ schwierig, sie in einem Rührkesselreaktor oder in Reaktoren mit verflüssigter Katalysatorschicht zurückzuhalten. Viele Anstrengungen und viel Erfindungsgeist wurden eingesetzt, um ein Immobilisierungspolymer von hoher Dichte zu finden. Die gängige Lösung besteht darin, ein partikuläres Material mit hoher Dichte (z.B. Eisenfeilspäne) mit einer Hülle aus einem Hydrogel zu versehen.

Bei der Bindung des Enzym an das Polymer müssen dann praktische Einschränkungen beachtet werden. Man muß schauen, was möglich ist, und die Lösung finden, die mit dem vorgegebenen Budget dem Ideal am nächsten kommt.

14.7 Anwendung der Biokatalyse

Die Anwendung von Enzymen und Zellen kann in vier Kategorien unterteilt werden: Verwendung in der Therapie, in der Analytik, als Werkzeug bei Manipulationen und als Katalysatoren in der Industrie. Eine umfassende Betrachtung all dieser Gesichtspunkte würde den Rahmen dieses Textes sprengen, daher sollten wir uns dafür entscheiden, selektiv einige der interessantesten Beispiele zu beschreiben.

14.7.1 Anwendung in der Therapie

Enzyme können in der Therapie auf zwei Arten eingesetzt werden. Entweder wird ein Enzym ersetzt, das aufgrund erblich bedingter Stoffwechselstörungen oder Organmißbildungen fehlt (Enzymsubstitution), oder unerwünschte Substanzen werden bei der Behandlung einer Krankheit aus dem Körper entfernt (Enzymtherapie).

Enzymsubstitution.   Es gibt eine Vielzahl von Krankheiten, bei denen das Fehlen eines speziellen Enzyms zur Anhäufung toxischer Konzentrationen endogen vorkommenender Substanzen oder zu einer Fehlfunktion in einem Stoffwechselweg oder einer metabolischen Übertragungsreaktion führt. Man kann viele Beispiele dafür anführen. Der Favismus, eine häufig vorkommende krankhafte Reaktion auf weiße Bohnen (*Vicia fava*), wird durch das Fehlen des Enzyms Glucose-6-phosphat-Dehydrogenase in den roten Blutzellen verursacht. Dies verhindert die Regeneration von Glutathion in der Zelle und führt zur einer erhöhten Membranfragilität und zur hämolytischen Anämie. Die Tay-Sachs-Krankheit kommt durch das Fehlen einer spezifischen Hexose-Aminidase zustande, die normalerweise in den Lysozomen der Ganglienzellen im Gehirn gefunden wird. Ihre Funktion besteht darin, die Kohlenhydratreste der Gangliosid-Lipide zu entfernen, was den ersten Schritt zu deren Abbau darstellt. Die Konzentration der Ganglioside (speziell von GM_2) steigt langsam an, stört die Gehirnfunktion und führt gewöhnlich zum Tode des Betroffenen innerhalb der ersten beiden Lebensjahre. Die Synthese einer Reihe von Steroidhormonen aus einer gemeinsamen Vorstufe, Cholesterol, ist ein ausgezeichnetes Beispiel für einen verzweigten Stoffwechselweg, bei dem eine Funktionsstörung in einem Zweig schlimme Folgen für die Synthese der Produkte der anderen Zweige hat. Das vollständige oder partielle Fehlen einer Hydroxylase in der Nebennierenrinde, eines Enzyms, das für die Einführung einer Hydroxylgruppe am C-21 des Steroidgerüstes verantwortlich ist, führt zu einem als Virilisierung bezeichneten Zustand. Interessanterweise ist das fehlende Enzym für die Synthese von Glucocorticoiden und Mineralcorticoiden (wie Aldosteron) verantwortlich. Zusätzlich dazu, daß diese Hormone fehlen, kommt es jedoch zu einer erhöhten Produktion männlicher Geschlechtshormone, was zu einer Vermännlichung weiblicher Kinder und einer zu frühen sexuellen Aktivität bei männlichen Kindern (gewöhnlich im Alter von 5-7 Jahren) führt.

Zusätzlich zu diesen erblich bedingten Krankheiten kann eine beträchtliche Enzymaktivität durch Gewebszerfall verlorengehen.

Zumindest in der Theorie können solche Krankheiten durch Zuführung des entsprechenden Enzyms behandelt werden. In der Praxis ist diese Lösung aber gewöhnlich ineffektiv und kann mehr Schaden anrichten als nützen. Es können allergische Reaktionen auf das fremde Enzym auftreten, das Enzym kann schnell aus dem Blutkreislauf entfernt werden, oder es kann die betroffene Zelle erst gar nicht erreichen oder in sie eindringen. Somit muß man geschicktere Lösungen finden. In dem erwähnten Fall der Virilisierung wird die Behandlung gewöhnlich nicht-enzymatisch durchgeführt, und zwar durch die Zufuhr von Aldosteron, das sowohl das fehlende Hormon ersetzt als auch den normalen Kontrollmechanismus der Steroidsynthese wiederherstellt, wodurch die Überproduktion der Geschlechtshormone verhindert wird.

In anderen Fällen jedoch, in denen die Enzymaktivität substituiert werden muß, können zwei Wege beschritten werden. Das Enzym muß in einer Form in den Körper eindringen, in der es nicht allergisierend wirkt, und im Körper verbleiben. Wenn ein intrazellulärer Metabolit angegriffen werden soll, muß es zu der betroffenen Zelle dirigiert und von ihr aufgenommen werden. Das Enzym kann dem Körper in einem extrakorporalen, therapeutischen System (engl.:shunt) zugeführt werden. In jedem Fall kann eine Immobilisierung des Enzyms durch Einschließen oder Einkapselung sich als nützlich erweisen. So wurden viele Versuche unternommen, Enzyme in Liposomen (konzentrische Kugeln aus Phospholipiddoppelschichten) zu immobilisieren, die durch Umhüllung mit spezifischen monoklonalen Antikörpern zu den betreffenden Zellen dirigiert werden. Diese Liposomen werden dann in den Kreislauf injiziert, binden an die Zellmembran ihrer Zielzelle und verschmelzen mit ihr. Durch den Vorgang der Endozytose wird das Enzym in die Zelle abgegeben. So viel zur Theorie – in der Praxis ist dem Verfahren wechselnder Erfolg beschieden. In vielen Fällen ist jedoch ein solches „Drugtargeting" nicht erforderlich, weil der Metabolit in der extrazellulären Flüssigkeit akkumuliert. Somit können entweder stabile Enzyme injiziert werden oder diese dem Körper mit Hilfe eines therapeutischen Systems zugeführt werden.

Bei den meisten dieser substituierten Enzyme handelt es sich um einfache Hydrolasen oder Oxidasen. Bei einigen krankhaften Zuständen sind jedoch Enzyme nötig, die von Coenzymen abhängig sind. In diesen Fällen müssen mit dem Enzym zusammen Systeme zum Recycling der Coenzyme (s. Abschn. 15.1) inkorporiert werden. Zum Beispiel wurde versuchsweise der vererbbare Mangel an Galactokinase durch Injektion des mit ATP/ADP und Pyruvatkinase als ATP-regenerierendes System zusammen eingekapselten Enzyms behandelt.

Es sollte bemerkt werden, daß nicht bei allen durch Fehlen eines Enzyms verursachten Krankheiten das Enzym substituiert werden muß. So wird das Fehlen von β-Galactosidase im Darm der meisten Erwachsenen, das zu Verdauungsbeschwerden durch die Anwesenheit von unverdauter Lactose führt, oder die Phenylketonurie (PKU), die durch die Unfähigkeit verursacht wird, Phenylalanin vollständig zu metabolisieren, einfach dadurch „behandelt", daß man diese Substanzen aus der Nahrung entfernt.

Therapie mit Enzymen.   Bei der Therapie mit Enzymen wird dem Körper ein Enzym, das normalerweise dort nicht vorhanden ist oder das krankheitsbedingt verschwunden ist, zugeführt. Dadurch sollen Substanzen entfernt werden, die einen krankhaften Zustand entweder verursachen oder verschlimmern. So wurde die Behandlung gewisser Leukämien, bei denen die leukämischen Zellen zum Wachstum exogene Asparaginase benötigen, durch die Zufuhr von Asparaginase aus Bakterien durchgeführt. Urokinase wird in intravenöser Form eingesetzt, um in Patienten, bei denen die Gefahr einer Lungenembolie besteht, einen Kaskadenmechanismus auszulösen, der aktives Plasmin (ein Protein, das Fibrin verdaut) freisetzt.

Der Anwendung von Enzymen in der Medizin werden in den kommenden Jahren große Verdienste zukommen; es ist auch bis jetzt schon viel erreicht worden (der Weltmarkt für Urokinase betrug 50 000 000 Dollar im Jahre 1981, gerade die Hälfte von dem des Insulins).

14.7.2 Anwendung von Enzymen in der Analytik

Der Einsatz von Enzymen in der Analytik ist weitverbreitet. Deshalb werden wir uns wiederum auf neuartige oder ungewöhnliche Gesichtspunkte dieses Gebietes konzentrieren. Herkömmlicherweise wurden Enzyme benutzt, um spezifische Umwandlungen einer interessierenden Substanz in eine solche zu katalysieren, die leichter gemessen werden kann. Die hohe Stereospezifität der meisten Enzyme erlaubt die Umwandlung von nur einer bestimmten Substanz aus einer komplexen Mischung chemisch ähnlicher Verbindungen. Dadurch wird die kostenaufwendige Trennung vor der Analyse erspart. Es sind zwei Formen der enzymatischen Analyse möglich: Endpunktbestimmungen und kinetische Messungen. Kurz gesagt wird bei einer Endpunktbestimmung das Substrat vollständig in Produkt umgewandelt. Dabei wird soviel Enzym zugegeben, daß die Reaktion innerhalb weniger Minuten abgelaufen ist. Bei dieser Art von Analyse ist die genaue Enzymkonzentration oder die Anwesenheit von Inhibitoren oder Aktivatoren unerheblich. Bei den kinetischen Messungen wird die Beziehung zwischen der Substratkonzentration und der Geschwindigkeit ausgenutzt, um die Substratkonzentration oder die von reversiblen Inhibitoren (einschließlich anorganischer Moleküle) zu messen. Zu einer vollständigen Diskussion dieser Gesichtspunkte der enzymatischen Analyse wird der Leser an Palmer (1981) verwiesen.

Enzymatische Immunoassays.   Enzyme können auch bei der Analyse niedriger Konzentrationen biologischer Moleküle wie Hormonen Verwendung finden. Die Möglichkeit, mittels ihrer Katalyse eine meßbare Veränderung in dem analytischen System zu produzieren, wird dabei mit der Bindungsfähigkeit von Antikörpern (Immunglobulinen) verknüpft. Damit entstehen die sogenannten enzymatischen Immunoassays ELISA (enzyme-linked immunosorbent assay) und EMIT (enzyme-multiplied immunoassay technique).

ELISA ähnelt dem Radioimmunoassay insofern, als die Enzymaktivität als meßbares Kennzeichen benutzt werden kann, das an das Antigen- oder gewöhnlich an das Antikörpermolekül angeheftet ist. Antikörper im Serum können folgendermaßen nachgewiesen werden: Die Innenseite eines Plastikröhrchens (oder die Aushöhlung auf einer Platte) ist mit dem entsprechenden Antigen beschichtet. Das Serum wird dazugegeben und alle darin vorhandenen Antikörper bleiben an dem Antigen haften. Dann wird mit einem Enzym-markierten Anti-Antikörper inkubiert, der stöchiometrisch an den Antigen-Antikörper-Komplex bindet. Schließlich wird das Substrat für das Enzym hinzugefügt. Die Geschwindigkeit, mit der das Produkt gebildet wird, ist ein Maß für die anwesenden Antikörper. Um die Konzentration an Antigen zu bestimmen, bestehen zwei Lösungsmöglichkeiten. Bei der ersten ist die Menge an Antigen bekannt, mit der das Röhrchen beschichtet ist. Dazu wird die Probe mit dem zu messenden Antigen und eine bekannte Menge Enzym-markierten Antikörpers gegeben. Das immobilisierte Antigen und das aus der Probe konkurrieren um den Antikörper, so daß die Menge an Antikörper (und damit an Enzym), das letzlich an das Röhrchen bindet, umgekehrt proportional zu der Menge an Antigen in der Probe ist. Bei der zweiten Methode wird die Innenseite des Röhrchens mit Antikörper beschichtet und das Antigen aus der Probe zugegeben, das an den Antikörper bindet. Dann wird ein spezifischer Enzym-markierter Antikörper zugegeben, der stöchiometrisch an das gebundene Antigen bindet. Bei all diesen Techniken ist die Herstellung klassen- oder artspezifischer Enzym-markierter Anti-Antikörper oder spezifischer Enzym-markierter Antikörper erforderlich, ein zeit- und kostenaufwendiges Geschäft. Deshalb wurde vorgeschlagen, das Enzym an Protein A (hergestellt von *Staphylococcus aureus*) zu koppeln, einem Protein, das spezifisch an Immunglobuline G der Subklasse 1,2 und 4 bindet. Dieses Enzym-Protein A-Reagenz könnte dann dazu benutzt werden, anstelle der Enzym-markierten Immunglobuline an jedes gebundene Immunglobulin zu binden. Die Forschung ist sogar bis zu dem Punkt vorgedrungen, daß man versucht, gentechnologisch ein Hybrid-Molekül aus Enzym und Protein A herzustellen, um die Notwendigkeit, die beiden chemisch zu verbinden, zu umgehen.

Enzyme, die zu diesen Zwecken benutzt werden, sind Peroxidase, alkalische Phophatase, β-Galactosidase und β-Lactamase. Letztere ist besonders nützlich bei der Analyse menschlicher Proben, da sie normalerweise in ihnen nicht anwesend ist. Außerdem gibt es eine Menge künstlicher Substrate, die zu hoch chromogenen Produkten umgewandelt werden können.

Automatische Analyse. Routineanalysen vieler Proben in klinischen biochemischen Labors werden gewöhnlich mittels eines Autoanalysenapparates durchgeführt. Aliquote der Probe und die Reagentien werden gemischt und automatisch in die Durchflußzelle des Analysenapparates (gewöhnlich ein Spektrometer) gepumpt. Trotz seiner Bequemlichkeit leidet dieses Verfahren unter einem großen Nachteil – die Kosten für das Enzym. Erstens ist das Enzym nach jeder Probe verloren. Außerdem muß ein Überschuß an Enzym zugegeben werden, um sicherzustellen, daß die vollständige Reaktion innerhalb einer vernünftigen Zeitspanne abgelaufen ist. Dieses Problem kann umgangen werden, indem eine Spirale aus immobilisiertem Enzym in den Substratstrom eingebracht wird. Dazu stellen eine Reihe von Firmen Enzymspiralen her (gewöhnlich wird das Enzym auf die Innenseite der Wand eines dünnen Nylonfadens von mehreren Metern Länge aufgezogen). Die erste dieser Art war eine Glucose-Dehydrogenase-Spirale, mit der Glucose im Blut gemessen werden konnte. Zumindest theoretisch könnten mehrerer solcher Spiralen hintereinandergeschaltet werden, um mehr als ein Substrat in der Probe zu bestimmen, wobei die Probe die Durchflußzelle mehrmals durchlaufen muß.

Biosensoren.   Der letzte heiße Favorit aus dem Stall der Enzymassays ist der Biosensor, die Kombination aus biologisch aktivem Material mit seiner hohen Spezifität und einem chemischen oder elektronischen Sensor, der eine biologische Verbindung in ein elektrisches Signal umwandelt. Es wurden schon Biosensoren für alle möglichen Messungen konstruiert, von Blutglucose bis hin zur Frische von Fischen. Wir müssen uns hier mit einer kurzen Beschreibung der Prinzipien der Arbeitsweise zufriedengeben, die an Hand weniger, hoffentlich gut ausgewählter Beispiele gezeigt werden soll. Zu einer detaillierteren Betrachtung wird der Leser an Carr und Bowers (1980), Guilbault (1980), Aston und Turner (1984) und Karube (1984) verwiesen.

Das Prinzip des Biosensors gehört zu denjenigen Konzepten, die vom ästhetischen Standpunkt aus betrachtet wunderschön sind, sich in der praktischen Anwendung aber als höllisch umständlich erweisen. Obwohl der Ursprung dieser Idee gewöhnlich Clark und Lyons im Jahre 1962 zugeschrieben wird, sind kommerziell erhältliche Biosensoren dünn gesät. Das Ziel besteht darin, einen Biokatalysator direkt in der Nähe eines Sensors zu immobilisieren, der eine Verminderung der Konzentration eines der Substrate oder das vermehrte Auftreten eines der Produkte durch die durch den Biosensor katalysierte „Reaktion" messen kann. Das gemessene Substrat könnte Sauerstoff, das Produkt Ammoniumionen, Hydrogeniumionen, Wärme, Licht oder sogar direkt Elektronen sein. Eine Variation dieses Themas ist die Immobilisierung von Antikörpern oder Enzymen am Eingang eines Feldeffekt-Transistors, der die Änderung der Ladung durch die Bindung des Antigens oder des Substrats mißt. Der Biokatalysator könnte ein gereinigtes Enzym, eine ganze Zelle, eine Organelle oder jede Kombination daraus sein. Der Sensor kann ganz unterschiedlich gestaltet sein: eine einfache Kohleelektrode, eine ionenselektive Elektrode, eine Sauerstoffelektrode, eine Photozelle oder ein Thermistor. Eine Vielzahl solcher Biosensoren wurden konstruiert, angefangen von recht einfachen z.B. der Glucoseelektrode, die auf einer Kombination von Glucoseoxidase und einer Sauerstoffelektrode beruht, oder der Cholesterolelektrode aus Zellen von *Nocardia erythropolis* mit einer Sauerstoffelektrode bis hin zu ganz besonderen, z.B. der Adenosin-Elektrode, die aus Dünndarmzellen der Maus besteht (die Adenosin-Desaminase enthält), die um eine Ammoniak-empfindliche Elektrode immobilisiert sind. Alle diese Elektroden haben eine Reihe von ähnlichen Eigenschaften, die am Beispiel der Glucose-Elektrode gut veranschaulicht werden können.

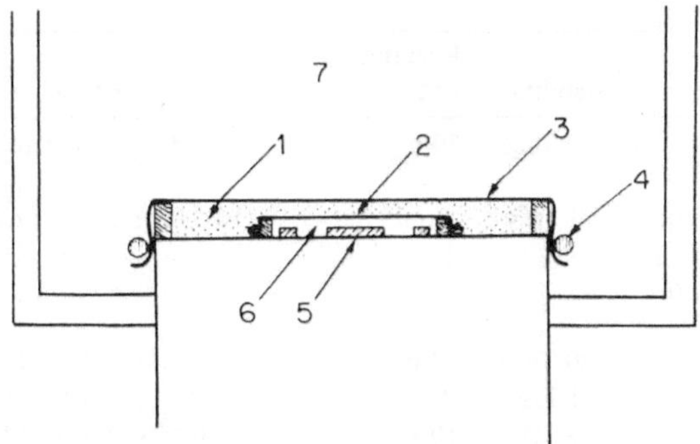

Abb. 14.19 Diagramm einer enzymhaltigen Glucoseelektrode: (1) immobilisierte Glucose-Oxidase; (2) Teflonmembran; (3) Celluloseacetatmembran; (4) „O"-Ring-Dichtung; (5) Sauerstoffelektrode aus Platin; (6) gesättigte KCl-Lösung; (7) Probenlösung. (Wiedergegeben mit Erlaubnis von Trevan, 1980)

Eine einfache Glucoseelektrode (Abb. 14.19) kann durch Immobilisierung einer Schicht aus Glucoseoxidase in einem Polyacrylamidgel um eine Sauerstoffelektrode aus Platin konstruiert werden. Wenn eine Glucoselösung in Kontakt mit der Elektrode gebracht wird, dann diffundiert Glucose (und Sauerstoff) in die Enzymschicht. Diese Substanzen werden in Gluconolacton und Wasserstoffperoxid umgewandelt, was die Sauerstoffkonzentration in der Gelschicht um die Sauerstoffelektrode herum verringert. Die Reaktionsgeschwindigkeit, die als Geschwindigkeit der Verringerung der Sauerstoffkonzentration, gemessen durch die Elektrode, bestimmt wird, ist proportional zur Glucosekonzentration in der Probe. Solch eine Vorrichtung reagiert in linearer Weise über einen Bereich von 10^{-1}-10^{-5} mol l^{-1} mit einer typischen Reaktionszeit von 1 min und ist bis zu 4 Monate lang stabil. Die Linearität der Reaktion liegt in der physikalischen Konstruktion der Elektrode begründet; eine hohe Enzymbeladung und die Einschränkung der Diffusion der Glucose führt dazu, daß die Reaktionsgeschwindigkeit effektiv durch die Geschwindigkeit der Diffusion der Glucose in das Gel bestimmt wird, die selbst wieder direkt proportional zu der Glucosekonzentration in der Probe ist. Eine solche Konstruktion der Elektrode erhöht auch ihre Betriebsstabilität (s. Abschn. 14.2.3). Einige Beispiele von Biosensoren, die in dieser Weise konstruiert worden sind, werden in Tab. 14.4 angegeben.

Solche Elektroden sind meist große und recht plumpe Vorrichtungen. Daher wurden in den letzten Jahren viele Anstrengungen wurden unternommen, Biosensoren zu entwickeln, bei denen die Redoxreaktion, die durch das Enzym

Tabelle 14.4. Typische enyzmatische Biosensoren

Substrate	Enzyme	Stabilität	Reaktions-zeit	Bereich
Alkohol	Alkohol-Oxidase	120 Tage	30 s	$5 - 10^3 \, mg \, ml^{-1}$
Cholesterol	Cholesterol-Oxidase/ Cholesterol-Esterase	30 Tage	2 min	$10^{-2} - 3 \times 10^{-5} \, mol \, dm^{-3}$
Harnsäure	Uricase	120 Tage	30 min	$5 \times 5 \times 10^{-3} - 5 \times 10^{-5} \, mol \, dm^{-3}$
Sucrose	Invertase	14 Tage	6 min	$10^{-2} - 2 \times 10^{-3} \, mol \, dm^{-3}$
Glucose	Glucose-Oxidase	50–100 Tage	10 s	$2 \times 10^{-3} - 3 \times 10^{-6} \, mol \, dm^{-3}$

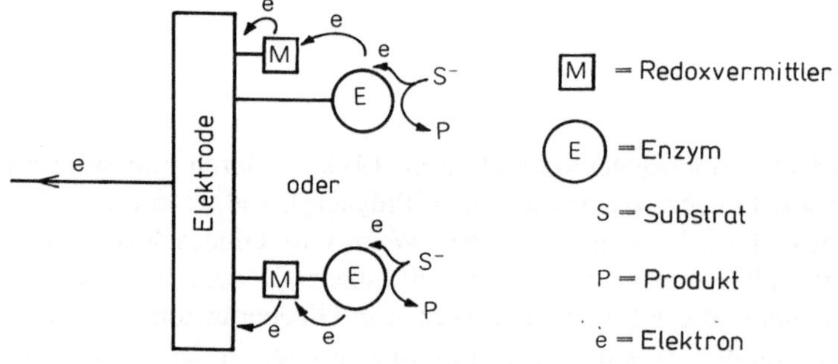

Abb. 14.20 Elektrode mit direktem Kontakt zum Enzym

katalysiert wird, direkt mit einer Elektrode gekoppelt ist. Das Enzym wird nur dem oxidierbaren Substrat ausgesetzt und die Elektronen werden vom Substrat auf das Enzym und dann direkt auf die Elektrode statt auf ein zweites Substrat übertragen, welches durch die Elektrode reoxidiert wird (Abb. 14.20).

14.7.3 Einsatz von Enzymen als Werkzeuge bei Manipulationen

Die speziellen katalytischen Eigenschaften von Enzymen wurden viele Jahre lang benutzt, um andere biologische Materialien zu verändern. Bei einem großen Arbeitmaßstab, wie bei der Auslösung von Bakterien mit Lysozym, grenzt dies an den Einsatz als Katalysator in der Industrie. Im Labormaßstab jedoch sind Enzyme häufig in der experimentellen Methodik benutzt worden. Es wäre unmöglich, alle diese Anwendungen hier zusammenzufassen. Zu einer Betrachtung der Wichtigkeit der Enzyme in der Gentechnik wird der Leser jedoch an Abschn. 11.2 verwiesen.

14.7.4 Einsatz in der Industrie

In einem Buch wie diesem, das vor allem die biologischen Grundlagen der Biotechnologie behandelt, ist es nicht möglich, einen detaillierten Bericht über alle möglichen Anwendungen von Enzymen abzugeben. Für diejenigen Leser, die eine detaillierte Einsicht wünschen, stehen mehrere Texte zur Verfügung (Godfrey und Reichert, 1983; Poulsen, 1984). Ein kurzer Kommentar ist jedoch angebracht.

In Tab. 14.5 sind einige der wichtigsten und ungewöhnlichsten Anwendungen löslicher Enzyme als Katalysatoren in der Industrie aufgelistet. Man muß nicht viel mehr darüber sagen, außer daß die Mehrzahl der benutzten Enzyme Hydrolasen sind, die meisten für die Nahrungsmittelverarbeitung verwendet werden und daß 25% der hergestellten Enzyme in Waschpulvern enden. Diese eher prosaische Tatsache veranschaulicht deutlich die Einfachkeit des größten Teils der Enzymtechnologie in der Industrie, verglichen mit der Komplexität, die bewältigt werden kann, wenn (oder unter der Voraussetzung, daß) verfeinerte Verfahren, die auf Enzymen beruhen (z.B. die Synthese von Steroiden) eingeführt werden. Die Kosten und die Instabilität der für ein solches Verfahren benötigten Enzyme und Coenzyme führen fast unausweichlich zum Einsatz immobilisierter Enzym/Coenzym-Systeme. So sollten wir uns jetzt diesen zuwenden.

Tabelle 14.6 faßt die meisten der augenblicklichen Anwendungen immobilisierter Enzyme bei industriellen Verfahren zusammen. Der erste Gedanke, der einem scharfsinnigen Leser kommen mag, ist der, warum es zur Zeit so wenige Anwendungen dafür gibt. Die Antwort ist einfach: die Wirtschaftlichkeit. Trotz der zweifellosen Vorteile immobilisierter Enzyme und der Fülle der Forschung auf dem Gebiet der auf immobilisierten Enzymen beruhenden Arbeitsgänge, sind die Kosten für die Einrichtung eines Verfahrens im Augenblick meist zu hoch, besonders wenn es mit einem bestehenden, gut entwickelten Verfahren konkurrieren muß. Es ist deshalb interessant anzumerken, daß der größte Einsatz eines immobilisierten Enzyms, nämlich bei der Herstellung von Sirup mit hohem Fructosegehalt aus Getreide mit immobilisierter Glucose-Isomerase, bei einem Verfahren anzutreffen ist, zu dem es keine konkurrierende Technologie gibt. Die Cetus-Corporation ließ gleich darauf ein anderes auf Enzymen beruhendes Verfahren zur Durchführung der gleichen Umsetzung patentieren. Dieses aber konnte sich nicht durchsetzen, da es mit der existierenden Glucose-Isomerase-Technologie mithalten mußte. Außerdem war der kommerzielle Erfolg des Glucose-Isomerase-Verfahrens nur durch die zehnmal höheren Kosten des einzigen anderen käuflichen Süßstoffes, des Sucrosesirups, möglich. Als im Laufe der Zeit einige Jahre später die Weltpreise für Zucker fielen, hatte sich der Sirup mit hohem Fructoseanteil aus Getreide als konkurrenzfähiges Produkt mit einem beachtlichen Anteil (etwa 50% in den USA) am „industriellen"

Tabelle 14.5 Verwendung löslicher Enzyme in der Industrie

Verfahren oder Produkt	Amylase	Amylo-glucosidase	Katalase	Cellulase	β-Glucanase	Glucose-Oxidase	Invertase	Lactase	Lipase	Pectinase	Protease
Backen	Beschleunigung der Fermentation, höheres Laibvolumen, besserer Biß und Struktur			Extraktion					Veränderung der Fette		verbesserte Struktur, erhöhtes Laibvolumen
Bier	Herstellung der Maische	Kalorienarme Getränke		Extraktion	Verbesserte Filtration						Verhinderung der Trübung beim Abkühlen, Stickstoffkontrolle
Biomethan-gewinnung	Vorbehandlung von Abfällen	Vorbehandlung von Abfällen		Vorbehandlung von Abfällen					Vorbehandlung von Abfällen	Vorbehandlung von Abfällen	Vorbehandlung von Abfällen
Kakao/Tee/Kaffee	Sirupe aus Kakao			Hydrolyse der Cellulose beim Trocknen des Kaffee, Teefermentierung						Fermentation, Kaffee-Konzentrate	
Ei-Trockenmasse						Entfernung von Glucose			Verbessertes Verquirlen und erhöhte Emulsionskraft		verbesserte Trocknung
Erfrischungs-getränke			Stabilisierung der Terpene aus Citrusfrüchten			Stabilisierung der Terpene aus Citrusfrüchten·					
Fleisch, Fisch											Zartmachen, Resteverwertung, Konzentrate aus Fischprotein
Fruchtsaft	Verbesserte Extraktion	Verarbeitung		Extraktion		Entfernung von Sauerstoff				Klärung, Verhinderung der Gelbildung, Erhöhung der Ausbeute	
Gemüse	Verflüssigkeit von Pürees und Suppen			Extraktion						Herstellung von Hydrolysaten	

Tabelle 14.5 Fortsetzung

Verfahren oder Produkt	Amylase	Amylo-glucosidase	Katalase	Cellulase	β-Glucanase	Glucose-Oxidase	Invertase	Lactase	Lipase	Pectinase	Protease
Getreidepflanzen	Vorgekochte Mahlzeiten										Gewürz-herstellung
Getreidesirup	Sirup mit hohem Maltosegehalt	Herstellung von Glucosesirup									
Aromastoffe	Klärung, Malzsirupe			Extraktion		Entfernung von Sauerstoff			Fett-extraktion	Extraktion	Malzsirupe, geschmacksintensive Aromastoffe
Gummi			Herstellung von Schaumgummi								Produktion
Lederver-arbeitung											Enthaarung, Abziehen
Molkerei			Entfernung von Wasser aus der Milch					Entfernung von Lactose aus Milch und Molke	Käsereifung, Herstellung von Eiscreme		Käseherstellung Hydrolyse von Proteinen, Stabilisierung von Trockenmilch
Photographie											Wiedergewinnung von Silber aus verbrauchten Filmen
Süßwaren-industrie	Zuckergewinnung aus Pflanzenresten						Fondant-herstellung			Fondant-herstellung	
Textilien	Entleimung, Herstellung von Papierpasten und Bindemitteln			Entleimung, Veränderung von Papier, Textildruck							
Wäsche	Detergenien								Detergenien		Detergenien
Wein	Mostherstellung		Kontrolle der Farbe	Produktion	Klärung	Kontrolle der Farbe					Mostherstellung Klärung

Tabelle 14.6 Geläufige Anwendungen immobilisierter Enzyme

Enzym	Produkt	Substrat	Arbeitsmaßstab	Immobilisierungs-methode	Nutzungszeit	Reaktor	Produktivität
Aminoacylase (Poulsen, 1984)	L-Aminosäure	DL-Acylamino säure	<250 Tonnen Amino-säure Jahr^{-1} <5 Tonnen Enzym Jahr^{-1}	Adsorption an DEAE sephadex	3–4 Wochen	Säule	
Amyloglucosidase Glucoamylase (Poulsen, 1984)	Glucose	Dextrine (aus Stärke)	<5000 Tonnen Glucose Jahr^{-1} <1 Tonne Enzym Jahr^{-1}	Adsorbiert an Aktiv-kohle	muß >5 Wochen betragen	Säule oder Tank mit Rührwerk	Wirtschaftlichkeit zweifelhaft
Glucose-Isomerase (Xylose-Isomerase) (Poulsen, 1984)	Sirup mit hohem Fruchtanteil (45% Fructose) (45% Glucose)	Glucosesirup	$3{,}6 \times 10^6$ Tonnen 50% Fructosesirup Jahr^{-1} 1600 Tonnen Enzym Jahr^{-1}	Gewöhnlich quer-vernetzt mit Glutaraldehyd	9–17 Wochen (25% Restaktivi-tät am Ende)	Säule	2000–2200 kg Produkt/kg Enzym
Hydantoinase (Poulsen, 1984)	z.B. D-Phenyl-glycin	Hydantoinglycin	<50 Tonnen D-Phenyglycin Jahr^{-1} 1 Tonne Enzym Jahr^{-1}	nicht bekannt	—	—	—
Lactase (β-Galatosidase) (Poulsen, 1984)	Glucose und Galaktose	Lactose (v. a. aus Molke)	<1000 Tonnen Lactose--hydrolysate Jahr^{-1} <5 Tonnen Enzym Jahr^{-1}	Kovalent an Silicium; Adsorption auf Harz; Einschluß in Celluloseacetat	Einige Wochen (<40 Batch-Arbeitsgänge	Säule oder Tank	Wirtschaftlichkeit zweifelhaft
Nitrilase (Poulsen, 1984)	Acrylamid	Acrylnitril	<5 Tonnen Acrylamid Jahr^{-1} <0,1 Tonnen Enzym Jahr^{-1}	Einschuß in ein kationisches Acrylamidgel	Nicht veröffent-licht	Säule	Wirtschaftlichkeit zweifelhaft

Tabelle 14.6 Fortsetzung

Enzym	Produkt	Substrat	Arbeitsmaßstab	Immobilisierungs-methode	Nutzungszeit	Reaktor	Produktivität
Penicillin G-Acylase (Poulsen, 1984)	6-Amino-penicillinsäure	Penicillin G (und Cephalosporine)	4000 Tonnen 6-APS Jahr^{-1} 3,5 Tonnen Enzym Jahr^{-1}	Kovalente Bindung an Sephadex	18 Wochen	Säule	1500 kg Produkt/kg Enzym
				Zellen, die an mit Glutaraldehyd akti-viertes Polyacrylo-nitril gebunden sind	7 Wochen	Säule	600 kg Produkt/kg Enzym
Penicillin V-Acylase (Poulsen, 1984)	6-Amino-penicillinsäure	Penicillin V	500 Tonnen 6-APS Jahr^{-1} 1 Tonne Enzym Jahr^{-1}	Zellen, die mit Glutaraldehyd quer-vernetzt sind	9 Wochen	Säule oder gerührter dis-kontinuierlicher Reaktor	350 kg Produkt/kg Enzym
Oxosäure Dehydroge-nase und Format-Dehydrogenase (Wandrey, 1984)	L-Methionin L-Valin L-Phenylalanin	Entsprechende Oxosäuren	1 Tonne Enzym Jahr^{-1} 150 Tonnen Jahr^{-1}	Lösliche Enzyme und Polyethylen-glykol–NAD	—	Membrane-reaktor	—
Fumarase (*Brevi-bacterium flavum*-Zellen) (Chibata, Tosa und Takata, 1983)	L-Maleinsäure	L-Fumarsäure	360 Tonnen Jahr^{-1} 2 Tonnen Enzym Jahr^{-1}	Einschluß der ganzen Zahlen in κ-Carrageenan und Polyethylenimin	Etwa 15 Wochen	Säule	70% der maximalen theoretischen Aus-beute 150 kg Pro-dukt/kg Zellen
Aspartase *E. coli* (Hamilton *et al.*, 1985)	L-Aspartat	L-Fumarat	—	Verschiedene, e.g. Fixierung an Vermiculit	Bis zu 6 Monate	Säule	100% Ausbeute 4000 kg Produkt/kg Enzym

Süßstoffmarkt durchgesetzt. Als das gleiche Verfahren erstmals in Europa eingeführt wurde, belegte die Europäische Kommission, um die Zuckerrübenbauern zu schützen, den Fructosesirup mit so hohen Preisen, daß die Herstellung über Nacht unökonomisch wurde.

Das vielleicht interessanteste Verfahren, das in Tab. 14.6 angegeben wird, ist die Herstellung von Acrylamid mit immobilisierter Nitrilase. Hier rückt nämlich die Enzymtechnologie in ein neues und weitgehend unerforschtes Territorium vor, nämlich das, Enzyme zur Herstellung oder Verarbeitung von Materialien zu verwenden, die normalerweise eher als chemisch als als biologisch eingestuft werden. Dies ist das erste richtige Beispiel, in dem die Enzymtechnologie direkt mit der traditionellen Chemie konkurriert, obwohl der wirtschaftliche Erfolg noch nicht sichergestellt ist. Dies ist sicherlich der Weg, auf dem sich die Enzymtechnologie in den nächsten Jahrzehnten weiterentwickeln wird. Die genaue Betrachtung von Tabelle 14.6 zeigt wenige andere Überraschungen außer der zweifelhaften Wirtschaftlichkeit vieler Verfahren. Abgesehen von den rein politischen Erwägungen, die oben erwähnt wurden, hängt es von einer Anzahl oft unzusammenhängender Faktoren ab, ob ein Verfahren ökonomisch ist oder nicht. Dazu gehören die Kosten für die Rohmaterialien, der Marktpreis und das Marktvolumen des Produktes, die regionalen Kosten für die Arbeitskräfte, die Kosten für den Transport, für die Investitionen und dafür, die entsprechende Technologie zu erwerben oder zu entwickeln. Zum Beispiel kann es technisch möglich sein, ein ökonomischeres Verfahren zur Herstellung von Jasminöl (das buchstäblich mit Gold aufgewogen wird) zu entwickeln. Die Kosten für die Entwicklung und Einrichtung des Verfahrens übersteigen jedoch den recht beschränkten möglichen Verdienst, da es nur einen sehr kleinen Markt für Jasminöl gibt (s. Tab. 1.2). Die Arbeits- und Transportkosten erklären sich von selbst. Bleibt nur hinzuzufügen, daß bei einem Verfahren, bei dem ein großes Volumen an billigem Material in ein teures Produkt von geringem Volumen umgewandelt wird, die Transportkosten niedriger sind, wenn die Produktionsanlage näher bei der Quelle des Rohmaterials steht als nahe den Abnehmern. Die Kosten für die Kapitalinvestition sind auch nicht von der Hand zu weisen. Mit geliehenem Geld kann eine Änderung des Zinzsatzes um 0,5% eine deutliche Einbuße beim berechneten Profit bedeuten. Unsicherheiten und Schwankungen auf dem Warenmarkt können die Kosten für die Rohmaterialien und den Wert der Produkte ungewiß machen. Schon die Einführung einer neuen Technologie verändert die Marktlage, da eine neue Nachfrage für ein Rohmaterial erzeugt wird, so daß deren Preis wahrscheinlich steigt. Dagegen führt die vermehrte Herstellung eines Produktes zu einer Verminderung seines Preises. In einer Zeit wirtschaftlicher Rezession zeugt es von viel Gottvertrauen, wenn man in eine neue und teure Technologie investiert, die ihren Profit vor allem daraus zieht, daß Rohmaterialien in Produkte von höherem Wert umgewandelt werden!

Die Wirtschaftlichkeit wird auch von der richtigen Prozeßplanung beeinflußt. Ein Schlüsselparameter ist hier die Nutzungszeit des immobilisierten Katalysators. Sicherlich führt eine längere Nutzungszeit dazu, daß der Katalysator weniger häufig ausgewechselt werden muß, wodurch die dafür anfallenden Kosten verringert werden. Außerdem bleiben die Fabrikationsanlagen in der Zeit, die für den Austausch des Katalysators benötigt wird, leerstehen. In der Praxis wird das letztgenannte Problem dadurch überwunden, daß mehrere Reaktoren parallel arbeiten. Die Zeit, in der die einzelnen Reaktoren in Betrieb sind, ist gestaffelt. So können in einer Reihe von z.B. 8 Reaktoren, sieben zur gleichen Zeit arbeiten, während einer abgeschaltet ist, um den Katalysator zu regenerieren. Ein zusätzlicher Vorteil eines solchen Reaktorsystems besteht darin, daß die Gesamtausbeute und die Produktivität des Systems weniger schwankt als beim Einsatz eines einzigen großen Rekators, was die Planung der vorangehenden und nachfolgenden Verfahren um einiges einfacher gestaltet.

Tabelle 14.7 Zusammenfassung der enzymatischen Eigenschaften verschiedener immobilisierter Aminosäure-Acylasen (Wiedergegeben mit Erlaubnis von Chibata und Tosa, 1976)

Eigenschaften	Natives[a] Enzym	Immobiliserte Aminosäure-Acylase[a]		
		DEAE-Sephadex	Iodacetyl-cellulose	Polyacrylamid
Optimaler pH .	7,5–8,0	7,0	7,5–8,0	7,0
Optimale Temperatur	60 °C	72 °C	55 °C	65 °C
Aktivierungsenergie[b] (kcal/mol)	6,9	7,0	3,9	5,3
Optimale Co^{2+}-Konzentration (mmol l^{-1})	0,5	0,5	0,5	0,5
K_m (mmol l^{-1})[b]	5,7	8,7	6,7	5,0
V_{max} (mol/h)[b]	1,52	3,33	4,65	2,33
Hitzestabilität[c]				
60 °C, 10 min (%)	62,5	100	77,5	79,5
70 °C, 10 min (%)	12,5	87,5	62,5	34,5
Betriebsstabilität[d] (Tage)	—	65 Tage bei 50°	—	48 Tage bei 37 °C
Zubereitung	—	Einfach	Schwierig	Mittel
Enzymaktivität	—	Hoch	Hoch	Hoch
Kosten der Immobilisierung	—	Niedrig	Hoch	Mittel
Bindungskraft	—	Mittel	Stark	Stark
Betriebsstabilität[d]	—	Hoch	—	Mittel
Regenerierung	—	Möglich	Unmöglich	Unmöglich

[a] Substrat Acetyl-D,L-Methionin
[b] Bestimmt bei 37 °C und pH 7,0
[c] Restaktivität
[d] Zeit, bis Enzymaktivität auf 50% abgesunken ist

Es ist angebracht, diese Betrachtungen mit einem kurzen Blick auf einen wohletablierten Prozeß zu beenden, der Bildung von L-Aminosäuren aus D,L-Acylaminosäuren mit Hilfe der L-Aminosäure-Acylase. Ein Verfahren mit einem löslichen Enzym ist in Japan Anfang der sechziger Jahre eingeführt worden. Es handelte sich dabei um einen einfachen Batch-Prozeß, bei dem die D,L-Acylaminosäure in einem Tank mit dem Enzym verrührt wurde. Am Ende der Reaktion wurde das Enzym denaturiert und die L-Aminosäure von der

D-Acylaminosäure getrennt. Gegen Ende der sechziger Jahre entwickelte die Tanabe-Seiyaku-Company ein Verfahren, das auf dem Einsatz eines immobilisierten Enzyms beruht. Über 40 verschiedene Immobilisierungsmethoden wurden ausprobiert, nur drei davon jedoch einer weitergehenden Bewertung unterzogen: der Einschluß in ein Polyacrylamidgel, die kovalente Bindung an Iodacetylcellulose und die elektrostatische Bindung an DEAE-Sephadex. Tab. 14.7 führt die wichtigsten Eigenschaften dieser Zubereitungen auf. Aus diesen Daten geht klar hervor, daß keine größeren Unterschiede zwischen diesen Zubereitungen auftraten, obwohl die höheren Werte (verglichen mit dem löslichen Enzym) für die Maximalgeschwindigkeiten der immobilisierten Zubereitungen etwas in Erstaunen versetzen (s. Abschn. 14.2.4, Maximalgeschwindigkeit (V_{max})). Der einzige größere Unterschied lag in der Wärmebeständigkeit, wobei diejenige mit DEAE-Sephadex am stabilsten erschien. Abgesehen davon, welche Überlegungen führten schließlich zur Auswahl des DEAE-Sephadex-Enzyms? Seine möglichen Nachteile waren die relative Labilität der Enzym-Polymerbindung und die hohen Kosten für DEAE-Sephadex. Die Präparation des immobilisierten Enzyms allerdings war sehr einfach. Zusätzlich erwies sich der mögliche Nachteil, die Labilität der Enzym-Polymerbindung, in der Praxis als vorteilhaft, da sie eine leichte Regeneration der Aktivität des immobilisierten Enzyms erlaubte, ohne daß das DEAE-Sephadex aus dem Reaktor entfernt werden mußte. Zur Inbetriebnahme wurde eine Säule von 1000 l mit dem DEAE-Sephadex-Enzym gepackt. Bei einer Flußgeschwindigkeit von 2,8 Volumengeschwindigkeiten pro Stunde (d.h. das 2,8fache des Reaktorvolumens/h) wurden 2000 l einer 0,2 mol l^{-1} Acetyl-D,L-Methioninlösung/h zu 100% in Acetyl-D-Methionin und L-Methionin umgewandelt. Die Aktivität des Reaktors fiel langsam nach 30 Betriebstagen auf 60% des ursprünglichen Wertes ab. Daraufhin wurde seine Aktivität durch Zufuhr frischen Enzyms zu dem Reaktor regeneriert. Das DEAE-Sephadex erwies sich als extrem stabile Polymermatrix; selbst nach 10 Betriebsjahren ist sie kein einziges Mal ausgetauscht worden! Das Produktgemisch wurde evaporiert, das L-Methionin kristallisiert und das Acetyl-D-Methionin durch Erhitzen auf 60 °C mit Essigsäureanhydrid racemisiert und dem Substratstrom wieder zugeführt. Die gesamte Ausbeute betrug 91% des theoretischen Wertes.

Ein Vergleich zwischen der Wirtschaftlichkeit des Verfahrens mit dem immobilisierten und der mit dem löslichen Enzym zeigt, daß das auf dem immobilisierten Enzym beruhende etwa halb so viel kostet. Die Ersparnisse waren auf drei Faktoren zurückzuführen: die Kosten für das Enzym, die verständlicherweise beim immobilisierten geringer waren; der vollautomatische kontinuierliche Arbeitsgang, der die Lohnkosten herabsetzt, obwohl besser ausgebildete Arbeitskräfte nötig waren; die höheren Ausbeuten, die sich in einer Verringerung der Kosten für das Substrat niederschlugen. Die Kosten für die Energie waren wegen des zusätzlichen Energieaufwandes durch die Automatisierung merklich höher. Auch mußte man die Kosten für das DEAE-Sephadex hinzurechnen. Die letztgenannten sind allerdings einige Jahre nach Betriebsbeginn aus der Kalkulation verschwunden. Tab. 14.8 faßt diese Ergebnisse zusammen. Keine Analyse trägt

den Kapitalkosten Rechnung, die für das Verfahren mit dem immobilisierten
Enzym höher sind.

Tabelle 14.8 Vergleich der Wirtschaftlichkeit
des herkömmlichen Batchverfahrens mit dem
kontinuierlichen Verfahren mit immobilisierter
L-Aminosäure-Acylase

| | Relative Kosten | |
Komponente	Löslich	Immobilisiert
Substrat	0,52	0,40
Enzym	0,25	0,01
Arbeit	0,20	0,06
Energie	0,03	0,05
DEAE Sephadex	—	0,02
Summe	1,00	0,54

Es gab noch viele andere Vorschläge für den Einsatz immobilisierter Enzyme,
von denen die meisten nur im Labormaßstab oder gelegentlich im Maßstab einer
Pilotanlage entwickelt worden sind, meist wegen der zweifelhaften Wirtschaftlichkeit. Es wäre unmöglich, alle hier im Überblick zusammenzufassen. So wollen wir uns mit einer kurzen Erwähnung nur einiger von ihnen begnügen, wobei
wir diejenigen auswählen, die am wahrscheinlichsten in Zukunft den größten Erfolg aufweisen werden. Interessanterweise haben sie eines gemeinsam, nämlich
den Einsatz immobilisierter Zellen statt gereinigter Enzyme.

Ein Verfahren zur Umwandlung von Sucrose in Isomaltulose haben Tate und
Lyle (Cheetham, Imber und Isherwood, 1982) patentieren lassen. Isomaltulose
wurde als nützliches, nicht-karieeserzeugendes Füllmittel in der Nahrungsmittel-
und Pharmazeutischen Industrie vorgeschlagen. Auf diese Anwendung wurde
seine Bewertung bezogen. Der Zyniker könnte vermuten, daß dies ein klassischer
Fall für ein Produkt ohne Markt ist. Das Verfahren beruht auf einem Reaktor mit
einer gepackten Schicht aus eingeschlossenen Zellen von *Erwinia rhaptonica*. Der
besonders interessante Gesichtspunkt bei diesem Verfahren ist der Einsatz einer
sehr hohen Substratkonzentration (bis zu 1,6 mol l^{-1}), die die immobilisierten,
aber nicht die freien Zellen merklich stabilisiert. Die Betriebshalbwertzeit der
erstgenannten liegt bei 1 Jahr bei 30 °C. Auch erlaubt dieses Verfahren eine
einfache Gewinnung der Produkte.

Zu den ungewöhnlichsten Umsetzungen, die vorgeschlagen worden sind,
gehören zwei Methoden mit in Gelen eingeschlossenen Zellen von *Nocardia*-
spp. Im ersten Fall berichteten Wingard *et al.* (1985) vom Einsatz solcher Zellen
zur Epoxidierung von Propylen (s. Abschn. 15.6), beim zweiten handelt es sich
um die Umwandlung von Cortexolon zu Cortisol (eine 11β-Hydroxylierung).
Die letztgenannte Reaktion ist auch mit in Alginat eingeschlossenen Sporen von
Curvularia lunata mit Erfolg durchgeführt worden (Ohlsen *et al.*, 1980). In jedem Fall handelt es sich um lebende, aber nicht wachsende Zellen. Der Einsatz

von Biokatalysatoren, die mit gasförmigen oder wasserunlöslichen Verbindungen arbeiten, ist ein Gebiet, auf dem ein großer Teil des zukünftigen Potentials immobilisierter Biokatalysatoren liegt.

14.8 Zusammenfassung

Die erfolgreiche Anwendung der katalytischen Fähigkeiten eines Enzyms hängt von einer Reihe von Faktoren ab. Entscheidend dafür sind Fragen der Stabilität des Enzyms, der Wiederverwendbarkeit und der Leichtigkeit, mit der es aus dem Reaktionsgemisch entfernt werden kann. Daß ein Enzym nicht angewendet wird, liegt oft darin begründet, daß es sich auf einem dieser Gebiete nicht günstig verhält. Es ist jedoch möglich, die Eigenschaften von Enzymen mit verschiedenen Methoden zu verbessern.

Die wichtigste dieser Methoden ist die der Immobilisierung des Enzyms, d.h. es in irgendeiner Weise auf einer Polymermatrix zu fixieren. Es stehen eine größere Menge verschiedener Immobilisierungsmethoden zur Verfügung, die man grob in Gruppen entsprechend des Bindungstyps, mit dem Enzym und Polymer zusammengehalten werden, einteilen kann. Die Auswahl der geeigneten Methode geschieht größtenteils empirisch. Die Immobilisierung kann das Verhalten eines Enzyms entweder direkt beeinflussen oder indirekt dadurch, daß eine heterogene Mikroumgebung um das Enzym herum geschaffen wird. So kann die Stabilität, die K_m, die Maximalgeschwindigkeit oder die Empfindlichkeit gegenüber pH-Veränderungen, Aktivatoren und Inhibitoren eines Enzyms verändert sein. Bei den Veränderungen kann es sich um echte intrinsische oder um mehr scheinbare handeln, die durch die Schaffung einer definierten Mikroumgebung entstehen. Ähnliche Effekte können beobachtet werden, wenn ganze Zellen immobilisiert werden. Es stehen auch andere Methoden zur Verbesserung der Eigenschaften des Enzyms zur Verfügung, wieder andere sind gerade in der Entwicklung begriffen. Zum Beispiel sind die Auswahl der Enzyme aus thermophilen Organismen, die ortsspezifische Mutagenese zur Änderung der Tertiärstruktur, die Veränderung der Reaktionsbedingungen und die direkte chemische Modifikation des Enzyms Techniken, die ein großes Potential besitzen. In allen diesen Fällen besteht allerdings die Notwendigkeit, die Struktur-Wirkungsbeziehung in Enzymen besser zu verstehen, wenn Versuche, sie zu verbessern, über das rein empirisch zu Erreichende hinausgehen sollen.

Betrachtet man die Anwendung eines Biokatalysators, wird die Frage, ob man lösliche oder immobilisierte Zellen oder Enzyme einsetzt, gewöhnlich durch das angestrebte Verfahren selbst und durch die relativen Kosten für die verschiedenen zur Wahl stehenden Methoden beantwortet.

Wenn Enzyme in einem Reaktor benutzt werden sollen, muß man mit Vorsicht den Aufbau und die Arbeitsweise des Reaktors abwägen. Die Betriebscharakteristik verbunden mit dem speziellen Aufbau und ihre Wechselwirkung mit den physikalischen und kinetischen Eigenschaften des Enzyms beeinflussen die Ausbeute und die Produktivität eines Verfahrens.

Enzyme finden in therapeutischen, analytischen, manipulativen und industriellen Verfahren Anwendung; eine vollständige Diskussion gehört nicht zu den Themen dieses Buches. Sie stellen aber einen nicht mehr wegzudenkenden Teil des modernen Lebens dar und ihre Anwendungsgebiete werden sicherlich in der Zukunft noch ausgedehnt werden.

15. Probleme und Perspektiven

Die Enzymtechnologie ist ein sich schnell entwickelndes Gebiet. Wie alle solche Zweige der Wissenschaft, bietet sie viele Möglichkeiten für die Zukunft. Wenn ihr Potenial vollständig ausgeschöpft werden soll, verlangen diese die Lösung einer Vielzahl von Problemen. Somit wollen wir unsere Aufmerksamkeit auf einige dieser möglichen Entwicklungen richten und in unserer Diskussion die Versuche, die gerade unternommen werden, kurz anreißen. Die Zukunft vorherzusagen ist eine unsichere Kunst, wenn die Bedingungen optimal sind, und in der Zeit, bis diese Worte gedruckt erscheinen, können die Ereignisse einige dieser Voraussagen eingeholt haben.

15.1 Coenzym-abhängige Reaktionen

Bei weitem die größte Zahl der in der Natur vorkommenden Enzyme sind Oxidoreduktasen, dicht gefolgt von den Kinasen. Es sollte jedoch in Erstaunen versetzen, daß nur wenige dieser Enzyme Anwendungen im industriellen Maßstab gefunden haben und daß die Mehrzahl der auf diese Weise genutzten Enzyme einfache Hydrolasen sind. Der Grund dafür liegt darin, daß diese Enzyme auf eine stetige Zufuhr teurer Coenzyme angewiesen sind. Der Nutzen dieser Enzyme steht außer Zweifel. Zum Beispiel können die NAD(P)-abhängigen Dehydrogenasen eine äußerst große Vielfalt an Reaktionen katalysieren: oxidative Decarboxylierungen; die Umsetzung von Alkoholen oder Aminen zu Carboxylgruppen; von Aldehyden zu Carbonsäuren; von Aminen zu Iminen; von Alkanen zu Alkenen. Die meisten dieser Reaktionen sind frei umkehrbar. Außerdem werden sie streng stereospezifisch durchgeführt, was die Dehydrogenasen wertvoll für die chemische Synthese z.B. von Steroiden oder pharmakologisch aktiven Verbindungen macht. Stereospezifische Phosphorylierungen, die durch Kinasen katalysiert werden, könnten ebenfalls nützlich sein. Neben der Instabilität solche Enzyme besteht das Problem darin, die Kosten für das Coenzym zu senken. Zwei Wege werden beschritten: das Coenzym in die benötigte Form zurückzuführen („Recycling") und es in dem Reaktor zurückzuhalten.

15.1.1 Recycling von Coenzymen

Theoretisch können Coenzyme auf mehreren Wegen in ihre aktive Form zurückgeführt werden: chemisch, elektrochemisch oder enzymatisch. Die Methode der Wahl scheint die enzymatische zu sein. Verschiedenartige Systeme wurden dafür vorgeschlagen (Abb. 15.1). Das Prinzip des Recyclings ist einfach genug: man fügt dem Reaktionsgemisch eine zweite Enzym/Substrat-Kombination zu, die die umgekehrte Reaktion durchführt. Vorschläge zur Zurückgewinnung von ATP scheitern oft an wirtschaftlichen Erwägungen und an der hohen Energiefreisetzung (d.h. ihrer Irreversibilität) der Phosphatübertragungsreaktionen. Selbst wenn Ideen dafür in die Tat umgesetzt wurden, hat keine von ihnen bis jetzt praktische Anwendung gefunden. Die Zukunft des ATP-Recyclings ist also ungewiß. Mehr Erfolg war den Versuchen zur Zurückgewinnung von NAD/NADH beschieden. Das System der Wahl für die Wiedergewinnung von NADH, das bei den meisten interessanten Reaktionen verbraucht wird, besteht aus Formiat-Dehydrogenase und Ameisensäure. Der besondere Vorteil diese Reaktionen besteht darin, daß als Produkte das erwünschte NADH und Kohlendioxid entstehen, das leicht ohne komplizierte Trennungen aus dem Reaktor entfernt werden kann. Bis vor kurzem waren allerdings die Kosten zur Gewinnung von Formiat-Dehydrogenase äußerst hoch, doch die Anwendung der flüssigen Zweiphasentrennung hat den Preis drastisch gesenkt.

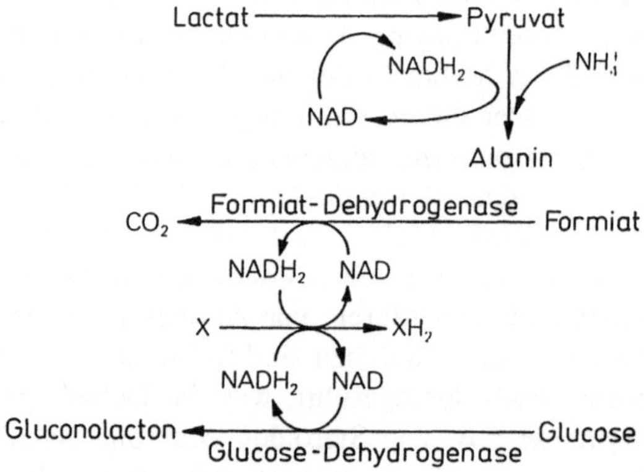

Abb. 15.1 Systeme zum Recycling von NAD/NADH

Eine detaillierte Diskussion der chemischen oder elektrochemischen Zurückgewinnung von Coenzymen würde über den Rahmen dieses Textes hinausgehen. Es soll genügen, festzuhalten, daß die chemischen Redoxverbindungen wie z.B. Phenazinmethosulfat oder 2,6-Dichloroindophenol, meist schwierig aus dem Reaktionsgemisch abzutrennen sind. Gleichfalls erfordert das elektrochemische Recycling von Coenzymen einen effizienten Elektronentransfer zwischen dem

Mediator, dem Coenzym oder sogar dem Enzym und der Oberfläche der Elektrode. In einem größeren Arbeitsmaßstab könnte sich dies schwierig gestalten (s. Jones und Taylor, 1976; Lowe 1981; und Wingard, Shaw und Castuer, 1982).

15.1.2 Zurückhalten des Coenzyms

Das Zurückhalten des Coenzyms im Reaktor ist problematischer. Offensichtlich führt die geringe Größe des Coenzymmoleküls dazu, daß es schnell aus dem Enzymreaktor entkommt, wenn es nicht vorher auf irgendeine Weise modifiziert wurde.

Diese Veränderungen können auf drei Arten geschehen. Das Coenzym kann durch kovalente Bindung auf einem unlöslichen Polymer immobilisiert werden. Sicherlich kann es leicht in dem Reaktor zurückgehalten werden. Es versteht sich dann allerdings von selbst, daß es dann nur sehr schlecht mit einem immobilisierten Enzym in Wechselwirkung treten kann und daß somit ein lösliches Enzym verwendet werden muß. Dies wiederum wirft das Problem auf, wie das Enzym im Reaktor zurückgehalten werden kann! So ist die Anwendung unlöslich immobilisierter Coenzyme auf die Affinitätschromatographie beschränkt. Es gibt jedoch eine Ausnahme, ein interessanter Vorschlag zur Überwindung des Problems, daß sowohl das Enzym als auch das Coenzym immobilisiert werden muß. Die Idee bestand darin, NAD durch Bindung an ein geeignetes Acrylamidderivat zu binden und dieses Produkt in ein Polyacrylamidgel einzubauen, das dann zum Einschließen des Enzyms benutzt wird. Dadurch wird erreicht, daß die Enzyme einerseits unlöslich, andererseits aber so in die NAD-haltige Gelstruktur eingebaut sind, daß NAD und Enzym interagieren könnten. Doch auch hier bleibt das Problem der geringen Reaktivität des immobilisierten Coenzyms bestehen, die typischerweise weniger als 1% der des analogen löslichen Coenzyms beträgt. Diese Überlegungen gaben den Anreiz für den zweiten Weg zum Zurückhalten des Coenzyms, die Synthese löslich immobilisierter Coenzyme. NAD kann leicht an lösliche Polymere z.B. Dextran oder Polyethylenglykol gebunden werden, und zwar so, daß es seine Reaktivität beibehält. Das Enzym und das mit Verbindungen von hoher molekularer Masse modifizierte NAD können dann gemeinsam in ein Gel eingebaut oder einfach durch Ultrafiltration im Reaktor zurückgehalten werden. Der Einsatz von Hohlfaserreaktoren ist hier praktisch durchgehend üblich. Die dritte Möglichkeit ist vielleicht die einfachste: man immobilisiert das Coenzym direkt auf der Dehydrogenase. So unwahrscheinlich es klingen mag, durch kluge Wahl eines Spacermoleküls zwischen dem Coenzym und dem Enzym, kann diese Methode erfolgreich durchgeführt werden. Mansson, Larsson und Mosbach (1978,1979) beschreiben die Präparation eines NAD-N^6,(6-Aminohexyl)carbamylmethyl-Lactat-Dehydrogenase-Komplexes, bei dem das NAD für die Lactat-Dehydrogenase verfügbar (und aktiv) war. Es was auch Recycling-Enzymen zugänglich.

Wie kann nun aber NAD, oder auch ATP bzw. Coenzym A (CoA) mit Erfolg an eine Polymermatrix gebunden werden? Eine Vielzahl von Methoden sind ausprobiert worden. Im allgemeinen zeigen sie, daß eine direkte Bindung der

Coenzyme an das Polymer zu Präparationen mit vernachlässigbarer Aktivität führt. So muß ein „Abstandshalter" (engl.: Spacer) zwischen dem Coenzym und dem Polymer eingefügt werden. Dies wird am besten dadurch bewerkstelligt, daß man ein geeignetes reaktives lineares Molekül mit dem Coenzym verbindet und dieses derivatisierte Coenzym mit einer reaktiven Gruppe (gewöhnlich einem Amin) am freien Ende des Spacerarms mit dem Polymer verknüpft. Die beiden am meisten verwendeten Spacermoleküle sind Carboxymethyl- und (6-Aminohexyl)carbamylmethyl-Derivate. Man muß Vorsicht walten lassen, wie das Spacermolekül mit dem Coenzym verknüpft wird, um eine maximale Aktivität aufrecht zu erhalten. Bei NAD(P) führt eine Verknüpfung über den Nicotinamid- oder Riboserest gewöhnlich zu einem inaktiven Coenzym; die besten Stellen befinden sich am Adeninrest. Bei NAD ist die Verknüpfungsstelle sehr kritisch, nur eine Substitution am N-6-Atom des Adenins wird akzeptiert, egal ob Carboxylmethyl- oder (6-Aminohexyl)carbamylmethyl-Gruppen angeheftet werden. Dagegen sind N-1 und auch N^6-substituierte Carboxymethyl-NADP-Derivate aktiv, während eine Substitution mit (6-Aminohexyl)carbamylmethyl-Gruppen NADP an jeglicher Stelle inaktiviert. Sicherlich ist eine Betrachtung sowohl der Ladung als auch der Substitutionsstelle wichtig. Zusätzlich kann die Wahl der Immobilisierungmethode auch noch von dem dazugehörigen Enzym beeinflußt werden. Zum Beispiel ist NAD N^6,(6-Aminohexyl)carboxymethyl-Dextran ein aktives Substrat für die Alkoholdehydrogenase aus der Leber von Säugetieren, aber nicht von Hefen.

Es gibt zwei generelle Nachteile bei der Anwendung dieser Methoden. Der erste sind die Kosten: NAD-Analoga sind teuer und schwierig herzustellen. Der zweite ist die Instabilität: die Einfachbindung zwischen NAD und dem Polymer oder Enzym ist relativ instabil, besonders wenn man ein Bromcyan-aktiviertes Polymer benutzt. Solche Zubereitungen haben eine beschränkte Betriebszeit.

Es müssen noch viele Probleme in diesem Bereich gelöst werden, bevor Coenzym-abhängige Enzyme praktische Anwendung als produktive Katalysatoren finden können. Zwei andere Wege werden jedoch untersucht/benutzt, um dieses Problem zu umgehen. Der erste besteht in dem Einsatz ganzer Zellen zur Bereitstellung der Dehydrogenase- oder Kinase-Aktivität (s. Abschn. 14.4). Der zweite ist das Suchen nach Flavoprotein- und Quinonprotein-Dehydrogenasen (z.B. Methanol-Dehydrogenase aus bestimmten Ausgangsmaterialien), die gebundene prosthetische Gruppen besitzen.

15.2 Oxidasen und Oxygenasen

Nicht alle Oxidoredukatasen benötigen Coenzyme. Auch werden nicht alle interessanten Reaktionen durch Dehydrogenasen katalysiert. Vielversprechend sind zwei weitere Gruppen von Enzymen, die Oxidasen und Oxygenasen.

15.2.1 Oxygenasen

Oxygenasen können entweder ein oder beide Atome eines Sauerstoffmoleküls in ein Kohlenstoffzentrum einführen (Monooxygenasen und Dioxygenasen). Bisher haben die Monooxygenasen die größte Aufmerksamkeit auf sich gezogen. Zu den Reaktionen, die sie katalysieren können, gehören: die Umwandlung von Alkanen zu Alkoholen; von Olefinen zu Epoxiden; von Sulfiden zu Sulfoxiden; oxidative Demethylierungen; Spaltung aromatischer Ringe und, vielleicht die bezeichnendste Reaktion, die Hydroxylierung aromatischer oder polycyclischer Verbindungen und von Steroiden. Zum Beispiel enthalten eine Vielzahl von Mikroorganismen, vor allem *Rhizopus arrhizus* und *Nocardia*-spp. eine Monooxygenase, die Progesteron in 11-α-Stellung hydroxylieren kann. Dieses Enzym, mikrobielle Δ^1-Dehydrogenasen und einige chemische Schritte wurden jahrelang dazu benutzt, Progesteron in Hydrocortison, Prednisolon, Cortison und Prednison umzuwandeln. Bis vor kurzem wurde diese Reaktion mittels Fermentation durchgeführt, aber es sind jetzt Versuche im Gange, immobilisierte Zellen (vor allem *Norcardia*-spp.) zu verwenden, um die 11-α-Hydroxylierungen durchzuführen. Zu einer weiteren Diskussion dieses Themas wird der Leser an eine Reihe von Veröffentlichungen verschiedener Autoren in dem Buch von Chibata, Fukin und Wingard (1982) verwiesen.

Es steckt sicherlich eine Menge an wissenschaftlichem und finanziellem Potential in der Anwendung von Enzymen bei der Steroidsynthese. Schließlich kann vielleicht die gesamte Umwandlung von Cholesterol zu einer Reihe von Steroiden mit Enzymen zuwege gebracht werden.

15.2.2 Oxidasen

Die Oxidasen sind eine ebenso nützliche Gruppe von Enzymen. Zu ihnen gehören die Flavoproteine (wie die Aminosäuren- und Glucose-Oxidasen), Metallflavoproteine (wie die Xanthin-Oxidase) und die Häm-Proteine (wie die Katalase und die Peroxidasen). Einige dieser Enzyme haben schon Anwendung gefunden. Glucose-Oxidase ist schon seit Jahren zusammen mit Katalase in der Nahrungsmittelindustrie als Antioxidans benutzt worden und Katalase alleine bei der Herstellung von Schaumgummi. Zu den neueren Anwendungen gehören: die Herstellung von Fructose aus Glucose mit Pyranose-2-Oxidase (EC 1.1.3.10), die Glucose in Glucoson umwandelt, bevor dieses chemisch reduziert wird (Geigert, Neidleman und Hirano, 1983); die Herstellung von α-Oxosäuren aus Aminosäuren mit Aminosäure-Oxidasen (Szwaher, Brodelius und Mosbach, 1982); die Herstellung von Alken-Oxiden aus Alkenen mit Haloperoxidasen (Neidlemann, Amon und Geigert, 1981). Die letzte Anwendung basiert auf dem Einbau von Halogenen (z.B. Chlor) in Alkene (wie Ethylen) unter Bildung eines Halohydrins, das durch Alkalibehandlung in das Epoxid und dann in das Oxid (wie Ethylenoxid) umgewandelt werden kann. Es wird erwartet, daß dieser enzymatische oder auch möglicherweise mikrobielle Weg zur Bildung von Alkenoxiden (wichtige Grundstoffe für die Polymersynthese) bis 1990 zu einem ökonomischen Verfahren werden kann.

15.3 Nicht-wäßrige Systeme

Bei vielen der möglichen Reaktionen, die oben beschrieben worden sind, ist man mit Substraten oder Produkten konfrontiert, die entweder wenig oder gar nicht in Wasser löslich sind. Um eine ökonomische Herstellung zu erleichtern, sollte sie am besten in organischen Lösungsmitteln durchgeführt werden. Daher muß das gesamte Problem der Enzymstabilität und -aktivität in solchen Lösungsmitteln gelöst werden (s. Abschn. 14.5). Durch die Einführung organischer Lösungsmittel in Reaktionssysteme mit Enzymen sind auch eine Anzahl anderer positiver Effekte zu beobachten. Wenn Wasser durch ein organisches Lösungsmittel ersetzt wird, resultiert daraus eine Erniedrigung der Konzentration an Wasser. Wie wir gesehen haben, kann dies zwei Folgen haben: eine Stabilisierung des Enzyms (s. Abschn. 14.5) und Veränderungen in der Gleichgewichtseinstellung hydrolytischer Reaktionen. Unterm Strich betrachtet wird die Synthesereaktion begünstigt. Zum Beispiel synthetisiert α-Chymotrypsin in Chloroform N-Acetyl-L-tryptophanethylester aus Ethanol und N-Acetyl-L-Tryptophan. Die Auswahl eines geeigneten Lösungsmittels ist wichtig. Die Ausbeute an N-Benzoyl-L-phenylalaninethylester bei der Synthese mit α-Chymotrypsin schwankt zwischen 80% in Chlorofrom, 63% in Tetrachlorkohlenstoff und 26Semenov, 1981). Eine vielleicht schneller zu verwirklichende Anwendung ist die Synthese spezifischer Glyceride aus Glycerin und den entsprechenden Fettsäuren durch Umkehrung der normalen hydrolytischen Reaktion, die durch Lipase katalysiert wird. Somit können Fette, die der teuren Kakaobutter ähneln, aus billigen Substraten wie Kokosfett hergestellt werden.

Schließlich besteht die Möglichkeit, daß die katalytische Charakteristik des Enzyms selbst durch die Anwesenheit eines organischen Lösungsmittels verändert wird. Es ist anzunehmen, daß dies durch Änderung der Struktur des aktiven Zentrums geschieht. Pal und Gertler (1983) zeigten, daß das Enzym α-Thrombin, das normalerweise Esterase- und Amidaseaktivität aufweist, durch die Anwesenheit von Dimethylsulfoxid beeinflußt wird. Eine v/v-Konzentration von 20% Dimethylsulfoxid in Wasser reduziert die Amidaseaktivität um das 10fache, während die Esteraseaktivität verdoppelt wird.

Somit können die Effekte organischer Lösungsmittel unerwartet und möglicherweise sehr nützlich sein und werden zweifellos eine wachsende erfolgreiche Anwendung finden, wenn eine geeignete Optimierung der Einsatzbedingungen erfolgt ist. Zum Beispiel gibt es organische Lösungsmittel in zwei grundlegenden Varianten, mischbar oder nicht mischbar mit Wasser. Während die nicht mischbaren Lösungsmittel möglicherweise zumindest weniger schädliche Auswirkungen auf das Enzym haben, das sich in der wäßrigen Phase befindet, stellen die mit Wasser mischbaren dem Enzym mehr Substrat zur Verfügung. Dies wird durch die Arbeit von Antonini, Arrea und Cremonesi (1981) über die Ausbeute an reduziertem Cortison aus Cortison mit 20β-Hydroxysteroid-Dehydrogenase (EC 1.1.1.53) verdeutlicht. In Wasser geschieht die Umwandlung von Cortison mit einer Ausbeute von nur 5%, in Chlorbenzol beträgt sie 15%, in Butylacetat dagegen 100%, trotz des für das Enzym festgestellten Fehlens eines inhibitorischen

Effekts durch Chlorbenzol und einer entsprechenden Inhibition von 52% durch Butylacetat. Der Unterschied kann durch die relative Löslichkeit des Cortisons in den beiden Lösungsmitteln und der relativen Löslichkeit der Lösungsmittel in Wasser erklärt werden. Cortison ist in Butylacetat besser löslich; das wiederum in Wasser besser löslich ist. Somit stellt das Butylacetat mehr Cortison in der wäßrigen Phase zur Verfügung, kann aber auch das Enzym leichter denaturieren.

15.4 Erzeugung von Energie

Biologische Organismen sind darauf angewiesen, Energie zu erzeugen. Es erstaunt daher nicht, daß der Mensch Jahrhunderte lang versucht hat, diese Energieerzeugung für sich selbst zu nutzen. Fossile Brennstoffe oder Holz sind die besten Beispiele für die Nutzung biologisch gebundenen und konzentrierten Kohlenstoffs als Energiequelle. Als zukünftige Energiequellen für den Bedarf der Menschen sind sie wegen ihrer begrenzten Verfügbarkeit und ihrer Kosten nicht attraktiv. In jüngerer Zeit wurden dann mit Bedacht sehr verschiedene Versuche unternommen, biologische Stoffwechselvorgänge so umzugestalten, daß sie eine nutzbare Energieform liefern. Zwei Arten von Energien stehen zur Wahl: transportable Brennstoffe und direkte Erzeugung von elektrischer Spannung.

15.4.1 Transportable Brennstoffe

Drei Arten transportabler Brennstoffe biologischer Herkunft sind vorgeschlagen worden: Wasserstoff, organische Gase und organische Flüssigkeiten oder Feststoffe.

Die wichtigste organische Flüssigkeit, die als Brennstoff vorgeschlagen worden ist, ist natürlich Ethanol. Die Herstellung von Ethanol durch Fermentation ist schon eine ausgetüftelte Kunst, aber es ist nur selten möglich, mittels direkter Fermentation eine Lösung von mehr als 20% Ethanol zu gewinnen. Wie jeder weiß, der ein Streichholz in ein Glas mit starkem Wein wirft, sind solche Mischungen leider gänzlich unbrennbar. Um also einen Brennstoff zu erzeugen, muß der Ethanol abdestilliert werden. Hier machen einem jedoch die Gesetze der Thermodynamik einen Strich durch die Rechnung, denn der Energiebedarf für die Destillierung des Ethanols ist tatsächlich größer als sein Energiegehalt! Daß der in Kapitel 1 erwähnte brasilianische Ethanol-Petrolium-Brennstoff ökonomisch ist, beruht auf drei Faktoren: Zunächst wird die Abfallbagasse aus dem Zuckerrohr, aus dem der Ethanol hergestellt wurde, dazu benutzt, die Destillationsanlagen zu beheizen (d.h. die Energie zur Destillation ist sehr billig, wenn nicht gänzlich umsonst). Zweitens ist die Volkswirtschaft im Falle Brasiliens gänzlich von importiertem Öl abhängig, was seinen Außenhandel stark belastet. Alle Möglichkeiten zur Umgehung dieses Problems, werden als politisch zweckmäßig angesehen. Drittens hat Zucker als Produkt an sich im Moment einen sehr niedrigen Marktwert. Somit war in Brasilien in der ersten Hälfte der 80er Jahre das „Gasahol" politisch und wirtschaftlich gesehen (gerade noch) sinnvoll. Würde man in Brasilien große Mengen an Öl oder Erdgas finden, der Weltmarktpreis für Zucker jäh steigen oder der Rohölpreis stark fallen, dann könnte die Situation ganz anders sein. Im allgemeinen und für die absehbare Zukunft scheint Ethanol jedoch ein unökonomischer Brennstoff zu sein, wenn man nicht Mikroorganismen findet, die konzentriertere Ethanollösungen herstellen können.

Das organische Gas, das am einfachsten zu erhalten ist, ist Methan. Es fällt gewöhnlich als Endprodukt des anaeroben Metabolismus einer Vielzahl von Mikroorganismen an (s. Anhang an Kapitel 3). Die einfachste Lösung ist ein abgedecktes Loch in der Erde, das mit tierischen Exkrementen gefüllt wird. Die Bildung von Methan ist eine ideale, einfache Art der biotechnologischen Brennstoffgewinnung und auf diese Weise wird wahrscheinlich der größte Teil des Methanbrennstoffes hergestellt werden. Es gibt jedoch keinen theoretischen Grund dafür, warum nicht mit einer kontrollierten Fermentation von organischem Abfallmaterial (wie Lactose) in Zukunft nicht große Mengen an Methan gebildet werden könnten. Bevor diese anspruchsvolle Technologie realisiert werden kann, muß viel Arbeit investiert werden, um die Methan-bildenden Organismen zu verstehen, zu verbessern und zu kontrollieren. Die Zukunft sieht hier vielleicht rosiger aus als für Ethanol, da Methan offensichtlich leicht abzutrennen und zu sammeln ist. Der letztgenannte Punkt weist einmal mehr auf die Wichtigkeit der Kosten der Produktreinigung und -gewinnung für die Durchführbarkeit eines biotechnologischen Prozesses hin.

Wasserstoff ist vielleicht der ideale Brennstoff. Er ist leicht, die Technologie zu seiner Nutzung existiert, er ist in vieler Hinsicht sicherer als Petroleum; er führt, wenn er durch Aufspaltung von Wasser gewonnen wird, nicht zur Umweltverschmutzung und regeneriert sein Ausgangsprodukt beim Verbrennen. Seit einigen Jahren ist bekannt, daß verschiedene Mikroorganismen (wie *Clostridium butyricum* und verschiedene Cyanobakterien) molekularen Wasserstoff herstellen können, wenn sie mit reduzierten Elektronencarriern (z.B. Ascorbat, Ferredoxin oder Methylviologen) „gefüttert" werden. Dies ist auf die Aktivität des Enzyms Hydrogenase zurückzuführen, die die Reduktion von Wasserstoffionen zu molekularem Wasserstoff katalysiert. Der reduzierte Elektronencarrier kann aus einer Vielzahl von Ausgangsmaterialien stammen. Ein beliebter Weg ist die Nutzung der Photosyntheseaktivität von Pflanzen zur Herstellung der Reduktionsäquivalente. Der pflanzliche Chloroplast wird beleuchtet, der Sauerstoff aus dem Wasser abgespalten und die Wasserstoffionen und die Elektronen über die beiden Photosynthesesysteme transportiert, wobei z.B. Ferredoxin reduziert wird. Das Ferredoxin wird durch die Hydrogenase unter gleichzeitiger Abspaltung von Wasserstoff reoxidiert (Abb. 15.2). Der Anreiz besteht sicherlich darin, daß die Energiequelle Licht ist, welches frei zur Verfügung steht. Bevor jedoch der biologisch hergestellte Wasserstoff die Ölindustrie ersetzen kann, sind mehrere Probleme zu lösen. Das erste ist die Instabilität der Hydrogenase und ihre Hemmung durch Sauerstoff, eines der Produkte der Reaktion. Das Problem der Instabilität ist teilweise durch die Auswahl weniger sauerstoffempfindlicher Enzyme und durch Immobilisierung gelöst worden (s. Abschn. 14.5). Das zweite Problem, die Instabilität des pflanzlichen Photosystems hat sich als hartnäckiger erwiesen. Isolierte Chloroplasten sind sehr instabil und der größte Teil der Forschung konzentrierte sich auf den Einsatz ganzer Zellen, besonders einzelliger Algen. Zur Zeit sind solche Systeme 10 Tage lang stabil genug, um Wasserstoff herzustellen. Das dritte Problem ist der geringe Wirkungsgrad der Umwandlung von Solarenergie durch biologische Photosysteme. Er liegt typischerweise bei 1%. Wenn dieser Wert nicht auf etwa 10-15% erhöht werden kann, müßten biophotolytische Reaktoren viel zu groß sein, um bedeutende Mengen an Wasserstoff zu produzieren. Aus dem Gesagten geht also deutlich hervor, daß bis zu einer praktischen Anwendung solcher Systeme noch ein langer Weg zurückzulegen ist.

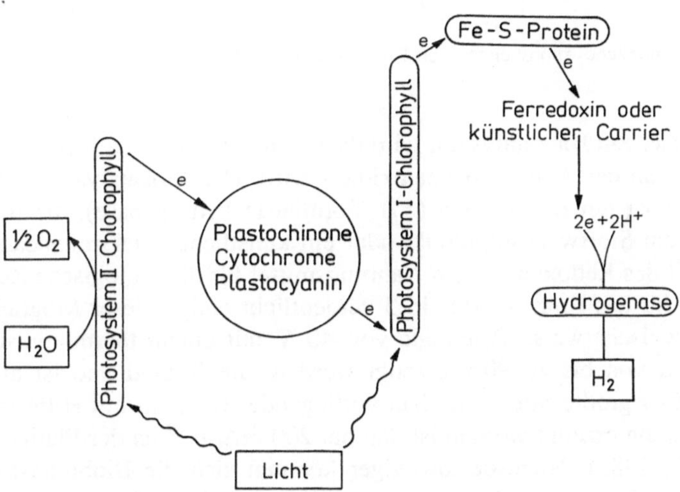

Abb. 15.2 Reaktionsfolgen zur Freisetzung von Wasserstoff durch Photosysteme und Hydrogenase

15.4.2 Brennstoffzellen

Der Einsatz von Wasserstoff als Brennstoff wurde wegen seines niedrigen Energiewertes selbst im zusammengepreßten Zustand kritisiert. Er kann aber dazu benutzt werden, um elektrischen Strom durch Oxidation an der Anode einer herkömmlichen Brennstoffzelle herzustellen. Dies ist das Prinzip der Biobrennstoffzelle. Systeme, die auf der elektrochemischen Oxidation mikrobiell hergestellten Wasserstoffs beruhen, können noch keine Nettoausbeute an Energie liefern, da der Energieaufwand zum Erhitzen, Rühren und Begasen der Mikroorganismen zu hoch ist.

Die Forschung auf dem Gebiet der Biobrennstoffzellen geht wahrscheinlich auf die Arbeiten von Cohen (1931) zurück. Darin beschreibt er eine bakterielle Zelle, die als elektrische Halbzelle fungiert, wenn sie über Ferricyanid mit einer Elektrode verbunden ist. Im Prinzip arbeiten alle Biobrennstoffzellen in der

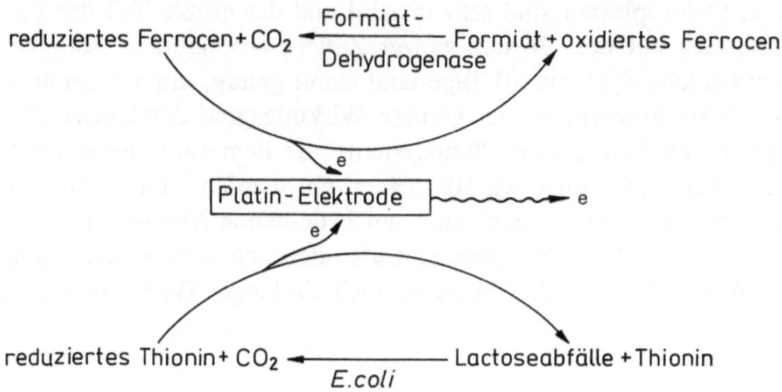

Abb. 15.3 Zwei mögliche Anordnungen von Biobrennstoffzellen

gleichen Weise. Ein Biokatalysator wird dazu benutzt, um einen Stoff zu reduzieren, der dann an der Anode wieder oxidiert wird. Der Biokatalysator kann eine ganze Zelle oder ein Enzym sein (z.B. Formiat-Dehydrogenase), die reduzierte Verbindung ein Stoffwechselprodukt oder ein künstlicher Elektronencarrier, der oxidierte Teil des Redoxpaares ein Nahrungsmittel für die biologische Zelle oder ein Substrat für das Enzym. Abb. 15.3 verdeutlicht einige dieser Möglichkeiten. Es können typischerweise Potentiale von 40 V mit einem thermodynamischen Wirkungsgrad von bis zu 90% erzeugt werden; die Stromdichte ist allerdings beschränkt. Der größte Strom, der laut vorliegender Literatur mit Hilfe einer solchen Vorrichtung erzeugt worden ist, lag bei 200 mA/m^{-2} an der Platinelektrode (Davis *et al.*, 1983). Nichtsdestoweniger könnten sich die Biobrennstoffzellen noch bei speziellen Anwendungen als praktisch erweisen. Folgende Vorschläge sind schon gemacht worden: Mikrocomputer mit niedrigem Energieverbrauch, geräuschlose Batterieauflagegeräte für militärische Zwecke und Energielieferung für Herzschrittmacher. Bevor jedoch auch diese Systeme weiter entwickelt werden können, muß das allgemeine Problem der Instabilität des Biokatalysators gelöst werden. Außerdem müssen Methoden gefunden werden, entweder das anodische Kompartiment anaerob zu halten oder die Übertragung der Elektronen von der reduzierten Verbindung auf den Sauerstoff anstatt auf die Anode zu verhindern. Zu einem vollständigeren Bericht wird der Leser an Aston und Turner (1984) verwiesen.

15.5 Innovative Reaktionen

Obwohl vermutet wird, daß bis jetzt nur etwa 10% der in der Natur vorkommenden Enzyme charakterisiert worden sind, geht man davon aus, daß auch bei den zur Zeit bekannten Enzymen nur einige der von ihnen katalysierten Reaktionen beschrieben worden sind. Diese Überlegungen führten dazu, daß man sich bemüht, neue Reaktionen bekannter Enzym ausfindig zu machen. Dies ist noch ein neues, sehr spekulatives Gebiet der Technologie mit Biokatalysatoren und wir können nur einige bekannte Beispiele beschreiben. Das Potential auf diesem Gebiet ist allerdings ungeheuer groß, da es sehr viel einfacher ist, ein existierendes Enzym zu benutzten als ein neues zu entdecken.

Vielleicht das klassische Beispiel für ein Enzym, das beste Anwendung bei der Katalyse der „falschen" Reaktion gefunden hat, ist die industrielle Umwandlung von Glucose in Fructose durch ein Enzym, das gewöhnlich Glucose-Isomerase genannt wird. Tatsächlich ist dieses Enzym streng genommen eine Xylose-Isomerase, die Glucose als Substrat umsetzen kann.

In neuerer Zeit ist ein enzymatisches System zur Herstellung von Hydrochinon aus Benzochinon vorgeschlagen worden. Bei dem Enzym handelt es sich um die Glucose-Isomerase, die normalerweise Glucose und Sauerstoff zu Gluconolacton und Wasserstoffperoxid umwandelt. Das Enzym arbeitet jedoch auch recht gut mit Benzochinon als Oxidationsmittel und produziert dabei Hydrochinon.

Die Substratkonzentration kann bei bestimmten enzymatisch katalysierten Reaktionen auf die Struktur des Produktes einwirken. Zum Beispiel führt die durch Chloroperoxidase katalysierte Halogenierung von Allylalkohol zu Monobrompropandiol bei einer Konzentration von 17 mmol l^{-1} an Kaliumbromid, aber zu Dibrompropanol bei 3,4 mol l^{-1} Kaliumbromid (Neidlemann und Geigert, 1983).

Carboxypeptidase A weist zwei Aktivitäten auf, Esterase und Peptidase. Das Enzym enthält von Natur aus ein Zinkatom. Ersetzt man dieses Zinkatom durch Kobalt, so wird die Peptidaseaktivität verdoppelt und die Esteraseaktivität um 14% erhöht, während Cadmium die Esteraseaktivität um 43% erhöht und die Peptidaseaktivität auf Null reduziert (Vallee, 1980). Die Substratspezifität von Aminoacylase aus *Aspergillus oryzae* hängt von dem anwesenden Metallion ab, Kobalt erhöht die *N*-Chloracetylleucin-Deacylierung, Zink dagegen die Desacylierung von *N*-Chloracetylnorleucin.

Durch diese wenigen Beispielen sollte deutlich werden, daß es noch viel über die enzymatische Katalyse, ihre Kontrolle und ihre Anwendung zu entdecken gibt.

15.6 Zusammenfassung

Obwohl es schwierig ist, die Zukunft vorauszusagen, steht doch fest, daß eine Anzahl Probleme gelöst werden muß, wenn der Einsatz von Enzymen deutlich ausgedehnt werden soll.

Zur Zeit werden, abgesehen von Anwendungen in der Analytik, Coenzym-abhängige Enzyme trotz des unzweifelhaften Wertes der Reaktionen, die sie katalysieren, selten eingesetzt. Obwohl einige Methoden zum Recycling oder zum Zurückhalten des Coenzyms in dem Reaktorsystem entwickelt worden sind, ist die Wirtschaftlichkeit der meisten von ihnen zweifelhaft. Dem Einsatz von Zellen, die die Enzyme zusammen mit den Coenzymen und den passenden Recycling-Systemen enthalten, scheint eine bessere Zukunft auf diesem Gebiet beschieden zu sein.

Zwei Gruppen von Enzymen, die zur Zeit intensiv untersucht werden, sind die Oxygenasen und die Oxidasen. Man hat herausgefunden, daß viele solcher Enzyme recht neuartige Reaktionen katalysieren, z.B. die Epoxidierung von Alkenen. Wenn ihre Technologie erfolgreich entwickelt werden würde, könnten sie eine große Auswirkung auf solche Gebiete haben, die im Moment der chemischen Industrie zugerechnet werden.

Der Einsatz von Enzymen in nicht-wäßrigen Systemen wurde viele Jahre lang für nicht durchführbar gehalten. Es ist jedoch bewiesen worden, daß Enzyme in Gegenwart von organischen Lösungsmitteln aktiv sind, oft mit nützlichen Ergebnissen. Zum Beispiel können Systeme mit wenig Wasser die Stabilität des Enzyms erhöhen oder benutzt werden, die Umkehrreaktion normaler hydrolytischer Reaktionen zu katalysieren. Sicherlich ist eine exakte Kenntnis solcher Arbeitsgänge entscheidend, wenn enzymatische Veränderungen von in Wasser schlecht löslichen Substraten im großen Maßstab durchgeführt werden sollen.

Die Enzymtechnologie hat sich auch durch die Konstruktion von Systemen, die Wasserstoff liefern oder als Brennstoffzellen agieren, auf das Gebiet der Energieproduktion vorgewagt. Es wird jedoch noch viel Zeit vergehen, bis solche Prozesse ökonomisch sinnvoll gestaltet werden können.

Eine der aufregendsten Herausforderungen der Enzymtechnologie liegt heute in der Charakterisierung aller derjenigen Reaktionen, die ein Enzym zu katalysieren vermag. Die Ausdehnung des Einsatzes eines bekannten Enzyms für eine andere Art von Reaktion könnte tatsächlich mehr Erfolg bringen als die Suche nach einem neuen Enzym.

Glossar

Klassifizierung nach E.C.

Enzym	Empfohlener Name (wenn unterschiedlich)	E C Nummer
Acetyl-Cholinesterase		3.1.1.7
Aconitase	(Aconitat-Hydratase)	4.2.1.3
Adenosin-Deaminase		3.5.4.4
Aldolase	(Fructosebisphosphat- Aldolase)	4.1.2.13
Alkalische Phosphatase		3.1.3.1
Alkohol-Dehydrogenase		1.1.1.1
Alkohol-Oxidase		1.1.3.13
Amin-Oxidase		1.4.3.6
L-Aminosäure Oxidase		1.4.3.2
Amino-Acylase		3.5.1.14
α-Amylase		3.2.1.1
β-Amylase		3.2.1.2
Amyloglucosidase	(*Exo*-1,4-α-D-glucosidase)	3.2.1.3
Asparaginase		3.5.1.1
Aspartase	(Aspartat-Ammoniaklyase)	4.3.1.1
Aspartat-Aminotransferase		2.6.1.1
Aspartokinase	(Aspartat-Kinase)	2.7.2.4
Bromelain		3.4.22.4
Carboxypeptidase A		3.4.17.1
Cellulase		3.2.1.4
Chloroperoxidase	(Chlorid-Peroxidase)	1.11.1.10
Cholesterol-Esterase		3.1.1.13
Cholesterol-Oxidase		1.1.3.6
α-Chymotrypsin	(Chymotrypsin C)	3.4.21.2
Citrat (*si*)-Synthase		4.1.3.7
Cysteinyl-tRNA-Synthetase		6.1.1.16
Dimethylamin-Dehydrogenase		1.5.99.7
DNA-Ligase	(Polydeoxyribonucleotid- Synthetase (ATP))	6.5.1.1
DNA-Polymerase	(DNA-Nucleotidyl-Transferase)	2.7.7.7
Endonuclease–s. Restriktions- endonuclease		3.1.23
Enolase		4.2.1.11
Exonuclease	(Exodeoxyribonuclease)	3.1.11

Enzym	Empfohlener Name (wenn unterschiedlich)	E C Nummer
Ficin		3.4.22.3
Formaldehyd-Dehydrogenase		1.2.1.1
Formiat-Dehydrogenase		1.2.1.2
Fructosephosphat-Kinase	(6-Phosphofructokinase)	2.7.1.11
Fructosebisphosphat-Aldolase		4.1.2.13
Fructose-1,6-bisphosphatase	(Fructosebisphosphatase)	3.1.3.11
Fumarase	(Fumarat-Hydratase)	4.2.1.2
Galactokinase		2.7.1.6
β-Galactosidase	(β-D-Galactosidase)	3.2.1.23
β-Glucanase	(*Exo*-1.4-β-D-Glucosidase)	3.2.1.74
1,4-α-Glucanphosphorylase	(Phosphorylase)	2.4.1.1
Glucoamylase	(*Exo*-1.4-α-D-Glucosidase)	3.2.1.3
Glucose-Dehydrogenase		1.1.1.47
Glucose-Isomerase – Name jetzt gelöscht, Reaktion wird der Xylose-Isomerase (5.3.1.5) oder Glucosephosphat-Isomerase (5.3.1.9) in Gegenwart von Arsenat zugerechnet		(5.3.1.18)
Glucose-Oxidase		1.1.3.4
Glucose-6-phosphat-Dehydrogenase		1.1.1.49
Glutamat-Dehydrogenase	(Glutamat-Dehydrogenase (NAD(P)$^+$))	1.4.1.3
Glutamat-Synthetase	(Glutamat-Synthetase (NADPH))	1.4.1.13
Glutamin-Synthetase		6.3.1.2
Glycerinaldehyd-3-phosphat-Dehydrogenase		1.2.1.12
Glycerokinase	(Glycerat-Kinase)	2.7.1.31
Glycollat-Dehydrogenase		1.1.99.14
Glycollat-Oxidase		1.1.3.1
Haloperoxidase–s. Chloroperoxidase		
Hexosephosphat-Isomerase	(Glucosephosphat-Isomerase)	5.3.1.9
Histidin-Ammoniak-Lyase		4.3.1.3
Homoisocitrat-Lyase	(Homocitrat-Synthetase)	4.1.3.21
Hydantoinase	(Dihydropyrimidinase)	3.5.2.2
Hydrogenase		1.18.3.1
21-Δ-Hydroxylase	(21-Δ-Hydroxysteroid-Dehydrogenase)	1.1.1.150
Hydroxypyruvat-Reduktase		1.1.1.81
20β-Hydroxysteroid-Dehydrogenase		1.1.1.53
Invertase	(β-D-Fructofuranosidase)	3.2.1.26
Isocitrat-Dehydrogenase	(Isocitrat-Dehydrogenase (NADP$^+$))	1.1.1.42
Isocitrat-Lyase		4.1.3.1
Isoleucin-tRNA-Synthetase		6.1.1.5

Enzym	Empfohlener Name (wenn unterschiedlich)	E C Nummer
Katalase		1.11.1.6
β-Lactamase	(Penicillinase)	3.5.2.6
Lactase	(β-D-Galactosidase)	3.2.1.23
Lactat-Dehydrogenase		1.1.1.27
Leucyl-tRNA-Synthetase		6.1.1.4
Lipase	(Triacylglycerin-Lipase)	3.1.1.3
Lipoxygenase		1.13.11.12
Lysozyme		3.2.1.17
Malat-Dehydrogenase		1.1.1.37
Malat-Synthetase	(Malat-Synthase)	4.1.3.2
Malyl-CoA-Lyase		4.1.3.24
Malyl-CoA-Synthetase		6.2.1.9
α-D-Mannosidase		3.2.1.24
Methan-Monooxygenase	(Alkan-1-Monooxygenase)	1.14.15.3
Methanol-Dehydrogenase	(Alkohol-Dehydrogenase (Akzeptor))	1.1.99.8
Methanol-Oxidase	(Alkohol-Oxidase)	1.1.3.13
Methionin-tRNA-Synthetase		6.1.1.10
Methylamin-Dehydrogenase	(Amin-Dehydrogenase)	1.4.99.3
Methylglutamat-Synthetase	(Methylamin-Glutamat-Methyltransferase)	2.1.1.21
Nitrilase		3.5.5.1
Nucleosid-(-5'-)Phosphotransferase		2.7.1.77
Ornithin Carbamoyltransferase		2.1.3.3
2-Oxo-3-deoxy-6-phospho-gluconat-Aldolase	(Phospho-2-oxo-3-deoxy-gluconat-Aldolase)	4.1.2.14
α-Oxoglutarat-Dehydrogenase	(Oxoglutarat-Dehydrogenase)	1.2.4.2
Papain		3.4.22.2
Pectinase	(Polygalacturonase)	3.2.1.15
Penicillin-Acylase		3.5.1.11
Peroxidase		1.11.1.7
Phospho(enol)pyruvat-Carboxylase		4.1.1.31
Phospho(enol)pyruvat-Hydratase	(Enolase)	4.2.1.11
6-Phosphofructokinase		2.7.1.11
(6-)Phosphogluconat-Dehydratase		4.2.1.12
(6-)Phosphogluconat-Dehydrogenase		1.1.1.44
(6-)Phosphogluconolactonase		3.1.1.31
(3-)Phosphoglycerat-Kinase		2.7.2.3
Protease		3.4
Pullulanase		3.2.1.41
Pyranose(-2-)Oxidase		1.1.3.10
Pyruvat-Carboxylase		6.4.1.1
Pyruvat-Decarboxylase		4.1.1.1
Pyruvat-Dehydrogenase	(Pyruvat-Dehydrogenase (Lipoamid))	1.2.4.1
Pyruvat-Kinase		2.7.1.40

Enzym	Empfohlener Name (wenn unterschiedlich)	E C Nummer
Rennin	(Chymosin)	3.4.23.4
Restriktionsendonucleasen	(Endodeoxyribonucleasen)	3.1.23
Restriktionsendonuclease *Ava* I		3.1.23.3
Restriktionsendonuclease *Bal* I		3.1.23.5
Restriktionsendonuclease *Bam* HI		3.1.23.6
Restriktionsendonuclease *Cla* I		
Restriktionsendonuclease *Eco* RI		3.1.23.13
Restriktionsendonuclease *Hind* III		3.1.23.21
Restriktionsendonuclease *HPa* I		3.1.23.23
Restriktionsendonuclease *Pst* I		3.1.23.31
Restriktionsendonuclease *Pvu* I		3.1.23.32
Restriktionsendonuclease *Pvu* II		3.1.23.33
Restriktionsendonuclease *Sal* I		3.1.23.37
Restriktionsendonuclease *Sau* 3A		3.1.23.27
Rhodanase	(Thiosulfat-Sulfur-Transferase)	2.8.1.1
Ribulose(1-5-)-bisphosphat-Carboxylase ·		4.1.1.39
Ribulose-5-phosphat-Kinase	(Phosphoribulokinase)	2.7.1.19
RNA-Polymerase	(RNA-Nucleotidyltransferase)	2.7.7.6
S_1-Nuclease	(Endonuclease S_1 (Aspergillus))	3.1.30.1
Sedoheptulose-Bisphosphatase		3.1.3.37
Serin-glyoxylat-Aminotransferase		2.6.1.45
Serin-Hydroxymethyltransferase		2.1.2.1
Subtilisin		3.4.21.14
Succinat-Dehydrogenase		1.3.99.14
Superoxid-Dismutase		1.15.1.1
Tartronsäuresemialdehyd-Reduktase	(Tartronatsemialdehyd-Reduktase)	1.1.1.60
Terminale Transferase	(DNA-Nucleotidylexotransferase)	2.7.7.31
Thermolysin	(*Bacillus thermoproteolyticus*) neutrale Proteinase)	3.4.24.4
α-Thrombin		3.4.21.5
Transaldolase		2.2.1.2
Triokinase		2.7.1.28
Triosephosphat-Isomerase		5.3.1.1
Trypsin		3.4.21.4
Tryptophanyl-tRNA-Synthetase		6.1.1.2
Tyrosyl-tRNA-Synthetase		6.1.1.1
Urease		3.5.1.5
Uricase	(Urate oxidase)	1.7.3.3
Urocanase	(Urocanate hydratase)	4.2.1.49
Urokinase		3.4.21.31

Enzym	Empfohlener Name (wenn unterschiedlich)	E C Nummer
Valyl-tRNA-Synthetase		6.1.1.9
Xanthin-Oxidase		1.2.3.2
Xylose-Isomerase		5.3.1.5

Literaturverzeichnis

Ajinomoto, A. (1983). Europäische Patentschrift Nr. 71023

Al Obaidi, Z.S. und Berry, D.R. (1980), *Biotechnology Letters*, **2**, 5-10.

Antonini, E., Arrea, G. und Cremonesi, P. (1981). *Enzyme and Microbial Technology*, **3**, 291-296.

Aston, W.J. und Turner, A.P.F. (1984). *Biotechnology and Genetic Engineering Reviews*, Vol.1. Hsg. Russell, G.E., 89-120. Intercept, Newcastle.

Atkinson, A., Banks, G.T., Bruton, C.J., Comer, M.J., Jakes, R.J., Kamalagharan, T., Whitaker, A.R. und Winter, G.P. (1979). *Journal of Applied Biochemistry*, **1**, 247-58.

Ball, C. und MacGonagle, M.P. (1978). *Journal of Applied Bacteriology*, **45**, 67-74.

Baross, J.A. und Demming, J.W. (1983). *Nature*, **303**, 423-6.

Bascombe, S., Banks, G.T., Skarstedt, M.T., Fleming, A., Bettelheim, A. und Conners, T.A. (1975). *Journal of General Microbiology*, **91**, 1-16.

Beardsmore, A.J., Aperghis, P.N.G und Quayle, J.R. (1982). *Journal of General Microbiology*, **128**, 1423-39.

Brewersdorff, M. und Dostalek, M. (1971). *Biotechnology and Bioengineering*, **13**, 49-62.

Bruton, C.J. (1983). Phil. Trans. Roy. Soc. (London) B, **300**, 249-261.

Buckland B.C., Richmond, W., Dunnill, P. und Lilly, M.D. (1974). *Industrial Aspects of Biochemistry*, (FEBS Vol. 30). Hsg. Spencer, B., 65-79. North-Holland Pub. Co., Amsterdam.

Bu'Lock, J.D., Hamilton, D., Hulme, M.A., Powell, A.J., Shepherd, D., Smalley, H.M. und Smith, G.N. (1965). *Canadian Journal of Microbiology*, **11**, 765-78.

Bu'Lock, J.D. (1980). *Biotechnology Letters*, **3**, 285-90.

Butterworth, D. (1984). *Biotechnology of Industrial Antibiotics*, 225-36. Hsg. Vandamme, E. J., Marcel Dekker, New York.

Calam, C.T. und Smith, G.M. (1980). *FEMS Microbiology Letters*, **10**, 231-4.

Calcott, P.H. (1981). *Continuous Culture of Cells*, Vol. 1, 13-26. Hsg.. Calcott, P.H., CRC Press, Boca Raton, Lousiana.

Campbell, I. (1984). *Advances in Microbiology and Physiology*, **25**, 2-60.

Carr, P.W. und Bowers, L.D. (1980). *Immobilized Enzymes in Analytical and Clinical Chemistry*. John Wiley, New York.

Carrea, G. (1984). *Trends in Biotechnology*, **2**, 102-6.

Carrea, G. Bavara, R. und Pasta, P. (1982). *Biotechnology and Bioengineering*, **24**, 1-7.

Cashion, P., Javed, A., Harrison, D., Seeley, J., Lentini, V. und Sathe, G. (1982), *Biotechnology and Bioengineering*, **34**, 403-23.

Chang, L.T., Terasaka, D.T. und Elander, R.P. (1982). *Developments in Industrial Microbiology*, **23**, 21-9.

Chater, K.F. (1979). *Genetics of Industrial Microorganisms*, Hsg. Sebek, O.K. und Laskin, A.I., 123-33. American Society of Microbiology, Washington D.C.

Cheetham, P.S.J., Imber, C.E. und Isherwood, J. (1982). *Nature*, **299**, 628-31.

Chibata, I. und Tosa, T. (1976). *Applied Biochemistry and Bioengineering*, Vol. 1, Hsg. Wingard Jr. L.B., Katchalski-Katzir, E. und Goldstein, L. 330-8. Academic Press, New York.

Chibata, I. Fukin, S. und Wingard, L.B. (1982) (Hsg.) *Enzyme Engineering*, Vol. 6, 117-34. Plenum Press, New York.

Chibata, I., Tosa, T. und Takata, I. (1983). *Trends in Biotechnology*, **1**, 9-11.

Clark, L.C. und Lyons, C. (1962). *Annals of the New York Academy of Sciences*, **102**, 29-45.

Cohen, B. (1931). *Journal of Bacteriology*, **21**, 18-19.

Colby, J., Williams, E. und Turner, A.P.F. (1985). *Trends in Biotechnology*, **3**, 12-17.

Colson, C., Cornelius, P., Digneffe, C., Walon, R. und Walon, C. (1981). Europäisches Patent Nr. 81,3005782.

Crameri, R., Davies, J. und Thompson, C. (1985). *The World Biotech Report 1985, Vol. 1. Europe. Proc. of Biotech '85, Europe, Geneva*, 47-54. Oneline Publications, London.

Dagley, S. (1978). *The Bacteria*, Vol. 6, 305-88. Academic Press, New York.

Dalton, H. (1980). *Hydrocarbons in Biotechnology*. Hsg. Harrison, D.E.F., Higgins, I.J. und Walkinson, R. 85-92. Heyden and Son, London.

Daniels, L. (1984). *Trends in Biotechnology*, **2**, 91-98.

Davis, B.D. (1949). *Proceedings of the National Academy of Sciences, USA*, **35**, 1-10.

Davis, G., Hill, H.A.O., Aston, W.J., Turner, A.P.F. und Higgins, I.J. (1983). *Enzyme and Microbial Technology*, **5**, 383-8.

Dawson, P.S.S. (1974). *Biotechnology and Bioengineering Symposium*, **4**, 809-19.

Debabov, V.G. (1982). *Overproduction of Microbial Products*, Hsg. Krumphanzl, V. und Vanek, Z. 345-52. Academic Press, London.

Demain, A.I. (1980). *Search*, **11**, 148-51.

Demain, A.L. (1984). *Biotechnology of Industrial Antibiotics*. Hsg. Vandamme, E.J., 33-44. Marcel Dekker, New York.

Ditchburn, P., Giddings, B. und MacDonald, K.D. (1974). *Journal of Applied Bacteriology*, **37**, 515-23.

Dixon, J.E., Stolzenbach, F.E., Berenson, J.A. und Kaplan, N.O. (1973). *Biochemical and Biophysical Research Communications*, **52**, 905-12.

Dostalek, M., Haggstrom, C. und Molin, N. (1972). *Fermentation Technology Today, Proceedings of the IV International Fermentation Symposium*, 497-511. Hsg. Terui, G. Society of Fermentation Technology, Tokyo, Japan.

Douzou, P. und Balny, C. (1977). *Proceedings of the National Academy of Sciences, USA*, **74**, 2297-300.

Dulaney, E.L. und Dulaney, D.D. (1967). *Transactions of the New York Academy of Sciences*, **29**, 792-9.

Dunnill, P. und Rudd, M. (1984). *Biotechnology and British Industry*, Sciences and Engineering Research Council, Swindon, (U.K.).

Eagon, R.G. (1961). *Journal of Bacteriology*, **83**, 736-7.

Egli, T. und Lindley, N.D. (1984). *Journal of General Microbiology*, **130**, 3239-49.

Elander, R.P., Mabe, J.A., Hamill, R.L. und Gorman, M. (1971). *Folia Microbiologica*, **16**, 157-65.

Feren, C.J. und Squires, R.W. (1969). *Biotechnology and Bioengineering*, **11**, 583-92.

Ferenczy. L., Kevei, F. und Zsolt, J. (1974). *Nature (London)*, **248**, 793-4.

Fiechter, A. (1982). *Advances in Biotechnology, 1. Scientific and Engineering Principles*. Hsg. Moo-Young, M., Robinson, C.W. und Vezina, C. 201-67. Pergamon Press, Oxford.

Forniani, G., Leoncini, G., Segin, P., Calabria, G.A. und Dacha, M. (1969). *European Journal of Biochemistry*, **7**, 214-22.

Furbish, J. (1977). *Proceedings of the National Academy of Sciences, USA*, **74**, 3560-3.

Geigert, J., Neidleman, S.L. und Hirano, D.S. (1983). *Carbohydrate Research*, **13**, 159-62.

Glover, D.M. (1984). *Gene Cloning: The Mechanics of DNA Manipulation*. Chapman and Hall, London.

Glover, D.M. (Hsg.) (1985). *DNA Cloning: A Practical Approach*, Vol. 1 und 2. IRL Press, Oxford.

Grierson, D. und Covey, S.N. (1984). *Plant Molecular Biology*. Blackie, Glasgow.

Godfrey, T. und Reichert, J. (1983). *Industrial Enzymology*. MacMillan, London.

Goldberg, I., Rock, J.S., Ben-Bassat, A. und Mateles, R.I. (1976). *Biotechnology and Bioengineering*, **18**, 1657-68.

Goldstein, L. (1972). *Biochemistry*, **11**, 4072.

Gore, J.H., Reisman, H.B. und Gardner, C.H. (1968). US-Patent Nr. 3,404,102.

Gray, P.W., Aggarwal, B.B., Benton, C.V., Bringman, T.S., Henzel, W.J., Jarrett, J.A., Leung, D.W., Moffat, B., Ng, P., Svedersky, L.P., Palladino, M.A. und Nedwin, G.E. (1984). *Nature*, **312**, 721-4.

Gregory, G. (1984). *New Scientist*, **104**, 12-15.

Guilbault, G.G. (1980). *Enzyme and Microbial Technology*, **2**, 258-64.

Hamer, G. (1979). *Economic Microbiology*, Vol. 2, Hsg. Rose, A.H., 31-45. Academic Press. London.

Hamilton, B.K., Hsiao, H.-Y., Swann, W.E., Anderson, D.M. und Delente, J.J. (1985). *Trends in Biotechnology*, **3**, 64-8.

Hamlyn, P.F. und Ball, C. (1979). *Genetics of Industrial Microorganisms*. Hsg. Sebek, O.K. und Laskin, A.I., 185-91. American Society of Microbiology, Washington D.C.

Hansen, E.C. (1896). *Practical Studies in Fermentation* (übersetzt von Miller, A.K.), Kapitel 1, 1-76. Spoon, London.

Hanson, R.S. (1980). *Advances in Applied Microbiology*, **26**, 3-39.

Harrison, D.E.F. (1973). *Journal of Applied Bacteriology*, **36**, 309-14.

Henley, J.P. und Sadana, A. (1985). *Enzyme and Microbial Technology*, **7**, 50-60.

Hersbach, G.J.M., Van der Beck, C.P. und Van Dijck, P.W.M. (1984). *Biotechnology of Industrial Antibiotics*. Hsg., Vandamme, E.J. 45-140. Marcel Dekker, New York.

Higgins, I.J., Best, D.J. und Hammond, R.C. (1980). *Nature*, **286**, 561-4.

Higgins, I.J., Best, D.J., Hammond, R.C. und Scott, D. (1981). *Microbiological Reviews*, **45**, 556-90.

Hirose, Y. und Shibai, H. (1980). *Advances in Biotechnology*, Vol. 1. Hsg. Moo-Young, M., Robinson, C.W. und Vezina, C., 329-33. Pergamon Press, Toronto.

Hooykaas-Van Slogteren, G.M.S., Hooykaas, P.J.J. und Schilperoort, R.A. (1984). *Nature*, **311**, 763-4.

Hopwood, D.A. (1976). *Microbiology-1976*. Hsg. Schlessinger, D., 558-62. American Society for Microbiology, Washington D.C.

Hopwood, D.A. (1979). *Genetics of Industrial Microorganisms*. Hsg. Sebek, O.K. und Laskin, A. I., 1-9. American Society for Microbiology, Washington D.C .

Hopwood, D.A., Malpartida, F., Kieser, H.M., Ikeda, H., Duncan, J., Fujii, I., Rudd, B.A.M., Floss, H.G. und Omura, S. (1985). *Nature*, **314**, 642-4.

Huber, F.M. und Tietz, A.J. (1984). *Biotechnology of Industrial Antibiotics*. Hsg. Vandamme, E.J., 551-68. Marcel Dekker, New York.

Hue, D., Corvol, P., Menard, J. und Sicard, P.J. (1976). *Process Biochemistry*, **July/August**, 20-4.

Hustedt, H., Kroner, K.H., Stach, W. und Kula, M.-R. (1978). *Biotechnology and Bioengineering*, **20**, 1989-2005.

Ichikawa, T., Date, M., Ishikura, T. und Ozaki, A. (1971). *Folia Microbiologica*, **16**, 218-24.

Jones, J.B. und Taylor, K.E. (1976). *Canadian Journal of Chemistry*, **54**, 2974-80.

Karube, I. (1984). *Biotechnology and Genetic Engineerings Reviews*, Vol. 2. Hsg. Russell, G.E., 313-41. Intercept, Newcastle.

Kase, H. und Nakayama, K. (1972). *Agricultural and Biological Chemistry*, **36**, 1611-21.

Kinoshita, S., Udaka, S. und Shimono, M. (1957). *Journal of General Applied Microbiology*, **3**, 193-205.

Klibanov, A.M., Nathan, N.O. und Kamen, M.D. (1978). *Proceedings of the National Academy of Sciences, USA*, **75**, 3640-3.

Komatsu, K., Mizumo, M. und Kodaira, R. (1975). *Journal of Antibiotics*, **28**, 881-7.

Kornberg, H.L. (1972). *Essays in Biochemistry*, Vol. 2, Academic Press, London.

Koukolikova-Nicola, Z., Shillito, R.D., Hohn, B., Wang, K., Van Montagu, M. und Zembryski, P. (1985). *Nature*, **313**, 191-196.

Kula, M.-R. (1979). *Applied Biochemistry and Bioengineering*, Vol. 2, Hsg. Wingard, L.B. Katchalski-Katzir, E. und Goldstein, L., Academic Press, London.

Kurth, R. und Demain, A.L. (1984). *Biotechnology of Industrial Antibiotics*. Hsg. Vandamme, E.J., 781-90. Marcel Dekker, New York.

Kyowa Hakko Kogyou (1983). Europäische Patentschrift Nr. 73062.

Large, P.J. (1981). *Microbial Growth on C1 Compounds*. Hsg. Dalton, H. 55-69. Heyden and Son, London.

Large, P.J. (1983). *Methylotrophy and Methanogenesis*, 1-88. Van Nostrand, Wokingham.

Lehninger, A.L. (1982). *Principles of Biochemistry*, 331-680. Worth Publishers, New York.

LeGrys, G.A. und Solomon, G.L. (1977). Patentschrift Nr. 23128.

Lewin, B. (1983). *Genes*. John Wiley, New York.

Lowe, C.R. (1981). *Topics in Enzyme and Fermentation Biotechnology*, Vol. 5. Hsg. Wiseman, A. 13-146. Ellis Horwood, Chichester.

MacDonald, K.D. und Holt, G. (1976). *Science Progress*, **63**, 547-73.

Mainwaring, W.I.P., Parish, J.H. , Pickering, J.D. und Mann, N.H. (1982). *Nucleic Acid Biochemistry and Molecular Biology*. Blackwell, Oxford.

Malik, V.S. (1980). *Trends in Biochemical Sciences*, **March. 5**, (3), 68-72.

Malik, V. (1982). *Advances in Applied Microbiology*, **28**, 28-116.

Maniatis, T., Fritsch, E.F. und Sambrook, J. (1982). *Molecular Cloning: A Laboratory Manual*. Cold Spring Harbor, USA.

Mansson, M-O., Larsson, P-O. und Mosbach, K. (1978). *European Journal of Biochemistry*, **86**, 455-61.

Mansson, M-O., Larsson, P-O. und Mosbach, K. (1979). *FEBS Letters*, **98**, 309-13.

Mantell, S.H., Matthews, J.A. und McKee, R.A. (1985). *Principles of Plant Biotchnology*, 191-6. Blackwell, Oxford.

Marsh, R.A. und Pinkney, J.T. (1985). *The World Biotech Report 1985, Vol. 1. Europe. Proceedings of Biotech '85, Europe, Geneva*, 253-62, Online Publication, London.

Martin, J.F., Gill, J.A., Naharro, G., Liras, P. und Villanueva, J.R. (1979). *Genetics of Industrial Microorganisms*. Hsg. Sebek, O.K. und Laskin, A.I., 205-209. American Society for Microbiology, Washington D.C.

Martinek, K. und Berezin, I.V. (1977). *Journal of Solid Phase Biochemistry*, **2**, 350-1.

Martinek, K. und Semenow, A.N. (1981). *Journal of Applied Biochemistry*, **3**, 93-126.

Martinek, K., Klibanov, A.M., Goldmacher, K.S. und Berezin, I.V. (1977a). *Biochimica Biophysica Acta*, **485**, 1-12.

Martinek, K., Klibanov, A.M., Tchernyshera, A.V., Mozhaev, V.V., Berezin, I.V. und Glotov, B.O. (1977b). *Biochimica Biophysica acta*, **485**, 13-28.

Marutzky, P., Petessen-Barstel, H., Elossdorf, J. und Kula, M-R. (1974). *Biotechnology and Bioengineering*, **16**, 1449-58.

Mateles, R.J. (1979). *Society of General Microbiology Symposium*, **29**, *Microbial Technology: Current State and Future Prospects*. Hsg. Bull, A.T., Ellwood, D.C. und Ratledge, C., 29-52. Cambridge University Press, Cambridge.

McNerney, T. und O'Connor, M.L. (1980). *Applied and Environmental Microbiology*, **40**, 370-5.

Meyer, O. und Schlegel, H.G. (1983). *Annual Reviews of Microbiology*, **37**, 277-310.

Miwa, K., Nakamori, S. und Mimose, H. (1981). *Abstracts of 13th International Congress of Microbiology (Boston, USA)* 96.

Monod, J. (1942). *Recherches sur les Croissances des Cultures Bacteriennes*, 2. Aufl. Hermann und Cie, Paris.

Mozhaev, V.V. und Martinek, K. (1984). *Enzyme and Microbial Technology*, **6**, 50-60.

Merrick, M. und Dixon, R. (1984). *Trends in Biotechnology*, **2**, 162-6.

Murai, N., Sutton, D.W., Murray, M.G., Slightom, J.L., Merlo, D.J., Reichert, N.A., Sengupta-Gopalan, Stock, C.A., Barker, R.F., Kemp, J.D. und Hall, T.C. (1983). *Science*, **222**, 476-82.

Murrell, J.C. und Dalton, H. (1983). *Journal of General Microbiology*, **129**, 3481-6.

Nakao, Y., Kanamaru, T., Kikuchi, M. und Yamatodani, S. (1973). *Agricultural and Biological Chemistry*, **37**, 2399-404.

Nakayama, K., Kituda, S. und Kinoshita, S. (1961). *Journal of General and Applied Microbiology*, **7**, 41-51.

Nathan, L. (1930). *Journal of the Institute of Brewing*, **36**, 538-50.

Neidleman, S.L. und Geigert, J. (1983). *Trends in Biotechnology*, **1**, 21-25.

Neidleman, S.L., Amon, W.F. und Geigert, J. (1981). US Patent Nr. 4,247,641.

Okachi, R. und Nara, T. (1984). *Biotechnology of Industrial Antibiotics*, 329-66. Hsg. Vandamme, E.J., Marcel Dekker, New York.

Old, R.W. und Primrose, S.B. (1985). *Principles of Gene Manipulation: An Introduction to Genetic Engineering*, 3. Aufl. Blackwell, Oxford.

Ohlson, S., Flygave, S., Larsson, P.-O. und Mosbach, K. (1980). *European Journal of Applied Microbiology*, **10**, 1-9.

Ozias-Akins, P. und Lorz, H. (1984). *Trends in Biotechnology*, **2**, 119-23.

Pal, P.K. und Gertler, M.M. (1983). *Thrombosis Research*, **29**, 175-85.

Palmer, T. (1981). *Understanding Enzymes*, Ellis Horwood, Chichester.

Pastore, M. und Morisi, F. (1976). *Methods in Enzymology*, Vol. 44, 822-30. Hsg. Mosbach, K. Academic Press, New York.

Paszkowski, J., Shillito, R.D., Saul, M., Mandak, V., Hohn, T., Hohn, B. und Potrykus, I. (1984). *EMBO-Journal*, **3**, 2717-22.

Pennica, D., Nedwin, G.E., Hayflick, J.S., Seeburg, P.H., Derynck, R., Palladino, M.A., Kohr, W.J., Aggarwal, B.B. und Goeddel, D.V. (1984). *Nature*, **312**, 724-9.

Pirt, S.J. (1973). *Journal of General Microbiology*, **75**, 245.

Pirt, S.J. (1975). *Principles of Microbe and Cell Cultivation*. Blackwell, Oxford.

Pirt, S.J. und Kurowski, W.M. (1970). *Journal of General Microbiology*, **63**, 357-66.

Podojil, M. , Blumaverova, M., Culik, K. und Vanek, Z. (1984). *Biotechnology of Industrial Antibiotics*, 259-80. Hsg. Vandamme, E.J. Marcel Dekker, New York.

Pontecorvo, G., Roper, J.A., Hemmons, L.M., MacDonald, K.D. und Bufton, A.W.J. (1953). *Advances in Genetics*, **5**, 141-238.

Poulson, P.B. (1984). *Biotechnology and Genetic Engineering Reviews*, Vol. 1. Hsg. Russell, G.E. 121-40. Intercept, Newcastle.

Quayle. J.R. (1980). *Biochemical Society Transactions*, **8**, 1-10.

Queener, S. und Swartz, R. (1979). *Economic Microbiology 3: Secondary Products of Metabolism*. Hsg. Rose, A.H. 35-123. Academic Press, London.

Ray Chowdhurry, M.K., Goswani, R. und Chakrabarti, P. (1980). *Analytical Biochemistry*, **108**, 126-8.

Reed, G. und Peppler, H.J. (1973). *Yeast Technology*, 664-8. Avi, Westport, Connecticut.

Rehacek, J. und Schaefer, J. (1977). *Biotechnology Bioengineering*, **19**, 1523-34.

Rivierre, J. (1977). *Industral Applications of Microbiology*. Übers. und Hsg. Moss, M.O. und Smith, J.E. Surrey University Press, Brighton.

Robers, J.F. und Floss, H.G. (1970). *Journal of Pharmacological Science*, **59**, 702-3.

Robinson, P.J., Wheatley, M.A., Janson, J.C., Dunnil, P. und Lilly, M.D. (1974). *Biotechnology and Bioengineering*, **16**, 1103-112.

Saltero, F.V. und Johnson, M.J. (1954). *Applied Microbiology*, **2**, 41-4.

Sano, K. und Shiio, I. (1970). *Journal of General Applied Microbiology*, **16**, 373-91.

Schell, J. und Van Montagu, M. (1983). *Biotechnology*, **1**, 175-80.

Schmidt, R.D. (1979). *Advances in Biochemical Engineering*, **12**, 41-118.

Schulze, K.L. und Lipe, R.S. (1964). *Archiv für Mikrobiologie*, **48**, 1-20.

Schutte, H., Flossdorf, J., Sahn, H. und Kula, M.-R. (1976). *European Journal of Biochemistry*, **62**, 151-160.

Sermonti, G. (1969), *Genetics of Antibiotic Producting Organisms*. Wiley-Interscience, London.

Shehata, T.E. und Narr, A.G. (1971). *Journal of Bacteriology*, **107**, 210-25.

Shepard, J.F., Bidney, D., Barsby, T. und Kemble, R. (1983). *Science*, **219**, 683-88.

Simon, L.M., Szelei, J., Szajáni, B. und Boross, L. (1985). *Enzyme and Microbial Technology*, **7**, 357-60.

Sinclair, C.G. und Kristiansen, B. (1987). *Fermentation Kinetics and Modelling*. Hsg. Bu'Lock, J.D. Open University Press in Verbindung mit Paradign Press

Sipiczki, M. und Ferenczy, L. (1977). *Molecular and General Genetics*, **157**, 77-83.

Smith, S.R.L. (1980). *Philosophical Transactions of the Royal Society (London) B*, **290**, 341-54.

Smith, G.M. und Calam, C.T. (1980). *Biotechnology Letters*, **2**, 261-6.

Stanbury, P.F. und Whitaker, A. (1984). *Principles of Fermentation Technology*. Pergamon Press, Oxford.

Stanley, S.H., Prior, S.D., Leak, D.J. und Dalton, H. (1983). *Biotechnology Letters*, **5**, 487-92.

Stoppok, E., Schomer, U., Segner, A., Matel, H. und Wagner, F. (1980). Anläßlich des 6. Internationalen Fermentation Symposiums in London, Ontario, Canada, vorgestelltes Poster.

Stryer, L. (1981). *Biochemistry*, 235-256. W.H. Freeman und Co., San Francisco.

Szwajer, E., Brodelius, P. und Mosbach, K. (1982). *Enzyme and Microbial Technology*, **4**, 409-13.

Takahashi, K., Nishimura, H., Yoshimoto, T., Okada, M., Ajima, A., Matsushima, A., Tamaura, Y., Saito, Y. und Inada, Y. (1984). *Biotechnology Letters*, **6**(12), 765-70.

Takata, I., Kayashima, K., Tosa, T. und Chibata, I. (1982). *Journal of Fermentation Technology*, **60**, 431-7.

Taylor, I.J. und Senior, P.J. (1978). *Endeavour*, **2**, 31-4.

Tonge, G.W. (1980). *Enzyme and Microbial Technology*, **2**(4), 342-50.

Torchillin, V.P., Maksimenko, A.V., Smirnov, V.N., Berezin, I.V., Klibanov, A.M. und Martinek, K. (1977). *Biochimica Biophysica Acta*, **522**, 277-83.

Tosaka, O., Karasawa, M., Ikeda, S. und Yoshii H. (1982). *Abstacts of the 4th International Symposium on Genetics of Industrial Microorganisms*, 61.

Trevan, M.D. (1980). *Immobilised Enzymes. An Introduction and Application in Biotechnology*. John Wiley, Chichester.

Trevan, M.D. und Groves, S. (1979). *Biochem. Soc. Trans.*, **7**, 28-30.

Trilli, A., Michelin, V., Mantovani, V. und Pirt, S.J. (1978). *Antimicrobial Agents and Chemotherapy*, **13**, 7-13.

Trinci, A.P.J. (1969). *Journal of General Microbiology*, **57**, 11-24.

Vallee, B.L. (1980). *Carlsberg Research Communications*, **45**, 423-41.

Vane, J. und Cuatrecasas, P. (1984). *Nature*, **312**, 303-5.

Vezina, C. und Singh, K. (1975). *The Filamentous Fungi*, Vol. 1, 158-92. Hsg. Smith, J.E. und Berry, D.R. Arnold, London.

Vezina, C. Singh, K. und Sehgal, S.N. (1965). *Mycologia*, **57**, 722-36.

Vogel, G.D., Van der Drift, C., Stumm, C.K., Keltjens, J.T.M. und Zwart, K.B. (1984). *Antonie van Leeuwenhoek*, **50**, 557-67.

Walker, J.M. und Gaastra, W. (Hsg.) (1983). *Techniques in molecular biology*. Croom Helm, London.

Wandrey, C. (1984). *Biotech Europe* **84**, 391-404. Online Publications, Pinner.

Wharton, C.W., Crook, E.M. und Brokelhurst, K. (1968). *European Journal of Biochemistry*, **6**, 572.

Whitaker, A. und Long, P.A. (1973). *Process Biochemistry*, **8**, 27-31.

Wilkinson, A.J., Fersht. A.R., Blow, D.M., Carter, P. und Winter, G. (1984). *Nature*, **307**, 187-8.

Windass, J.D., Worsey, M.J., Pioli, E.M., Pioli, D., Barth, P.T., Atherton, K.T., Dart, E.C., Byrom, D., Powell, K. und Senior, P.J. (1980). *Nature*, **287**, 396-401.

Wingard, L.B., Shaw, C.H. und Castuer, J.F. (1982). *Enzyme and Microbial Technology*, **4**, 137-42.

Wingard, Jr. L.B., Roach, R.P., Miyawaki, O., Egler, K.A. und Klinzing, G.E. (1985). *Enzyme and Microbial Technology*, **7**, 503-9.

Winter, G. und Fersht, A.R. (1984). *Trends in Biotechnology*, **2**, 115-19.

Wodzinski, R.S. und Johnson, M.J. (1968). *Applied Mircobiology*, **16**, 1886-91.

Woodward, J. (Hsg.) (1985). *Immobilized Cells and Enzymes*, IRL Press, Oxford.

Wyatt, J.M. (1984). *Trends in Biochemical Sciences*, **8**, 19-23.

Zaborsky, O.R. (1972). *Enzyme Engineering*, Vol. 1. Hsg. Wingard, L.B., 211-17. Plenum, New York.

Zaborsky, O.R. (1974). *Enzyme Engineering*, Vol. 2. Hsg. Pye, E.K. und Wingard, L.B., 115-22. Plenum, New York.

Zaks, A. und Klibanov, A.M. (1984). *Science*, **224**, 1249-51.

Zeikus, J.G. (1983). *Advances in Microbial Physiology*, **24**, 215-93.

Zobel, C.E. (1950). *Advances in Enzymology*, **10**, 433-68.

Sachverzeichnis

Abbauorganismen 47
Abfallbeseitigung 9
Abfallöle 65
Abwasser 9
-, toxisches 68
Acetogene Organismen 47
Acetyl-CoA 21
Acetylcholin-Esterase 224
Achromobacter liquidum, Urokinase 255
Actinomyceten, Antibiotika 82
Actinomycin 111
6'*N*-Acyltransferase 122
Adenosin-Desaminase 276
Adenosintriphosphat 17
Affinitätschromatographie 218
Agar 232
Agarose 218
Agestorole 122
Agrobacterium tumefaciens 167, 170
AIDS 134
Aldehyd-Dehydrogenase 66
Aldosteron 272
Ale-Brauerei 84
Alfa-Laval 221
Alginat 232, 233
-, Immobilisierung 251
Aliphatische Kohlenwasserstoffe 65
Alkenoxide 295
Alkohol 6, 10
Alkohol-Dehydrogenasen 66, 294
Alkohol-Oxidase 31
Amine, methylierte 32
Amino-Acylase 234, 282, 301
Aminoglykoside 122
Aminosäure-Acylase 285
Aminosäuren 116
Ammoniumstoffwechsel 126
Ammoniumsulfat 215
Amphibolischer Stoffwechsel 20

Ampicillin 148
Amylasen 111, 191, 197, 226, 280
Amyloglucosidase 215, 280, 281, 282
Anaboler Stoffwechsel 20
Anaplerotische Stoffwechselwege 20, 59
Anti-Antikörper 275
Antibiotika 82, 137
-, Resistenz 147
Antikörper 275
-, monoklonale 6, 171
Arbeitsmaßstab 201
Archaebacteria 48
Aromatische Substanzen, Abbau 68
ARS-Fragmente 174
Arzneistoffe, pflanzliche 7
Asparaginase 274
Aspartase 283
Aspartokinase 118
Aspergillus nidulans 123
Aspergillus niger 123, 124
- -, Amyloglucosidase 215
- -, Citronensäure 83
- -, Glucose 89
- -, organische Säuren 82
Aspergillus oryzae 301
Atmung 17
ATP 17-19
Ausbeute 203
Autotrophe Organismen 23

Bacillus, Protoplastenfusion 125
Bacillus amyloliquifaciens 197
Bacillus coagulans 127
Bacillus licheniformis 197
Bacillus schlegelii 34
Bacillus stearothermophilus 209, 210
Bacillus subtilis 182, 198
Bacillus thermoproteolyticus 199

Bacillus thuringiensis 139
Bacitracin 111
Bäckerhefe, nachgefütterte Batch-Kultur
 113
Bacteroides 47
Bakterien, ATP-Bildung 32
λ-Bakteriophage 158, 159
Bakterium, lac⁻ 160
Batch-Kultur 81
- -, nachgefütterte 94
Batch-Prozesse 215
Batch-Reaktoren 265ff
Batterieaufladegeräte 300
Beneckea natriegens 88
Benzylpenicillin 112
Biobrennstoffzellen 299
Bioconversions 24
Biogas 48
Biokatalyse *siehe* Enzyme
Biomasse 7
-, Ausbeute 110
-, Herstellung 73
-, mikrobielle 73
Biophotolyse 8
Biosensoren 24, 276ff
Biosynthese, Vorstufen 19
Blumenkohl-Mosaik-Virus 170
Blutgerinsel 134
Brauerei 84
Brennstoffe 8
Brennstoffzellen 299
Brevibacterium flavum 105, 106, 119, 126
- -, Fumarase 236
- -, Protoplastenfusion 125
Bromelain 197
-, Ionenstärke/Michaelis-Konstante 246
Bruttoinlandsprodukt 12

C₁-Substrate 23
Calcitonin 134
Calvincyclus 34, 35ff
Candicidin 121
Candida boidinii 31, 213
Candida sp. 26, 28, 66
Carboxydismutase 36
Carboxydotrophe Organismen 23, 33ff
Carboxypeptidase A 301
Carrageenan 232, 236, 237
Casein 193, 224
Cauliflower mosaic virus (CaMV) 170
Cellit 215
Cellulasen 132, 280
Cellulose 9

Cellulosetriacetat 232
Centi-Therm 221
Cephalosporin 77, 121
Cephalosporium chrysogenum 125
Cephalosporium sp. 106
Chemostat 91
Chemotrophe Organismen 17
Chinon-Proteine 29
N-Chloroacetylnorleucin 301
Chloroperoxidase 301
Chlortetracyclin 83, 112
Cholesterol 272
Chorisminsäure 121
Chromatographie 218
α-Chymotrypsin 264, 296
-, pH-Profil 240
-, thermische Stabilisierung 259, 260
Citratcyclus 18, 19, 116
Citrobacter sp. 213
Clostridium 47
Clostridium butyricum 298
Clostridium pasteurianum 35
Coenzym F₄₂₀ 50
Coenzym M 50
Coenzyme 291
-, Recycling 292
Concatamer 171
Cortexolon 287
Cortison 287, 296
Corynebacterium 66
Corynebacterium glutamicum 116-120, 127
Cosmide 1580, 161ff
Cosmidvektoren 157
Curvularia lunata 287
Cyanobakterien 298
Cyanotrophe Organismen 25, 33ff
Cyanurchlorid 231
Cytokine 185

DDT 181
n-Decan 67
Decarboxylierungen, oxidative 291
Dehydrogenasen 32, 291, 292
Detergentien 221
-, Enzym-Extraktion 207
Diabetes 135
Dialyse 220
Dicarbonsäurecyclus 56, 58
2,6-Dichloroindophenol 292
Diffusion 235, 236
-, Einschränkung 238, 241, 246, 269
Dihydroxyaceton-Synthetase 44
Dimethylamin 32

Disrupting factors 116
DNA, klonierte, Expression 163
-, komplementär (cDNA) 144
-, rekombinante 4, 126
-, Vektoren 143
-, Wanderung 162
DNA-Ligase 150, 211
DNA-Polymerase 150
DNA-Transfer 141
Drug-targeting 273

E.coli 124-128, 144, 182, 198, 206, 213
- -, Genom 146
- -, Glucose/Phosphat 89
Einzellerprotein 72, 126, 137, 181
Elektronentransportkette 18
Elektrophorese, kontinuierliche 219
ELISA 274
EMIT 274
Enkephaline 185
Enzyme 8, 137
-, Adsorption 230
-, Aktivierung/Inaktivierung 195
-, Aktivatoren/Inhibitoren 248
-, Anwendung 77, 272
-, Ausbeute 127, 199
-, Beweglichkeit 263
-, chemische Modifikation 226
-, Effizienz 223
-, Einschluß in Polymermatrix 232
-, engineering 226
-, Extraktion 204
-, Herstellung 191ff
-, Hydrathülle 264
-, Immobilisierung 227
-, kommerzielle Anwendung 77
-, Konstruktion 226
-, kovalente Bindung an Matrix 230
-, pH 239
-, Präzipitation 215
-, Produkthemmung 249
-, Produktion 127
-, Quervernetzung 232
-, Reinigung 208, 213
-, Restriktions- 141
-, Spezifität 193
-, Stab 252, 256
-, Stabilität 196, 224, 234
-, Steifheit 263
-, Substitution 272
-, Targeting 274
-, Vergiftung 256
-, Wiederverwendbarkeit 225

Ersetzungs-Vektoren (replacement vector)
  159, 161
Erwinia rhaptonica 287
Escherischia coli siehe *E.coli*
Ethanol 297
Ethidiumbromid, "nick" 177
Ethylenoxid 7, 11
Etner-Doudoroff/Sedoheptulose-Phosphatase
  39
Eubacteria 49
Eukaryotische Zellen, Genmanipulation
  166
Exons 145, 164
Exonucleasen 211
Expressions-Vektor 165
Extraktion, Beschallung 208
-, Lysozym/EDTA 208

Faktor VIII 134, 181
Fällungsreagentien 215
Favismus 272
Fed-Batch-Kultur 94
Fermentation 10, 17, 79
Fermenter 79
-, aseptisch 107
-, Aufbau/Arbeitsweise 101
Fettsäure-Synthetase 227
Ficin 197
Formaldehyd 26, 37, 41, 42
-, Serinweg 41
-, Typ I-Bakterien 37
Formaldehyd-Dehydrogenase 29, 41
Formiat 26
Formiat-Dehydrogenase 30, 36, 41, 59,
  283, 300
Formyl-Tetrahydrofolat 33
Fumarase 236, 283
Fusarium graminearium 83, 107

Galactokinase 273
Galactose 224
β-Galactosidase 9, 195, 275
-, Gen 160
Galle 168
Ganglioside 272
Gasohol 6, 297
Gelatine 232
Gelfiltration 218
Gen-Klonierung 141, 142
Genbibliothek 146
Gene, *onc*- 169
-, REP 174

Genetic Manipulation Advisory Group 183
Genmanipulation 131
Genom, *E.coli* 146
-, Mensch 146
Gentechnik 4
Gentransfer, parasexuelle 131
Gerinnungsfaktor VIII 134
Glucoamylase 282
Glucocorticoide 272
Gluconolacton 301
Glucose 110
Glucose-Dehydrogenase 276
Glucose-Elektrode, enzymhaltige 277
Glucose-Isomerase 279, 282, 301
Glucose-Oxidase 244, 276, 277, 280, 281, 295
Glucose-6-phosphat-Dehydrogenase 40, 262, 272
Glutamat-Dehydrogenase-Gen 126
Glutathion 31
Glyceratweg 61
Glycerokinase, Stabilität 200
Glykolat 57
Glykolyse 18, 19
- /Sedoheptulose-Phosphatase 39
Glyoxylat 57
Glyoxylat-Carboligase 62
Glyoxylat-Cyclus 60, 67
Gold 7, 11
Griseofulvin 112
Grundlagenforschung 184

Halohydrin 295
Haloperoxidasen 295
Hämoglobin 224
Hämophilie 134
Hanensula 26
Haploidisation 123
Hefen 113
-, ATP-Bildung 30
-, methyotrophe 30
-, Protoplastenfusion 125
-, Transformation 173
Hepatitis 134, 181
Herbizide 10, 138
Herpes simplex 181
Herzschrittmacher 300
Heterokaryonten 123
Hexose-Aminidase 272
Hexulose-6-phosphat 37
Hexulosephosphat-Isomerase 38
Hexulosephosphat-Synthetase 37
Histidin-Ammonium-Lyase 255

Homo sapiens, Genom 146
Homoacetogene Anaerobier 35
Homoisocitrat-Lyase 43
Homopolymer tailing 151
Homoserin 118
Hormone 171
Hundefaeces 197
Hybridoma Zellen 133
Hybridzellen 133
Hydantoinase 282
Hydrochinon 301
Hydrogele 231
Hydrogenasen 50, 264, 298, 299
Hydroxylapatit 215
Hydroxylase 272, 273
Hydroxypyruvat-Reduktase 42
Hydroxypyruvat-Synthetase 56
Hyphomicrobium 26, 33, 43

ICI-Prutreen-Prozeß 97, 110
ICI-RHM-Mycoprotein 107
Immobilisierung, Enzyme 227, 228
-, Polymermatrix 271ff
Immunoassays 274
Impfkultur (Inoculum) 81
Impfstoffe 136, 171
Induktoren 110
Inoculum 81, 82
Insulin 135, 181, 274
Interferone 6, 13, 135, 181, 185
Introns 145, 164
Invertase 280
Ionenaustauscherharze 215
Ionisierende Strahlung 115
Isocitrat-Lyase 43, 61, 67
Isoenzyme 226
Isomaltulose 287

Jasminöl 7, 11, 12, 284

Kälberprotease 193
Kallus 133
Kanamycin 122, 169
-, Resistenz 171
Kapitalinvestition 203
Käseherstellung 193, 224, 226
Kasugamycin 121
Kataboler Stoffwechsel 20
Katalase 223, 280, 295
Kinasen 291
Klebsiella pneumoniae 139, 214

Kloeckera 26
Klonierung 137
-, Gene 141
Klonierung, Plasmide 146
Kohlendioxidfixierung 34
Kohlenmonoxid-Dehydrogenase 35
Kohlenmonoxid-Oxidase 34
Kohlenwasserstoffe, aliphatische, Oxidation/
  Assimilation 65
-, Abbau 65
Kolonie-Hybridisierung 153, 154
Konjugation 131
Kontinuierliche Kultur 90
Kulturmedium, Zusammensetzung 108

Labextrakt 198
Labferment 197, 226
β-Lactam 121
β-Lactamase 275
Lagerbier 84
Lactase 280, 282
Lactat-Dehydrogenase 264
Lactose 233, 298
Leucin 120
Ligase 149
Linker, Verbindungen 152
Lipase 197, 261, 280
Liposomen 273
Lipoxygenase 197
Lost, Stickstoff- 123
Lungenembolie 274
Lymphotoxin (LT) 136, 181
Lysin 117-120
Lysozym 278

Mais 138
Malat-Synthetase 56, 61, 67
Malyl-CoA-Lyase 43
Maul- und Klauenseuche 136
Maximalgeschwindigkeit (V_{max}) 248
Metabolismus, mikrobiell 75, 76
Methan 24, 26, 30, 298
-, Gewinnung 51
Methan-Monooxygenase 27
Methanbildende Bakterien 24
Methanobacterium 49
Methanobrevibacter 49
Methanococcus 49
Methanococcus jannaschii 49
Methanogene Anaerobier 35
- Organismen 47, 52
Methanogenese 24, 49

Methanogenium 49
Methanol 26, 30, 89, 110
Methanol-Dehydrogenase 29
Methanol-Oxidase 31
Methanosarcina 49
Methanosarcina barkeri 52
Methanospirillum 49
Methanothermus forvidus 199
Methionin 119, 286
Methotrexat 169
Methoxatin 29
Methyl-CoM-Reduktase 50
Methylamin 32
Methylobacter 25
Methylococcus capsulatus 25, 27, 36
Methylocystis 26
Methylomonas 25
Methylomonas methanica 37, 40
Methylomonas methanolytica 88
Methylophilus 26
Methylophilus methylotrophus 24, 39, 40,
  74, 126, 167, 182
Methylosinus 26
Methylosinus trichosporium 27, 28
Methylotrophe Organismen 23, 25ff
- -, ATP-Bildung 27
Methylotrophus capsulatus 40
Michaelis-Konstante 243
Mikroinjektion 172
Milchcasein 193
Milcherzeugung 138
Mineralcorticoide 272
Mini-Chromosomen 174
Mitose, Crossing-Over 123
Molke 224
Monobrompropandiol 301
Monocotyledonen 170
Monooxygenase System 66
Multi-Gene 227
Multienzyme 227
-, Präparation 210
Mutagenese, Oligonucleotid-gesteuerte 177,
  178
-, ortsspezifische 176ff
Mutationen 115
Mycoprotein-Prozeβ 83

NAD/NADH, Recycling 292
NAD-Analoga 294
Nervenwachstumsfaktor 134
Nitrilase 282
-, immobilisiert 284
Nitrosoguanidin 115, 121

Nocardia erythropolis 276
Nocardia sp. 207, 255, 287, 295
Nopalin 167
Novobiocin 111
Nucleasen 209
-, Exo- 211
Nucleinsäuren, Entfernung 209

Octadecan 110
Octopin 168
Ölteppich, Dispersion 66
Ölverschmutzung 66
onc-Gene 169
Opine 167
Ornithincarbamyl-Transferase 191
Osmotischer Schock 206
Oxalsäure, Oxidation 59
Oxidasen 273, 294ff
β-Oxidation 18, 66
Oxidation, beidendige/nicht-terminale 66
Oxidoreduktasen 291, 292
Oxosäure Dehydrogenase 283
Oxygenasen 294ff
Oxytetracyclin 111

Pankreas-Lipase 261
Papain 197
Paracoccus 26
Paracoccus denitrificans 36, 56, 57, 60
Paratyroxin 134
Pathogene Organismen 183
Pektinasen 132, 280
Pendel-Vektor, *E.coli*/Hefe 175
Penicillin 82, 83, 112, 113, 117, 118, 121,
  124
Penicillin G-Acylase 283
Penicillium chrysogenum 82, 83, 88, 123-
  125
- -, Penicillin 82, 83, 88
Penicillium patulum 83
Peroxidasen 275, 295
Pestizide 66
Pflanzen, Resistenz 138
Pflanzenzellen 6
pH-Profil 239
Pharmakologie 185
Pharmazeutika 134
Phaseolin-Gen 170
Phenazinmethosulfat 292
Phenylketonurie (PKU) 273
Phosphatase, alkalische 151, 153, 275
Phosphoenolpyruvat-Carboxylase 42, 62

Phosphoenolpyruvat-Carboxykinase 42
6-Phosphogluconat-Dehydrogenase 40
3-Phosphoglycerat-Kinase, Stabilität 258
Phosphorylierung, oxidative 18
Photoautotrophe Organismen 23
Photobacterium fischeri 206
Phototrophe Organismen 17
Phytohormone 168
Pilze, filamentöse 125
Plasmide 157
-, Col E1 147
-, Expression 153, 182ff
-, Klonierung 146
-, pBR322 147, 148
-, Stabilität 182ff
-, T*i* 167
Plasminogenaktivator TPA 134
Platzhalterfragmente 159
Polyethylenglykol 133, 215
Polyethylenimin 209, 236
Polymermatrix, Enzym-Immobilisierung
  229
Polymethacrylat 264
Polypeptide 134
Polysom-Antikörper-Komplex 156
Posttranslationale Modifikation 166
Precursoren 112
Prolin 111
Promotor 163
Propylen, Epoxilierung 287
Proteasen 191, 221, 226, 256, 280, 281
-, Kälber- 193
Proteolyse 166
Protoplasten 132
- fusion 125ff, 132
Pseudomonas 26, 28, 66
Pseudomonas AMI 41
Pseudomonas aminodovorans 32, 43
Pseudomonas aureofaciens 121
Pseudomonas carboxydovorans 34
Pseudomonas gazotropha 34
Pseudomonas oxalaticus 36, 59, 62, 63
Pseudomonas pudita 28
Pseudomonas sp., Methanol 89
Punktmutationen 177
Pyranose-2-Oxidase 295
Pyrrolo-Chinolin-Chinon 29
Pyruvat-Carboxylase 42, 62
Pyruvat-Synthetase 52
Pyruvatkinase 273

Reaktoren 265ff
-, Hohlfasern 270

Reaktoren, kontinuierliche 267
-, Rührkessel- 267
Reaktortypen, Vergleich 268
Rennin 193
REP-Gene 174
Replica plating 148, 155
Repressoren 111
Restiktionsendonucleasen 141, 143ff
Rhizopus arrhizus 295
Rhodanase 209
Rhodopseudomonas 35
Rhodotorula 26
Ribulose-5-phosphat-Kinase 36
Ribulosebiphosphat-Carboxylase 36, 41
Ribulosebiphosphatweg (Calvincyclus) 34-37
Ribulosemonophosphatweg (RMP-Weg) 37-41
Riesen-Mäuse 173
RMP-Weg, Dissimilation 40
RNA/DNA Hybride 145
RNA, messenger (mRNA) 144
Rubredoxin 28
Rührkesselreaktoren, kontinuierliche 267
Ruminococcus 47

Saccharomyces cerevisiae 173
Saffran 7, 11
Sagamycin 85
Sauerstofftransfer 104
Säugetiere, Transformation von Zellen 171
Säugetierzellen 6
Säulenchromatographie 217
Scaling up 201
Schaumgummi 295
Scherung, fest 207
-, flüssig 206
Schleifmittel, Enzym-Extraktion 204
Schweinemist 8
SCP (single cell protein) 74, 126, 137, 181
Sedoheptulose-Phosphatase 39
Sekundärmetabolite 7
Serinweg, Formaldehyd 41
Shine-Dalgarno-Sequenz 164
Sichere Wirtszellen 183
Sicherheit 183
Signal Polypeptid 165
Single cell protein 74, 126, 137, 181
Sojabohnen, Lipoxygenase 197
Sojamehl 111
Solanum 133
Somaklonale Variation 133

Somatotropin 134, 135, 146, 184
Sporobolomyces 26
Staphylococcus aureus 275
Stärke 6
Steroidsynthese 295
Stickstofffixierung 139, 147
Stickstofflost 123
Stoffwechsel, amphibolisch 20
Stoffwechselwege, anaplerotisch 20
Streptomyces aureofaciens, Chlortetracyclin 83, 85
Streptomyces clavuligerus 82, 85
Streptomyces fradiae 127
Streptomyces kanamyceticus 122, 127
Streptomyces sp., Sagamycin 85
Streptomyceten, Konjugationen 124
-, Protoplastenfusion 125
Streptomycin 111, 209
Süßstoff 224
Subtilisin 224
Superoxid-Dismutase 209

T-DNA 167ff
Tartronsäuresemialdehyd 62
- Reduktase 62
Tay-Sachs-Krankheit 272
Tetracyclin 148
Tetrahydrofolsäure 41
Tetrahydromethanopterin 50
Thermolysin 224
Thermophile Organismen, Stabilisierung 257
Thiobacillus 26
Threonin 118, 119, 126
α-Thrombin 296
TNF 14, 136, 181
Transaldolase 39
Transformation 153
-, direkte 171
Translationsprodukte 155
Treibstoffe 8
Trichlortriazin 231
Trimethylamin 32
Trimethylamin-N-oxid 32, 33
Trimethylsulfoniumsalze 33
Triokinase 44
Trypsin 263
-, pH-Abhängigkeit 244
Tryptophan 121
Tryptophanyl-tRNA-Synthetase 209
Tumornekrose-Faktor (TNF) 14, 136, 181
Tyrosyl-tRNA-Synthetase 178, 209

Ultrafiltration 220
Unkräuter 138
Urease, Aktivität 245
Urokinase 255, 274
UV Licht 115

Vicia faba 272
Viren 172
-, DNA 157, 158ff
-, Inaktivierung 136
Vorsichtsmaßnahmen 183

Wasseraktivität 264
Wasserstoff 8, 298, 299
Wasserstoffperoxid 301
Weinessig 84
Weizen 138
Wirtschaftlichkeit 184

Xanthin-Oxidase 295
XMP-Weg 44ff
Xylose-Isomerase 224, 301
Xylulosemonophosphatweg, Formaldehyd
 44

Zellatmung 17
Zellen, Immobilisierung 250
Zellklonierung 132
Zellzerkleinerer 205
Zentrifugen, kontinuierliche 212
Zucht, konventionelle 131
Zucker 6, 11
-, Herstellung 225
Zuckerrohr 6, 8
Zulu-Faktor 234
Zweiphasen-Trennung 217

In der Reihe **Biotechnologie** erschienen bisher:

GACESA, Enzymtechnologie

JACKSON, Verfahrenstechnik in der Biotechnologie

SINCLAIR, Fermentation - Kinetik und Modelling

TREVAN, BOFFEY, GOULDING, STANBURY, Biotechnologie: Die
Biologischen Grundlagen

In Vorbereitung sind:

HALL, Biosensoren

TOMBS, Biotechnologie in der Lebensmittelindustrie

WARD, Biotechnologische Verfahrensführung - Prinzipien,
Prozesse, Produkte

WAYMAN, Biotechnologie nachwachsender Rohstoffe